U0280066

嵌入式系统原理与应用

主编 何尚平 陈艳 万彬 辜小花

重庆大学出版社

内容提要

本书以嵌入式系统的基本开发技术为主线，以国内外应用广泛的、经典的、适合学习型的基础ARM7核及SAMSUNG公司S3C44B0X(基于ARM7TDMI)嵌入式处理器芯片为硬件平台，系统地阐述了嵌入式系统的基本概念、开发与应用基本原理、ARM技术概述、ARM指令系统和基于ARM的嵌入式程序设计基础、基于ARM的应用开发实例、源码开放的嵌入式实时操作系统μC/OS-Ⅱ、Linux的移植与应用开发等嵌入式系统开发与应用的基本知识、基本技术和基本方法，并结合嵌入式系统基础实验，给出了完整的嵌入式系统学习方案。

本书可作为高等院校计算机、电子信息、通信工程、物联网、自动化、电气工程及其自动化等专业的教材，也可供工程技术人员参考。

图书在版编目(CIP)数据

嵌入式系统原理与应用/何尚平等主编. —重庆：重庆大学出版社，2019.8(2022.1重印)
ISBN 978-7-5689-1579-3

Ⅰ.①嵌… Ⅱ.①何… Ⅲ.①微型计算机—系统设计 Ⅳ.①TP360.21

中国版本图书馆CIP数据核字(2019)第109398号

嵌入式系统原理与应用

主 编 何尚平 陈 艳 万 彬 章小花
策划编辑 曾显跃 鲁 黎
责任编辑：曾显跃 版式设计：曾显跃 鲁 黎
责任校对：万清菊 责任印制：张 策

*

重庆大学出版社出版发行
出版人：饶帮华
社址：重庆市沙坪坝区大学城西路21号
邮编：401331
电话：(023)88617190 88617185(中小学)
传真：(023)88617186 88617166
网址：http://www.cqup.com.cn
邮箱：fxk@cqup.com.cn(营销中心)
全国新华书店经销
重庆俊蒲印务有限公司印刷

*

开本：787mm×1092mm 1/16 印张：21.75 字数：531千
2019年8月第1版 2022年1月第2次印刷
印数：2 001—3 000
ISBN 978-7-5689-1579-3 定价：58.00元

本书如有印刷、装订等质量问题，本社负责调换
版权所有，请勿擅自翻印和用本书
制作各类出版物及配套用书，违者必究

前言

嵌入式系统是融合了计算机软硬件技术、半导体技术、电子技术和通信技术，与各行业的具体应用相结合后的产物。自20世纪70年代初嵌入式技术问世以来，嵌入式系统就被广泛应用于军事、航空航天、工业控制、机器人、物联网、仪器仪表、汽车电子、医疗仪器、消费类电子、智能家电、现代电气、智能电力、智慧电网、机电设备等众多领域，嵌入式系统以其高性能、低功耗、高性价比等特点高速发展，随着信息技术、网络技术、移动通信技术等相关技术的进一步发展，嵌入式技术必将与更多领域相结合，这必然会极大地拓展嵌入式应用的广度和深度，体现嵌入式系统与实际应用密切结合的价值。

嵌入式微处理器具有体积小、质量小、成本低、可靠性高的优点，是嵌入式系统的核心。目前比较有影响、使用广泛的32位嵌入式处理器有ARM公司的ARM、Intel公司的Xscale、IBM公司的PowerPC、HP公司的PA-RISC、Compaq公司的Alpha、MIPS公司的MIPS和Sun公司的Sparc等。而在众多嵌入式处理器中，ARM处理器以其合理的结构、优良的性能、较低的功耗、颇具市场竞争力的价格等优势，成为嵌入式处理器的主流产品，并已成为高性能、低功耗嵌入式微处理器的代名词，是目前32位、64位嵌入式处理器中应用最为广泛的一个系列。

ARM微处理器得到了众多半导体厂家和整机厂商的大力支持，全球已有100多家IT公司在采用ARM技术，包括国外TI、SAMSUNG、Philips、Intel和国内华为等公司。优良的性能和准确的市场定位极大地丰富了ARM资源，加速了基于ARM核的、面向各种应用系统芯片的开发应用，使得ARM获得了更广泛的应用，确立了ARM技术的市场领先地位。ARM在高性能嵌入式应用领域获得了巨大的成功，已在32位嵌入式应用中稳居世界第一。早在2002年,基于ARM核的芯片占据了整个32、64位嵌入式微处理器市场的79.5%,全世界已使用了几十亿个ARM核。如今,ARM公司已经成为业界的领军者,“每个人口袋中都装着ARM”已毫不夸张,因为绝大多数的手机、移动设备、PDA都是用基于ARM核的系统芯片开发的。为了顺应当今世界技术革新的潮流,了解、学习和掌握高性能嵌入式技术,就必然要学习以32位ARM微处理器为核心的嵌入式应用与开发技术。

随着嵌入式应用的深入,软件设计的复杂度越来越高,操作系统成为应用软件设计的基础和开发平台,在嵌入式系统中起到承上启下的作用。在众多的嵌入式操作系统中,嵌入式μC/OS-Ⅱ、Linux因其开源性和优良的性能得到广泛的应用。由于嵌入式目标系统的资源限制,无法建立复杂的开发平台,在嵌入式系统的开发过程中,一般采用交叉开发方式。

SAMSUNG公司S3C系列芯片是国内市场占有率较高的基于ARM核的微处理器之一,其接口模块丰富、适用面广,比较适合教学实验。因此,本书以嵌入式系统的基本开发技术为主线,以国内外应用广泛的、典型的、基础的、适合学习型的ARM7处理器核及SAMSUNG公司S3C44B0X(基于ARM7TDMI)为硬件平台,系统介绍了嵌入式系统的基本原理和应用开发方法、ARM技术概述、ARM指令系统和基于ARM的嵌入式程序设计基础、基于ARM的开发实例、源代码开放的嵌入式操作系统μC/OS-Ⅱ、Linux移植与应用开发等嵌入式系统开发与应用的基本知识、基本流程和基本方法,以及以ARM微处理器为核心的嵌入式系统开发过程,通过实际综合应用案例,给出完整的嵌入式系统解决方案。

本书在介绍嵌入式系统基本原理的同时,从应用角度出发,结合了一些嵌入式系统基础实验,使读者能够系统、完整地掌握嵌入式系统开发与应用的基本概念和设计流程、基于ARM的嵌入式软件程序设计与开发技能、嵌入式实时操作系统移植的基本概念和应用开发的基础。为了提升目前嵌入式系统的教与学质量而又不脱离目前的教与学实际,在编写本教材过程中,我们既强调嵌入式基础教育,打好嵌入式系统开发与应用的基础,又面向实际工程应用,提升嵌入式系统教学的实用性和工程性。

近年来,我国在嵌入式系统设计和应用开发方面也取得了长足进步,嵌入式领域日益增长的需求使得我们面临人才匮乏的尴尬局面,未来也广泛需要嵌入式行业人才。在此背景下，前[illegible]研究成为热点，很多高等院校开设了嵌入[illegible]。本书包含大量软件和硬件设计资源，形[illegible]覆盖面广、实用性强，可作为计算机、电子信[illegible]联网、自动化、电气工程及其自动化等专业进[illegible]验及相关的培训参考教材，也可作为嵌入式[illegible]工程技术人员的实用参考书，并可根据理[illegible]实际需要而进行适当地取舍和灵活安排。[illegible]可使学生掌握32位嵌入式系统应用开发的[illegible]养学生良好的实际操作能力和嵌入式产品[illegible]合社会对高素质、开拓型嵌入式人才的需[illegible]

[illegible]科学技术学院何尚平、陈艳和南昌职业大[illegible]院辜小花担任主编，江西现代职业技术学[illegible]大学科技学院王振、南昌大学科学技术学[illegible]编。全书共9章，具体编写分工：陈艳编写[illegible]第3章，万彬、辜小花编写了第4章，何尚平[illegible]章，张文涛编写了第6章，吴静进编写了第7章，王振编写了第9章。全书由何尚平负责统稿。

承蒙南昌大学信息工程学院万晓凤教授、博导对本书进行了主审，江西工业职业技术学院胡蓉、华东交通大学理工学院赵巍和南昌大学科学技术学院罗小青、陈巍、谢芳娟、黄灿英、许仙明、朱淑云、吴敏、谢风连、沈放、黄仁如、熊婷、梅毅等提出了许多宝贵的意见和建议，特此感谢。

由于编者水平有限，书中错漏和不妥之处在所难免，恳请专家、同行老师和读者批评指正。

编　者

2019年3月

目录

第 1 章 嵌入式系统概述

1.1 嵌入式系统基本概念

嵌入式系统应用日益广泛,嵌入式系统的快速发展也极大地丰富、延伸了嵌入式系统的概念。本节通过将嵌入式系统和PC机进行对比,引出嵌入式计算机的概念及嵌入式系统的定义,并详细介绍嵌入式系统的特点、发展和应用。

1.1.1 嵌入式系统的定义

嵌入式系统是嵌入到对象体中的专用计算机系统,以嵌入式计算机为核心的嵌入式系统是继IT网络技术之后,又一个新的技术发展方向。IEEE(电气和电子工程师协会)对嵌入式系统的定义为:嵌入式系统是“用于控制、监视或者辅助操作机器和设备的装置”。这主要是从应用对象上加以定义,涵盖了软硬件及辅助机械设备。国内普遍认同的嵌入式系统定义为:以应用为中心、以计算机技术为基础、软硬件可裁剪、适应应用系统对功能、可靠性、成本、体积、功耗严格要求的专用计算机系统。

相比较而言,国内的定义更全面一些,体现了嵌入式系统的“嵌入性”“专用性”和“计算机”这三个基本要素和特征。

嵌入式系统还可以从广义和狭义的角度定义。广义上讲,凡是带有微处理器的专用软硬件系统,都可称为嵌入式系统。如各类单片机、FPGA和DSP系统,这些系统在完成较为单一的专业功能时具有简洁高效的特点。但由于它们没有操作系统,管理系统硬件和软件的能力有限,在实现复杂多任务功能时,往往困难重重,甚至无法实现。而从狭义上讲,更加强调那些使用嵌入式微处理器构成独立系统,具有自己的操作系统,具有特定功能,用于特定场合的嵌入式系统。这里所谓的“嵌入式系统”,是指狭义上的嵌入式系统。

1.1.2 嵌入式系统的特点

由于嵌入式系统是应用于特定环境下针对特定用途来设计的系统,所以不同于通用计算机系统。同样是计算机系统,嵌入式系统是针对具体应用设计的“专用系统”。它的硬件和软

件都必须高效率地设计、量体裁衣、去除冗余,力争在较少的资源上实现更高的性能。它与通用的计算机系统相比具有以下显著特点:

(1)嵌入式系统通常是面向特定任务的专用计算机系统

不同于一般通用PC计算平台,嵌入式系统通常是面向特定任务的,是"专用"的计算机系统,嵌入式系统微处理器大多非常适合于为特定用户群所设计的系统中,称为"专用微处理器",它专用于执行某个特定的任务,或者是很少几个任务。具体的应用需求决定着嵌入式处理器的性能选型和整个系统的设计。如果要更改其任务,就可能要废弃整个系统并重新进行设计。

(2)嵌入式系统运行环境差异很大

嵌入式系统无所不在,但运行环境也差异很大,可运行在飞机上、冰天雪地的两极中、要求温湿度恒定的科学实验室等。特别是在恶劣的环境或突然断电的情况下,要求系统仍然能够正常工作,这些情况对设计人员来说意味着要同时考虑到硬件与软件。"严酷的环境",一般意味着更高的温度与湿度。军用设备标准对嵌入式元器件的要求非常严格,并且在价格上与商用、民用差别很大。比如Intel公司的8086,当它用在火箭上时,单价竟高达几百美元。

(3)嵌入式系统比通用PC系统资源少得多

通用PC系统有数不胜数的系统资源,可以轻松完成各种工作。用户可以在自己的PC机上编写程序的同时播放MP3、CD,以及下载资料等。因为个人PC系统现在至少拥有512 MB内存、80 GB硬盘空间,并且在SCSI卡上连接着软驱和CD-ROM驱动器已是目前非常普遍的配置了。而面向特定任务的嵌入式系统,由于是专门用来执行很少的几个确定任务,它所能管理的资源比通用PC系统少得多。这主要是因为在设计时考虑到经济性,不能使用通用CPU,这就意味着所选用的CPU只能管理很少的资源,它的成本更低、结构更简单。

(4)嵌入式系统具有低功耗、体积小、集成度高、成本低等特点

嵌入式系统"嵌入"到对象的体系中,对于对象、环境和嵌入式系统自身有严格的要求,一般的嵌入式系统具有低功耗、体积小、集成度高、成本低等特点。

通用PC系统有足够大的内部空间提供良好的通风能力,但是系统中的Intel或AMD处理器均配备庞大的散热片和冷却风扇进行系统散热。而许多嵌入式系统就没有如此充足的电能供应,尤其是便携式嵌入式设备,即便是有足够的电源供应,散热设备的增加也往往是不方便的。因此,嵌入式系统设计时应尽可能地降低功耗。整个系统设计有严格的功耗预算,系统中的处理器大部分时间必须工作在降低功耗的"睡眠模式"下,只有在需要任务处理时它才会"醒来"。软件必须围绕这种特性进行设计,一般的外部事件通过中断驱动来唤醒系统工作。

功耗约束影响了系统设计决策的方方面面,包括处理器的选择、内存体系结构的设计等。系统要求的功耗约束很有可能决定软件是用汇编语言编写还是用C或C++语言编写,这是由于必须在功耗预算内使系统达到最高性能。功耗需求由CPU时钟速度以及使用的其他部件(RAM、ROM、I/O设备等)的数量决定。因此,从软件设计人员的观点看来,功耗约束可能成为压倒性的系统约束,它决定了软件工具的选择、内存的大小和性能的高低。

能够将通用CPU中许多由板卡完成的任务集成在高度集成的SoC系统芯片内部,而不是微处理器与分立外设的组合就能节省许多印制电路板、连接器等,使系统的体积、功耗、成本大大降低,也能提高移动性和便携性,从而使嵌入式系统的设计趋于小型化和专业化。

嵌入式系统的硬件和软件都必须高效率地设计，在保证稳定、安全、可靠的基础上量体裁衣，去除冗余，力争用较少的软硬件资源实现较高的性能。这样，才能最大限度地降低应用成本，从而在具体应用中更具有市场竞争力。

(5)需建立完整的系统测试和可靠性评估体系

嵌入式应用的复杂性、多样性要求设计的代码应该是完全没有错误的，怎样才能科学、完整地测试全天候运行的嵌入式复杂软件呢？首先，需要有科学的测试方法，建立科学的系统测试和可靠性评估体系，尽可能避免因为系统的不可靠造成的巨大损失；其次，需引入多种嵌入式系统测试方法和可靠性评估体系。在大多数嵌入式系统中，一般都包括一些机制，比如看门狗定时器，它在软件失去控制后能使之重新开始正常运行。总之，嵌入式软件测试和评估体系是非常复杂的一门学科，建立完整的嵌入式系统的系统测试和可靠性评估体系，才能保证嵌入式系统高效、可靠、稳定地工作。

(6)具有较长的生命周期

嵌入式系统是与实际具体应用有机结合的产物，它的升级换代也是与具体产品同步进行的。因此，一旦定性进入市场，一般具有较长的生命周期。

(7)目标代码通常是固化在非易失性存储器中

嵌入式系统开机后，必须有代码对系统进行初始化，以便其余的代码能够正常运行，这就是建立运行时的环境。比如，初始化 RAM 放置变量、测试内存的完整性、测试 ROM 完整性以及其他初始化任务。为了系统的初始化，大多数的系统都要在非易失性存储器(比如 ROM、EPROM、EEPROM、FLASH，以及现在普遍使用 Flash)中存放部分代码(启动代码)。为了提高执行速度和系统可靠性，大多数嵌入式系统也常常将所有的代码(也常常使用所有代码的压缩代码)固化、存放在存储器芯片或处理器的内部存储器件中，不使用外部的磁盘等存储介质。

(8)嵌入式系统一般使用实时操作系统(RTOS)

嵌入式系统往往对时间的要求非常严格，嵌入式操作系统一般是实时操作系统 RTOS (Real-Time Operating System)。嵌入式实时操作系统随时都要对正在运行的任务授予最高优先级。嵌入式任务是时间关键性约束，它必须在某个时间范围内完成，否则由其控制的功能就会失效。比如，控制飞行器稳定飞行的控制系统，如果因反馈速度不够，其控制算法就可能会失效，飞行器在空中飞行就会出问题。

(9)嵌入式系统需要专用开发工具和方法进行设计

从调试的观点看，代码在 ROM 中意味着调试器不能在 ROM 中设置断点。要设置断点，调试器必须能够用特殊指令取代用户指令，嵌入式调试已经发展出支持嵌入式系统开发过程的专用工具套件。

(10)嵌入式微处理器通常包含专用调试电路

目前常用的嵌入式微处理器较过去相比，最大区别是芯片上都包含有专用调试电路。如 ARM 的 Embedded ICE，这一点似乎与反复强调的嵌入式系统经济性相矛盾，事实上大多数厂商发现，为所有芯片加入调试电路会更经济。嵌入式处理器发展到现在，厂商都认识到，具有片上调试电路是嵌入式应用产品广泛应用的必要条件之一，也就是说，他们的芯片必须能提供很好的嵌入式测试方案，解决嵌入式系统设计及调试问题，这样才会使开发者在考虑其嵌入式系统芯片时采纳这些厂商的芯片。

(11)嵌入式系统是知识集成系统

嵌入式系统是将先进的计算机技术、半导体工艺、电子技术和通信网络技术与各领域的具体应用相结合的产物,这一特点决定了它必然是一个技术密集、资金密集、高度分散、不断创新的知识集成系统。嵌入式系统的广泛应用前景和巨大的发展潜力已成为21世纪的IT技术发展的热点之一。

从某种意义上来说,通用计算机行业的技术是垄断的。占整个计算机行业90%的PC产业,80%采用Intel的8086体系结构,芯片基本上出自Intel、AMD和Cyrix等几家公司。在几乎每台计算机必备的操作系统和办公软件方面,Microsoft的Windows及Office占80%~90%,凭借操作系统还可以搭配其他办公等应用程序。因此,当代的通用计算机行业的基础已被认为是由Wintel联盟(Microsoft和Intel 20世纪90年代初建立的联盟)垄断的行业。

嵌入式系统则不同,没有哪一个系列的处理器和操作系统能够垄断其全部市场。即便在体系结构上存在着主流,但各不相同的应用领域决定了不可能由少数公司、少数产品垄断全部市场。因此,嵌入式系统领域的产品和技术,必然是高度分散的,留给各个行业的中小规模高技术公司的创新余地很大。另外,社会上的各个应用领域是在不断向前发展的,要求其中的嵌入式处理器核心也同步发展,尽管高科技技术的发展起伏不定,但是嵌入式行业却一直保持持续强劲的发展态势,在复杂性、实用性和高效性等方面都达到了一个前所未有的高度。

1.1.3 嵌入式系统的发展

虽然嵌入式系统是近几年才开始真正风靡起来,但事实上"嵌入式"这个概念却很早就已经存在了;从20世纪70年代初单片机的出现到今天各种嵌入式处理器、微控制器的广泛应用,嵌入式已有40多年的历史,大致经历了四个阶段。

(1)低级嵌入式系统(以单片机为核心)

嵌入式最初的应用是基于单片机的,一般没有操作系统的支持,只能通过汇编语言对系统进行直接控制,运行结束后再清除内存。这些装置虽然已经具备了嵌入式应用的特点,但仅仅只是由8位的CPU芯片来执行一些单线程的程序。

由于这种嵌入式系统使用简便、价格低廉,因而曾经在工业控制领域中得到了非常广泛的应用,但却无法满足现今执行效率、存储容量都有较高要求的信息产品、智能设备等场合的需要。

特点:系统结构和功能相对单一,处理效率较低,存储容量较小,几乎没有用户接口。

(2)初级嵌入式系统(以嵌入式微处理器为基础)

20世纪80年代,随着微电子工艺水平的提高,IC制造商开始将嵌入式应用中所需的微处理器、I/O接口、串行接口以及RAM、ROM等部件全部集成到一片VLSI(Very Large Scale Intergration)中,制造出面向I/O设计的微处理器,并一举成为系统领域中异军突起的新秀。与此同时,嵌入式系统的程序员也开始基于一些简单的"操作系统"开发嵌入式应用软件,大大缩短了开发周期,提高了开发效率。

特点:出现了大量高可靠、低功耗的嵌入式CPU;操作系统具有兼容性、扩展性,但用户界面简单。

(3)中级嵌入式系统(以嵌入式操作系统为标志)

20世纪90年代,在分布控制、柔性制造、数字化通信和信息家电等巨大需求的推动下,嵌入式系统进一步飞速发展。随着硬件实时性要求的提高，嵌入式系统的软件规模也不断扩大，逐渐形成了实时多任务操作系统（RTOS），并开始成为嵌入式系统的主流。

特点：操作系统的实时性得到了很大的改善，已经能够运行在各种不同类型的微处理器上，具有高度的模块化和扩展性。此时的嵌入式操作系统已经具备了文件和目录管理、设备管理、多任务、网络、图形用户界面（GUI）等功能，并提供了大量的应用程序接口（API），从而使得应用软件的开发变得更加简单。

（4）高级嵌入式系统（以移动互联网为标志）

今天是一个高度信息化的时代，将嵌入式系统应用到各种网络环境、通信环境中去成为必然趋势。随着互联网技术与信息产品、智能设备、现代工业控制技术等的结合日益紧密，嵌入式设备与移动互联网的结合才是嵌入式技术的真正未来。

1.1.4　嵌入式系统的应用范围

由于嵌入式系统具有体积小、性能强、功耗低、可靠性高以及面向行业应用的突出特征，目前已经广泛地应用于军事国防、消费电子、信息产品、智能设备、网络通信、工业控制等各个领域。嵌入式系统可以说是无所不在、无处不在，就日常生活用品而言，各种电子手表、电话、手机、PDA、洗衣机、电视机、电饭锅、微波炉、空调器都有嵌入式系统的存在。如果说人们生活在一个满是嵌入式的世界，是毫不夸张的。据统计，一般家用汽车的嵌入式计算机在24个以上，豪华汽车的嵌入式计算机在60个以上。嵌入式系统的应用前景是非常广阔的，人们将会无时无处不接触到嵌入式产品。特别是近年来的嵌入式无线互联网的逐渐成熟和广泛实用化，无线互联网的应用可能会发展到无所不在。在家中、办公室、公共场所，人们可能会使用数十片甚至更多这样的嵌入式无线网络芯片，将一些电子信息设备甚至电气设备构成无线网络；在车上、旅途中，人们可以利用这样的嵌入式无线电芯片实现远程办公、远程遥控，真正实现将网络随身携带。

随着嵌入式应用领域的日益扩展，要完整地定义“嵌入式”这个概念变得越来越困难。嵌入式领域内的许多应用对性能、价格、功耗等各项指标有着各种不同的需求。这些不同要求，直接驱动了各种应用的处理器以及紧密结合实际应用SoC技术的迅速发展。

1.2　嵌入式系统处理器

1.2.1　嵌入式处理器的种类

嵌入式处理器是嵌入式系统的核心，共分为四类：

①嵌入式微控制器（EMCU）；

②嵌入式微处理器（EMPU）；

③嵌入式数字信号处理器（EDSP）；

④嵌入式片上系统（SoC）。

（1）嵌入式微控制器（EMCU）

嵌入式微控制器又称单片机，已经历了40多年的发展历程，目前在嵌入式系统中仍然有着极其广泛的应用。这种处理器内部集成 RAM、各种非易失性存储器、总线控制器、定时/计数器、看门狗、I/O、串行口、脉宽调制输出、A/D、D/A 等各种必要功能和外设。

其与嵌入式微处理器相比,微控制器的最大特点是将计算机最小系统所需要的部件及一些应用需要的控制器/外部设备集成在一个芯片上,实现单片化,使得芯片尺寸大大减小,从而使系统总功耗和成本下降、可靠性提高。微控制器的片上外设资源一般比较丰富,适合于控制,因而称微控制器。MCU 品种丰富、价格低廉,目前占嵌入式系统约 70% 以上的市场份额。

(2)嵌入式微处理器(EMPU)

嵌入式微处理器字长一般为 16 位或 32 位,Intel、AMD、Motorola、ARM 等公司提供很多这样的处理器产品。嵌入式微处理器通用性比较好、处理能力较强、可扩展性好、寻址范围大、支持各种灵活的设计,且不限于某个具体的应用领域。

在实践应用中,嵌入式微处理器需要在芯片外配置 RAM 和 ROM,根据应用要求往往要扩展一些外部接口设备,如网络接口、GPS、A/D 接口等。嵌入式微处理器及其存储器、总线、外设等安装在一块电路板上,称为单板计算机。

嵌入式微处理器在通用性上有点类似通用处理器,但前者在功能、价格、功耗、芯片封装、温度适应性、电磁兼容方面更适合嵌入式系统应用要求。嵌入式处理器有很多种类型,如 xScale、Geode、PowerPC、MIPS、ARM 等处理器系列。

(3)嵌入式数字信号处理器(EDSP)

在数字化时代数字信号处理是一门应用广泛的技术,如数字滤波、FFT、谱分析、语音编码、视频编码、数据编码、雷达目标提取等,传统微处理器在进行这类计算操作时的性能较低,专门的数字信号处理芯片——DSP 也就应运而生,DSP 的系统结构和指令系统针对数字信号处理进行了特殊设计,因而在执行相关操作时具有很高的效率。在应用中,DSP 总是完成某些特定的任务,硬件和软件需要为应用进行专门定制,因此,DSP 是一种嵌入式处理器。

(4)嵌入式片上系统(SoC)

在某一类特定的应用对嵌入式系统的性能、功能、接口有相似的要求,针对嵌入式系统的这个特点,利用大规模集成电路技术将某一类应用需要的大多数模块集成在一个芯片上,从而在芯片上实现一个嵌入式系统大部分核心功能,这种处理器就是 SoC。

SoC 将微处理器和特定应用中常用的模块集成在一个芯片上,应用时往往只需要在 SoC 外部扩充内存、接口驱动、一些分立元件及供电电路就可以构成一套实用的系统,极大地简化了系统设计的难度,同时还有利于缩小电路板面积、降低系统成本、提高系统可靠性。SoC 是嵌入式处理器的一个重要发展趋势。

嵌入式微控制器和 SoC 都具有高集成度的特点,将计算机小系统的全部或大部分集成在单个芯片中,有些文献将嵌入式微控制器归为 SoC。后续为了更清晰地描述,将内部集成了 RAM 和 ROM 存储器、主要用于控制的单片机称为微控制器。而所说的 SoC,则没有内置的存储器,以嵌入式微处理器为核心、集成各种应用需要的外部设备控制器,具有较强的计算性能。

另外,还有一种特殊的嵌入式系统 SOPC。SOPC 技术最早是由 Altera 公司提出来的,它是基于 FPGA 解决方案的 SoC 片上系统设计技术。它将处理器、I/O 口、存储器以及需要的功能模块集成到一片 FPGA 内,构成一个可编程的片上系统。SOPC 是现代计算机应用技术发展的一个重要成果,也是现代处理器应用的一个重要的发展方向。SOPC 设计,包括以32位 Nios Ⅱ软核处理器为核心的嵌入式系统的硬件配置、硬件设计、硬件仿真、软件设计、软件调试等。SOPC 系统设计的基本工具包括 Quartus Ⅱ(用于完成 Nios Ⅱ系统的综合、硬件优化、适配、编程下载和硬件系统测试)、SOPC Builder(Nios Ⅱ嵌入式处理器开发软件包,用于实现 NiesIL 系统的配置、生成、Nios Ⅱ系统相关的监控和软件调试平台的生成入)、ModelSim(用于对生成的 HDL 描述进行系统功能仿真)、Nios II IDE(软件编译和调试工具)。此外,还可借助 MATLAB/DSPBuilder 生成 NiosIL 系统的硬件加速器,进而为其定制新的指令。

SOPC 是基于 FPGA 解决方案的 SoC,与 ASIC 的 SoC 解决方案相比,SOPC 系统及其开发技术具有更多的特色,构成 SOPC 的方案也有多种途径。SOPC 技术是一门全新的综合性电子设计技术,其目标就是尽可能大而完整的电子系统,包括嵌入式处理器系统、接口系统、硬件处理器或加速器系统、存储电路以及其他数字系统等。SOPC 被业界称为"半导体产业的未来"。

1.2.2 ARM 嵌入式微处理器

ARM 是 Advanced RISC Machines 的缩写,是公司的名称,专门致力于先进 RISC 体系结构内核的研发。ARM 不仅仅是公司的名字,还是一种处理器或一种技术,故可称为"ARM 公司""ARM 微处理器"或"ARM 技术"。

(1) ARM 公司介绍

英国 ARM(Advanced RISC Machines)Limited 公司成立于1990年。目前,ARM 架构处理器已在高性能、低功耗、低成本应用领域中占据领先地位。ARM 公司是嵌入式 RISC 处理器的知识产权 IP 供应商。既不生产芯片,也不销售芯片,而是设计出高效的 IP 内核,授权给各半导体公司使用。ARM 公司的业务模型如图1.1所示。

半导体公司在 ARM 技术的基础上,根据自己公司的产品定位,添加自己的设计,嵌入各种外围和处理部件,推出芯片产品形成各种嵌入式微处理器 MPU 或微控制器 MCU。

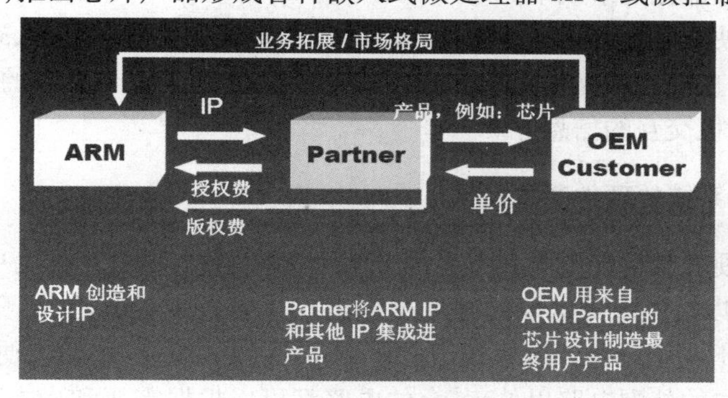

图1.1 ARM 公司的业务模型

(2) ARM 嵌入式微处理器系列

ARM 微处理器主要系列包括 ARM7 系列、ARM9 系列、ARM9E 系列、ARM10E 系列、ARM11 系列、SecurCore 系列、OptimoDE 系列、StrongARM 系列以及 XScale 系列等。其中,ARM7、ARM9、ARM9E 和 ARM10 为4个通用处理器系列,每一个系列提供一套相对独特的性能来满足不同应用领域的需求。SecurCore 系列专门为安全要求较高的应用而设计;Strong-

ARM 系列是 Intel 公司生产的用于便携式通信产品和消费电子产品的理想嵌入式微处理器，应用于多家掌上电脑系列产品；XScale 系列是 Intel 公司推出的基于 ARMv5TE 体系结构的全性能、高性价比、低功耗的嵌入式微处理器，应用于数字移动电话、个人数字助理和网络产品等场合。

OptimoDE 嵌入式信号处理内核技术，高效地优化了特殊应用执行，数据引擎是快速发展的技术。今天，普通用途的 DSP 已不能满足消费应用的处理需求，这就需要向专用逻辑转换，但是，专用逻辑既耗时又价高且不灵活。OptimoDE 内核的技术解决方案——提供了前所未有的性能，但功耗超低且小规模设计。OptimoDE 数据引擎提供了专用逻辑级的性能和灵活的可编程步骤。

ARM 公司在经典处理器 ARM2 以后的产品改用 Cortex 命名，并分成 A、R 和 M 三类，旨在为各种不同的市场提供服务。Cortex-R 是专门面向实时系统的 Cortex 处理器核；Cortex-A 是面对复杂的尖端应用程序，用于运行开放式复杂操作系统环境的 Cortex 处理器核；Cortex-M 是面向成本控制和微控制器应用提供优化的 Cortex 处理器核。

由于 ARM 公司只对外提供 ARM 内核，各大厂商在授权付费使用 ARM 内核的基础上研发生产各自的芯片，形成了嵌入式 ARM CPU 的大家庭，提供这些内核芯片的厂商有 Atmel、TI、飞思卡尔、NXP、ST 和三星等。

1.3 嵌入式系统的组成

嵌入式系统是“专用计算机应用系统”，它具有一般计算机组成的共性，也是由硬件和软件组成。由于嵌入式系统是一个应用系统，因此还有应用中的执行机构，用于实现对其他设备的控制、监视或管理等功能。图 1.2 为基于控制领域的典型嵌入式系统，完整地描述了嵌入式系统的软硬件各部分的组成结构。

嵌入式系统的硬件是嵌入式系统软件环境运行的基础，它提供了嵌入式系统软件运行的物理平台和通信接口；嵌入式操作系统和嵌入式应用软件则是整个系统的控制核心，控制整个系统运行，提供人机交互的信息等。

1.3.1 嵌入式系统的硬件基本结构

嵌入式系统的硬件架构如图 1.2 下半部分所示，是以嵌入式处理器为中心，配置存储器、I/O 设备、通信模块以及电源等必要的辅助接口组成。嵌入式系统是“量身定做”的“专用计算机应用系统”，又不同于普通计算机组成，在实际应用中的嵌入式系统硬件配置非常精简，除了微处理器和基本的外围电路以外，其余的电路都可以根据需要和成本进行“裁剪”“定制化”，非常经济、可靠。

嵌入式系统硬件核心是嵌入式微处理器，有时为了提高系统的信息处理能力，常常外接 DSP 和 DSP 协处理器（也可内部集成）完成高性能信号处理。

随着计算机技术、微电子技术、应用技术的不断发展和纳米芯片加工工艺技术的发展，以微处理器为核心的集成多种功能的 SoC 系统芯片已成为嵌入式系统的核心，在嵌入式系统设计中，要尽可能地选择能满足系统功能接口的 SoC 芯片，这些 SoC 集成了大量的外围 USB、

UART、以太网、AD/DA、IIS 等功能模块。

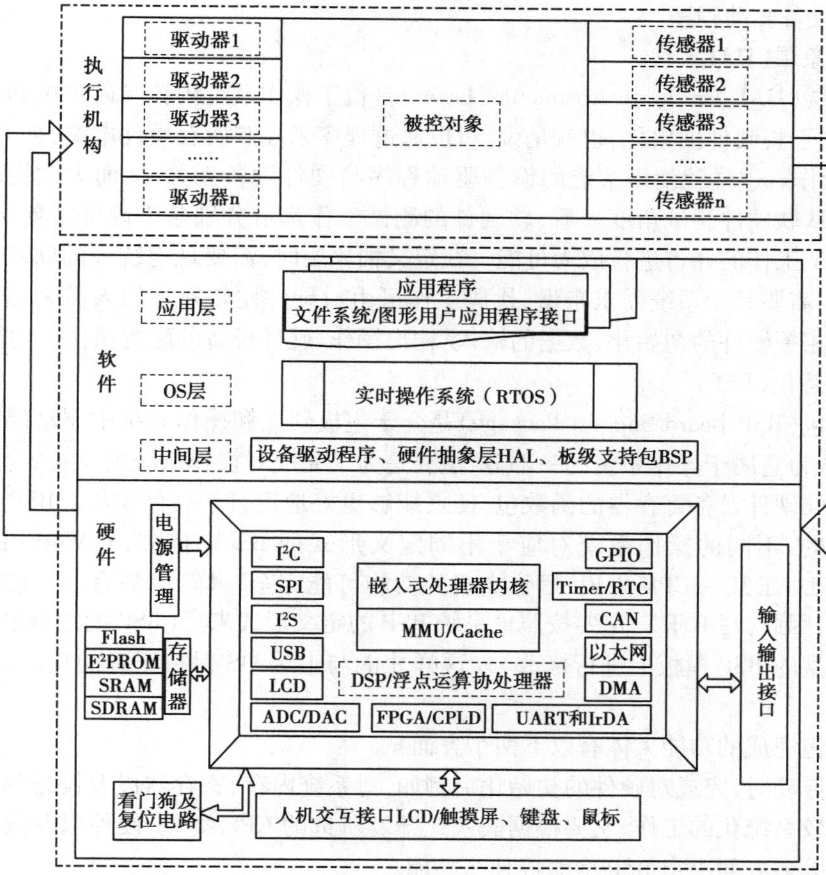

图 1.2 基于控制领域的典型的嵌入式系统

1.3.2 嵌入式系统软件的层次结构

设计一个简单的应用程序时,可以不使用操作系统;但是,当设计较复杂的程序时,可能就需要一个操作系统(OS)来管理、控制内存、多任务、周边资源等。依据系统所提供的程序界面来编写应用程序,可以大大地减少应用程序员的负担。

对于使用操作系统的嵌入式系统来说,嵌入式系统软件结构一般包含四个层面:设备驱动层、实时操作系统(RTOS)、应用程序接口(API)层和实际应用程序层。有些资料将应用程序接口 API 归属于 OS 层,如图 1.2 的上半部分所示的嵌入式系统的软件结构,是按三层划分的。由于硬件电路的可裁减性和嵌入式系统本身的特点,其软件部分也是可裁减的。

对于功能简单仅包括应用程序的嵌入式系统,一般不使用操作系统,仅有应用程序和设备驱动程序。现代高性能嵌入式系统应用越来越广泛,操作系统使用成为必然发展趋势。本小节主要介绍具有操作系统的嵌入式软件层次。

(1)驱动层程序

驱动层程序是嵌入式系统中不可缺少的重要部分,使用任何外部设备都需要有相应驱动层程序的支持,它为上层软件提供了设备的操作接口。上层软件不用理会设备的具体内部操作，只需调用驱动层程序提供的接口即可。驱动层程序一般包括硬件抽象层（HAL）和板级支持包（BSP）和设备驱动程序。

1）硬件抽象层（HAL）

硬件抽象层（HAL Hardware Abstraction Layer）是位于操作系统内核与硬件电路之间的接口层，其目的在于将硬件抽象化，也就是说，可以通过程序来控制所有硬件电路，如CPU、I/O、Memory等的操作。这样就使得系统的设备驱动程序与硬件设备无关，从而大大提高了系统的可移植性。从软硬件测试角度来看，软硬件的测试工作都可分别基于硬件抽象层来完成，使得软硬件测试工作的并行进行成为可能。在定义抽象层时，需要规定统一的软硬件接口标准，其设计工作需要基于系统需求来做，代码工作可由对硬件比较熟悉的人员来完成。抽象层一般应包含相关硬件的初始化、数据的输入/输出操作、硬件设备的配置操作等功能。

2）板级支持包（BSP）

板级支持包（BSP Board Support Package）是介于主板硬件和操作系统中驱动层程序之间的一层，一般认为它属于操作系统的一部分，主要是为了完成对操作系统的支持，为上层的驱动程序提供访问硬件设备寄存器的函数包，使之能够更好地运行于硬件主板。BSP是相对于操作系统而言的，不同的操作系统对应于不同定义形式的BSP。例如，VxWorks的BSP和Linux的BSP相对于某一CPU来说，尽管实现的功能可能完全一样，但是写法和接口定义却是完全不同的，因此，写BSP一定要按照该系统BSP的定义形式来写（BSP的编程过程大多数是在某一个成型的BSP模板上进行修改）。这样才能与上层OS保持正确的接口，良好的支持上层OS。

板级支持包完成的功能大体有以下两个方面：

①在系统启动时，完成对硬件的初始化。例如，对系统内存、寄存器以及设备的中断进行设置。这是比较系统化的工作，它要根据嵌入式开发所选的CPU类型、硬件以及嵌入式操作系统的初始化等多方面决定BSP应完成什么功能。

②为驱动程序提供访问硬件的手段。驱动程序经常要访问设备的寄存器，对设备的寄存器进行操作。如果整个系统是统一编址的话，开发人员可以直接在驱动程序中用C语言的函数就可访问。但是，如果系统为单独编址，那么C语言就不能够直接访问设备中的寄存器，只有用汇编语言编写的函数才能进行对外围设备寄存器的访问。BSP就是为上层的驱动程序提供访问硬件设备寄存器的函数包。

3）设备驱动程序

系统中安装设备后，只有在安装相应的设备驱动程序之后才能使用，驱动程序为上层软件提供设备的操作接口。上层软件只需调用驱动程序提供的接口，而不用理会设备的具体内部操作。驱动程序的好坏直接影响着系统的性能，驱动程序不仅要实现设备的基本功能函数（如初始化、中断响应、发送、接收等），使设备的基本功能得以实现，而且因为设备在使用过程中还会出现各种各样的差错，所以好的驱动程序还应该有完备的错误处理函数。

（2）实时操作系统（RTOS）

对于使用操作系统的嵌入式系统而言，操作系统一般以内核映像的形式下载到目标系统中。以μCLinux为例子，在系统开发完成之后，将整个操作系统部分做成内核映像文件，与文件系统一起传送到目标系统中；然后通过BootLoader指定地址运行μCLinux内核，启动已经下载好的嵌入式Linux系统；再通过操作系统解开文件系统、运行应用程序。整个嵌入式系统与通用操作系统类似,功能比不带有操作系统的嵌入式系统强大了很多。

内核中通常必需的基本部件是进程管理、进程间通信、内存管理部分,其他部件如文件系统、驱动程序、网络协议等都可以根据用户要求进行配置,并以相关的方式实现。

大部分嵌入式操作系统价格昂贵,一般比较看好源代码开放的 μC/OS-Ⅱ和 μCLinux,因此,在本书的第6章、第7章将对这两种操作系统的相关内容进行介绍。如果在教学、科研中比较感兴趣,请参阅相关资料。

(3)操作系统的应用程序接口(API)

应用程序接口(API Application Programming Interface)是一系列复杂的函数、消息和结构的集合体。嵌入式操作系统下的 API 和一般操作系统下的 API 功能、含义及知识体系完全一致。API 可以这样理解:在计算机系统中有很多可以通过硬件或外部设备去执行的功能,这些功能的执行可以通过计算机操作系统或硬件预留的标准指令调用,而软件人员在编制应用程序时就不需要为每一种可以通过硬件或外设执行的功能重新编制程序,只需要按系统或某些硬件事先提供的 API 调用就可以完成功能的执行,因此,在操作系统中提供标准的 API 函数,可以加快用户应用程序开发、统一应用程序开发标准,也为操作系统版本的升级带来的方便。在 API 函数中,提供了大量的常用模块,可以大大的简化用户应用程序的编写。

(4)应用程序

实际的嵌入式系统应用软件是建立在系统的主任务基础之上。用户应用程序主要通过调用系统的 API 函数对系统进行操作,完成用户应用功能开发。在用户的应用程序中也可以创建用户自己的任务,任务之间的协调主要依赖于系统的消息队列。

1.4　嵌入式操作系统

嵌入式操作系统是嵌入式应用软件的基础和开发平台,它是一段嵌入在目标代码中的软件,用户的其他应用程序都建立在操作系统之上。

嵌入式操作系统大部分是实时操作系统 RTOS,RTOS 是一个可靠性和可信度很高的实时内核,将 CPU 时间、中断、I/O、定时器等资源都包装起来,留给用户一个标准的 API,并根据各个任务的优先级,合理地在不同任务之间分配 CPU 时间。RTOS 是针对不同处理器优化设计的高效率实时多任务内核,优秀商品化的 RTOS 可以面对几十个系列的嵌入式 MPU、MCU、DSP、SoC 等提供类似的 API 接口,这是 RTOS 基于设备独立的应用程序开发的基础。因此,基于 RTOS 上的 C 语言程序具有极大的可移植性。RTOS 的商品化,实现了操作系统软件和用户应用软件的分离,为工程技术人员开发嵌入式系统应用软件带来了极大便利,大大缩短了嵌入式系统软件的开发周期。

嵌入式操作系统是嵌入式系统的灵魂,它的出现大大提高了嵌入式系统开发的效率,减少了系统开发的总工作量,而且提高了嵌入式应用软件的可移植性。嵌入式操作系统的种类繁多,但大体上可分为两种:商用型和免费型。

目前商用型的操作系统主要有 VxWorks、Windows CE 、Psos、Palm OS、OS-9、LynxOS、QNX、LYNX 等,它们的优点是功能稳定、可靠,有完善的技术支持和售后服务,而且提供了如图形用户界面和网络支持等高端嵌入式系统要求许多高级的功能,缺点是价格昂贵且源代码封闭性，这大大限制了开发者的积极性。

目前免费型的操作系统主要有 Linux 和 μC/OS-Ⅱ，它们在价格方面具有很大的优势。比如，嵌入式 Linux 操作系统以价格低廉、功能强大、易于移植而且程序源码全部公开等优点正在被广泛采用，成为新兴的力量。下面介绍几种常用的嵌入式操作系统。

1.4.1 嵌入式实时操作系统 μC/OS-Ⅱ

μC/OS-Ⅱ是一个可裁减的、源码开放的、结构小巧、可剥夺型的实时多任务内核，主要面向中小型嵌入式系统，具有执行效率高、占用空间小、可移植性强、实时性能优良和可扩展性强等特点。

μC/OS-Ⅱ中最多可以支持 64 个任务，分别对应优先级 0 ~ 63，其中"0"为最高优先级。实时内核在任何时候都是运行就绪了的最高优先级的任务，是真正的实时操作系统。μC/OS-Ⅱ最大程度上使用 ANSI C 语言开发，现已成功移植到近 40 多种处理器体系上。

μC/OS-Ⅱ结构小巧，最小内核可编译至 2 KB（这样的内核没有太大实用性），即使包含全部功能（如信号量、消息邮箱、消息队列及相关函数等），编译后的 μC/OS-Ⅱ内核也仅有 6 ~ 10 KB，所以，它比较适用于小型控制系统。μC/OS-Ⅱ具有良好的扩展性能，比如系统本身不支持文件系统，如果需要的话也可自行加入文件系统的内容。

1.4.2 嵌入式实时操作系统 VxWorks

VxWorks 是 Wind River Systems 公司推出的一个实时操作系统，是目前嵌入式系统领域中使用最广泛、市场占有率最高的系统。它支持多种处理器，如 x86、i960、Sun Sparc、Motorola MC68xxx、MIPS RX000、POWER PC 等。VxWorks 实时操作系统基于微内核结构，由 400 多个相对独立的、短小精炼的目标模块组成，用户可根据需要增加或删掉适当模块来裁剪和配置系统。VxWorks 的链接器可以按照应用的需要来动态链接目标模块。

VxWorks 因其良好的可靠性和卓越的实时性已广泛地应用在通信、军事、航空、航天等高端技术及实时要求极高的领域中。

1.4.3 嵌入式操作系统 WinCE

Microsoft Windows CE 是针对有限资源的平台而设计的多线程、完整优先权、多任务的操作系统，但它不是一个硬实时操作系统。高度模块化是 WinCE 的一个鲜为人知的特性，这一特性有利于它对从掌上电脑到专用的工业控制器的用户电子设备进行定制。WinCE 操作系统的基本内核需要至少 200 KB 的 ROM，它支持 Win32 API 子集、多种用户界面硬件、多种的串行和网络通信技术、COM/OLE 和其他的进程间通信的先进方法。Microsoft 公司为 Windows CE 提供了 Platform Builder 和 Embedded Visual Studio 开发工具。

Windows CE 有五个主要的模块：

①内核模块：支持进程和线程处理及内存管理等基本服务。

②内核系统调用接口模块：允许应用软件访问操作系统提供的服务。

③文件系统模块：支持 DOS 等格式的文件系统。

④图形窗口和事件子系统模块：控制图形显示，并提供 Windows GUI 界面。

⑤通信模块：允许同其他的设备之间进行信息交换。

Windows CE 嵌入式操作系统最大的特点是能提供与 PC 机类似的图形界面和主要的应用程序。Windows CE 嵌入式操作系统的界面显示大多数在 Windows 里出现的标准部件，包括桌面、任务栏、窗口、图标和控件等。这样，只要是对 PC 机上的 Windows 比较熟悉的用户，可以很快地使用基于 Windows CE 嵌入式操作系统的嵌入式设备。

1.4.4 嵌入式操作系统 Linux

Linux 类似于 UNIX，是一种免费的、源代码完全开放的、符合 POSIX 标准规范的操作系统。由于 Linux 的系统界面和编程接口与 UNIX 很相似，所以 UNIX 程序员可以很容易地从 UNIX 环境下转移到 Linux 环境中来。Linux 拥有现代操作系统所具有的内容：真正的抢先式多任务处理、支持多用户、内存保护、虚拟内存、支持对称多处理机 SMP(Symmetric Multi-Processing)、符合 POSIX 标准、支持 TCP/IP、支持绝大多数的 32 位和 64 位 CPU。嵌入式 Linux 版本众多，如支持硬实时的 Linux-RT-Linux/RTAI、Embedix、Blue Cat Linux 和 Hard Hat Linux 等，现在仅简要介绍应用广泛的 μClinux。

μClinux 是针对无 MMU 微处理器开发的，已经被广泛使用在 ColdFire、ARM、MIPS、SPARC、SuperH 等没有 MMU 的微处理器上。虽然 μClinux 的内核要比原 Linux 2.0 内核小得多，但保留了 Linux 操作系统稳定性好，网络能力优异以及对文件系统的支持等主要优点。

μClinux 同标准 Linux 的最大区别在于内存管理。标准 Linux 是针对有 MMU 的处理器设计的，在这种处理器上，虚拟地址被送到 MMU，将虚拟地址映射为物理地址。通过赋予每个任务不同的虚拟——物理地址转换映射，支持不同任务之间的保护。

对于 μClinux 来说，其设计针对没有 MMU 的处理器，不能使用虚拟内存管理技术。μCLinux 对内存的访问是直接的，即它对地址的访问不需要经过 MMU，而是直接送到地址线上输出，所有程序中访问的地址都是实际的物理地址，μCLinux 对内存空间不提供保护，各个进程实际上共享一个运行空间。在实现上，μCLinux 仍采用存储器的分页管理，系统在启动时把实际存储器进行分页，在加载应用程序时，程序分页加载。但是由于没有 MMU 管理，所以 μCLinux 采用实时存储器管理策略。

习　题

1.1 说明下列英文缩写的含义并写出原文：

MPU	MCU	H/W
S/W	AI	RAM
ROM	EPROM	EEPROM
RTOS	SoC	SOPC
IP	API	OS
HAL	BSP	MIPS
IrDA	SPI	UART
PCMCIA	MMU	IDE
OCD	ICD	BDM

ICE　　　　　　IIS

1.2　什么是嵌入式系统？嵌入式系统的特点是什么？

1.3　试通过比较嵌入式系统与通用 PC 系统的区别说明嵌入式系统的特点。

1.4　嵌入式系统的组成结构都包括哪些部分？根据图 1.2 所示说出你对嵌入式系统的组成结构的理解。

1.5　什么是可编程片上系统？它有哪些特点？

1.6　什么是嵌入式外围设备？简要说明嵌入式外围设备是如何分类的。

1.7　嵌入式系统软件的层次结构包括哪些部分？简单说明各部分的功能作用。

1.8　嵌入式操作系统的主要任务都有哪些？现阶段常见的嵌入式操作系统包括哪些，各有什么特点？

1.9　如何建立一个嵌入式系统开发环境？针对不同的用户需求可供选择的开发环境有哪些？

1.10　试述嵌入式系统的开发流程。

1.11　什么是软硬件协同设计？它最大的特点是什么？为什么可以采用这种方法进行嵌入式系统开发？

1.12　简单分析几种嵌入式操作系统的主要特点，包括嵌入式 Linux、Windows CE、μCOS Ⅱ及 VxWorks。

第 2 章 ARM 处理器的体系结构

第一片 ARM 处理器从设计研发出来距今已有 40 多年,经过 40 多年的发展,ARM 已成为 32 位嵌入式应用领域中全球范围内最为广泛使用的处理器。ARM 公司将 ARM 核授权给绝大多数的半导体公司,由这些公司根据他们的市场定位设计和制造出各种基于 ARM 核且具有自己公司产品特色的 SoC 芯片,广泛应用于嵌入式系统的开发中,是最为成功的 IP 核商业化运作。

2.1 体系结构和流水线技术

2.1.1 RISC 体系结构

RISC 的概念对 ARM 处理器的设计有着重大影响,最成功的也是第一个商业化的 RISC 实例就是 ARM,因此,大家公认 RISC 就是 ARM 的别名,而且 ARM 是当前使用最广、最为成功的基于 RISC 的处理器。

RISC 体系结构的特点:①指令格式和长度固定,且指令类型很少、指令功能简单、寻址方式少而简单,指令译码控制器采用硬布线逻辑,这样易于流水线的实现,进而获得高性能;②由于 RISC 指令系统强调了对称、均匀、简单,使得程序的优化编译效率更高;③大多数指令单周期完成,在通道中只包含最有用的指令,只提供简单的操作;④采用 Load-store 结构——处理器只处理寄存器中的数据,load-store 指令用来完成数据在寄存器和外部存储器之间的传送。

RISC 体系结构的这些特点极大地简化了处理器的设计,在体系结构的 VLSI 实现时更加有利于性能提高,对性能提高主要表现在 RISC 组织结构方面的特点。

2.1.2 冯·诺依曼体系结构与哈佛体系结构

(1)冯·诺依曼体系结构

冯·诺依曼体系结构模型如图 2.1 所示。

冯·诺依曼体系结构的特点:①数据与指令都存储在同一存储区中,取指令与取数据利

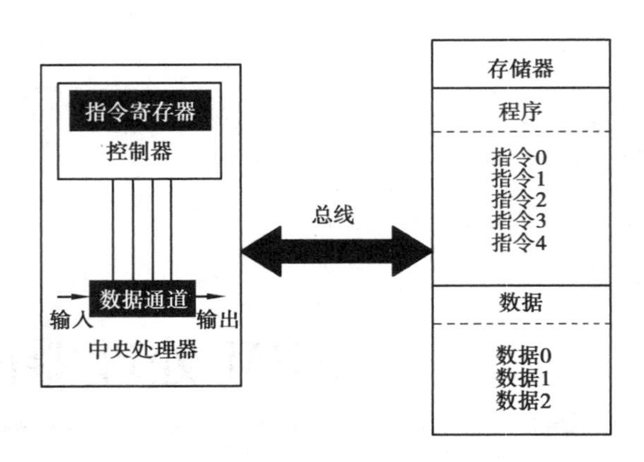

图 2.1　冯·诺依曼体系结构模型

用同一数据总线;②被早期大多数计算机所采用;③结构简单,但速度较慢,取指令不能同时取数据。ARM7 采用的冯·诺依曼体系结构。

(2)哈佛体系结构

所谓哈佛结构,就是总线处理方式上的不同,与冯·诺曼结构处理器比较,哈佛结构处理器有两个明显的特点:①使用两个独立的存储器模块,分别存储指令和数据,每个存储模块都不允许指令和数据并存;②使用独立的两条总线,分别作为 CPU 与每个存储器之间的专用通信路径,而这两条总线之间毫无关联。哈佛系统结构模型如图 2.2 所示。

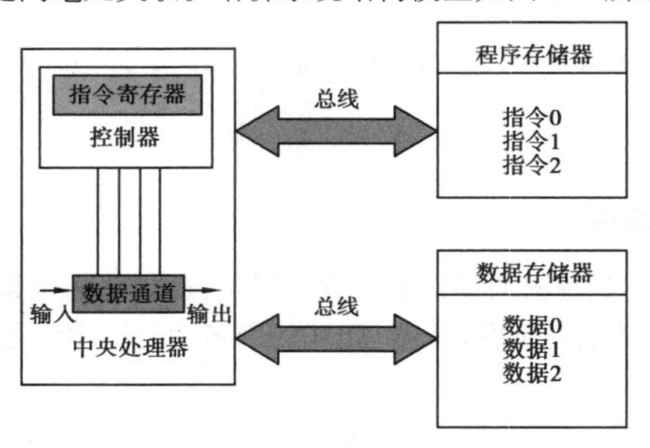

图 2.2　哈佛体系结构模型

数字信号处理一般需要较大的运算量和较高的运算速度,为了提高数据吞吐量,在数字信号处理器中大多采用哈佛结构,哈佛结构的优势在于取指令和取数据在同一周期进行,提高速度。ARM9 采用哈佛结构。

2.1.3　指令流水线技术

指令流水线是 RISC 处理器执行指令时采用的机制。采用流水线技术的主要原因是现代处理器的指令变得越来越复杂,往往需要使用多个时钟周期才能实现。处理器的乘法和除法指令就是这方面的典型代表。在处理器执行多周期的指令过程中,系统总线通常处于空闲状态。如果在处理器中采用流水线技术,其总线逻辑就可以在执行指令的同时提前读入几条指令准备运行。

指令流水线是 RISC 结构的一切处理器共同的一个特点,ARM 处理器也不例外,但不同

的ARM核其流水线级数不同。例如:ARM7采用三级流水线结构(取指、译码、执行),即运行一条指令分为三个阶段:

①取指

取指级完成程序存储器中指令的读取,并放入指令流水线中。

②译码

对指令进行译码,为下一周期准备数据路径需要的控制信号。在这一级指令“占有”译码逻辑,而不“占有”数据路径。

③执行

指令“占有”数据路径,寄存器堆被读取,操作数在桶式移位器中被移位,ALU产生相应的运算结果并回写到目的寄存器中,ALU结果根据指令需求更改状态寄存器的条件位。

ARM9采用五级流水线结构(取指、译码、执行、缓冲、写回),即运行一条指令分为五个阶段:

①取指

指令从存储器中取出,放入指令流水线。

②译码

指令译码,从寄存器堆中读取寄存器操作数。在寄存器堆中有三个操作数读端口,因此,大多数ARM指令能在一个周期内读取其操作数。

③执行

将一个操作数移位,产生ALU的结果。如果指令是“load”或“store”,在ALU中计算存储器的地址。

④缓冲数据

如果需要,则访问数据存储器,否则,ALU的结果只是简单的缓冲一个时钟周期,以便使所有的指令具有同样流水线流程。

⑤回写

将指令产生的结果回写到寄存器堆,包括任何从存储器读取的数据。

以五级流水线为例,采用指令流水线技术和不采用指令流水线技术的对比见表2.1和表2.2,可以看出:不采用指令流水线技术,处理器10个时间片一共完成2条指令;而采用流水线技术,处理器10个时间片一共完成了6条指令。因此,采用指令流水线技术将大大提高微处理器的运行效率。

表2.1　不采用指令流水线技术

时间片	1	2	3	4	5	6	7	8	9	10
指令1	取指	译码	执行	缓冲	写回					
指令2					取指	译码	执行	缓冲	写回	取指

表2.2　采用指令流水线技术

时间片	1	2	3	4	5	6	7	8	9	10
指令1	取指	译码	执行	缓冲	写回					

续表

时间片	1	2	3	4	5	6	7	8	9	10
指令2		取指	译码	执行	缓冲	写回				
指令3			取指	译码	执行	缓冲	写回			
指令4				取指	译码	执行	缓冲	写回		
指令5					取指	译码	执行	缓冲	写回	
指令6						取指	译码	执行	缓冲	写回

例题2.1　已知某ARM处理器采用一条五级流水线,假设每一级所需时间为4 ns,则该处理器要执行100亿条指令最快需要多少时间?

解　因为1 ns $=10^{-9}$ s,而每一级所需时间为4 ns,并且每一级能执行一条指令,所以执行一条指令需要4 ns,即4×10^{-9} s

因此100亿条指令最快需要$10^{10}\times4\times10^{-9}$ s $=40$ s

2.2　嵌入式处理器内核

2.2.1　知识产权核(IP核)

知识产权(IP)电路或核是设计好并经过验证的集成电路功能单元,IP复用意味着设计代价降低(时间、价格)。

IP核的类别如下:

①微处理器:ARM,PowerPC;

②存储器:RAM,memory controller;

③外设:PCI,DMA controller;

④多媒体处理:MPEG/JPEG;

⑤encoder/decoder;

⑥数字信号处理器(DSP);

⑦通信:Ethernet controller,router。

2.2.2　典型内核

内核是指处理器内部核心部件,通常指的是一种设计技术,并不是一种芯片,内核的设计一般追求高速度、低功耗、易于集成。嵌入式领域体系结构全部是RISC指令集的处理器内核。尽管都毫不例外地采用RISC结构,但各自有各自的优势和应用领域,目前世界上有四大主流的嵌入式处理器内核生产厂家及嵌入式处理器内核,如图2.3所示。

(1)PowerPC核

PowerPC架构的特点是可伸缩性好,方便灵活。PowerPC处理器品种很多,既有通用的处理器,又有嵌入式控制器和内核,应用范围非常广泛,从高端的工作站、服务器到桌面计算机

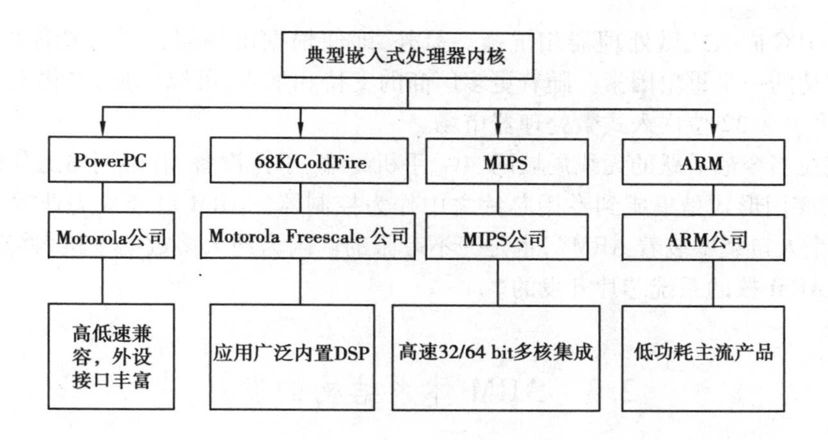

图2.3　四大主流的嵌入式处理器内核

系统，从消费类电子产品到大型通信设备，无所不包。

处理器芯片主要型号是 PowerPC 750，它于 1997 年研制成功，最高的工作频率可以达到 500 MHz，采用先进的铜线技术。该处理器有许多品种，以便适合各种不同的系统。包括 IBM 小型机、苹果电脑和其他系统。

嵌入式的 PowerPC 405（主频最高为 266 MHz）和 PowerPC 440（主频最高为 550 MHz）处理器内核可以用于各种 SoC 设计上，在电信、金融和其他许多行业具有广泛的应用。目前中兴、华为等公司多采用 Motorola 的 PowerPC 家族系列嵌入式处理器。

（2）68K/ColdFire 核

68K/ColdFire 被称为业界应用最广泛嵌入式处理器内核。68 K 内核是最早在嵌入式领域广泛应用的内核，其代表芯片是 68360。ColdFire 继承了 68 K 的特点并继续沿袭它，ColdFire 内核被植入 DSP 模块、CAN 总线模块以及一般嵌入式处理器所集成的外设模块，从而形成了一系列的嵌入式处理器。

到目前为止，飞思卡尔的 68K 和 ColdFire 系统产品发货量已突破 5 亿片，在工业控制、机器人研究、家电控制等领域被广泛采用。

（3）MIPS 核

MIPS 技术公司是一家设计制造高性能、高档次及嵌入式 32 位和 64 位处理器的厂商，在 RISC 处理器方面占有重要地位。“MIPS”的意思是“无内部互锁流水级的微处理器”，最早是在 20 世纪 80 年代初期由美国斯坦福大学 Hennessy 教授领导的研究小组研制出来的。

在嵌入式方面，MIPS 系列微处理器是目前仅次于 ARM 的用得最多的处理器之一（1999 年以前 MIPS 是世界上用得最多的处理器），其应用领域覆盖游戏机、路由器、激光打印机、掌上电脑等各个方面。MIPS 的系统结构及设计理念比较先进，在设计理念上 MIPS 强调软硬件协同提高性能，同时简化硬件设计。

（4）ARM 核

ARM 是世界第一大 IP 知识产权厂商，可以说 ARM 公司引发了嵌入式领域的一场革命，在低功耗、低成本的嵌入式应用领域确立了市场领导地位，成为高性能、低功耗的嵌入式微处理器开发方面的后起之秀，是目前 32 位市场中使用最为广泛的微处理器。

ARM 的成功在于它极高的性能以及极低的能耗，使得它能够与高端的 MIPS、高端的

MIPS 和 PowerPC 嵌入式微处理器相抗衡。另外,即使根据市场需要进行功能的扩展,也是 ARM 取得成功的一个重要因素。随着更多厂商的支持和加入,可以预见,在将来一段时间之内,ARM 仍将主宰 32 位嵌入式微处理器市场。

ARM 核在当今最活跃的无线局域网、4G、手机终端、手持设备、有限网络通信设备中得到广泛应用,其应用形式是集成到专用芯片之中作为控制器。ARM 已经成为业界名副其实的领军者,“每个人口袋中装着 ARM”,也是毫不夸张的。因为绝大多数的手机、移动设备、PDA 都是用具有 ARM 核的系统芯片开发的。

2.3 ARM 体系结构的发展

ARM 公司自成立以来,在 32 位嵌入式处理器开发领域中不断取得突破,ARM 体系的指令集功能形成了多种版本,同时,各版本中还发展了一些变种版本,这些变种定义了该版本指令集中不同的功能,这些体系结构应用于不同的处理器设计中。

ARM 系列处理器的各体系结构版本实现技术各不相同,实现的性能差别也很大,应用场合也有所不同。随着 ARM 技术的发展,体系结构还将不断发展。本节主要论述和总结 ARM 体系结构版本的发展、演变过程和命名规则。ARM 体系结构在 ARM 技术的不断发展过程中经历了多次修订,到 2013 年止,已经发展到 V8。

(1)版本 1(V1)

ARM 体系结构版本 1 对第一个 ARM 处理器进行描述,其地址空间是 26 位,仅支持 26 位寻址空间,不支持乘法或协处理器指令。本版本包括下列指令:①乘法指令之外的基本数据处理指令;②基于字节,字和多字的存储器访问操作指令(Load/Store);③子程序调用指令 BL 在内的跳转指令;④完成系统调用的软件中断指令 SWI。

(2)版本 2 (V2)

以 ARM2 为核的 Acorn 公司的 Archimedes(阿基米德)和 A3000 批量销售,它仍然是 26 位地址的机器,但包含了对 32 位结果的乘法指令和协处理器的支持,ARM2 使用了 ARM 公司现在称为 ARM 体系结构版本 2 的体系结构。

版本 2a 是版本 2 的变种,ARM3 芯片是采用了版本 2a 和第一片具有片上 Cache 的 ARM 处理器,版本 2a 增加了合并 load 和 store(SWP)指令,并引入了使用协处理器 15 作为系统控制协处理器来管理 Cache。

与版本 1 相比版本 2(2a)增加了下列指令:①乘和乘加指令;②支持协处理器的指令;③对于 FIQ 模式,提供了两个以上的分组寄存器;④SWP 指令及 SWPB 指令。

(3)版本 3(V3)

ARM 作为独立的公司,在 1990 年设计的第一个微处理器采用的是版本 3 的体系结构 ARM6。它作为 IP 核、独立的处理器(ARM60)、具有片上高速缓存、MMU 和写缓冲的集成 CPU(用于 Apple Newton 的 ARM600、ARM610)所采纳的体系结构而被广泛销售。

版本 3 的变种版本有版本 3G 和版本 3M。版本 3G 是不与版本 2a 向前兼容的版本 3,版本 3M 引入了有符号和无符号数乘法和乘-加指令,这些指令产生全部 64 位结果。

版本 3 较以前的版本发生了大的变化,具体的改进如下:①地址空间扩展到了 32 位,但除了版本 3G 外的其他版本是向前兼容的，也支持 26 位的地址空间；②分开的当前程序状态寄存器 CPSR（Current Program Status Register）和备份的程序状态寄存器 SPSR（Saved Program Status Register），SPSR 用于在程序异常中断时保存被中断的程序状态；③增加了两种异常模式，使操作系统代码可以方便地使用数据访问中止异常、指令预取中止异常和未定义指令异常；④增加了 MRS 指令和 MSR 指令用于完成对 CPSR 和 SPSR 寄存器的读写；⑤修改了原来的从异常中返回的指令。

（4）版本 4（V4）

体系结构版本 4 不再强制要求与以前的 26 位体系结构版本兼容，它清楚地指明了哪些指令会引起未定义指令异常发生。在体系结构版本 4 的变种版本 4T 中引入了 16 位 Thumb 压缩形式的指令集。

与版本 3 相比，版本 4 增加了下列指令：①有符号、无符号的半字和有符号字节的 load 和 store 指令；②增加了 T 变种，处理器可以工作于 Thumb 状态，在该状态下的指令集是 16 位的 Thumb 指令集；③增加了处理器的特权模式。在该模式下，使用的是用户模式下的寄存器。

（5）版本 5（V5）

版本 5 主要由两个变种版本（5T、5TE）组成。ARM10 处理器是最早支持版本 5T 的（很快也会支持 5TE 版本）处理器。相比于版本 4，版本 5 的指令集有了如下的变化：①提高了 T 变种中 ARM/Thumb 混合使用的效率；②增加前导零记数（CLZ）指令，该指令可使整数除法和中断优先级排队操作更为有效；③增加了 BKPT（软件断点）指令；④为协处理器设计提供了更多的可供选择的指令；⑤更加严格地定义了乘法指令对条件码标志位的影响。

（6）版本 6（V6）

ARM 体系版本 6 是 2001 年发布的。基本特点包括 100% 与以前的体系兼容、SIMD 媒体扩展，使媒体处理速度快 1.75 倍、改进了的内存管理，使系统性能提高 30%；改进了混合端（Endian）与不对齐数据支持，使得小端系统支持大端数据（如 TCP/IP）；为实时系统改进了中断响应时间，将最坏情况下的 35 周期改进到了 11 周期。ARM 体系版本 6 首先在 2002 年春季发布的 ARM11 处理器中使用。除此之外，V6 还支持多微处理器内核。

（7）版本 7（V7）

ARM 体系版本 7 是 2004 年发布的，并将其命名为“Cortex”（这是 ARM 首次为其体系结构命名）。新版的体系结构采用了更高性能、功耗效率和代码密度的 Thumb®-2 技术，首次采用了强大的信号处理扩展集，对 H.264 和 MP3 等媒体编解码提供加速，Cortex-A8TM 处理器采用的就是 V7 版的结构。到 2011 年，所有的 ARM-Cotex family 都被设计成使用 ARMV7 架构。ARMV7 系列处理器内核包括 Cortex-A（针对高端应用领域），Cortex-M（针对低功耗工业控制领域）和 Cortex-R（针对实时应用领域）。

（8）版本 8（V8）

版本 8 于 2011 年发布，这是 ARM 公司的首款支持 64 位指令集的处理器架构。在 2012 年间推出基于 ARMV8 架构的处理器内核并开始授权，而面向消费者和企业的样机于 2013 年由苹果的 A7 处理器上首次运用。

ARMV8 采用了新的指令集 A64，其兼容 ARMV7 的指令 A32。A32 和 A64 的转换只能发生在异常级别转换时，且 A32 和 A64 之间的转换有一个严格的规则集合。A64 指令集的特点如下：①A64 下的每条指令被定义为固定 32 位；②A32 和 A64 分别解码，这样可以简化解码表，单独的解码表可以允许更多更先进的分支预测技术；③通用目的寄存器增加到 31 个；

④A64删除了 LDM/STM 指令，因为 LDM/STM 实现比较复杂；⑤更少的条件指令，因为实现复杂，并且没有明显的好处；⑥浮点单元硬件支持；⑦SIMD 支持，针对 A64 作了专门修订，引入了双精度浮点支持。

ARMV8 架构的典型内核有 Cortex-A53、Cortex-A57 和 Cortex-A72。目前最新的手机大多采用 A53 之后的公版架构。

2.4 Thumb 技术介绍

CISC 复杂指令系统的核已经到达了它的性能极限，它需要大量的晶体管，体积大、功耗大、又比较难以集成，导致整个系统要花费高昂的代价。虽然 RISC 精简指令系统的核为这些问题提供了很有潜力的解决方案，但是由于 RISC 代码密度低的问题（这需要比较大的存储器空间），在 RISC 处理器发展的初期，RISC 处理器的性能还是要逊色于 CISC 处理器，成本价格上也不占什么优势。

在 ARM 技术发展的历程中，尤其是 ARM7 体系结构被广泛接受和使用时，嵌入式控制器的市场仍然大都由 8 位、16 位的处理器占领。然而，这些产品却不能满足高端应用（如移动电话、磁盘驱动器、调制解调器等）设备对处理器性能的要求。这些高端消费类产品需要 32 位的 RISC 处理器的性能和更优于 16 位的 CISC 处理器的代码密度。这就要求要以更低的成本取得更好的性能和更优于 16 位的 CISC 处理器的代码密度。

为了满足嵌入式技术不断发展的要求，ARM 的 RISC 体系结构的发展中已经提供了低功耗、小体积、高性能的方案。而为了解决代码长度的问题，ARM 体系结构又增加了 T 变种，开发了一种新的指令体系，这就是 Thumb 指令集。Thumb 技术是 ARM 技术的一大特色，本节以第一个支持 Thumb 的核-ARM7TDMI 为例，对 Thumb 技术进行介绍。

2.4.1 Thumb 的技术概述

Thumb 是 ARM 体系结构的扩展。它有从标准 32 位 ARM 指令集抽出来的 36 条指令格式，可以重新编成 16 位的操作码。这能带来很高的代码密度，因为 Thumb 指令的宽度只有 ARM 指令宽度的一半。在运行时，这些 16 位的 Thumb 指令又由处理器解压成 32 位的 ARM 指令。

ARM7TDMI 是第一个支持 Thumb 的核，支持 Thumb 的核仅仅是 ARM 体系结构的一种发展的扩展，所以，编译器既可以编译 Thumb 代码，又可以编译 ARM 代码。更高性能的未来的 ARM 核，也都能够支持 Thumb。

支持 Thumb 的 ARM 体系结构的处理器状态可以方便地切换、运行到 Thumb 状态，在该状态下指令集是 16 位的 Thumb 指令集。Thumb 可以满足它们的要求，它在当时的要求 16 位和未来需要的 32 位系统之间搭起了一座桥梁。更优越的性能，而不需要付出额外的代价，这点对那些目前使用着 8 位或 16 位处理器，却一直在寻找着更优越的性能的用户来说，提供了解决方案。

2.4.2 Thumb 的技术实现

在早期的 ARM7TDMI 的三级流水线的体系结构中，为了支持 Thumb 指令集，ARM 指令体系需要增加Thumb解压缩器。ARM7TDMI是第一个应用此技术的核。ARM7和ARM7T核完成单周期的执行都是需要三个阶段:取指令、译码和执行。指令经过各个阶段是由时钟相位的高低来控制的,ARM7TDMI正是利用了这个特点,考虑流水线各级间的平衡,利用译码阶段的一个未用的时钟相位,将Thumb指令解压还原为32位相应的ARM指令来完成对Thumb指令的解压缩。这些16位的Thumb指令可以由处理器在译码级解压成32位的ARM指令,在ARM核里运行。这样,不需要再附加时间费用和单独的解码周期,就可以维持指令的执行。图2.4为ARM7TDMI中ARM7和ARM7T取指令、解压缩与执行的过程。图2.5为Thumb指令的解压缩和解码过程:从流水的取指令阶段得到的ARM指令,经过ARM译码,并且激活主副操作码控制信号。其中,主操作码描述了要执行指令的类型,副操作码说明了指令的细节,诸如存储器、操作数等。在Thumb状态,多路复用器指导指令经过Thumb解压缩逻辑,转换为相应的ARM指令,然后执行。

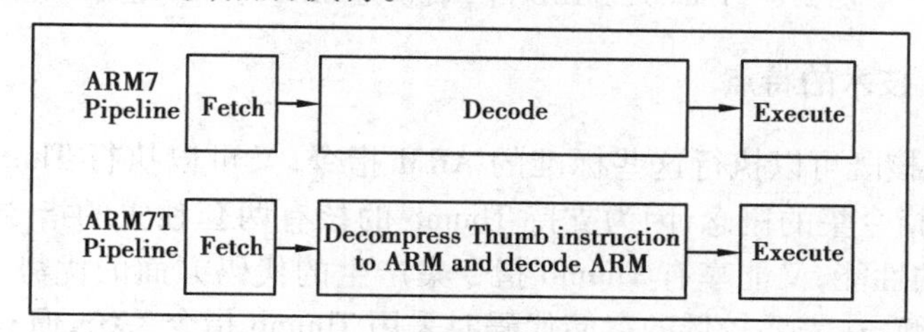

图2.4 ARM7和ARM7T取指令、解压缩与执行

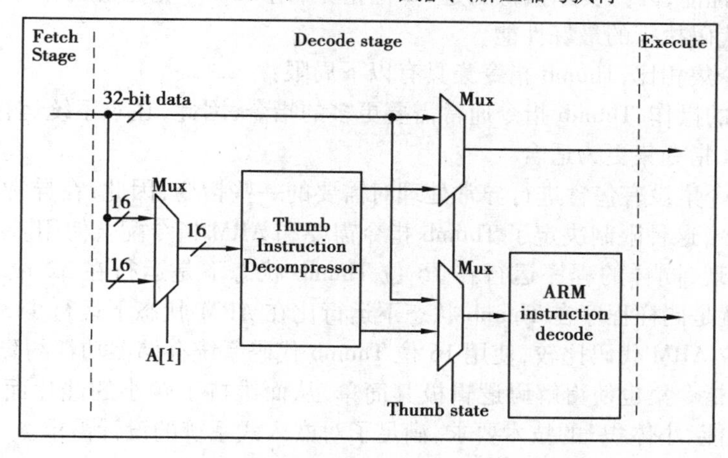

图2.5 Thumb指令的解压缩和解码

为了更好地理解,在此列举Thumb的ADD指令转换为ARM的ADD指令的过程,如图2.6所示。原Thumb指令的主操作码直接传给ARM指令,副操作码先查表转换成相应的代码再放入ARM指令中。ARM指令继承了从主操作码得来的执行条件(always condition code)。主操作码选择Thumb的操作数传给ARM指令,寄存器号码前面加一位“0”扩展成4位(因为Thumb指令只能用R0~R7这8个通用寄存器作为操作数,所以原来只用3位)。常数值前边也加“0000”扩展,因为原Thumb指令中的常数是8位。这种解方案将会应用于所有的ARM核和未来的系列产品中。

在后来的ARM9TDMI的五级流水线的体系结构中,这些16位的Thumb指令又由处理器在译码级直接译码产生相应的控制信号,然后在ARM核里运行。

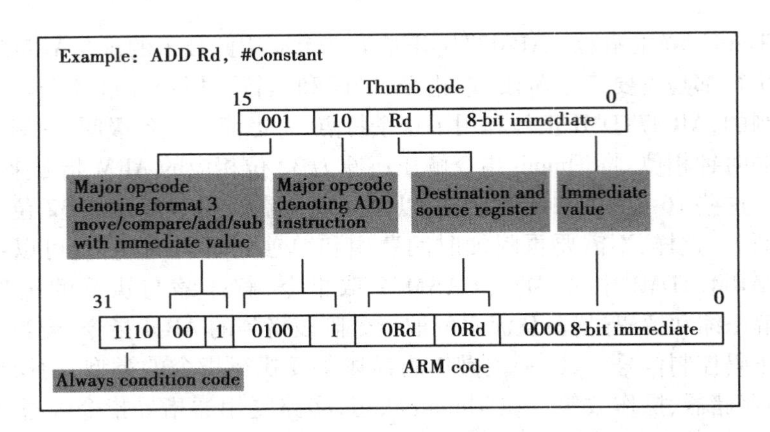

图 2.6　Thumb 的 ADD 指令转换为 ARM 的 ADD 指令

2.4.3　Thumb 技术的特点

支持 Thumb 的核既可以执行这些标准的 ARM 指令,又可以执行 Thumb 指令,Thumb 不仅仅是另一个混合指令集的概念,因为支持 Thumb 的核有两套独立的指令集,它使设计者得到 ARM32 位指令的性能,又能享有 Thumb 指令集产生的代码方面的优势。可以在性能和代码大小之间取得平衡,在需要较低的存储代码时采用 Thumb 指令系统,但有比纯粹的 16 位系统有较高的实现性能,因为实际执行的是 32 位指令,用 Thumb 指令编写最小代码量的程序,却取得以 ARM 代码执行的最好性能。

与 ARM 指令集相比,Thumb 指令集具有以下局限:

①完成相同的操作,Thumb 指令通常需要更多的指令,因此,在对系统运行时间要求苛刻的应用场合 ARM 指令集更为适合。

②Thumb 指令集没有包含进行异常处理时需要的一些指令,因此,在异常中断时,还是需要使用 ARM 指令,这种限制决定了 Thumb 指令需要和 ARM 指令配合使用。

一般统计发现,同样的程序运行在 16 位 Thumb 状态下是运行在 32 位 ARM 下代码的 60% ~70%,也就是同样程序在 Thumb 状态下运行比在 ARM 状态下运行少 30% ~40% 的代码。与使用 32 位 ARM 代码比较,使用 16 位 Thumb 代码系统存储器功耗约降低 30%。

独立的两套指令集也使得解码逻辑极其简单,从而维持了较小的硅片面积,保证了领先的"低功耗、高性能、小体积"的技术要求,满足了对嵌入式系统的设计需求。

2.5　ARM 处理器工作状态

自从有了 ARM7TDMI 核以后,体系结构中具有 T 变种的 ARM 处理器核可以工作在 ARM 状态和 Thumb 状态,且两种状态可通过 BX 指令相互切换。

(1)两种工作状态

1)ARM 状态

32 位,此时处理器执行字对齐的 32 位 ARM 指令;

2)Thumb 状态

16位,此时处理器执行半字对齐的16位 Thumb 指令。

(2)工作状态的切换

1)进入 Thumb 状态

当操作数寄存器 Rm 的状态位 bit[0]为"1"时,执行 BX　Rm 指令进入 Thumb 状态。

所有的异常都是在 ARM 状态下进行,如果处理器在 Thumb 状态进入异常,则当异常处理(IRQ,FIQ,Undef,Abort 和 SWI)返回时,自动切换到 Thumb 状态。

2)进入 ARM 状态

当操作数寄存器 Rm 的状态位 bit[0]为"0"时,执行 BX　Rm 指令进入 ARM 状态。

如果处理器进行异常处理(IRQ、FIQ、Undef、Abort 和 SWI),在此情况下,将 PC 放入异常模式链接寄存器 LR 中,从异常向量地址开始执行也可以进入 ARM 状态。

在程序执行的过程中,处理器可以在两种状态下切换。需要强调的是:

①ARM 和 Thumb 之间状态的切换不影响处理器的模式或寄存器的内容。

②ARM 指令集和 Thumb 指令集都有相应的状态切换命令。

③ARM 处理器在开始执行代码时,只能处于 ARM 状态。

④当进行异常处理时,必须是 ARM 状态下的 ARM 指令,此时,如果原来工作于 Thumb 状态,必须将其切换到 ARM 状态,使之执行 ARM 指令。

2.6　ARM 处理器工作模式

ARM 处理器共支持所列的七种处理器模式见表2.3,表中给出了 CPSR[4:0]与七种工作模式的关系以及各种模式的解释。

表2.3　ARM 处理器的工作模式

CPSR[4:0]	模　式	用　途	可访问的寄存器
10000	用户(usr)	正常用户模式,程序正常执行模式	PC、R14 ~ R0、CPSR
10001	快速中断(FIQ)	处理快速中断,支持高速数据传送或通道处理	PC、R14_fiq ~ R8_fiq、R7 ~ R0、CPSR、SPSR_fiq
10010	普通中断(IRQ)	处理普通中断	PC、R14_irq ~ R13_fiq、R12 ~ R0、CPSR、SPSR_irq
10011	管理(SVC)	操作系统保护模式,处理软件中断(SWI)	PC、R14_svc ~ R13_svc、R12 ~ R0、CPSR、SPSR_svc
10111	中止(abort)	处理存储器故障、实现虚拟存储器和存储器保护	PC、R14_abt ~ R13_abt、R12 ~ R0、CPSR、SPSR_abt
11011	未定义(undefined)	处理未定义的指令陷阱,支持硬件协处理器的软件仿真	PC、R14_und ~ R13_und、R12 ~ R0、CPSR、SPSR_und
11111	系统(system)	运行特权操作系统任务	PC、R14 ~ R0、CPSR

除用户模式外的其他六种模式称为特权模式，即快速中断（FIQ）、普通中断（IRQ）、管理（SVC）、中止、未定义、系统。特权操作模式主要处理异常和监控调用（有时称为软件中断），它们可以自由地访问系统资源和改变模式。

特权模式中除系统模式以外的五种模式又称为异常模式，即快速中断（FIQ）、普通中断（IRQ）、管理（SVC）、中止、未定义。特权模式由异常模式和系统模式组成，异常模式主要用于处理中断和异常，当应用程序发生异常中断时，处理器进入相应的异常模式。

在每一种异常模式中都有某些附加的影子寄存器组，供相应的异常处理程序使用，这样就可以保证在进入异常模式时，用户模式下的寄存器（保存了程序运行状态）不被破坏，以避免异常出现时用户模式的状态不可靠。

系统模式仅在ARM体系结构V4以及以上的版本存在，系统模式不是通过异常过程进入的，它与用户模式有完全相同的寄存器，这样操作系统的任务可以访问所有需要的系统资源，也可以使用用户模式的寄存器组，但不使用异常模式下相应的寄存器组，因此，避免使用与异常模式有关的附加寄存器，进而确保当任何异常出现时都不会使任务的状态不可靠或被破坏。系统模式属于特权模式，因而不受用户模式的限制。

在软件控制、外部中断或异常处理下，可以引起处理器工作模式的改变。大多数的用户程序是运行在用户模式下，这时应用程序不能够访问一些受操作系统保护的系统资源，也不能改变模式。应用程序也不能直接进行处理器模式的切换，除非异常发生，这允许操作系统来控制系统资源的使用，可以通过适当编写操作系统来控制系统资源的使用。

2.7 ARM处理器寄存器组成

ARM处理器总共有37个寄存器，这37个寄存器按在用户编程中的功能划分，可以分为以下两类寄存器：①31个通用寄存器。在这31个通用寄存器中包括了程序计数器（PC）。这些寄存器都是32位的。它们的名称为：R0～R15；R13_svc、R14_svc；R13_abt、R14_abt；R13_und、R14_und；R13_irq、R14_irq；R8_frq～R14_frq。②6个状态寄存器：CPSR、SPSR_svc、SPSR_abt、SPSR_und、SPSR_irq和SPSR_fiq。6个状态寄存器也是32位的，但目前只使用了其中的12位，这12位的含义将在程序状态寄存器中详细描述。

工作于ARM状态下，在物理分配上，寄存器被安排成部分重叠的组，每种处理器工作模式使用不同的寄存器，这些寄存器并不是在同一时间全都可以被编程者看到或访问的。处理器工作状态和工作模式共同决定了程序员可以访问的寄存器。如前所述，ARM处理器共有七种不同的处理器模式和两种工作状态，也就是说，ARM处理器在每个时刻只能工作在七种模式中的任何一种和ARM、Thumb状态中一种。因此，程序员可以操作的寄存器因工作状态和工作模式不同而不同。不同模式下寄存器组如图2.7所示。

2.7.1 通用寄存器

通用寄存器包括R0～R15，可以分为三类：①未分组寄存器R0～R7；②分组寄存器R8～R14；③程序计数器PC（R15）。

	用户	系统	管理	中止	未定义	普通中断	快速中断
通用寄存器和程序计数器	R0						
	R1						
	R2						
	R3						
	R4						
	R5						
	R6						
	R7						
	R8						R8-fiq
	R9						R9-fiq
	R10						R10-fiq
	R11						R11-fiq
	R12						R12-fiq
	R13(SP)		R13-svc	R13-abt	R13-und	R13-irq	R13-fiq
	R14(LR)		R14-svc	R14-abt	R14-und	R14-irq	R14-fiq
	R15(PC)						
状态寄存器	CPSR						
	无		SPSR-svc	SPSR-abt	SPSR-und	SPSR-irq	SPSR-fiq

（模式：用户～快速中断；特权模式：系统～快速中断；异常模式：管理～快速中断）

图 2.7　ARM 状态下的寄存器组织

(1)未分组寄存器 R0 ~ R7

R0 ~ R7 是未分组寄存器。这意味着在所有处理器模式下,它们每一个都访问的是同一个物理寄存器。它们是真正并且在每种状态下都统一的通用寄存器。在异常中断造成处理器模式切换时,在不同的异常处理模式下,如果使用寄存器名称相同,也就意味着使用相同的一个物理寄存器。如果未加保护,模式变化后,有可能造成寄存器中存储的数据被破坏,这是特别需要注意的。未分组寄存器没有被系统用于特别的用途,任何可采用通用寄存器的应用场合都可以使用未分组寄存器,但必须注意对同一寄存器在不同模式下使用时的数据保护。

(2)分组寄存器 R8 ~ R14

R8 ~ R14 是分组寄存器。可以大致分为两组,一组为分组寄存器 R8 ~ R12,一组为分组的寄存器 R13 ~ R14。

1)分组寄存器 R8 ~ R12

从图 2.7 中可以看出分组寄存器 R8 ~ R12 各有两组物理寄存器,一组为 FIQ 模式,另一组为除了 FIQ 以外的所有模式。

①FIQ 模式分组寄存器 R8 ~ R12

在 FIQ 模式下使用 R8_fiq ~ R12_fiq,FIQ 处理程序可以不必保存和恢复中断现场,从而使 FIQ 中断的处理过程更加迅速。

②FIQ 以外的分组寄存器 R8 ~ R12

在 FIQ 模式以外的其他四种异常模式下,可以访问 R8 ~ R12 的寄存器和用户模式、系统模式下的 R8 ~ R12 没有区别,是属于同一物理寄存器,也没有任何指定的特殊用途。

在 FIQ 模式以外的其他四种异常模式下只使用 R8 ~ R12 和这四种异常模式下的分组寄存器 R13、R14,足以简单地处理中断。显然,在 FIQ 模式以外的中断处理中,如果要使用R8 ~ R12 必须考虑保护,而在 FIQ 模式下由于可以使用 R8_fiq ~ R12_fiq,比 FIQ 模式以外的其他四种异常模式提供较多的寄存器资源，更方便异常处理。

2）分组寄存器 R13、R14

寄存器 R13、R14 各有 6 个分组的物理寄存器。只有一个用于用户模式和系统模式，而其他的分别用于 5 种异常模式。异常模式下 R13、R14 的访问时特别需要明确指定它们的工作模式。寄存器名字构成规则如下：

R13_ <mode>

R14_ <mode>

其中 <mode> 可以从 svc、abt、und、irq 和 fiq 五种模式中选取一个。

①R13

寄存器 R13 通常用做堆栈指针 SP，在 ARM 指令集中，并没有任何指令强制性的使用 R13 作为堆栈指针，而在 Thumb 指令集中，有一些指令强制性地使用 R13 作为堆栈指针。

每一种异常模式拥有自己的物理 R13。应用程序在对每一种异常模式进行初始化时，都要初始化该模式下的 R13，使其指向相应的堆栈。当退出异常处理程序时，将保存在 R13 所指的堆栈中的寄存器值弹出，这样就使异常处理程序不会破坏被其中断程序的运行现场。

②R14

寄存器 R14 用作子程序链接寄存器 LR（Link Register），当程序执行子程序调用指令 BL、BLX 时，当前的 PC 将保存在 R14 寄存器中。

每一种异常模式都有自己的物理 R14，R14 用来存放当前子程序的返回地址。当执行完子程序后，只要将 R14 的值复制到程序计数器 PC 中，子程序即可返回。下面两种方式可实现子程序的返回。

执行下面任何一条指令都可以实现子程序的返回：

```
MOV    PC,LR
BX     LR
```

在子程序入口使用下面的指令将 PC 保存到栈中：

```
STMFD   SP!,{ <registers>,LR}
```

相应地，下面的指令可以实现子程序返回：

```
LDMFD   SP!,{ <registers>,PC}
```

R14 还用于异常处理的返回。当某种异常中断发生时，该异常模式下的寄存器 R14 将保存基于 PC（进入异常前的 PC）的返回地址，在不同的流水线下，R14 所保存的值会有所不同，三级流水下的 R14 保存的值为 PC-4。在一个处理器的异常返回过程中，R14 保存的返回地址可能与真正需要返回的地址有一个常数的偏移量，而且不同的异常模式这个偏移量会有所不同。异常中断返回的方式与上面的子程序返回方式基本相同。

当然，在其他情况下 R14 寄存器也可以作为通用寄存器使用。

（3）程序计数器 PC（R15）

寄存器 R15 被用作程序计数器，也称为 PC。它虽然可以作为一般的通用寄存器使用，但是由于 R15 的特殊性，即 R15 值的改变将引起程序执行顺序的变化，这有可能引起程序执行中出现一些不可预料的结果，所以对于 R15 的使用一定要慎重。

当向 R15 中写入一个地址值时，程序将跳转到该地址执行。由于在 ARM 状态下指令总是字对齐的，所以 R15 值的第 0 位和第 1 位总为“0”，PC[31:2]用于保存地址。ARM 状态下，位

[1:0]为“0”,位[31:2]用于保存PC;Thumb状态下,位[0]为“0”,位[31:1]用于保存PC。

2.7.2　程序状态寄存器

所有处理器模式下都可以访问当前的程序状态寄存器(CPSR)。CPSR包含条件码标志、中断禁止位、当前处理器模式以及其他状态和控制信息。

在每种异常模式下都有一个对应的物理寄存器——程序状态保存寄存器(SPSR)。当异常出现时,SPSR用于保存CPSR的状态,以便异常返回后恢复异常发生时的工作状态。程序状态寄存器的格式如图2.8所示。

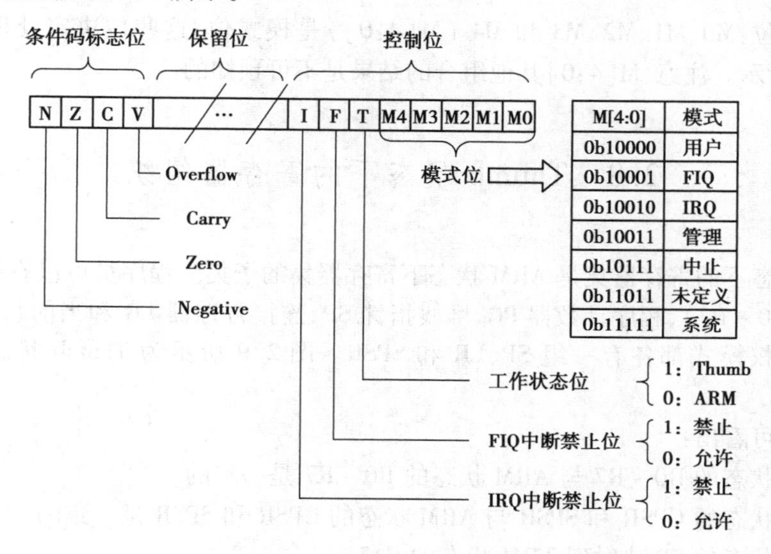

图2.8　程序状态寄存器

(1)程序状态寄存器的条件码标志

N、Z、C、V均为条件码标志位。它们的内容可被算术或逻辑运算的结果所改变,并且可以决定某条指令是否被执行。在ARM状态下,绝大多数的指令都是有条件执行的。在Thumb状态下,仅有分支指令是有条件执行的。各条件码的含义见表2.4。

表2.4　各条件码的含义

标志位	含　义
N	当用两个补码表示的带符号数进行运算时,N=1,表示运算的结果为负数;N=0,表示运算的结果为正数或零
Z	Z=1,表示运算的结果为零;Z=0,表示运算的结果为非零
C	加法运算结果进位时,C=1,减法运算借位时,C=0;移位操作的非加/减运算指令,C为移出的最后一位;其他的非加/减运算指令,C的值通常不改变
V	加/减法运算指令,V=1,表示符号位溢出。对于其他的非加/减运算指令,C的值通常不改变

(2)程序状态寄存器的控制位

最低 8 位 I、F、T 和 M[4:0]位用作控制位。当异常出现时,改变控制位。当处理器在特权模式下时,也可以由软件改变。

①禁止位:I=1,则禁止 IRQ 中断;F=1,则禁止 FIQ 中断。

②T 位:ARM 体系结构 V5 及以上的版本的 T 系列处理器,当该位为"1"时,程序运行于 Thumb 状态,否则,运行于 ARM 状态。ARM 体系结构 V5 及以上的版本的非 T 系列处理器,当该位为"1"时,执行下一条指令以引起为定义的指令异常;当该位为"0"时,表示运行于 ARM 状态。

③M 模式位:M0、M1、M2、M3 和 M4 (M[4:0])是模式位,这些位决定处理器的工作模式,如图 2.8 所示。注意,M[4:0]其他组合的结果是不可预知的。

2.8 Thumb 状态下的寄存器组织

Thumb 状态下的寄存器集是 ARM 状态下寄存器集的子集。程序员可以直接访问 8 个通用的寄存器(R0~R7),程序计数器 PC、堆栈指针 SP、连接寄存器 LR 和当前状态寄存器 CPSP。每一种特权模式都各有一组 SP、LR 和 SPSR。图 2.9 所示为 Thumb 状态下寄存器组织图。

由图 2.9 可看出:

①Thumb 状态的 R0~R7 与 ARM 状态的 R0~R7 是一致的。

②Thumb 状态的 CPSR 和 SPSR 与 ARM 状态的 CPSR 和 SPSR 是一致的。

③Thumb 状态的 SP 映射到 ARM 状态的 R13。

④Thumb 状态的 LR 映射到 ARM 状态的 R14。

⑤Thumb 状态的 PC 映射到 ARM 状态的 PC(R15)。

用户	系统	管理	中止	未定义	普通中断	快速中断
R0						
R1						
R2						
R3						
R4						
R5						
R6						
R7						
R13(SP)		R13-svc	R13-abt	R13-und	R13-irq	R13-fiq
R14(LR)		R14-svc	R14-abt	R14-und	R14-irq	R14-fiq
R15(PC)						
CPSR						
无		SPSR-svc	SPSR-abt	SPSR-und	SPSR-irq	SPSR-fiq

图 2.9 Thumb 状态下的寄存器组织

2.9 ARM 的异常中断

计算机通常是用异常来处理在执行程序时发生的意外事件,如中断、存储器故障等,它需要停止程序的执行流程。

当正常的程序执行流程发生暂时的停止时,称之为异常。例如,处理一个外部的中断请求,在处理异常之前,当前处理器的状态必须保留,这样当异常处理完成之后,当前程序可以继续执行。处理器允许多个异常同时发生,它们将会按固定的优先级进行处理。

2.9.1 ARM 异常种类、异常中断向量和优先级

在 ARM 体系结构中,异常中断用来处理软件中断、未定义指令陷阱(它不是真正的"意外"事件)及系统复位功能(它在逻辑上发生在程序执行前而不是在程序执行中,尽管处理器在运行中可能再次复位)和外部事件,这些"不正常"事件都被划归"异常",因为在处理器的控制机制中,它们都使用同样的流程进行异常处理。其异常种类、异常中断向量和优先级见表 2.5。

表 2.5　ARM 体系中的异常类型、优先级及向量地址

异常类型	向量地址	优先级	异常中断含义
复位(Reset)	0x00000000	1	当处理器的复位引脚有效时,系统产生复位异常中断,程序跳转到复位异常中断处理程序处执行。复位异常中断通常用在下面几种情况下: ①系统加电时 ②系统复位时 ③跳转到复位中断向量处执行,称为软复位
未定义的指令(undefined instruction)	0x00000004	6	当 ARM 处理器或者是系统中的协处理器认为当前指令未定义时,产生未定义的指令异常中断。可以通过该异常中断机制仿真浮点向量运算
软件中断(SWI)	0x00000008	6	这是一个由用户定义的中断指令,可用于用户模式下的程序调用特权操作
指令预取中止(Prefech Abort)	0x0000000C	5	如果处理器预取的指令的地址不存在,或者该地址不允许当前指令访问,当该被预取的指令执行时,处理器产生指令预取中止异常中断
数据访问中止(Data Abort)	0x00000010	2	如果数据访问指令的目标地址不存在,或者该地址不允许当前指令访问,处理器产生数据访问中止异常中断
外部中断请求(IRQ)	0x00000018	4	当处理器的外部中断请求引脚有效,而且 CPSR 寄存器的 I 控制位被清除时,处理器产生外部中断请求(IRQ)异常中断。系统中各外设通常通过该异常中断请求处理器服务

续表

异常类型	向量地址	优先级	异常中断含义
快速中断请求（FIQ）	0x0000001C	3	当处理器的外部快速中断请求引脚有效，而且 CPSR 寄存器的 F 控制位被清除时，处理器产生外部中断请求（FIQ）

（1）ARM 异常种类

异常的种类见表 2.5，复位异常、未定义的指令异常、软件中断异常、指令预取中止异常、数据访问中止异常、外部中断请求及快速中断请求，共七种不同类型的异常中断。

（2）ARM 的异常中断向量

表 2.5 中断向量表中指定了各异常中断与其处理程序的对应关系，它通常存放在存储地址的低端。在 ARM 体系结构中，异常中断向量表的大小为 32 字节。其中，每个异常中断占据 4 个字节，保留了 4 个字节空间。每个异常中断对应的中断向量表的 4 个字节的空间中存放一个跳转指令或者一个向 PC 寄存器中赋值的数据访问指令。通过这两种指令，程序将跳转到相应的异常中断处理程序处执行。

存储器的前 8 个字中除了地址 0x00000014 之外，全部被用作异常矢量地址。这是因为在早期的 26 位地址空间的 ARM 处理器中，曾使用地址 0x00000014 来捕获落在地址空间之外的 load 和 store 存储器地址。这些陷阱称为“地址异常”，因为 32 位的 ARM 不会产生落在它的 32 位地址空间之外的地址，所以，地址异常在当前的体系结构中没有作用，0x00000014 的矢量地址也就不再使用了。

（3）异常中断优先级

当几个异常中断同时发生时，就必须按照一定的次序来处理这些异常中断。在 ARM 中通过给各异常中断赋予一定的优先级来实现这种处理次序。优先级如下：

①复位（最高优先级）；

②数据异常中止；

③FIQ；

④IRQ；

⑤预取指异常中止；

⑥软件中断 SWI 和未定义指令（包括缺协处理器）。这两者是互斥的指令编码，因此不可能同时发生。

复位是优先级最高的异常中断，这是因为复位从确定的状态启动微处理器，使得所有其他未解决的异常都没有关系了。

处理器在执行某个特定异常中断的过程中，称处理器处于特定的中断模式。各异常中断的处理优先级见表 2.5。

最复杂的异常莫过于 FIQ、IRQ 和第三个异常（不是复位）同时发生的情形。FIQ 比 IRQ 的优先级高，会将 IRQ 屏蔽，IRQ 将被忽略，直到 FIQ 处理程序明确地将 IRQ 使能或返回用户代码为止。

如果第三个异常是数据中止，因为进入数据中止异常并未将 FIQ 屏蔽，所以处理器将在进入数据中止处理程序后立即进入 FIQ 处理程序。数据中止将“记”在返回路径中，当 FIQ 处理程序返回时进行处理。

如果第三个异常不是数据中止，将立即进入FIQ处理程序。当FIQ和IRQ两者都完成时，程序返回到产生第三个异常的指令，在余下的所有情况下异常将重现并作相应处理。

2.9.2　ARM的异常中断响应过程

当发生异常时，除了复位异常立即中止当前指令外，处理器尽量完成当前指令，然后脱离当前的指令处理序列去处理异常。ARM处理器对异常中断的响应过程如下：

①将CPSR的内容保存到将要执行的异常中断对应的SPSR中，以实现对处理器当前状态、中断屏蔽位以及各条件标志位的保存。各异常中断模式都有自己相应的物理SPSR寄存器。

②设置当前状态寄存器CPSR中的相应位：

a.设置CPSR模式控制位CPSR[4:0]，使处理器进入相应的执行模式。

b.设置中断标志位(CPSR[6]=1)，禁止IRQ中断。

c.当进入Reset或FIQ模式时，还要设置中断标志位(CPSR[7]=1)禁止FIQ中断。

③将引起异常指令的下一条指令的地址保存到新的异常工作模式的R14，即R14_mode中，使异常处理程序执行完后能正确返回原程序。

④给程序计数器(PC)强制赋值，使程序从表2.3给出的相应的矢量地址开始执行中断处理程序，一般地说，矢量地址处将包含一条指向相应程序的转移指令，从而可跳转到相应的异常中断处理程序处执行异常中断处理程序。

ARM处理器对异常的响应过程可以用伪代码描述如下：

```
    R14_<exception_mode> = return link
    SPSR_<exception_mode> = CPSR
    CPSR[4:0] = exception mode number
    CPSR[5] = 0                /*当运行于ARM状态时*/
    CPSR[6] = 1           /*禁止新的IRQ中断*/
if  <exception-mode> = Reset or FIQ then
    CPSR[7] = 1      /*当Reset或FIQ异常中断时，禁止新的FIQ中断*/
    PC = exception vector address
```

每个异常模式对应有两个寄存器R13_<mode>、R14_<mode>分别保存相应模式下的堆栈指针、返回地址；堆栈指针可用来定义一个存储区域保存其他用户寄存器，这样异常处理程序就可以使用这些寄存器。

FIQ模式还有额外的专用寄存器R8_fiq~R12_fiq，使用这些寄存器可以加快快速中断的处理速度。

2.9.3　从异常处理程序中返回

复位异常处理程序执行完后不需要返回，因为系统复位后将开始整个用户程序的执行。复位异常之外的异常一旦处理完毕，便须恢复用户任务的正常执行，这就要求异常处理程序代码能精确恢复异常发生时的用户状态。从异常中断处理程序中返回时，需要执行以下四个基本操作：

①所有修改过的用户寄存器必须从处理程序的保护堆栈中恢复(即出栈)。

②将 SPSR_mode 寄存器内容复制到 CPSR 中,使得 CPSR 从相应的 SPSR 中恢复,即恢复被中断的程序工作状态。

③根据异常类型将 PC 变回到用户指令流中相应指令处。

④清除 CPSR 中的中断禁止标志位 I/F。

需要强调的是第②、③步不能独立完成。这是因为如果先恢复 CPSR,则保存返回地址的当前异常模式的 R14 就不能再访问了;如果先恢复 PC,异常处理程序将失去对指令流的控制,使得 CPSR 不能恢复。

为确保指令总是按正确的操作模式读取,以保证存储器保护方案不被绕过,还有更加微妙的困难。因此,ARM 提供了两种返回处理机制,利用这些机制,可以使上述两步作为一条指令的一部分同时完成。当返回地址保存在当前异常模式的 R14 时,使用其中一种机制,当返回地址保存在堆栈时使用另一种机制。

不同异常模式返回用的指令是不同的,各对应的返回指令见表 2.6。

表 2.6 异常模式的返回指令

异 常	返回指令	以前状态	
		ARM 状态	Thumb 状态
软中断指令 SWI	MOVS PC,R14_svc	PC+4	PC+2
未定义指令 UDEF	MOVS PC,R14_und	PC+4	PC+2
快速中断 FIQ	SUBS PC,R14_fiq,#4	PC+4	PC+4
外部中断 IRQ	SUBS PC,R14_irq,#4	PC+4	PC+4
预取中止 PABT	SUBS PC,R14_abt,#4	PC+4	PC+4
数据中止 DABT	SUBS PC,R14_abt,#8	PC+8	PC+8

2.10 ARM 存储数据类型和存储格式

2.10.1 ARM 支持的数据类型

ARM 微处理器的指令长度可以是 32 位(在 ARM 状态下),也可以为 16 位(在 Thumb 状态下)。ARM 处理器支持以下六种数据类型(较早的 ARM 处理器不支持半字和有符号字节):

①8 位有符号和无符号字节,如:0x6b。

②16 位有符号和无符号半字,它们以 2 字节的边界定位,如:0x128c。

③32 位有符号和无符号字,它们以 4 字节的边界定位,如:0x12345678。

其中,32 位字需要 4 字节对齐(地址的低两位为“0”)、16 位半字需要 2 字节对齐(地址的最低位为“0”),其中每一种又支持有符号数和无符号数,因此认为共有六种数据类型。ARM 还支持其他类型的数据,如浮点数的数据类型等。

在内部,所有的 ARM 操作都面向 32 位的操作数,只有数据传送指令支持较短的字节、和半字的数据类型。当从存储器调入一字节和半字时,根据指令对数据的操作类型,将它无符号"0"或有符号"符号位"扩展为 32 位,进而作为 32 位数据在内部进行处理。

ARM 协处理器可能支持其他数据类型,特别是定义了一些表示浮点数的数据类型。在 ARM 核内没有明确的支持这些数据类型,然而在没有浮点协处理器的情况下,这些类型可由软件用上述标准类型来解释。

2.10.2　存储器组织

ARM 体系结构所支持的最大寻址空间为 4 GB。ARM 体系结构将存储器看作从零地址开始的字节的线性组合。从零字节到三字节放置第一个存储的字数据,从第四字节到第七字节放置第二个存储的字数据,依次排列。

ARM 体系结构可以用两种方法存储字数据,称为大端格式和小端格式。

(1)小端模式(Little-endian)

较高的有效字节存放在较高的存储器地址,较低的有效字节存放在较低的存储器地址。

(2)大端模式(Big-endian)

较高的有效字节存放在较低的存储器地址,较低的有效字节存放在较高的存储器地址。

一个 32 位字 0x12345678 分别按照大小端格式存储见表 2.7。

表 2.7　存储 0x12345678 的大小端格式

数　据	31 24	23 16	15 8	7 0	模　式
0x12345678	12	34	56	78	小端模式
	78	56	34	12	大端模式

ARM 处理器能方便地配置为其中任何一种存储器方式,但它们的缺省设置为小端格式。在本书中将通篇采用"小端"格式,即较高的有效字节存放在较高存储器地址。

2.10.3　非对齐存储访问操作

在 ARM 中,通常希望字单元的地址是字对齐的(地址的低两位都为零),半字单元的地址是半字对齐的(地址的最低位为零)。在存储访问操作中,如果存储单元的地址没有遵守上述的对齐规则,则称为非对齐的存储访问操作。

(1)非对齐的指令预取操作

当处理器处于 ARM 状态期间,如果写入到寄存器 PC 中的值是非字对齐的(低两位不都为零),要么指令执行的结果不可预知,要么地址值中最低两位被忽略;当处理器处于 Thumb 状态期间,如果写入到寄存器 PC 中的值是非半字对齐的(最低位不为零),要么指令执行的结果不可预知,要么地址值中最低位被忽略。

如果系统中指定,当发生非对齐的指令预取操作时,忽略地址值中相应的位,则由存储系统实现这种"忽略"。也就是说,这时该地址值原封不动地送进存储系统。

(2)非对齐的数据访问操作

对于 Load/Store 操作,如果是非对齐的数据访问操作,系统定义了下面三种可能的结果:

①执行的结果不可预知。

②忽略字单元地址低两位的值，即访问地址为（address&0xFFFFFFFC）的字单元；忽略半字单元地址的最低位的值，即访问地址为（address&0xFFFFFFFE）的半字单元。

③忽略字单元地址中低两位的值，忽略半字单元地址的最低位的值。由存储系统实现这种“忽略”。也就是说，这时该地址值原封不动地送到存储系统。

当发生非对齐的数据访问时，到底采用上述三种处理方法中的哪一种，是由各指令系统指定的。

2.10.4 存储器映射的输入/输出

在 ARM 系统中，I/O 操作通常被映射成存储器操作，即输入/输出是通过存储器映射的可寻址外围寄存器和中断输入的组合来实现的。

在 ARM 中，I/O 的输出操作可以通过存储器写入操作实现；I/O 的输入操作可以通过存储器读取操作实现。这样 I/O 空间就被映射成了存储空间，但这些存储器映射的 I/O 空间不满足 Cache 所要求的特性。例如，从一个普通的存储单元连续读取两次，将会返回同样的结果。对于存储器映射的 I/O 空间，连续读取两次，返回的结果可能不同。这可能是由于第一次读操作有副作用或者其他的操作可能影响了该存储器映射的 I/O 单元的内容。因而对于存储器映射的 I/O 空间的操作就不能使用 Cache 技术。某些 ARM 系统也可能由存储器直接访问（DMA）硬件。

2.11 ARM 总线技术

AMBA 总线（Advanced Microcontroller Bus Architecture）先进的微控制器总线体系结构，是 ARM 公司公布的总线标准。它是目前非常有竞争力的三种片上总线 OCB（On-Chip-Bus）之一。AMBA 总线标准定义了 AHB、ASB 及 APB 共三种高性能的系统总线规范。典型的基于 ARM 公司 AMBA 总线协议连接的嵌入式微处理器，将同时集成 AHB 或 ASB 和 APB 接口。三种总线规范如下：

①AHB（Advanced High-performance Bus）先进的高性能总线：用于连接高性能系统组件或高宽带组件。它支持突发数据传输方式及单个数据传输方式，所有时序参考同一个时钟源。

②ASB（Advanced System Bus）先进的系统总线：用于连接高性能系统模块，它支持突发数据传输模式。

③APB（Advanced Peripheral Bus）先进的外围接口总线：APB 用来连接系统的周边组件。

最初的 AMBA 总线包含 ARM 总线 ASB 和 ARM 总线 APB。后来，ARM 公司提出了另一种总线设计，称为 ARM 高性能总线 AHB。AHB 增强了对更高性能、综合及时序验证的支持。

一个典型的基于 AMBA 总线协议连接的微控制器，将同时集成 AHB（或 ASB）和 APB 接口如图 2.10 所示。ASB 总线是较早的系统总线，而新版的 AHB 总线增强了对性能、综合及时序验证的支持。APB 总线通常用作局部的二级总线，用于 AHB 或 ASB 上的单个从属 IP 模块的连接。

根据 AMBA 的规范，连接 AHB/ASB 和 APB 的 APB 桥的唯一功能是提供更简单的接口。

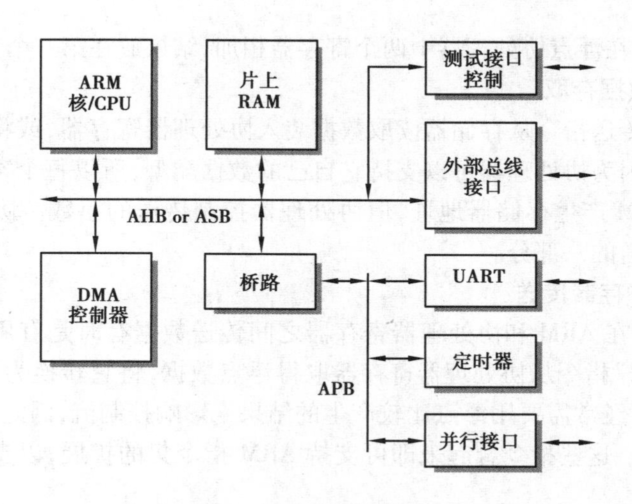

图 2.10　AMBA 总线的逻辑结构

任何由低性能外围设备产生的延迟会由连接高性能(AHB/ASB)总线的桥反映出来。桥本身仿佛是一个简单的 APB 总线的主设备,它访问与之相连的从设备,并且通过高性能总线控制信号的子集控制它们。

2.12　ARM 协处理器

ARM 通过增加硬件协处理器来支持对其指令集的通用扩展,通过未定义指令陷阱支持这些协处理器的软件仿真。简单的 ARM 核提供板级协处理器接口,因此,协处理器可以作为一个独立的元件接入。高速时钟使得板级接口非常困难,因此,高性能的 ARM 协处理器接口仅限于片上使用。

最常使用的协处理器是用于控制片上功能的系统协处理器。例如,控制 ARM720 上的高速缓存 Cache 和存储器管理单元 MMU 等。

ARM 也开发了浮点协处理器,也可以支持其他的片上协处理器。ARM 体系结构支持通过增加协处理器来扩展指令集的机制。

(1)协处理器的体系结构

协处理器的体系结构最重要的特征是:①支持多达 16 个逻辑协处理器。②每个协处理器可使用的专用寄存器多达 16 个;其大小不限于 32 位,可以是任何合理的位数。③协处理器使用 load-store 体系结构,有对内部寄存器操作的指令,有从存储器读取数据装入寄存器和将寄存器数据存入存储器的指令,以及与 ARM 寄存器传送数据的指令。

(2)协处理器寄存器

ARM 协处理器具有自己专用的寄存器组,它们的状态是由控制 ARM 寄存器的指令的镜像指令来控制的。由于控制流指令由 ARM 负责处理,所以协处理器指令只与数据处理和数据传送有关。按照 RISC 的 load/store 体系原则,这些指令类别是清楚区分的,指令的格式反映了这种情况。

(3)协处理器数据操作

协处理器数据操作完全是协处理器内部的操作,它完成协处理器寄存器状态的改变。一个例子是浮点加法，在浮点协处理器中两个寄存器相加，结果放在第三个寄存器。

(4)协处理器数据存取

协处理器数据传送指令从存储器读取数据装入协处理器寄存器，或将协处理器寄存器的数据存入存储器。因为协处理器可以支持它自己的数据类型，所以每个寄存器传送的字数与协处理器有关。ARM 产生存储器地址，但协处理器控制传送的字数。协处理器可能执行一些类型转换作为传送的一部分。

(5)协处理器寄存器传送

除了以上情况，在 ARM 和协处理器寄存器之间传送数据有时是有用的。再以使用浮点协处理器为例，“FIX”指令从协处理器寄存器取得浮点数据，将它转换为整数，并将整数传送到 ARM 寄存器中。经常需要用浮点比较产生的结果来影响控制流，因此，比较的结果必须传送到 ARM 的 CPSR。这些指令合起来即可支持 ARM 指令集的扩展，以支持专用的数据类型和功能。

2.13 基于 JTAG 的调试系统

嵌入式系统与其他系统一样，都会遇到硬件和软件的调试问题，这就要求硬件本身具有调试功能、调试接口以及相应的调试手段和调试工具。

2.13.1 典型的调试系统

典型的调试系统包括三个部分：调试主机、协议转换器和调试目标板，如图 2.11 所示。

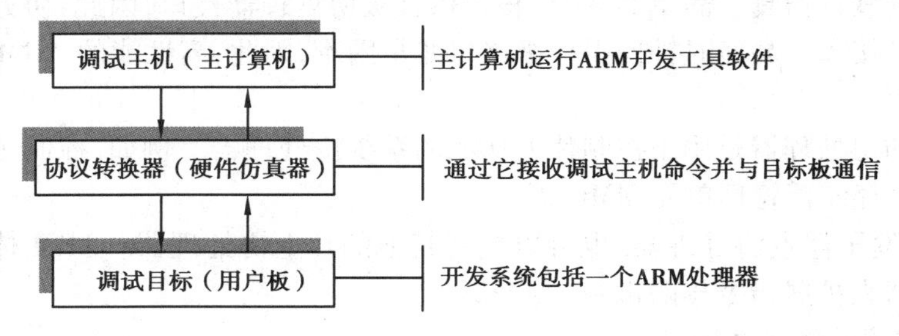

图 2.11 典型的调试系统

调试主机一般采用通用计算机，其上装入 ARM 开发工具包。协议转换器完成与调试主机发出的高级命令及调试接口 JTAG 的低级命令进行通信的任务，典型地，它通过一个接口（例如增强型并口）与主机相连。调试目标板（即用户系统板或开发板），ARM7TDMI 处理器具有便于进行底层调试的硬件扩展。

2.13.2 基于 JTAG 调试系统

基于 JTAG 仿真器的调试是目前 ARM 开发中采用最多的一种方式。大多数 ARM 设计采用了片上 JTAG 接口，并将它作为其测试和调试方法的重要组成。JTAG 仿真器，也称为 JTAG 的在线调试器 ICD（In-Circuit Debugger），是通过 ARM 芯片的 JTAG 边界扫描口进行调试的设备。JTAG 仿真器连接比较方便，成本低廉，是通过现有的 JTAG 边界扫描口与 ARM CPU 核通信,实现了完全非插入式调试,不使用片上资源,无须目标存储器,不占用目标系统的任何端口。由于 JTAG 调试的目标程序是在目标板上执行,仿真更加接近于目标硬件。JTAG 仿真器是通过 ARM 处理器特有的 JTAG 边界扫描接口与目标机通信进行调试,并可以通过并口或串口、USB 口等与宿主机 PC 通信。

基于 JTAG 的 ARM 的内核调试通道,具有典型的 ICE(In-Circuit Emulator)功能,包含有 Embedded ICE 模块的基于 ARM 的 SoC 芯片通过 JTAG 调试端口与主计算机连接。通过配置,支持正常的断点、观察点以及处理器和系统状态访问,完成调试。

为了对代码运行过程进行实时跟踪,ARM 提供了跟踪宏单元 ETM(Embedded Trace Macrocell),通过嵌入式实时跟踪系统,实时观察其操作过程,对应用程序的调试将更加全面、客观和真实。

ARM 开发者通过 EmbeddedICE 和 ETM 获得了传统意义的在线仿真器(ICE)工具能够提供的各种功能。通过这些技术能够全面观察应用代码的实时行为,并且能够设置断点、检查并修改处理器寄存器和存储器单元,还总是能够严格地反链接到高级语言源代码,构成 ARM 完整的调试、实时跟踪的完整解决方案并降低了开发成本。

为了对代码运行过程进行实时跟踪,ARM 提供了完整的实时调试解决方案,如图 2.12所示。

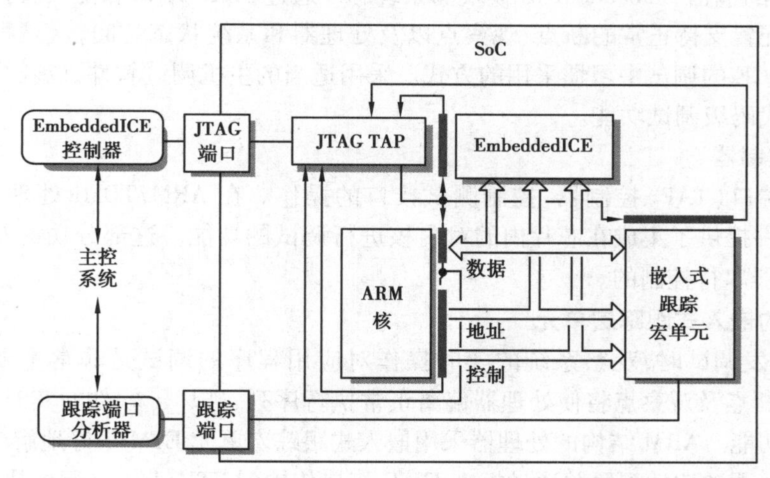

图 2.12　实时调试系统结构

(1)JTAG **边界扫描**

"JTAG 边界扫描"或 IEEE1149 标准是由"测试联合行动组"(JTAG　Joint Test Action Group)开发的针对 PCB 的"标准测试访问接口和边界扫描结构"的标准。由于 JTAG 调试的目标程序是在目标版上执行,仿真更加接近于目标硬件。

支持这个测试标准的芯片必须提供五个专用信号接口:

①TRST:测试复位输入,用于测试接口的初始化。

②TCK:测试时钟,独立于任何系统时钟,用于控制测试接口的时序。

③TMS:测试模式选择信号,控制测试接口状态机的操作。

④TDI:测试数据输入,给边界扫描链或指令寄存器提供数据。

⑤TDO:测试数据输出。输出边界扫描链的采样值,在芯片串行测试时,将数据传送给下

一个芯片。

(2) EmbeddedICE

ARM 的 EmbeddedICE 调试结构是一种基于 JTAG 的 ARM 的内核调试通道，提供了传统的在线仿真系统的大部分功能，可以调试一个复杂系统中的 ARM 核。

EmbeddedICE 是基于 JTAG 测试端口的扩展，引入了附加的断点和观测点寄存器，这些数据寄存器可以通过专用 JTAG 指令来访问，一个跟踪缓冲器也可用相似的方法访问。ARM 核周围的扫描路径可以将指令加入 ARM 流水线，并且不会干扰系统的其他部分，这些指令可以访问及修改 ARM 和系统的状态。ARM 的 EmbeddedICE 具有典型的 ICE 功能，如条件断点，单步运行。由于这些功能的实现是基于片上 JTAG 测试访问端口进行调试，芯片不需要增加额外的引脚，同时也避免使用笨重的、不可靠的探针接插设备完成调试。且芯片中的调试模块与外部的系统时序分开，它可以直接运行在芯片内部的独立时钟速度。

EmbeddedICE 模块包括两个观察点寄存器和控制与状态寄存器。当地址、数据和控制信号与观察点寄存器的编程数据相匹配时，也就是触发条件满足时，观察点寄存器可以中止处理器。由于比较是在屏蔽控制下进行的，因此，当 ROM 或 RAM 中的一条指令执行时，任何一个观察点寄存器可配置为能够中止处理器的断点寄存器。

基于 ARM 的包括 EmbeddedICE 模块的系统芯片通过 JTAG 端口和协议转换器与主计算机连接。这种配置支持正常的断点、观察点以及处理器和系统状态访问，这是程序设计人员在本地或基于 ICE 的调试中习惯采用的方式。采用适当的主机调试软件，以较少的硬件代价得到完全的源代码级调试功能。

(3) TAP 控制器

测试访问端口（TAP）控制器，控制测试接口的操作。在 ARM7TDMI 处理器中，EmbeddedICE 逻辑部件提供了集成在芯片内的对内核进行调试的功能。这部分功能是通过处理器上的 TAP 控制器串行控制的。

(4) ARM 的嵌入式跟踪宏单元

在 ARM 开发调试时，观察系统的实时操作对应用程序的调试是非常重要的。EmbeddedICE 提供的断点及观察点将使处理器偏离正常执行序列，破坏了软件的实时行为，因而它不能完成上述功能。ARM 结构的处理器采用嵌入式跟踪宏单元 ETM 很好地解决了系统实时调试的问题。由调试软件配置并通过标准 JTAG 接口传输到 ETM 上。在程序执行时，ETM 可以通过产生对处理器地址、数据及控制总线活动的追踪（Trace）来获得处理器的全速操作情况。利用已有的可编程跟踪器，追踪可配置为 4 位、8 位或 16 位数据总线宽度端口。在实时仿真时，外设和中断程序依然能够继续运行。

在程序执行时通过产生对处理器地址、数据及控制总线活动的追踪来获得观察处理器全速操作情况时，需要巨大的数据带宽。例如，一个以 100 MHz 运行的 ARM 处理器产生的接口信息超过 1 GB/S。将这些信息从芯片取出需要大量的引脚，具有这种能力的芯片是不经济的。但是，专用设备的开发必然导致成本上升，可以采用数据压缩技术。通过使用一系列数据压缩相关技术，ETM 可以将跟踪信息压缩到必要的长度，使这些信息依配置的不同通过不同的引脚传送到片外。当不需要输出跟踪时，这些引脚还可以用于其他目的。

如图 2.12 中，EmbeddedICE 单元支持断点和观察点功能并提供主机和目标软件的通信通道。ETM 单元压缩处理器接口信息并通过跟踪端口送到片外。这两个单元都由 JTAG 端口控制。SoC外部的EmbeddedICE控制器用于将主机系统连接到JTAG端口,跟踪端口分析器使主机系统与跟踪端口对接。主机通过一个网络可以与跟踪端口分析器和EmbeddedICE二者连接。

用户控制断点和观察点的设置并可以配置各种跟踪功能,既可以跟踪所有应用软件,也可以跟踪某一特定程序。跟踪触发条件可以指定,跟踪采集可以在触发之前、之后或以触发为中心,可以选择跟踪是否包括数据访问。跟踪采集可以是数据访问的地址、数据本身,也可以是两者兼有。

ETM是使用软件通过JTAG端口进行配置的,所使用的软件是ARM软件开发工具的一个扩展。跟踪数据从跟踪端口分析仪下载并解压,最终反链接到源代码。

有了EmbeddedICE和ETM,ARM SoC开发者在低成本的前提下获得了传统的在线仿真器(ICE)工具能够提供的所有功能。通过这些技术能够全面观察应用代码的实时操作,并且能够设置断点、检查并修改处理器寄存器和存储器单元,能够真实、实时地严格反链接到高级语言源代码。

2.14 ARM7TDMI

由于本书后续章节相关内容主要以ARM7TDMI内核为例进行介绍,因此,在这里有必要详细介绍ARM7TDMI。

(1)ARM7TDMI概述

ARM7TDMI是ARM公司最早为业界普遍认可且得到了最为广泛应用的处理器核,特别是在手机和PDA中,随着ARM技术的发展,它已是目前最低端的ARM核。ARM7TDMI是从最早实现了32位地址空间编程模式的ARM6核发展而来的,可以稳定地在低于5 V的电源电压下可靠工作。增加了64位乘法指令、支持片上调试、Thumb指令集和EmbededICE片上断点和观察点。

ARM7TDMI名称的具体含义是:

①ARM7:32位ARM体系结构4T版本。

②T:支持“Thumb”16位压缩指令集。

③D:支持片上调试(Debug),使处理器能够停止以响应调试请求。

④M:增强型Multiplier,与前代相比具有较高的性能且产生64位的结果。

⑤I:“EmbeddedICE”硬件以支持片上断点和观察点。

(2)ARM7TDMI组织结构

ARM7TDMI组织如图2.13所示。ARM7TDMI核采用了三级流水线结构,ARM7TDMI重要的特性为:

①它实现ARM体系结构版本4T,支持64位结果的乘法,半字、有符号字节存取。

②支持Thumb指令集,可降低系统开销。

③32×8 DSP乘法器。

④32位寻址空间-4GB线性地址空间。

⑤它包含了EmbeddedICE模块以支持嵌入式系统调试。

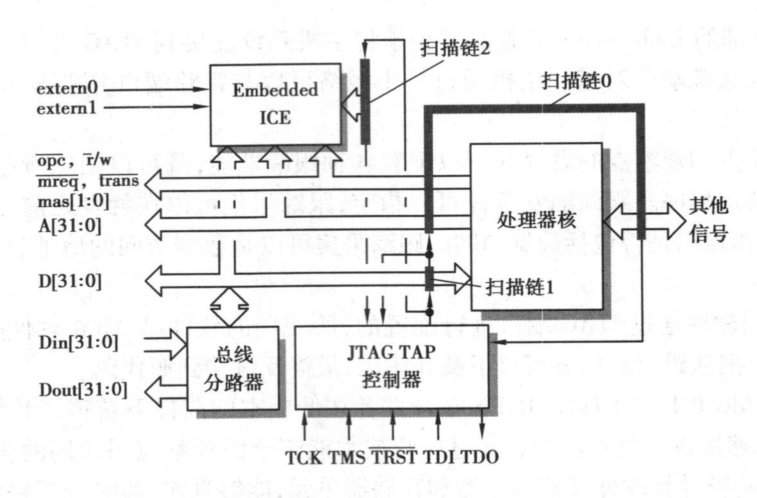

图 2.13　ARM7TDMI 的组织

⑥调试硬件由 JTAG 测试访问端口访问，因此，JTAG 控制逻辑被认为是处理器核的一部分。

⑦广泛的 ARM 和第三方支持，并与 ARM9 Thumb 系列 ARM10 Thumb 系列和 StrongARM 处理器相兼容。

(3) ARM7TDMI **硬件接口**

ARM7TDMI 的硬件接口外围信号如图 2.14 所示，按接口信号的功能划分为存储器接口、MMU 接口、片上调试、JTAG 边界扫描扩展以及时钟接口等 14 类接口信号。各接口信号包括接口信号和接口控制信号。下面详细说明每组信号的作用，必要时对单个信号和接口的时序进行详细说明。

1) 存储器接口

存储器接口包括 32 位地址(A[31:0])、双向数据总线 D[31:0]、分开的数据输出 Dout[31:0]和数据输入 Din[31:0]总线以及 10 个控制信号，这 10 个控制信号及含义分别为：

①$\overline{\text{mreg}}$表示一个需要存储器访问的处理器周期。

②seq 指示存储器地址与前周期使用的地址连续(也可能相同)。

③lock 指示处理器应该保持总线，以确保 SWAP 指令读相和写相的不可分割性。

④$\bar{\text{r}}$/w 指示处理器执行的是读周期还是写周期。

⑤mas[1:0]是对存储器访问大小的编码，指出访问的是字节、半字或字。

bl[3:0]由外部控制的使能信号，作用于数据输入总线上 4 字节中每字节的锁存，这使得少于 32 位位宽的宽存储器如 8 位、16 位和 32 位存储器易于实现与处理器接口；

ARM7TDMI 存储器访问有四种周期类型，它是由$\overline{\text{mreg}}$和 seq 信号控制，主要接口信号的时序如图 2.15 所示，这些信号主要是用于存储器接口逻辑的设计，在此不作详细介绍。

2) MMU 接口

ARM7TDMI 处理器核提供了 MMU 的接口控制信号，进行存储器区域的访问控制：

①$\overline{\text{trans}}$(传送控制)信号

它指明处理器是工作在用户($\overline{\text{trans}}$ = 0)模式还是特权($\overline{\text{trans}}$ = 1)模式，使得存储器的一些区域被限制为仅用于监控访问。

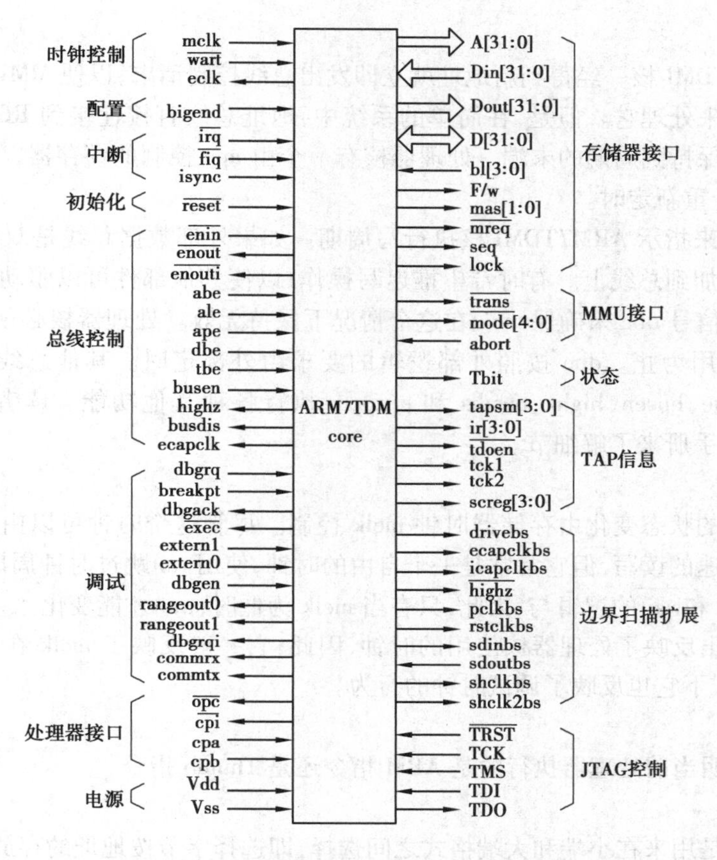

图 2.14　ARM7TDMI 核的接口信号

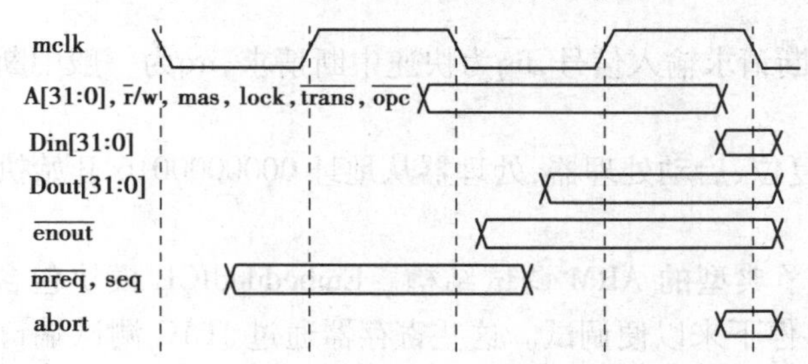

图 2.15　ARM7TDMI 核存储器和 MMU 接口时序

②mode[4:0]信号

它们是反映处理器操作模式的信息，是 CPSR 低 5 位的反相，存储器管理很少使用，只是在调试时需要详细的模式信息时会用到。

③中止(abort)

当一个存储器不允许访问时，在中止(abort)输入端发出信号，中止时序连同数据在时钟周期结束时有效。如图 2.15 所示。一个中止的存储器访问使处理器执行预取或数据终止，这与在访问期间opc的值有关。如果希望支持存储器的只执行区域，MMU 也可以使用opc信号，但是应该注意，这将排除使用代码区的文字库进行与 PC 相关的读写。因为这个原因，在 ARM 系统中并不广泛使用对只执行区域的保护。

3）总线控制

通常 ARM7TDMI 核一经得到新地址就立即发出总线控制请求，以便 MMU 或存储器控制器有最长的时间来处理它。但是，在简单的系统中，地址总线直接连接到 ROM 或 SRAM，需要将原来的地址保持到周期的末端。处理器核有一个由 ape 控制的锁存器，当外部逻辑需要时，它可以给地址重新定时。

信号enout用来指示 ARM7TDMI 核执行写周期。如果外部数据总线是双向的，就用$\overline{\text{enout}}$来将 dout[31:0]加到总线上。有时希望推迟写操作，以使其他部件可以驱动总线，可以使用数据总线的使能信号 dbe 来确保$\overline{\text{enout}}$在这个情况下保持无效。处理器核必须停止（用$\overline{\text{wait}}$），直到总线可以使用为止。dbe 按照外部逻辑的要求由外部定时。其他总线控制信号$\overline{\text{enin}}$、$\overline{\text{enouti}}$、abe、ale、tbe、busen、highz、busdis 和 ecapclk 执行各种其他功能。读者应参考相应的 ARM7TDMI 数据手册来了解细节。

4）时钟控制

处理器所有的状态变化由存储器时钟 mclk 控制。尽管这个时钟可以由外部操纵，以便使处理器等待低速的读写，但它常常是一个自由的时钟，使用$\overline{\text{wait}}$跳过时钟周期。内部时钟实际上正好是 mclk 和$\overline{\text{wait}}$的逻辑与，因此，只有当 mclk 为低时，$\overline{\text{wait}}$才能变化。

eclk 时钟输出反映了处理器核使用的时钟，因此，它一般反映了 mclk 在$\overline{\text{wait}}$门控后的行为，但在调试模式下它也反映了调试时钟的行为。

5）状态输出

Tbit 信号表明当前处理器执行的是 ARM 指令还是 Thumb 指令。

6）配置

bigend 信号是用来在小端和大端格式之间选择，即选择字节按地址的存放位置顺序。

7）中断

$\overline{\text{fiq}}$和$\overline{\text{irq}}$是两个中断请求输入信号，$\overline{\text{fiq}}$为快速中断请求，$\overline{\text{irq}}$为一般中断请求。

8）初始化

$\overline{\text{reset}}$信号是用来复位、启动处理器，处理器从地址 0000000016 开始执行程序。

9）Debug 接口

ARM7TDMI 实现了典型的 ARM 调试结构。EmbeddedICE 模块包含断点和观察点寄存器，使运行的代码能够停下来以便调试。这些寄存器通过 JTAG 测试端口使用扫描链 2（见图 2.13）进行控制。当遇到断点或观察点时，处理器停下来并进入调试状态。一旦进入调试状态，就可以使用扫描链 1 强制指令进入指令流水线，检查处理器的寄存器。对所有寄存器的数据进行存储，并将把它们的值送到数据总线，在数据总线上再用扫描链 1 采样并移出。访问特权模式寄存器需要强制加入指令来改变模式（注意，在调试状态，阻止从用户状态转换到特权模式的障碍已不存在）。

若需检查系统状态，可以让 ARM 以系统速度访问存储器，然后立即切换回调试状态。

调试接口可扩展集成的 EmbeddedICE 宏单元所提供的功能，它使外部硬件能够支持调试（通过 dbgen），并发出异步的调试请求（在 dbgrq 端口）或与指令同步的请求（在 breakpt 端口）。外部硬件通过 dbgack 得知处理器核什么时候处于调试模式。内部的调试请求信号在 dbgrqi 输出。

外部事件可以通过 extern0 和 extern1 来触发观察点，而 EmbeddedICE 观察点的匹配则由

rangeout0 和 rangeout1 端口的信号表示。

如果通信发送缓冲器是空的，在 commtx 端口发出信号，如果接收缓冲器是空的，则在 commrx 端口发出信号。

处理器在exec端口指示当前在执行级的指令是否被执行。如果指令没有被执行，就是它的条件码测试失败了。

10）协处理器接口

协处理器接口信号cpi、cpa 和 cpb，另外提供给协处理器的信号是 opc，它指示存储器访问是取指令还是取数据。协处理器流水线跟随器使用它来跟踪 ARM 指令的执行。在不需要连接协处理器时，cpa 和 cpb 应该连接高电平，这将使所有协处理器指令产生未定义指令陷阱。

11）电源

ARM7TDMI 核应在正常 5 V 或 3 V 电源电压下操作，这主要依赖于实现工艺技术和在核中使用的电路设计形式。

12）JTAG 接口

JTAP 控制信号符合标准的规定，这些控制信号通过专用引脚连到片外测试控制器。

13）TAP 信息

这些信号用来支持对 JTAP 系统增加更多的扫描链，关于边境扫描扩展信号在下面详述。

tapsm[3:0]指示 TAP 控制器所处的状态；ir[3:0]给出 TAP 指令寄存器的内容；screg[3:0]是 TAP 控制器当前所选择的扫描寄存器的地址；tck1 和 tck2 形成一对非重迭时钟来控制扩展扫描链，tdoen指示何时在 tdo 有串行数据输出。

14）边界扫描扩展

ARM7TDMI 单元包含全部的 JTAG TAP 控制器，以支持 EmbeddedICE 功能，这个 TAP 控制器能够支持任何通过 JTAG 端口访问的片上扫描电路。因此，提供了接口信号 drivebs、ecapclkbs、icapclkbs、highz、pclkbs、rstclkbs、sdinbs、sdoutbs、shclkbs 和 shclk2bs，使任意的扫描路径都可加入到系统中。读者应该参考相关的 ARM7TDMI 数据手册，以详细了解这些信号各自的功能。

(4) 综合的 ARM7TDMI-ARM7TDMI-S

标准的 ARM7TDMI 处理器核是以物理版图提供的“硬” IP 核，定制为某种 VLSI 实现工艺技术。而 ARM7TDMI-S 是 ARM7TDMI 的一个可综合的版本，它是以高级语言描述的“软” IP 核，可以根据用户选择的目标工艺的单元库来进行逻辑综合和物理实现，它比“硬”的 IP 核更易于转移到新的工艺技术上实现。而综合出的整个核比“硬”核大 50%，电源效率降低 50%；同时，ARM7TDMI-S 在综合过程中存在支持关于处理器核功能的选项，这些选项会导致综合出处理器核较小而且的功能有所下降。这些选项包括：

①可省略的 EmbeddedICE 单元。

②用仅支持产生 32 位结果的 ARM 乘法指令的较小的和较简单的乘法器来替代完全 64 位结果的乘法器。

习　题

2.1　CISC 与 RISC 分别指什么？说明它们各自有什么特点，应用领域和发展趋势如何。

2.2　试述ARM体系结构不同版本是如何演化发展的，每一次的发展都作了哪些明显的改进？

2.3　ARM的体系结构与Berkeley RISC处理器体系结构有何不同？

2.4　简述ARM体系结构的演变，并对各变种作简要介绍。

2.5　简述Thumb技术的特点，在处理器中是如何实现的？并说明ARM处理器为何会采用两种不同的指令集？

2.6　ARM处理器工作模式有哪些？各种模式都有什么用途？

2.7　ARM处理器总共有多少个寄存器，这些寄存器按它在用户编程中的功能是如何划分的？这些寄存器在使用中各有何特殊之处？

2.8　试述ARM处理器异常中断的响应过程。

2.9　如何从异常中断处理程序中返回？需要注意哪些问题？

2.10　ARMV4及以上版本的CPSR的哪一位反映了处理器的状态？若CPSR = 0x000000090，请分析系统状态。

2.11　ARM有哪几个异常类型，为什么FIQ的服务程序地址要位于0x1C，在复位后，ARM处理器处于何种模式，何种状态？

2.12　为什么要使用Thumb模式，与ARM代码相比较，Thumb代码的两大优势是什么？

2.13　说明AMBA、AHB、ASB以及APB的英文全称及其含义。

2.14　具体说明ARM7TDMI的含义，其中的ARM7、T、D、M、I分别代表什么？

第3章 ARM指令系统

指令集是汇编语言程序设计的基础，在基于ARM的嵌入式软件开发中，即便大部分程序用高级语言完成，但系统的引导、启动代码仍然必须用汇编语言来编写。本章主要通过ARM指令集概述、ARM指令的寻址方式以及ARM指令的详细介绍，使学生掌握ARM指令集及其具体的使用方法。

3.1 ARM指令集概述

ARM指令集是32位的，程序的启动都是从ARM指令集开始，包括所有的异常中断都自动转化为ARM状态。ARM微处理器使用标准的、固定长度的32位指令格式，所有ARM指令都使用4位的条件编码来决定指令是否执行，以解决指令执行的条件判断。

3.1.1 指令分类和指令格式

(1)指令分类

ARM指令集是Load/Store型的，只能通过Load/Store指令实现对系统存储器的访问。

ARM指令集可以分为数据处理指令、Load/Store指令、跳转指令、程序状态寄存器处理指令、协处理器指令和异常产生指令等六大类。

(2)指令格式

ARM指令使用的基本格式如下：

<opcode>{<cond>}{S} <Rd>,<Rn>{,<op2>}

①Opcode：操作码；指令助记符，如LDR、STR等。

②Cond：可选的条件码；执行条件，如EQ、NE等。若不书写，则使用默认条件AL(无条件执行)。

③S：可选后缀；若指定“S”，则根据指令执行结果更新CPSR中的条件码。

④Rd：目标寄存器。

⑤Rn：第一个操作数，必须是寄存器。

⑥op2：第二个操作数。

注:其中“ < > ”中为不可省,“{}”可省略。Opcode、cond 与 S 之间没有分隔符,S 与 Rd 之间用空格隔开。

ARM 指令基本格式对应地转换成一条典型的 ARM 指令编码格式,见表 3.1。

表 3.1 ARM 指令基本格式对应地转换成一条典型的 ARM 指令编码格式

位	31 ~ 28	27 ~ 25	24 ~ 21	20	19 ~ 16	15 ~ 12	11 ~ 0
内容	cond	001	opcode	s	Rn	Rd	op2

3.1.2 ARM 指令的条件码

指令格式中的可选条件码{ < Cond > }位于指令编码格式中的高四位[31:28]。每种“条件码”用两个英文缩写字符表示它的含义,可以添加在指令助记符的后面表示指令执行时必须要满足的条件。ARM 指令根据 CPSR 中的条件位自动判断是否执行指令,在条件满足时,指令执行,否则指令被忽略(可以认为执行了一条 NOP 伪指令)。若要更新条件标志,则指令中须包含后缀“S”。一些指令(CMP、CMN、TST、TEQ)不需要后缀“S”。

使用指令条件码可实现高效的逻辑操作,提高代码效率。指令条件码见表 3.2。表 3.2 列举了四位条件码“cond”的 16 种编码中能为用户所使用的 15 种,而编码“1111”为系统暂不使用的保留编码。

表 3.2 指令的条件码

操作码 [31:28]	助记符扩展	解释	用于执行的标志位状态
0000	EQ	相等/等于 0	Z 置位
0001	NE	不等	Z 清零
0010	CS/HS	进位/无符号数高于或等于	C 置位
0011	CC/LO	无进位/无符号数小于	C 清零
0100	MI	负数	N 置位
0101	PL	正数或 0	N 清零
0110	VS	溢出	V 置位
0111	VC	未溢出	V 清零
1000	HI	无符号数高于	C 置位 Z 清零
1001	LS	无符号数小于或等于	C 清零 Z 置位
1010	GE	有符号数大于或等于	N 等于 V
1011	LT	有符号数小于	N 不等于 V
1100	GT	有符号数大于	Z 清零且 N 等于 V
1101	LE	有符号数小于或等于	Z 置位且 N 不等于 V
1110	AL	忽略	无条件执行
1111	NV	从不(未使用)	无

条件码应用举例:若两个条件中有一个成立,将两个数相加。

C 语言代码为:

```
if(a = =0 || b = =1)
c =d +e;
```

对应的 ARM 代码段:

```
CMP R0,#0;判断 R0 是否等于 0
CMPNE R1,#1;如果 R0 不等于 0,判断 R1 是否等于 1
ADDEQ R2,R3,R4;R0 =0 或 R1 =1 时,R2 = R3 + R4
```

3.1.3　ARM 指令中常用的操作数符号

1)立即数符号(#)

"#"表示立即数,该符号后的数据可以是二进制数,也可以是十进制数或十六进制数。

2)二进制符号(%)

"%"后面的数据(每位可以是"0"或"1")表示二进制数,如%10010101。

3)二进制符号(2 -)

"2 -"后面的数据(每位可以是"0"或"1")表示二进制数,如 2 -10010101。

4)十六进制符号 (0x)

"0x"后面的数据(每位可以是 0 ~9、A ~F)表示十六进制数,如 0xFFFF。

5)更新基址寄存器符号(!)

"!"表示指令在完成操作后最后的地址应该写入基址寄存器。如:LDR R0,[R1,R2]!

6)复制 SPSR 到 CPSR 符号(^)

"^"通常在批量数据存储指令中作为后缀放在寄存器之后。如:LDMFD R13!,{R0,R4 -R12,PC} ^　;出栈。

7)指示寄存器列表范围符号(-)

" -"表示多个连续寄存器,如 R0 - R7 表示寄存器共 8 个寄存器:R0、R1、R2、R3、R4、R5、R6 和 R7,即含义"从…到…"。

3.2　ARM 寻址方式

寻址方式是根据指令编码中给出的地址码字段来寻找真实操作数的方式。ARM 处理器支持的寻址方式有八种:立即寻址、寄存器寻址、寄存器移位寻址、寄存器间接寻址、变址寻址、堆栈寻址、块拷贝寻址和相对寻址。

3.2.1　立即寻址

立即寻址也称为立即数寻址,是一种特殊的寻址方式,操作数本身就在指令中给出,只要取出指令也就取到了操作数,这个操作数被称为立即数。立即数前面加立即数符号"#"表示。

立即寻址举例如下:

```
ADD  R0,R0,#2                ;R0 <—R0 +2
```

```
AND   R2,R1,#0xfc                  ;R2 <—R1 AND"0xfc"
```

需要注意的是,如果一个32位立即数直接用在32位指令编码中,就有可能完全占据32位编码空间,而使指令的操作码等无法在编码中体现。在ARM指令编码中,32位有效立即数是通过循环右移偶数位而间接得到,故有效的立即数是由一个8位的立即数循环右移偶数位得到。因此,有效立即数 **immediate** 可以表示成:

<immediate> = immed_8 循环右移(2 × rotate_imm)

采取间接表示,一个32位立即数在指令编码只需要用12位编码(4位rotate_imm,8位immed_8)表示,这样编码的缺点是并不是每一个32位的常数都是合法的立即数,只有通过上面的构造方法得到的才是合法的立即数,因此,使用立即数时要特别注意。

合法立即数举例如下:

0x0000F300,0x0012000,0x00012400,0x104,0xF000000F

非法立即数举例如下:

0x101,0xFF1,0x001c90,0xF000001F,0x59900

合法立即数应用在例子(GNU环境下)中如下所示:

```
.text
_start:                              /*程序代码开始标志*/
          MOV     r0,#0x0000F200     ;(1)
          MOV     r1,#0x00110000     ;(2)
          MOV     r4,#0x00012800     ;(3)
          ADD     r2,r1,r0
          BGE     Here
stop:
          B       stop
Here:  SUB      R3,R4,R1
.end
```

其中,带有三个有立即数的MOV指令的二进制编码为:

```
8000:e3a00cf2          /* mov   r0,   0xf200 */
8004:e3a01811          /* mov   r1,   0x110000 */
8008:e3a04b4a          /* mov   r4,   0x12800 */
```

由此可以看出:

指令(1)中立即数0xf200是由e3a00cf2中的后12位0xcf2间接表示,即是由8位的0xf2循环右移24(2×12)位得到。

指令(2)中立即数0x1100000是由e3a01811中的后12位0x811间接表示,即是由8位的0x11循环右移16(2×8)位得到。

指令(3)中立即数0x12800是由e3a04b4a中的后12位0xb4a间接表示,即是由8位的0x4a循环右移24(2×12)位得到。

3.2.2 寄存器寻址

寄存器寻址是利用寄存器中的数值作为操作数寻址的一种方式,指令中地址码给出的是寄存器编号。此方式执行效率较高,经常被各种处理器采用。

寄存器寻址举例如下:

ADD R0,R1,R2 ;R0 <—R1 + R2

MOV R1,R2 ;R1 <—R2

第一条指令将两个寄存器(R1 和 R2)的内容相加,结果放入第三个寄存器 R0 中。必须注意写操作数的顺序,第一个是结果寄存器,然后是第一操作数寄存器,最后是第二操作数寄存器。第二条指令完成将寄存器 R2 的内容送到 R1 中。

3.2.3 寄存器间接寻址

前面已经提到过,ARM 的数据传送指令都是基于寄存器间接寻址,即通过 Load/Store 完成对数据的传送操作。寄存器间接寻址利用一个寄存器的值(这个寄存器相当于指针的作用,在基址加变址的寻址方式中,它作为基址寄存器来存放基址地址)作为存储器地址,在指定的寄存器中存放有效地址,而操作数则放在存储单元中。

例如指令:

LDR r0, [r1] ; r0 <— mem_{32}[r1]

STR r0, [r1] ; mem_{32}[r1] <—r0

第一条指令将寄存器 r1 指向的地址存储器单元的内容加载到寄存器 r0 中。第二条指令将寄存器 r0 的内容存入寄存器 r1 指向的地址存储器单元中。

3.2.4 寄存器移位寻址

寄存器移位寻址是 ARM 指令集特有的寻址方式。当第二个操作数是寄存器移位方式时,第二个寄存器操作数在与第一个操作数结合之前,要进行相应的移位操作。

ARM 可以采用六种移位操作类型,分别如下:

①LSL:逻辑左移(Logical Shift Left)。对通用寄存器中的内容进行逻辑左移操作,按操作数所指定的数量向左移位,右端(低位)用“0”来补充。其中,操作数可以是通用寄存器中的数据,也可以是立即数(0 ~31)。

②LSR:逻辑右移(Logical Shift Right)。对通用寄存器中的内容进行逻辑右移操作,按操作数所指定的数量向右移位,左端(高位)用“0”来补充。其中,操作数可以是通用寄存器中的数据,也可以是立即数(0 ~31)。

③ASL:算术左移(Arithmetic Shift Left)。对通用寄存器中的内容进行算术左移操作,按操作数所指定的数量向左移位,右端(低位)用“0”来补充。其中,操作数可以是通用寄存器中的数据,也可以是立即数(0 ~31)。由于左移空出的有效位用“0”填充,因而它与 LSL 同义。

④ASR:算术右移。对通用寄存器中的内容进行算术右移操作,按操作数所指定的数量向右移位,左端(高位)用第 31 位的值来补充。其中,操作数可以是通用寄存器中的数据,也可以是立即数(0 ~31)。算术移位的对象是带符号数,移位过程中必须保持操作数的符号不变。如果源操作数是正数,空出的最高有效位用“0”填充,如果是负数用“1”填充。

⑤ROR:循环右移。对通用寄存器中的内容进行循环右移操作,按操作数所指定的数量向右移位,左端用右端移出的位来补充。其中,操作数可以是通用寄存器中的数据,也可以是

立即数(0～31)。

⑥RRX:带扩展的循环右移。对通用寄存器中的内容进行带扩展的循环右移操作,按操作数所指定的数量向右移1位,左端用进位标志位C来补充。其中,操作数可以是通用寄存器中的数据,也可以是立即数(0～31)。只有当移位的类型为RRX时,不需指定移位位数。

寄存器移位寻址举例如下:

```
ADD    R3,R2,R1,LSR  #3      ;R3 <—R2 + R1÷8
ADD    R3,R2,R1,LSR  R4      ;R3 <—R2 + R1÷2^R4
```

寄存器R1的内容分别逻辑右移3位、R4位(也即R1÷8、R1÷2^{R4}),再与寄存器R2的内容相加,结果放入R3中。

3.2.5 变址寻址

变址寻址就是将基址寄存器的内容与指令中给出的偏移量相加,形成存储器的有效地址,常用于访问基址附近的存储器单元。寄存器间接寻址实质是偏移量为"0"的基址加偏移寻址,这种寻址方式有很高的执行效率且编程技巧很高,如果结合条件标志码,可以编出短小但功能强大的汇编程序。

指令可以在系统存储器合理的范围内基址上加上不超过4 KB的偏移量(指令编码中偏移offset为12位)来计算传送地址。

变址寻址方式可分为前索引寻址、自动索引寻址、后索引寻址和基址加索引寻址等四种。

前索引寻址举例如下:

```
LDR          R0,[R1,#4]     ; R0 <— [R1 + 4]
```

该指令中,R1(基址寄存器)存放的地址先变化,然后执行指令的操作。采用这种寻址方式可以使用一个基址寄存器来访问位于同一区域的多个存储器单元。这条指令将基址R1的内容加上位移量为4后所指向的存储单元的内容送到寄存器R0。

自动索引寻址举例如下:

```
LDR        R0,[R1,#4]!     ;R0 <— [R1 + 4]
                           ;R1 <— R1 + 4
```

"!"表示在完成数据传送后将更新基址寄存器,更新的方式是每执行完一次数据传送,基址寄存器会自动加上偏移量,实现自身的修改。该指令每执行完一次操作,R1(基址寄存器)的内容加4。

后索引寻址举例如下:

```
LDR      R0,[R1],#4      ;R0 <—[R1]
                         ;R1 <— R1 + 4
```

后变址寻址模式是基址寄存器的内容在完成操作后发生变化。实质是基址寄存器不加偏移作为传送地址使用,完成操作后再加上立即数偏移量来变化基址寄存器内容。执行上面的指令先将R1中内容所对应的存储器中的内容读到R0中,然后R1加4,预备下一次的数据读写。

基址加索引寻址举例如下:

```
LDR      R0,[R1,R2]          ; R0 <—[R1 + R2]
LDR      R0,[R1,R2,LSL #2]   ; R0 <—[R1 + R2*4]
```

地址偏移为寄存器形式的指令很少使用，经常使用的是立即数偏移量的形式。

3.2.6 堆栈寻址

从内存管理角度看，堆栈是一块用于保存数据的连续内存，指向堆栈的地址寄存器称为堆栈指针(SP)，堆栈的访问是通过堆栈指针(R13，ARM处理器的不同工作模式对应的物理寄存器各不相同)指向一块存储器区域(堆栈)来实现的。堆栈按先进后出的方式工作，使用堆栈指针专用寄存器R13指示当前的操作位置。堆栈指针总是指向栈顶。

堆栈按堆栈指针指向的位置分为满堆栈和空堆栈。按增长方式分为递增堆栈、递减堆栈。

①当堆栈指针指向最后压入堆栈的数据时，称为满堆栈。

②当堆栈指针指向下一个将要放入数据的空位置时，称为空堆栈。

③当堆栈由低地址向高地址生成时，称为递增堆栈。

④当堆栈由高地址向低地址生成时，称为递减堆栈。

这样就有四种类型的堆栈方式，分别为满递增堆栈、空递增堆栈、满递减堆栈、空递减堆栈。ARM处理器支持这四种形式的堆栈。

⑤满递增堆栈(FA)：堆栈指针指向最后压入的数据，且由低地址向高地址增长。

⑥空递增堆栈(EA)：堆栈指针指向下一个将要放入数据的空位置，且由低地址向高地址增长。

⑦满递减堆栈(FD)：堆栈指针指向最后压入的数据，且由高地址向低地址增长。

⑧空递减堆栈(ED)：堆栈指针指向下一个将要放入数据的空位置，且由高地址向低地址增长。

堆栈寻址举例如下：

```
STMFD    SP!    {R1 - R7,LR}    ; 数据入栈，将R1 - R7,LR入栈
LDMFD    SP!    {R1 - R7,LR}    ; 数据出栈，放入R1 - R7,LR寄存器
```

3.2.7 块拷贝寻址

块拷贝寻址是多寄存器传送指令LDM/STM的寻址方式。LDM/STM指令可以将存储器中的一个数据块加载到多个寄存器中，也可以将多个寄存器中的内容保存到存储器中。寻址操作中的寄存器可以是R0～R15这16个寄存器的子集或是所有寄存器。

根据基地址的增长方向是向上还是向下，以及地址的增减与指令操作的先后顺序(即操作先进行还是地址的增减先进行)的关系，可以有四种寻址方式。

①IA(Increment After)：操作完成后地址递增。

②IB(Increment Before)：地址先增而后完成操作。

③DA(Decrement After)：操作完成后地址递减。

④DB(Decrement Before)：地址先减而后完成操作。

块拷贝寻址举例如下：

```
LDMIA R0!,{R1,R2,R3,R4} ; R1←[R0],R2←[R0 + 4],
                          R3←[R0 + 8],R4←[R0 + 12]
STMDB R0!,{R1,R2,R3,R4} ; [R0 - 4]←R4,[R0 - 8] ← R3,
```

[R0 - 12]←R2,[R0 - 16] ←R1

块拷贝寻址除了可以完成存储器中的一个数据块和多个寄存器之间数据的传送,还可以完成堆栈操作,LDM/STM 指令的堆栈和块拷贝对照见表 3.3。

表 3.3　LDM/STM 指令的堆栈和块拷贝对照

寻址方式	说明	POP(出栈)	= LDM	PUSH(入栈)	= STM
FA	满递增	LDMFA	LDMDA	STMFA	STMIB
FD	满递减	LDMFD	LDMIA	STMFD	STMDB
EA	空递增	LDMEA	LDMDB	STMEA	STMIA
ED	空递减	LDMED	LDMIB	STMED	STMDA

从表中可以看出,指令分为两组:一组用于数据的存储与读取,对应于 IA、IB、DA、DB;另一组用于堆栈操作,即进行入栈与出栈操作,对应于 FD、ED、FA、EA。两组中对应的指令的含义是相同的。例如,指令 LDMFA 与指令 LDMDA 含义相同,只是 LDMFA 针对堆栈进行操作。对堆栈进行操作时,必须先对堆栈进行初始化。

例题:已知内存中的数据如图 3.1 所示(其中内存中存储的是十六进制数),且堆栈指针最初指在 0X12345684 的位置,问:

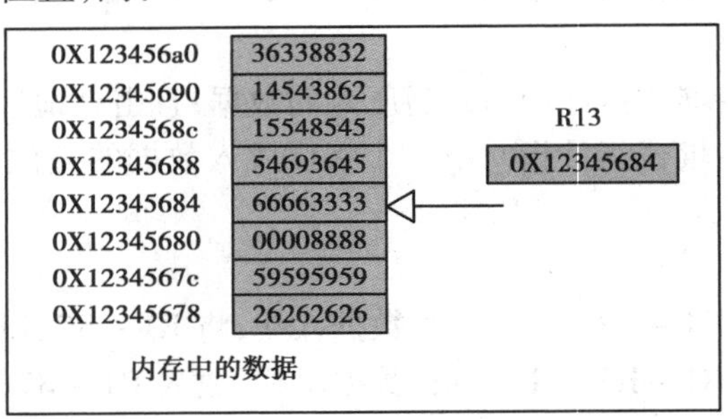

图 3.1　内存中的数据

分别执行完指令 LDMIA R13!,{R0 - R1,R3},LDMIB R13!,{R0 - R1,R3},LDMDA R13!,{R0 - R1,R3}和 LDMDB R13!,{R0 - R1,R3}后,寄存器 R0、R1 和 R3 中的内容分别为多少?

答:执行完指令 LDMIA R13!,{R0 - R1,R3}后,寄存器 R0、R1 和 R3 中的内容分别为 0X66663333、0X54693645 和 0X15548545。

执行完指令 LDMIB R13!,{R0 - R1,R3}后,寄存器 R0、R1 和 R3 中的内容分别为 0X54693645、0X15548545 和 0X14543862。

执行完指令 LDMDA R13!,{R0 - R1,R3}后,寄存器 R0、R1 和 R3 中的内容分别为 0X59595959、0X00008888 和 0X66663333。

执行完指令 LDMDB R13!,{R0 - R1,R3}后,寄存器 R0、R1 和 R3 中的内容分别为 0X26262626、0X59595959 和 0X00008888。

通过上述例题可以看出,每条指令如何将存储器中的连续三个字数据加载到三个寄存器中,以及在使用自动变址的情况下基址寄存器是如何改变的。需要注意的是,在递增方式下

(IA、IB方式),寄存器存储的顺序是R0、R1、R3;而在递减方式下(DA、DB方式),寄存器存储的顺序是R3、R1、R0。在这里有一个约定:编号低的寄存器在存储数据或者是加载数据时对应于存储器的低地址;也就是说,编号最低的寄存器保存到存储器的最低地址或从最低地址取数;其次是其他寄存器按照寄存器编号的次序保存到第一个地址后面的相邻地址或从中取数。

多寄存器的存取指令为保存和恢复处理器状态以及在存储器中移动数据块提供了一种很有效的方式。它节省代码空间,使操作的速度比顺序执行等效的单寄存器存取指令快达4倍(因改善后续行为而提高两倍,因减少指令数提高将近两倍)。

3.2.8 相对寻址

相对寻址是变址寻址的一种变通。相对寻址以程序计数器PC为当前的基地址,指令中的地址标号作为偏移量,将两者相加之后得到操作数的有效地址。

相对寻址举例如下:

BL Subroutine_A;跳转到子程序Subroutine_A处执行

……

Subroutine_A

3.3 ARM指令

ARM指令集总体分为六类,分别为数据处理指令、程序状态寄存器与通用寄存器之间的传送指令、转移指令、加载/存储指令、异常中断指令和协处理器指令。

3.3.1 数据处理指令

ARM的数据处理指令主要完成寄存器中数据的算术和逻辑运算操作。数据处理指令只能对寄存器的内容进行操作,而不能对内存中的数据进行操作。所有ARM数据处理指令均可选择使用"S"后缀,并影响状态标志。ARM数据处理指令的基本原则为:①所有的操作数都是32位宽,或来自寄存器,或是在指令中定义的立即数(符号或"0"扩展);②如果数据操作有结果,则结果为32位宽,放在一个寄存器中。(有一个例外:长乘指令产生64位的结果);③ARM指令中使用"3地址模式",即每一个操作数寄存器和结果寄存器在指令中分别指定。

数据处理指令根据指令实现处理功能可分为六类,分别为数据传送指令、算术运算指令、逻辑运算指令、比较指令、测试指令和乘法指令。

(1)数据传送指令

数据传送指令用于完成寄存器到寄存器之间数据的传送。

1)数据传送指令MOV

MOV指令将一个8位图立即数、一个寄存器或被移位的寄存器(operands)传送到目标寄存器Rd,可用于移位运算等操作。指令格式如下:

MOV{ cond }{S} Rd,operands

MOV 指令举例如下:

```
MOV   R0,  #0xFF00          ;R0 = 0xFF00
MOV   R0,R2                 ;R0 = R2
MOV   R3,  R1,  LSL #3      ;R3 = R1 ×8
```

注意事项:若设置 S 位,则根据结果更新标志 N 和 Z,在计算第二个操作数时更新标志 C,不影响标志 V。

2)数据取反传送指令 MVN

MVN 指令将一个 8 位图立即数、一个寄存器或被移位的寄存器按位取反后传送到目标寄存器 Rd。因为其具有取反功能,所以可以装载范围更广的立即数。指令格式如下:

```
MVN{ cond }{S}   Rd,operands
```

MVN 指令举例如下:

```
MNV   R0,  #0         ;R0 = -1
MNV   R1,  #0xFF      ;R1 =0xFFFFFF00
```

(2)算术运算指令

算术运算指令完成常用的算术运算,该类指令不但将运算结果保存到目的寄存器中,同时更新 CPSR 中的相应条件标志位。

1)加法指令 ADD

ADD 指令将一个 8 位图立即数、一个寄存器或被移位的寄存器的值与 Rn 寄存器的值相加,结果保存到目标寄存器 Rd 寄存器中。指令的格式如下:

```
ADD{ cond }{S}   Rd,Rn,operands
```

ADD 指令举例如下:

```
ADD   R3,R1,  #0x08             ;R3 = R1 +8
ADD   R3,R1,  R2                ;R3 = R1 + R2
ADD   R0,R1,  R3,  LSL #2       ;R0 = R1 + R3 ×4
```

注意事项:如果设置 S 位,则根据结果更新标志 N、Z、C 和 V。

2)带进位的加法指令 ADC

ADC 指令将一个 8 位图立即数、一个寄存器或被移位的寄存器的值与 Rn 寄存器的值相加,再加上 CPSR 中的条件标志位 C 的值,结果保存到目标寄存器 Rd 寄存器中。利用该指令,可进行大于 32 位数的加法运算。指令的格式如下:

```
ADC{ cond }{S}   Rd,Rn,operands
```

ADC 指令举例如下:

```
ADDS  R4,  R0,  R2        ;R4 = R0 + R2,加低位的字,并更新 C 位
ADC   R5,  R1,  R3        ;R5 = R1 + R3 +C,加高位的字
```

注意事项:进行大于 32 位的加法时,应先设置“S”后缀来更新进位标志位 C。

3)减法指令 SUB

SUB 指令将 Rn 寄存器的值减去一个 8 位图立即数、一个寄存器或被移位的寄存器的值,结果保存到目标寄存器 Rd 寄存器中。该指令可用于有符号数或无符号数的减法运算。指令的格式如下:

```
SUB{cond}{S}   Rd,Rn,operands
```

SUB 指令举例如下：

```
SUB   R3,R1,#0x08          ;R3 = R1 - 8
SUB   R3,R1,R2             ;R3 = R1 - R2
SUB   R0,R1,R3,LSL #2      ;R0 = R1 - R3 ×4
```

注意事项：如果设置 S 位，则根据结果更新标志 N、Z、C 和 V。

4）带借位的减法指令 SBC

SBC 指令将 Rn 寄存器的值减去一个 8 位图立即数、一个寄存器或被移位的寄存器的值，再减去 CPSR 中的条件标志位 C 的“非”，结果保存到目标寄存器 Rd 寄存器中。该指令可用于有符号数或无符号数的减法运算。利用该指令，可进行大于 32 位数的减法运算。指令的格式如下：

```
SBC{ cond }{S}   Rd,Rn,operands
```

SBC 指令举例如下：

```
SUBS  R4,R0,R2        ;R4 = R0 - R2,减低位的字,并更新 C 位
SBC   R5,R1,R3        ;R5 = R1 - R3 + ! C,减高位的字
```

注意事项：进行大于 32 位的减法时，应先设置“S”后缀来更新进位标志位 C。

5）逆向减法指令 RSB

RSB 指令将一个 8 位图立即数、一个寄存器或被移位的寄存器的值减去 Rn 寄存器的值，结果保存到目标寄存器 Rd 寄存器中。该指令可用于有符号数或无符号数的减法运算。指令的格式如下：

```
RSB{ cond }{S}   Rd,Rn,operands
```

RSB 指令举例如下：

```
RSB   R3,R1,#0x08          ;R3 = 8 - R1
RSB   R3,R1,R2             ;R3 = R2 - R1
RSB   R0,R1,R3,LSL #2      ;R0 = R3 ×4 - R1
```

注意事项：如果设置 S 位，则根据结果更新标志 N、Z、C 和 V。

6）带借位的逆向减法指令 RSC

RSC 指令将一个 8 位图立即数、一个寄存器或被移位的寄存器的值减去 Rn 寄存器的值，再减去 CPSR 中的条件标志位 C 的“非”，结果保存到目标寄存器 Rd 寄存器中。该指令可用于有符号数或无符号数的减法运算。利用该指令，可进行大于 32 位数的减法运算。指令的格式如下：

```
RSC{ cond }{S}   Rd,Rn,operands
```

RSC 指令举例如下：

下面两条指令实现求 64 位数值的负数：

```
RSBS  R2,R0,#0
RSC   R3,R1,#0
```

注意事项：进行大于 32 位的减法时，应先设置 S 后缀来更新进位标志位 C。

(3) 逻辑运算指令

逻辑运算指令完成常用的逻辑运算，该类指令不但将运算结果保存到目的寄存器中，同时更新 CPSR 中的相应条件标志位。

1）逻辑与指令 AND

AND 指令将一个 8 位图立即数、一个寄存器或被移位的寄存器的值与 Rn 寄存器的值按位进行逻辑“与”操作，结果保存到目标寄存器 Rd 寄存器中。该指令常用于屏蔽 Rn 的某些位。指令的格式如下：

```
AND{cond}{S}   Rd,Rn,operands
```

AND 指令举例如下：

```
AND   R1,R1,#0xFF        ;R3 = R1 & 0x000000FF,取出 R1 的低 8 位数据
AND   R3,R1,R2           ;R3 = R1 & R2
```

注意事项：若设置 S 位，则根据结果更新标志 N 和 Z，在计算第二个操作数时更新标志 C，不影响标志 V。

2）逻辑或指令 ORR

ORR 指令将一个 8 位图立即数、一个寄存器或被移位的寄存器的值与 Rn 寄存器的值按位进行逻辑“或”操作，结果保存到目标寄存器 Rd 寄存器中。该指令常用于设置 Rn 的某些位。指令的格式如下：

```
ORR{cond}{S}   Rd,Rn,operands
```

ORR 指令举例如下：

```
MOV   R1,R2,LSR #24
ORR   R3,R1,R3,LSL #8     ;两条指令完成将 R2 的高 8 位数据移入到 R3 低 8 位中
ORR   R1,R1,#3            ;设置 R1 的 0、1 位，其余位保持不变
```

注意事项：若设置 S 位，则根据结果更新标志 N 和 Z，在计算第二个操作数时更新标志 C，不影响标志 V。

3）逻辑异或指令 EOR

EOR 指令将一个 8 位图立即数、一个寄存器或被移位的寄存器的值与 Rn 寄存器的值按位进行逻辑“异或”操作，结果保存到目标寄存器 Rd 寄存器中。该指令常用于反转 Rn 的某些位。指令的格式如下：

```
EOR{cond}{S}   Rd,Rn,operands
```

EOR 指令举例如下：

```
EOR   R3,R1,R2     ;R1 和 R2 的值做逻辑异或，结果保存到 R3
EOR   R1,R1,#3     ;将 R1 的 0、1 位取反，其余位保持不变
```

注意事项：若设置 S 位，则根据结果更新标志 N 和 Z，在计算第二个操作数时更新标志 C，不影响标志 V。

4）位清除 BIC

BIC 指令将一个 8 位图立即数、一个寄存器或被移位的寄存器的值的反码与 Rn 寄存器的值按位进行逻辑“与”操作，结果保存到目标寄存器 Rd 寄存器中。该指令常用于将寄存器 Rn 中的某些位设置为零。指令的格式如下：

```
BIC{cond}{S}   Rd,Rn,operands
```

BIC 指令举例如下：

```
BIC   R3,R1,R2          ;将 R2 的反码和 R1 按位进行逻辑与操作，结果保存到 R3
BIC   R1,R1,#0x0F       ;将 R1 的低 4 位清零，其余位保持不变
```

注意事项：若设置S位，则根据结果更新标志N和Z，在计算第二个操作数时更新标志C，不影响标志V。

（4）比较指令

比较指令不保存运算结果，只是根据比较的结果更新CPSR中相应的条件标志位。

1）比较指令CMP

CMP指令将Rn寄存器的值减去一个8位图立即数、一个寄存器或被移位的寄存器的值，根据操作的结果更新CPSR中的相应条件标志位，以便后面的指令根据相应的条件标志来判断是否执行。例如，当Rn > operands时，则此后有GT后缀的指令将可以执行。指令的格式如下：

```
CMP { cond }  Rd,Rn,operands
```

CMP指令举例如下：

```
CMP  R1,R2    ;根据R1减R2的结果,更新CPSR的标志位
CMP  R1,#20   ;根据R1减20的结果,更新CPSR的标志位
```

注意事项：CMP指令只根据结果更新标志N、Z、C和V，结果不放到任何寄存器中。与SUBS指令的区别在于，CMP指令不保存运算结果。在进行两个数据的大小判断时，常用CMP指令及其相应的条件码来操作。

2）反值比较指令CMN

CMN指令将Rn寄存器的值加上一个8位图立即数、一个寄存器或被移位的寄存器的值，根据操作的结果更新CPSR中的相应条件标志位，以便后面的指令根据相应的条件标志来判断是否执行。指令的格式如下：

```
CMN {cond}  Rd,Rn,operands
```

CMN指令举例如下：

```
CMN  R1,R2    ;根据R1加R2的结果,更新CPSR的标志位
CMN  R1,#20   ;根据R1加20的结果,更新CPSR的标志位
```

注意事项：CMN指令只根据结果更新标志N、Z、C和V，结果不放到任何寄存器中。与ADDS指令的区别在于，CMN指令不保存运算结果。CMN指令可用于负数比较，比如CMN R0,#1指令表示R0与 -1比较，若R0为 -1（即“1”的补码），则Z置位，否则Z清零。

（5）测试指令

1）位测试指令TST

TST指令将Rn寄存器的值与一个8位图立即数、一个寄存器或被移位的寄存器（operands）的值按位进行逻辑“与”操作，根据操作的结果更新CPSR中的相应条件标志位，以便后面的指令根据相应的条件标志来判断是否执行。指令的格式如下：

```
TST { cond }  Rd,Rn,operands
```

TST指令举例如下：

```
TST  R1,#0x03    ;测试R1中的最低两位是否为1
TST  R1,#0xFF    ;根据R1和0xFF按位与的结果,更新CPSR的标志位
```

注意事项：TST指令只根据结果更新标志N、Z、C和V，结果不放到任何寄存器中。与ANDS指令的区别在于，TST指令不保存运算结果。CMN指令通常与EQ、NE条件码配合使用，当所有测试位均为“0”时，EQ有效，而只要有一个测试位不为“0”，则NE有效。

2)相等测试指令 TEQ

TEQ 指令将 Rn 寄存器的值与一个 8 位图立即数、一个寄存器或被移位的寄存器(operands)的值按位进行逻辑"异或"操作,根据操作的结果更新 CPSR 中的相应条件标志位,以便后面的指令根据相应的条件标志来判断是否执行。指令的格式如下:

TEQ{ cond } Rd,Rn,operands

TEQ 指令举例如下:

TEQ R1,R2 ;比较 R1 和 R2 是否相等,并根据结果更新 CPSR 的标志位

注意事项:TEQ 指令只根据结果更新标志 N、Z、C 和 V,结果不放到任何寄存器中。与 EORS 指令的区别在于,TST 指令不保存运算结果。使用 TEQ 指令进行相等测试时,常与 EQ、NE 条件码配合使用。当两个数相等时,EQ 有效,否则 NE 有效。

(6)乘法指令

ARM 乘法指令完成两个寄存器中数据的乘法。按产生结果的位宽一般分为两类:一类是两个 32 位二进制数相乘的结果是 64 位,另一类是两个 32 位二进制数相乘,仅保留最低有效 32 位。

这两种类型都有"乘法—累加"的变形,即将乘积连续相加成为总和,而且有符号和无符号操作数都能使用。两种类型指令共有六条,其意义和指令格式见表 3.4。

表 3.4 乘法指令

助记符	意义	指令格式
MUL	32 位乘法指令	MUL{cond}{S} Rd,Rm,Rs
MLA	32 位乘加指令	MLA{cond}{S} Rd,Rm,Rs,Rn
SMULL	64 位有符号数乘法指令	SMULL {cond}{S} RdLo,RmHi,Rm,Rs
SMLAL	64 位有符号数乘加指令	SMLAL {cond}{S} RdLo,RmHi,Rm,Rs
UMULL	64 位无符号数乘法指令	UMULL {cond}{S} RdLo,RmHi,Rm,Rs
UMLAL	64 位无符号数乘加指令	UMLAL {cond}{S} RdLo,RmHi,Rm,Rs

指令的功能说明如下:

MUL 指令:Rm 和 Rs 相乘,结果的低 32 位保存到 Rd 中。

MLA 指令:Rm 和 Rs 相乘,再将乘积加上 Rn,结果的低 32 位保存到 Rd 中。

SMULL 指令:Rm 和 Rs 进行有符号数相乘,结果的低 32 位保存到 RdLo 中,高 32 位保存到 RmHi 中。

SMLAL 指令:Rm 和 Rs 进行有符号数相乘,结果的低 32 位与 RdLo 的值相加后的结果保存到 RdLo 中,结果的高 32 位与 RmHi 的值相加后的结果保存到 RmHi 中。

UMULL 指令:Rm 和 Rs 进行无符号数相乘,结果的低 32 位保存到 RdLo 中,高 32 位保存到 RmHi 中。

UMLAL 指令:Rm 和 Rs 进行无符号数相乘,结果的低 32 位与 RdLo 的值相加后的结果保存到 RdLo 中,结果的高 32 位与 RmHi 的值相加后的结果保存到 RmHi 中。

乘法指令举例如下:

MUL R0,R1,R2 ;R0 = R1 × R2

```
MLA      R0,R1,R2,R3        ;R0 = R1 × R2 + R3
SMULL    R0,R1,R2,R3        ;(R0,R1) = R2 × R3
SMLAL    R0,R1,R2,R3        ;(R0,R1) = R2 × R3 + (R0,R1)
UMULL    R0,R1,R2,R3        ;(R0,R1) = R2 × R3
UMLAL    R0,R1,R2,R3        ;(R0,R1) = R2 × R3 + (R0,R1)
```

注意事项：

①同其他数据处理指令一样，S位控制条件码的设置。当在指令中设置了S位时，根据结果更新标志位N和Z，对于产生32位的指令形式，N标志位设置为Rd的第31位的值；对于产生64位结果的指令形式，N标志位设置的是RdHi的第31位的值；如果Rd或RdHi和RdLo为"0"时，Z标志位置位。

②它与其他的数据处理指令的重要区别为：

a.不支持第二操作数为立即数；

b.结果寄存器不能同时作为第一源寄存器，即Rd、RdHi和RdLo不能与Rm为同一寄存器，RdHi和RdLo不能为同一寄存器。

③应该避免R15定义为任一操作数或结果寄存器。

④早期的ARM处理器仅支持32位乘法指令（MUL和MLA）。ARM7版本（ARM7DM、ARM7TM等）和后续的在名字中具有"M"的处理器才支持64位乘法指令。

3.3.2 程序状态寄存器与通用寄存器之间的传送指令

ARM指令中有两条指令MSR和MRS，用于在状态寄存器和通用寄存器之间传送数据。修改状态寄存器一般是通过"读取—修改—写回"三个步骤的操作来实现的。

(1)状态寄存器到通用寄存器的传送指令（MRS）

MRS指令用于将状态寄存器CPSR或SPSR的内容传到通用寄存器Rd中，它主要用于三种场合：①通过"读取—修改—写回"操作序列修改状态寄存器的内容。MRS指令用于将状态寄存器的内容读到通用寄存器中；②当异常中断允许嵌套时，需要在进入异常中断之后，嵌套中断发生之前保存当前处理器模式对应的SPSR。这时，需要先通过MRS指令读出SPSR的值，再用其他指令将SPSR值保存起来；③当进程切换时，也需要保存当前寄存器值。

1)指令格式

```
MSR{ cond }    Rd,CPSR/SPSR
```

MSR指令举例如下：

```
MRS    r0,CPSR   ;将CPSR传送到r0
MRS    r3,SPSR   ;将SPSR传送到r3
```

2)注意事项

由于用户或系统模式下没有可访问的SPSR，所以SPSR形式在这些模式不能用，MRS指令不影响条件标志码。

(2)通用寄存器到状态寄存器的传送指令（MSR）

当需要保存或修改当前模式下CPSR或SPSR的内容时，这些内容首先必须传送到通用寄存器中，对选择的位进行修改，然后将数据回写到状态寄存器。这里讲述的指令完成这一过程的最后一步，即用立即数常量或通用寄存器的内容加载CPSR或SPSR的指定区域。

MRS 和 MSR 配合使用,作为更新 PSR 的"读取—修改—写回"序列的一部分。

1)指令格式:

MSR{<cond>}　CPSR_f | SPSR_f,#<immediate>

MSR{<cond>}　CPSR_<field> | SPSR_<field>,Rm

这里<field>表示下列情况之一:

①c:控制域—PSR[7:0]。

②x:扩展域—PSR[15:8](在当前 ARM 中未使用)。

③s:状态域—PSR[23:16](在当前 ARM 中未使用)。

④f:标志位域—PSR[31:24]。

<immediate>为有效立即数,Rm 为操作数寄存器。

MSR 指令举例如下:

设置 N、Z、C 和 V 标志位:

```
MSR     CPSR_f,#&f0000000   ; 设置所有的标志位
```

仅设置 C 标志位,保存 N、Z 和 V:

```
MRS     r0,CPSR             ; 将 CPSR 传送到 r0
ORR     r0,r0,#&20000000    ; 设置 r0 的 29 位
MSR     CPSR_f,r0           ; 传送回 CPSR
```

从监控模式切换到 IRQ 模式(例如,启动时初始化 IRQ 堆栈指针):

```
MRS     r0,CPSR             ; 将 CPSR 传送到 r0
BIC     r0,r0,#&1f          ; 低 5 位清 0
ORR     r0,r0,#&12          ; 设置位为 IRQ 模式
MSR     CPSR_c,r0           ; 传送回 CPSR
```

在这种情况下,需要拷贝原来 CPSR 的值,以便不改变中断使能设置。上面的代码可以用来在任何两个非用户模式之间或从非用户模式到用户模式的切换。只有在 MSR 完成后,模式的改变才起作用;在将结果拷贝回 CPSR 之前,中间的工作对模式没有影响。

2)注意事项:

①在用户模式下不能对 CPSR[23:0]作任何修改。

②在用户或系统模式下没有 SPSR,故应尽量避免在这些模式下访问 SPSR。

③不能通过该指令直接修改 CPSR 中的 T,控制位直接将程序状态切换到 Thumb 状态,必须通过 BX 等指令来完成程序状态的切换。

3.3.3　转移指令

在 ARM 中有两种方法可以实现程序的转移:一种是利用传送指令直接向 PC 寄存器(R15)中写入转移的目标地址值,通过改变 PC 的值实现程序的跳转;另一种是使用专门的转移指令。

ARM 的转移指令可以从当前指令向前或向后的 32 MB 的地址空间跳转,根据完成的功能它可以分为四种:①B:转移指令;②BL:带链接的转移指令;③BX:带状态切换的转移指令;④BLX:带链接和状态切换的转移指令。

(1)转移和转移链接指令(B,BL)

转移指令 B 在程序中完成简单的跳转指令,可以跳转到指令中指定的目的地址。转移和转移链接指令的二进制编码如图 3.2 所示。

在一个程序中通常需要转移到子程序,并且当子程序执行完毕时能确保恢复到原来的代码位置。这就需要将执行转移之前程序计数器 PC 的值保存下来,ARM 使用转移链接指令 BL 来提供这一功能。BL 指令完全像转移指令一样地执行转移,同时将转移后面紧接的一条指令的地址保存到链接寄存器 LR(r14)。

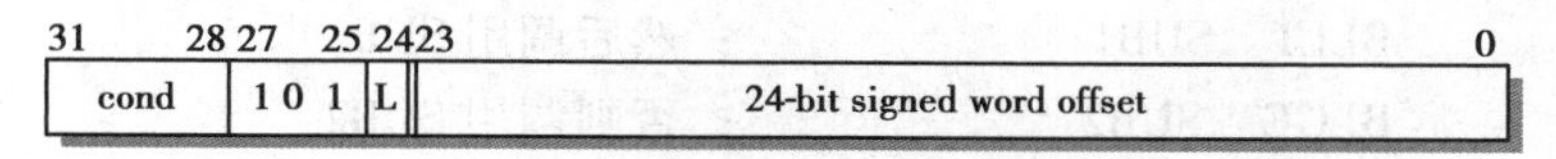

图 3.2　转移和转移链接指令的二进制编码

转移和转移链接指令跳转的目标地址的计算方法是:先对指令中定义的带符号的 24 位偏移量用符号扩展为 32 位,并将该 32 位左移两位形成字的偏移,然后将它加到程序计数器 PC 中(相加前程序计数器的内容为转移指令地址加 8 字节),即得到跳转的目标地址。一般情况下汇编器将会计算正确的偏移。

转移指令的范围为:±32 MB。

转移指令的 L 位(第 24 位)置“1”时,表示是转移链接指令,它在执行跳转的同时,将转移指令后下一条指令的地址传送到当前处理器模式下的链接寄存器 LR(r14)。这一般用于实现子程序调用,返回时只需将链接寄存器 LR 的内容拷贝回 PC。

两种形式指令都可以条件执行或无条件执行。

1)指令格式

B{L}{<cond>}<target address>

“L”指定转移与链接属性,如果不包含“L”,便产生没有链接的转移。“<cond>”是条件执行的助记符扩展。缺省时为“AL”,即无条件转移。“<target address>”一般是汇编代码中的标号,是转移的目标地址。

举例如下:

无条件跳转:

```
        B      LABEL          ; 无条件跳转到 LABEL 处
               …
LABEL…
```

执行 10 次循环:

```
        MOV    r0,#10         ; 初始化循环计数器
LOOP…
        SUBS   r0,#1          ; 计数器减 1,设置条件码
        BNE    LOOP           ; 如果计数器 r0≠0,重复循环…
        …                     ; …否则中止循环
```

调用子程序:

```
        …
        BL     SUB            ; 转移链接到子程序 SUB
```

```
            …               ; 返回到这里
            …
        SUB…                ; 子程序入口
        MOV   PC,r14        ; 返回
```

条件子程序调用：

```
        …
        CMP   r0,#5         ; 如果 r0 < 5
        BLLT  SUB1          ; 然后调用 SUB1
        BLGE  SUB2          ; 否则调用 SUB2
        …
```

只有 SUB1 不改变条件码，本例才能正确工作，如果 BLLT 执行了转移，执行完子程序后，将返回到 BLGE；如果条件码被 SUB1 改变，SUB2 可能又会被执行。

举例如下：

```
        BL        SUBR          ; 转移到 SUBR
        …                       ; 返回到这里
SUBR    …                       ; 子程序入口
        MOV       pc,r14        ; 返回
```

由于返回地址保存在寄存器里，在保存 r14 之前子程序不应再调用下一级的嵌套子程序；否则，新的返回地址将覆盖原来的返回地址，就无法返回到原来的调用位置。这时，一般是将 r14 压入存储器中的堆栈。由于子程序经常还需要一些工作寄存器，所以可以使用多寄存器存储指令同时将这些寄存器中原有的数据一起存储。

```
        BL      SUB1
        …
SUB1    STMFD   r13!,{r0-r2,r14}    ; 保存工作和链接寄存器
        BL      SUB2
        …
SUB2    …
```

不调用其他子程序的子程序（叶子程序）不需要存储 r14，因为它不会被覆盖。

2）注意事项

①在上面第一个例子中，对于其他的 RISC 处理器，可能将采用的延迟转移模式，即在转移到标号 label 之前会执行转移指令之后的指令。但是，在 ARM 中将不会出现这种情况，因为 ARM 不使用转移延迟的机制。

②当转移指令转移到 32 MB 地址空间的范围之外时，将产生不可预测的结果。

（2）转移交换和转移链接交换（BX、BLX）

这些指令用于支持 Thumb（16 位）指令集的 ARM 芯片，程序可以通过这些指令完成处理器从 ARM 状态到 Thumb 状态的切换，如图 3.3 所示。类似的 Thumb 指令可以使处理器切换回 32 位 ARM 指令。

在第一种格式中，寄存器 Rm 的值是转移目标，Rm 的第 0 位拷贝到 CPSR 中的 T 位（它决定了是切换到 Thumb 指令还是继续执行 ARM 指令），[31:1]位移入 PC；如果 Rm[0]是“1”，

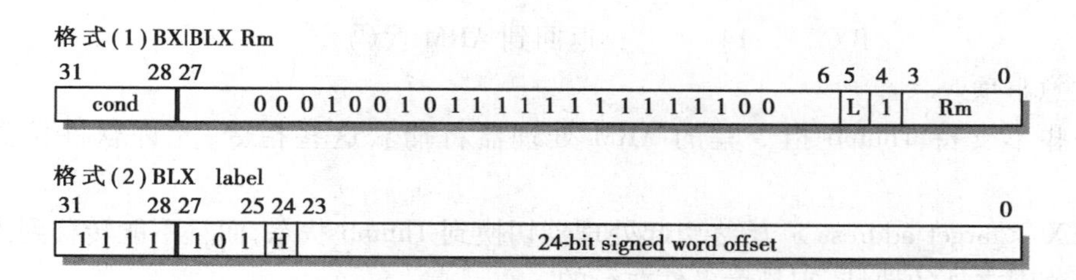

图3.3　转移交换(带链接选项)指令的二进制

处理器切换执行Thumb指令,并在Rm中的地址处开始执行,但需将最低位清零,使之以半字的边界定位;如果Rm[0]是“0”,处理器继续执行ARM指令,并在Rm中的地址处开始执行,但需将Rm[1]清零,使之以字的边界定位。

在第二种格式中,转移指令跳转的目标地址的计算方法是:先对指令中定义的带符号的24位偏移量用符号扩展为32位,并将该32位数左移两位形成字的偏移,然后将它加到程序计数器PC中(相加前程序计数器的内容为转移指令地址加8字节),H位(第24位)也加到目标地址的第1位,使得可以为目标指令选择奇数的半字地址,而这目标指令将总是Thumb指令。一般情况下汇编器将会计算正确的偏移。

转移指令的范围也是±32 MB。

如果在格式(1)中将L位(第5位)置位,那么这两种转移指令具有链接的属性(BLX仅用于v5T处理器),也将转移指令后下一条指令的地址传送到当前处理器模式的链接寄存器(r14)。当ARM指令调用Thumb子程序时,一般用这种指令来保存返回地址,通过BLX指令来实现程序调用和程序状态的切换。如果用BX作为子程序返回机制,调用程序的指令集状态能连同返回地址一起保存,因此,可使用同样的返回机制从ARM或Thumb子程序对称地返回到ARM或Thumb的调用程序。

注意:格式(1)指令可以条件或无条件执行,但格式(2)指令是无条件执行。

1)指令格式

B{L}X{ <cond> }　Rm

BLX　<target address>

“ <target address> ”一般是汇编代码中的一个标号,表示目标地址;汇编器将产生偏移(它将是目标的字地址和转移指令地址加8的差值)并在适当时设置H位。

举例如下:

无条件跳转:

```
        BX   r0        ; 转移到r0中的地址,如果r0[0]=1,进入Thumb
                       ; 状态
```

调用Thumb子程序:

```
        CODE32         ; 以下是ARM代码
        …
        BLX  TSUB      ; 调用Thumb子程序
        …
        CODE16         ; 开始Thumb代码
TSUB…                  ; Thumb子程序
```

```
BX      r14          ; 返回到 ARM 代码
```

2)注意事项

①一些不支持 Thumb 指令集的 ARM 处理器将捕获这些指令,允许软件仿真 Thumb 指令。

②BLX <target address> 始终引起处理器切换到 Thumb 状态,而且不能转移到当前指令 ±32 MB 范围之外的地址,它是无条件执行的。

③只有实现 v5T ARM 体系结构的处理器支持 BLX 指令的任意形式。

3.3.4 存储器访问指令

ARM 处理器是 RISC 架构的处理器,它无法像 CISC 架构的处理器一样让存储器中的内容直接参与操作运算,而是需要将存储单元中的内容先读取到内部寄存器中,ARM 处理器是加载/存储体系结构的典型 RISC 处理器,对存储器的访问只能使用加载、存储和交换指令实现。

因此,ARM 指令集中有三类基本的存储器访问指令:

①单寄存器存取指令(LDR,STR)

单寄存器的存取指令提供 ARM 寄存器和存储器间最灵活的单数据项传送方式,存取的数据类型可以是 8 位字节、16 位半字或 32 位字。

②多寄存器存取指令(LDM,STM)

与单寄存器的存取指令相比,虽然这些指令的灵活性要差一些,但它们可以更有效地用于批量数据的传送。多寄存器存取指令一般用于进程的进入和退出、堆栈保护和恢复工作寄存器以及拷贝存储器中块数据。

③存储器和寄存器交换指令(SWP)

信号量是最早出现的用来解决进程同步与互斥问题的机制,包括一个称为信号量的变量及对它进行的两个原语操作。通过 PV 原语对信号量的操作,可以完成进程间的同步和互斥,对信号量的操作要求在一条指令中完成读取和修改(具体解释请参见相关的专业书籍)。ARM 提供了此指令完成信号量的操作,该指令用于寄存器和存储器中的数据交换,在一个指令中有效地完成存取操作。

下面详细介绍以上三类存储器访问指令。

(1)单寄存器存取指令(LDR,STR)

单寄存器存取指令是 ARM 在寄存器和存储器间传送单个字节和字的最灵活方式。只要寄存器已被初始化并指向接近(通常在 4 KB 内)所需的存储器地址的某处,这些指令就可提供有效的存储器存取机制。它支持几种寻址模式,包括立即数和寄存器偏移、自动变址和相对 PC 的寻址。

根据传送数据的类型不同,单个寄存器存取指令又可以分为单字和无符号字节的数据存取指令、半字和有符号字节的数据存取指令两种形式,这两种形式的数据存取指令构成完整的各种数据类型(字、有符号和无符号的半字、有符号和无符号的字节)存取。

1)单字和无符号字节的数据存取指令

LDR 从内存中取 32 位字或 8 位无符号字节数据放入寄存器,STR 将寄存器中的 32 位字或 8 位无符号字节数据保存到内存中。字节传送时是用“0”将 8 位的操作数扩展到 32 位。

图3.4中Rn是基址寄存器，Rd是源/目的寄存器，offset是无符号立即数或寄存器偏移量。P=1，表示使用前变址的寻址模式进行存取操作；P=0，表示使用后变址的寻址模式进行存取操作。U=1，表示基址寄存器加上偏移量；U=0，表示基址寄存器减去偏移量。B=1，表示传送的是无符号字节；B=0，表示传送的是无符号字。W=1，表示要求回写，即自动变址。W=0，表示不要求回写。L=1，表示从存储器中读取数据；L=0，表示向存储器中写入数据。

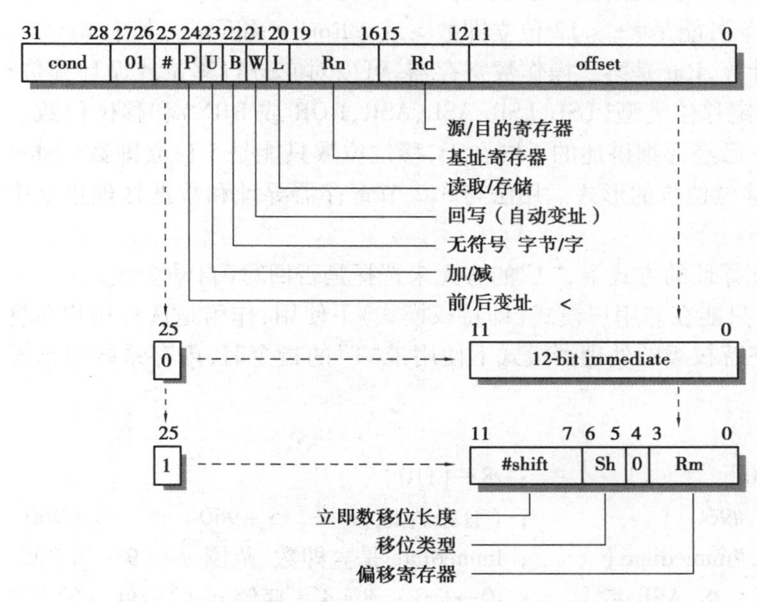

图3.4 单字和无符号字节数据存取指令的二进制编码

指令构造的地址是基址寄存器加上或减去一个无符号立即数或寄存器偏移量。基址或计算出的地址用于从存储器读取一个无符号字节或字，或者向存储器写入一个无符号字节或字。当一个字节读取到寄存器，需要用“0”将它扩展到32位。当一个字节存入到存储器，寄存器的低8位写到地址指向的位置。

前变址的寻址模式使用计算出的地址作为存储器的地址进行数据存取操作，然后当要求回写时（W=1），将基址寄存器更新为计算出的地址值。

后变址的寻址模式是用未修改的基址寄存器来存取数据，然后将基址寄存器更新为计算出的地址，而不管W位如何（因为偏移除了作为基址寄存器的修改量之外已没有其他意义，但是，如果希望基址寄存器的值不变化，可将偏移量设置为立即数“0”）。由于在这种情况下W位是不使用的，所以它有一个不运行在用户模式的仅在代码上相关的替换功能：设置W=1，使处理器以用户模式访问存储器，这样使操作系统采用用户角度来看待存储器变换和保护方案。

①指令格式

A. 前变址的指令格式

LDR|STR {<cond>} {B} Rd,[Rn,<offset>]{!}

B. 后变址的指令格式

LDR|STR {<cond>} {B} {T} Rd,[Rn],<offset>

C. 相对 PC 的指令格式(汇编器自动计算所需偏移量——立即数)

LDR|STR {<cond>} {B} Rd,LABEL

其中:

a. LDR 指令是“将存储器中的数据读入到寄存器中”,STR 指令是“将寄存器的数据存储到存储器中”。

b. 选择项“B”用来控制是传送无符号字节还是字,缺省时 B=0,即传送字。

c. <offeset>可能是#±<12 位立即数>或±Rm{<shift>},其中 Rm{<shift>}用作移位偏移地址的计算,Rm 是第二操作数寄存器,可以对它进行移位或循环移位产生偏移地址。<shift>用来指定移位类型(LSL、LSR、ASL、ASR、ROR 或 RRX)和移位位数。在此和 3.2 节的寄存器寻址中已经详细讲述的不同在于,移位位数只能是 5 位立即数(#shift),而不存在寄存器(Rs)指定移位位数的形式。用法与 3.2 节寄存器寻址和数据处理指令中寄存器的移位操作的用法相同。

d. 在前变址寻址的方式下,“!”的有无来选择是否回写(自动变址)。

e. T 标志位只能在非用户模式(即特权模式)下使用,作用是选择用户角度的存储器变换保护系统。当在特权级的处理器模式下使用带“T”的指令时,内存系统将该操作当作一般的内存访问操作。

举例如下:

```
LDR     r8,[r10]                  ; r8←[r10]
LDRNE   r1,[r5,#960]!             ; (有条件地)r1←[r5+960],r5=r5+960
STR     r2,[r9,#immediate]        ; immediate 是立即数,范围 -4 095 ~4 095
STRB    r0,[r3,-r8,ASR #2]        ; r0→[r3-r8÷4],存储 r0 的最低有效字节,
                                  ; 但 r3 和 r8 的内容不变
LDR     r1,localdata              ; 加载一个字,该字位于标号 localdata 所在地址
LDR     r0,[r1],r2,LSL #2         ; 将地址为 r1 的内存单元数据读取到 r0 中,
                                  ; 然后 r1←r1+r2×4
LDRB    r0,[r2,#3]                ; 将内存单元(r2+3)中的字节数据读到 r0
                                  ; 中,r0 中的高 24 位被设置成 0
LDR     r1,[r0,-r2,LSL #2]        ; 将 r0-r2*4 地址处的数据读出,保存到 r1
                                  ; 中(r0、r2 的值不变)
STR     r0,[r7],#-8               ; 将 r0 的内容存到 r7 中地址对应的内存中
                                  ; r7=r7-8
```

在编程中常使用相对 PC 的形式将 r0 中的一个字存到外设 UART:

```
LDR     r1,UARTADD                ; UART 地址装入 r1 中
STR     r0,[r1]                   ; 存数据到 UART 中
…
UARTADD    &1000000               ; 地址字符
```

在编程中常使用相对 PC 的形式将外设 UART 数据读到 r0 中:

```
LDR          r1,UARTADD           ; UART 地址装入 r1 中
LDR          r0,[r1]              ; UART 数据存到 r0 中
```

…

UARTADD　　　&1000000　　；地址字符

汇编器将使用前变址的PC相对寻址模式将地址装入r1。要做到这一点，字符必须限定在一定的范围（这就是load指令附近4 KB范围之内）。

②注意事项

a. 使用PC作为基址时得到的传送地址为当前指令地址加8字节；PC不能用作偏移寄存器，也不能用于任何自动变址寻址模式（包括任何后变址模式）。

b. 可以把一个字读取到PC将使程序转移到所读取的地址，从而实现程序跳转，但是应当避免将一字节读取到PC。

c. 应尽可能避免将PC存到存储器的操作，因为在不同体系结构的处理器中，这样的操作会产生不同的结果。

d. 只要同一指令中不使用自动变址，则Rd = Rn是可以的。但是，在一般情况下，Rd、Rn和Rm应当是不同的寄存器。

e. 当从非字对齐的地址读取一个字时，所读取的数据是包含所寻址字节的字对齐的字。通过循环移位使寻址字节处于目的寄存器最低有效字节。对于这些情况（由CP15寄存器1中第一位的A标志位控制），一些ARM可能产生异常。

f. 当一个字存入到非字对齐的地址时，地址的低两位被忽略，存入这个字时将这两位当作“0”。对于这些情况（也是由CP15寄存器1中的A标志位控制），一些ARM系统可能产生异常。

2）半字和有符号字节的数据存取指令

ARM提供了专门的半字（带符号和无符号）、有符号字节数据存取指令。LDR从内存中取半字（带符号和无符号）、有符号字节数据放入寄存器，STR将寄存器中的半字（带符号和无符号）、有符号字节数据保存到内存中。有符号字节或有符号半字传送时是用“符号位”扩展到32位，无符号半字的传送是用“0”扩展到32位。

这些指令使用的寻址模式是无符号字节和字的指令所用寻址模式的子集。

这些指令与上面的字和无符号字节的指令形式类似，不同之处在于在这些指令中立即数偏移量限定在8位，寄存器偏移量也不可以经过移位得到。

在图3.5中，P、U、W和L位的作用与单字和无符号字节数据传送指令的二进制编码图中的P、U、W和L位的作用相同。S和H位用来定义所传送的操作数的类型，见表3.5。注意，这些位的第四种组合在这种格式中没有使用，它对应于无符号字节的数据类型。无符号字节的传送应当使用上面的格式。因为在存入有符号数据和无符号数据间没有差别，这条指令唯一的相关形式是：读取有符号字节、有符号半字或无符号半字；存入有符号字节、有符号半字或无符号半字；无符号数在读取时，用“0”扩展到32位；有符号数读取时，则用其符号扩展到32位。

表3.5　数据类型编码

S	H	数据类型
1	0	有符号字节
0	1	无符号半字
1	1	有符号半字

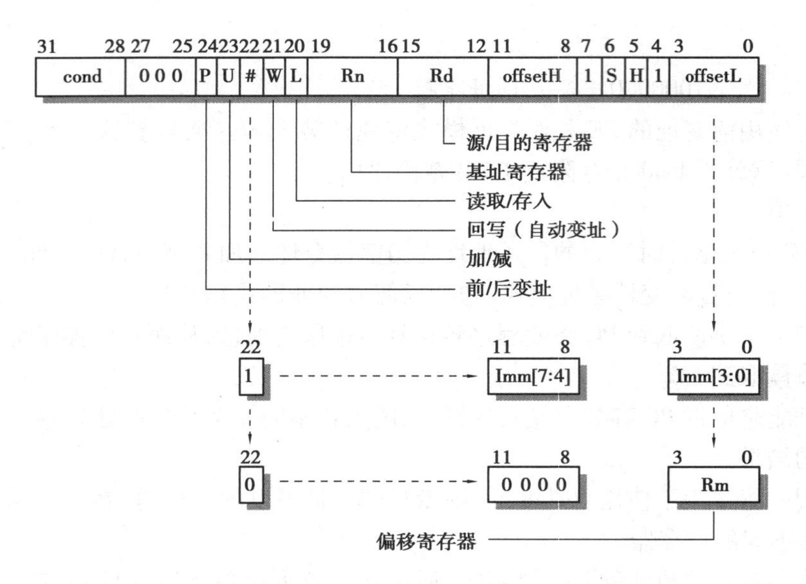

图 3.5　半字和有符号字节数据存取指令的二进制编码

①指令格式

A. 前变址格式

LDR|STR{ <cond>} H|SH|SB　Rd,　[Rn, <offest>]{!}

B. 后变址格式

LDR|STR {<cond>} H|SH|SB　Rd,　[Rn], <offest>

式中<offset>是# ± <8 位立即数>或# ± Rm;H|SH|SB 选择传送数据类型;其他部分的汇编器格式与传送字和无符号字节相同。

举例如下:

```
LDREQSH  r11,[r6]            ; (有条件地)r11←[r6],加载 16 位半字,带符
                             ; 号扩展到 32 位
LDRH     r1,    [r0,#20]     ; r1←[r0 +20],加载 16 位半字,零扩展到 32 位
STRH     r4,    [r3,r2]!     ; r4→[r3 + r2],存储最低的有效半字到 r3 + r2 地
                             ; 址开始的两个字节,地址写回到 r3
LDRSB    r0,    constf       ; 加载位于标号 constf 地址的字节,带符号扩展
LDRH     r6,    [r2],#2      ; 将 r2 地址上的半字数据读出到 r6,高 16 位用
                             ; 零扩展 r2 =r2 +2
LDRSH    r1,[r9]             ; 将 r9 地址上的半字数据读出到 r1,高 16 位用
                             ; 符号位扩展
STRH   r0,[r1,r2,LSL#2]      ; 将 r0 的内容送到(r1 + r2 * 4)对应的内存中
STRNEH r0,[r2,#960]!         ; (有条件的)将 r0 的内容送到(r2 +960)的内
                             ; 存中 r2 =r2 +960
```

②注意事项

a. 与前面所讲的字和无符号字节传送指令的情况相同,对使用 r15 和寄存器操作数也有

一定的限制。

b. 所有的半字传送应当使用半字对齐的地址。

(2)多寄存器存取指令(LDM,STM)

当需要存取大量的数据时,希望能同时存取多个寄存器。多寄存器传送指令,可以用一条指令将16个可见寄存器(R0～R15)的任意子集合(或全部)存储到存储器,或从存储器中读取数据到该寄存器集合中。此外,这种指令还有两个特殊用法:一是指令的一种形式可以允许操作系统加载或存储用户模式寄存器来恢复或保存用户处理状态;二是它的另一种形式可以作为从异常处理返回的一部分,完成从SPSR中恢复CPSR。例如,可以将寄存器列表保存到堆栈,也可以将寄存器列表从堆栈中恢复,这一节中有具体的例子请读者仔细体会。但是,与单寄存器存取指令相比,多寄存器数据存取可用的寻址模式更加有限。

图3.6中,指令的二进制编码的低16位为寄存器列表,每一位对应一个可见寄存器。例如第0位控制r0,第1位控制r1,依次类推。P、U、W和L位的作用与前面单寄存器数据存取指令中的相同。

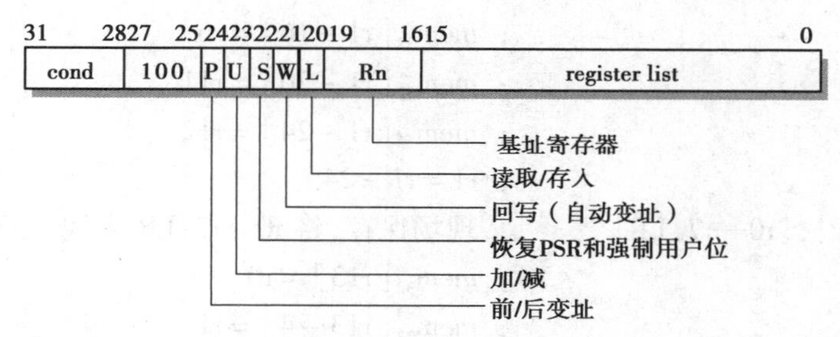

图3.6 多寄存器存取指令的二进制编码

寄存器从存储器读取连续字或将连续的字块存入到存储器中,可以通过基址寄存器和寻址模式的定义来实现。在传送每一个字之前或之后,基址将增加或减少。如果W=1,即支持自动变址,则当指令完成时,基址寄存器将增加或减少所传送的字节数。

S位(位[22])用于该指令的特殊用法。如果PC在读取多寄存器的寄存器列表中且S位置位,则当前模式的SPSR将被拷贝到CPSR,成为一个原子的返回和恢复状态的指令。但是,注意这种形式不能在用户模式的代码中使用,因为在用户模式下没有SPSR。如果PC不在寄存器列表中且S位置位,在非用户模式执行读取和存入多寄存器指令,将传送用户模式下寄存器(虽然使用当前模式的基址寄存器),这使得操作系统可以保存和恢复用户处理状态。

1)指令格式

LDM/STM{<cond>}<add mode> Rn{!}, <registers>

其中<add mode>指定一种寻址模式,表明地址的变化是操作执行前还是执行后,是在基址的基础上增加还是减少。“!”表示是自动变址(W=1)。<registers>是寄存器列表,用大括弧将寄存器组括起来,例如:{r0,r3—r7,pc}。寄存器列表可以包含16个可见寄存器(从r0到r15)的任意集合或全部寄存器。列表中寄存器的次序是不重要的,它不影响存取的次序和指令执行后寄存器中的值,因为有个约定:编号低的寄存器在存储数据或者是加载数据时对应于存储器的低地址;也就是说,编号最低的寄存器保存到存储器的最低地址或从最低地址取数;其次是其他寄存器按照寄存器编号的次序保存到第一个地址后面的相邻地址或从中取数;但是,一般的习惯是在列表中按递增的次序设定寄存器。注意,如果在列表中含有r15

将引起控制流的变化，因为 r15 是 PC。

在非用户模式下，而且寄存器列表包含 PC 时，CPSR 可以由下式恢复：

```
LDM {<cond>} <add mode> Rn{!}, <registers + pc>^
```

在非用户模式下，并且寄存器列表不得包含 PC，不允许回写，则用户寄存器可以通过下式保存和恢复：

```
LDM|STM{<cond>} <add mode> Rn, <registers—pc>^
```

举例如下：

```
LDMIA   r1,{r0,r2,r5}          ; r0 = mem32[ r1 ]
                               ; r2 = mem32[r1 +4]
                               ; r5 = mem32[r1 +8]
STMDB   r1!,{r3—r6,r11,r12}    ; mem32[r1 -4] = r3
                               ; mem32[r1 -8] = r4
                               ; mem32[r1 -12] = r5
                               ; mem32[r1 -16] = r6
                               ; mem32[r1 -20] = r11
                               ; mem32[r1 -24] = r12
                               ; r1 = r1 -24
STMED   SP!,{r0—r7,LR}         ; 现场保存，将 r0 ~ r7、LR 入栈
                               ; mem32[r13] = r0
                               ; mem32[r13 -4] = r1
                               ; …
                               ; mem32[r13 -36] = r14
                               ; r13 = r13 -36
```

因为存取数据项总是 32 位字，基址地址（r1）应是字对准的。

这类指令的一般特征是：最低的寄存器保存到最低地址或从最低地址取数；其他寄存器按照寄存器号的次序保存到第一个地址后面的相邻地址或从中取数。然而依第一个地址形成的方式会产生几种变形，而且还可以使用自动变址（也是在基址寄存器后加“!”）。

在进入子程序前，保存三个工作寄存器和返回地址：

```
STMFD   r13!,{r0—r2,r14}
```

这里假设 r13 已被初始化用作堆栈指针。恢复工作寄存器和返回：

```
LDMFD   r13!,{r0—r2,pc}
```

2）注意事项

①如果在保存多寄存器指令的寄存器列表里指定了 PC，保存的值与体系结构实现方式有关。因此，一般应当避免在 STM 指令中指定 PC。（向 PC 读取会得到预期的结果，这是从过程返回的标准方法。）

②如果在读取或存入多寄存器指令的传送列表中包含基址寄存器，则在该指令中不能使用回写模式，因为这样做的结果是不可预测的。

③如果基址寄存器包含的地址不是字对齐的，则忽略最低两位。一些 ARM 系统可能产生异常。

④只有在v5T体系结构中,读取到PC的最低位才会更新Thumb位。

(3)单寄存器交换指令(SWP)

交换指令将字或无符号字节的读取和存入组合在一条指令中。通常都将这两种传送结合成为一个不能被外部存储器的访问(例如,来自DMA控制器的访问)分隔开的基本的存储器操作,因此,本指令一般用于处理器之间或处理器与DMA控制器之间共享的信号量、数据结构进行互斥的访问。

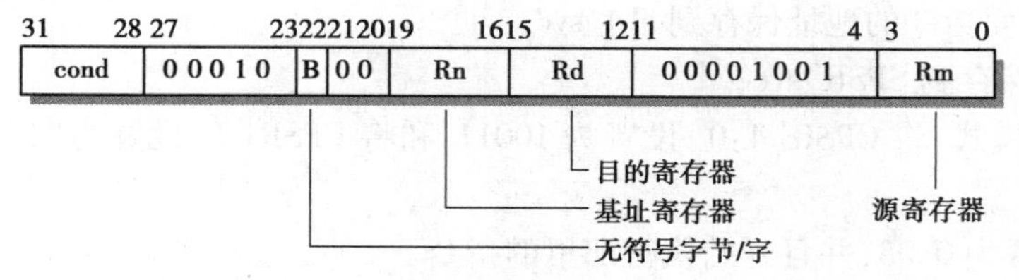

图3.7 存储器与寄存器交换指令的二进制编码

如图3.7所示,本指令将存储器中地址为寄存器Rn处的字(B=0)或无符号字节(B=1)读入寄存器Rd,又将Rm中同样类型的数据存入存储器中同样的地址。Rd和Rm可以是同一寄存器,但两者应与Rn不同。在这种情况下,寄存器和存储器中的值交换。ARM对存储器的读写周期是分开的,但应产生一个"锁"信号向存储器系统指明两个周期不应分离。

1)指令格式

SWP{<cond>}{B} Rd,Rm,[Rn]

举例如下:

```
ADR   r0,SEMAPHORE
SWPB  r1,r1,[r0]    ; 交换字节,将存储器单元[r0]中的字节数据读取到
                    ; r1中,同时将r1中的数据写入到存储器单元[r3]中
SWP   r1,r2,[r3]    ; 交换字数据,将存储器单元[r3]中的字数据读取到
                    ; r1中,同时将r2中的数据写入到存储器单元[r3]中
```

2)注意事项

①PC不能用作指令中的任何寄存器。

②基址寄存器(Rn)不应和源寄存器(Rm)或目的寄存器(Rd)相同,但是Rd和Rm可以相同。

3.3.5 异常中断产生指令

软件中断指令SWI用于产生SWI异常中断,用来实现在用户模式下对操作系统中特权模式的程序的调用;断点中断指令BKPT主要用于产生软件断点,供调试程序用。

(1)软件中断指令(SWI)

SWI(SoftWare Interrupt)代表"软件中断",用于用户调用操作系统的系统程序,常称为"监控调用"。它将处理器置于监控(SVC)模式,从地址0x08开始执行指令。

如果存储器的这部分区域被适当保护,就有可能在ARM上构建一个全面防止恶意用户的操作系统。但是,由于ARM很少用于多用户应用环境,通常不要求这种级别的保护。

SWI指令用于产生软件中断,图3.8中的24位立即数域并不影响指令的操作,它被操作系统用来判断用户程序调用系统例程的类型,相关参数通过通用寄存器来传递。

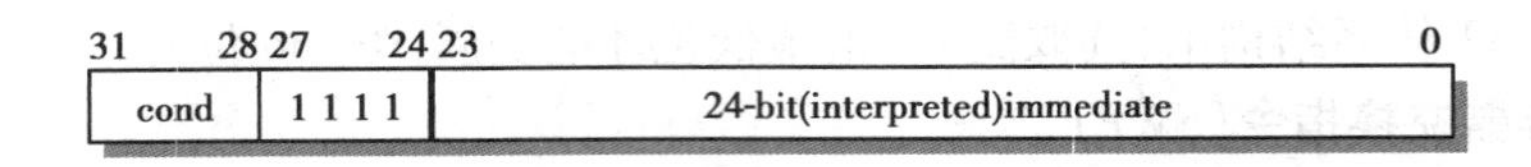

图 3.8　软件中断指令的二进制编码

如果条件通过,指令使用标准的 ARM 异常入口程序进入监控(SVC)模式,具体地说,处理器的行为是:

①将 SWI 后面指令的地址保存到 r14_svc;

②将 CPSR 保存到 SPSR_svc;

③进入监控模式,将 CPSR[4:0]设置为 10011_2 和将 CPSR[7]设置为"1",以便禁止 IRQ(但不是 FIQ);

④将 PC 设置为 0x08,并且开始执行那里的指令。

为了返回 SWI 后的指令,系统的程序不但必须将 r14_svc 拷贝到 PC,而且必须由 SPSR_svc 恢复 CPSR。这需要使用一种特殊形式的数据处理指令,这在前面介绍数据处理指令时已讲过。

监控程序调用是在系统软件中实现的,因此,监控程序调用从一个 ARM 系统到另一个系统可能会完全不同。尽管如此,大多数 ARM 系统在实现特定应用所需的专门调用之外,还实现了一个共同的调用子集。其中,最有用的是将 r0 底部字节中的字符送到用户器件一端显示的程序:

```
SWI        SWI_WritrC          ; 输出 r0[7:0]
```

另一个有用的调用是将控制从用户程序返回到监视程序:

```
SWI        SWI_Exit            ; 返回到监视程序
```

1)指令格式

SWI {**<cond>**} <24 位立即数>

举例如下:

输出字符"A"

```
    MOV  R0,#'A'               ; 将'A'调入到 r0 中
    SWI  SWI_WriteC            ; 打印它
```

输出调用语句之后的文本串的子程序:

```
    …
   BL        STROUT                    ; 输出下列信息
   ="Hello World",&0a,&0d,0            ; "="表示 DCB,"&"表示十六进制
    …                                  ; 返回这里
STROUT  LDRB    r0,[r14],#1            ; 取字符
        CMP     r0,#0                  ; 检查结束标志
        SWINE   SWI_WriteC             ; 如果没有结束,打印…
        BNE     STROUT                 ; …并循环
        MOV     PC,r14                 ; 返回
```

为结束执行用户程序,返回到监控程序:

```
        SWI     SWI_Exit               ; 返回监控
```

2)注意事项

①当处理器已经处于监控模式,只要原来的返回地址(在 r14_svc)和 SPSR_svc 已保存,就可以执行 SWI;否则,当执行 SWI 时,这些寄存器将被覆盖。

②24 位立即数代表的服务类型依赖于系统,但大多数系统支持一个标准的子集用于字符输入输出及类似的基本功能。立即数可以指定为常数表达式,但是,通常最好是在程序的开始处为所需要的调用进行声明并设置它们的值,或者导入一个文件,该文件为局部操作系统声明它们值,然后在代码中使用它们的名字。

③在监控模式下执行的第一条指令位于 0x08,一般是一条指向 SWI 处理程序的转移指令,而 SWI 处理程序则位于存储器内附近某处。因为存储器中位于 0x0C 的下一个字正是取指中止处理程序的入口,所以不能在 0x08 处开始写 SWI 处理程序。

(2)断点指令(BKPT——仅用于 v5T 体系)

断点指令用于软件调试,它使处理器停止执行正常指令而进入相应的调试程序。当适当配置调试的硬件单元时,本指令使处理器中止预取指。

1)指令格式

```
BKPT  {immed_16}
```

其中,immed_16 为表达式。其值为范围在 0~65 536 内的整数(16 位整数)。该立即数被调试软件用来保存额外的断点信息。

举例如下:

```
BKPT    ;
BKPT  0XF02C;
```

2)注意事项

①只有实现 v5T 体系结构的微处理器支持 BKPT 指令。

②BKPT 指令是无条件的。

3.3.6 协处理器指令

ARM 支持 16 个协处理器,用于各种协处理器操作,最常使用的协处理器是用于控制片上功能的系统协处理器。例如,控制 ARM720 上的高速缓存和存储器管理单元等,也开发了浮点 ARM 协处理器,还可以开发专用的协处理器。在程序执行的过程中,每个协处理器忽略属于 ARM 处理器和其他协处理器的指令。当一个协处理器硬件不能执行属于它的协处理器指令时,将产生未定义指令异常中断,在该异常中断处理程序时,可以通过软件模拟该硬件操作。例如,如果系统中不包含向量浮点运算器,则可以选择浮点运算软件模拟包来支持向量浮点运算。

ARM 协处理器指令根据其用途主要分为三类:①用于 ARM 处理器初始化 ARM 协处理器的数据操作指令;②用于 ARM 处理器的寄存器和 ARM 协处理器间的数据传送指令;③用于 ARM 协处理器的寄存器和内存单元之间的传送数据。

(1)协处理器的数据操作

协处理器数据操作完全是协处理器内部的操作,它完成协处理器寄存器的状态改变。一个例子是浮点加法,在浮点协处理器中两个寄存器相加,结果放在第三个寄存器。这些指令用于控制数据在协处理器寄存器内部的操作。标准格式遵循 ARM 整数数据处理指令的三地址形式，但是所有协处理器域可能会有其他的解释。

1）指令格式

CDP{ <cond> } <CP#>, <Cop1>, CRd, CRn, CRm{, <Cop2>}

ARM 对可能存在的任何协处理器提供这条指令。如果它被一个协处理器接受，ARM 继续执行下一指令；如果它没有被接受，ARM 将产生未定义中止的陷阱（可以用来实现"协处理器丢失"的软件仿真）。

通常，与协处理器编号 CP#一致的协处理器将接受指令，执行由 Cop1 和 Cop2 域定义的操作，使用 CRn 和 CRm 作为源操作数，并将结果放到 CRd。其中，Cop1 和 Cop2 为协处理器操作码，CRn、CRm 和 CRd 均为协处理器的寄存器，指令中不涉及 ARM 处理器的寄存器和存储器。

举例如下：

```
CDP   p5,2,C12,C10,C3,4  ; 协处理器 p5 的操作初始化。其中，操
                         ; 作码 1 为 2，操作码 2 为 4，目标寄存器
                         ; 为 C12，源操作寄存器为 C10 和 C3
```

2）注意事项

对于 Cop1、Crn、CRd、Cop2 和 CRm 域的解释与协处理器有关。以上的解释是推荐的用法，它最大程度地与 ARM 开发工具兼容。

（2）协处理器的数据存取

协处理器数据传送指令从存储器读取数据装入协处理器寄存器，或将协处理器寄存器的数据存入存储器。因为协处理器可以支持它自己的数据类型，所以每个寄存器传送的字数与协处理器有关。ARM 产生存储器地址，但协处理器控制传送的字数。协处理器可能执行一些类型转换作为传送的一部分。

协处理器数据存取指令类似于前面介绍的字和无符号字节数据存取指令的立即数偏移格式，但偏移量限于 8 位而不是 12 位。

可使用自动变址，以及前变址和后变址寻址。

1）指令格式

①前变址的格式

LDC|STC{ <cond> }{L} <CP#>, CRd, [Rn, <offset>]{!}

②后变址的格式

LDC|STC{ <cond> }{L} <CP#>, CRd, [Rn], <offset>

在这两种情况下，LDC 选择从存储器中读取数据装入协处理器寄存器，STC 选择将协处理器寄存器的数据存到存储器。L 标志如果存在，则选择长数据类型（N = 1）。<offset>是# ± <8位立即数>。

本指令可用于任何可能存在的协处理器。如果没有一个协处理器接受它，ARM 将产生未定义指令陷阱，可以使用软件仿真协处理器。一般情况下，具有协处理器编号 CP#的协处理器（如果存在）将接受这条指令。

地址计算将在 ARM 内进行，使用 ARM 基址寄存器（Rn）和 8 位立即数偏移量进行计算，8 位立即数偏移应左移两位产生字偏移。寻址模式和自动变址则以 ARM 字和无符号字节存取指令相同的方式来控制。这样定义了第一个存取地址，随后的字则存储到递增的字地址或

从递增的字地址读取。

数据由协处理器寄存器(CRd)提供或由协处理器寄存器接受,由协处理器来控制存取的字数,N 位从两种可能的长度中选择一种。

举例如下:

```
LDC      p6,C0,[r1]
STCEQL      p5,C1,[r0],#4
```

2)注意事项

①N 和 CRd 域的解释与协处理器有关,以上用法是推荐的用法,且最大限度地与 ARM 开发工具兼容。

②如果地址不是字对齐的,则最低两位有效位将被忽略,但是,一些 ARM 系统可能产生异常。

③字的存取数目由协处理器控制。ARM 将连续产生后续地址,直到协处理器指示存取应该结束。在数据存取的过程中,ARM 将不响应中断请求,所以,协处理器设计者应该注意,因为存取非常长的数据将会损害系统中断响应时间。将最大存取长度限制到 16 个字,将确保协处理器数据存取的时间不会长于存取多寄存器指令的最坏情况。

(3)协处理器的寄存器传送

在 ARM 和协处理器寄存器之间传送数据有时是有用的。这些协处理寄存器传送指令,使得协处理器中产生的整数能直接传送到 ARM 寄存器,或者影响 ARM 条件码标志位。典型的使用是:①浮点 FIX 操作,它将整数返回到 ARM 的一个寄存器。②浮点比较,它将比较的结果直接返回到 ARM 条件码标志位,此标志位将确定控制流。③FLOAT 操作,它从 ARM 寄存器中取得一个整数,并传送给协处理器,在那里整数被转换成浮点表示并装入协处理器寄存器。

在一些较复杂的 ARM CPU(中央处理单元)中,常使用系统控制协处理器来控制 Cache 和存储器管理功能。这类协处理器一般使用这些指令来访问和修改片上的控制寄存器。

1)指令格式

从协处理器传送到 ARM 寄存器:

MRC{ <cond> } <CP#>, <Cop1>, Rd, CRn, CRm{, <Cop2>}

从 ARM 寄存器传送到协处理器:

MCR{ <cond> } <CP#>, <Cop1>, Rd, CRn, CRm{, <Cop2>}

本指令可用于任何可能存在的协处理器。通常,具有协处理器编号 CP#的协处理器将接受这条指令。如果没有一个协处理器接受这条指令,ARM 将产生未定义指令陷阱。

如果协处理器接受了从协处理器中读取数据的指令,一般它将执行由 Cop1 和 Cop2 定义的对于源操作数 CRn 和 CRm 的操作,并将 32 位整数结果返回到 ARM,ARM 再将它装入 Rd。

如果再从协处理器读取数据的指令中将 PC 定义为目的寄存器 Rd,则由协处理器产生 32 位整数的最高 4 位将被放在 CPSR 中的 N、Z、C 和 V 标志位。

举例如下:

```
MCR        p14,3,r0,C1,C2
MRCCS      p2,4,r3,C3,C4,6
```

2)注意事项

①Cop1、CRn、Cop2 和 CRm 域由协处理器解释,推荐使用以上解释以最大限度同 ARM 开发工具兼容。

②若协处理器必须完成一些内部工作来准备一个 32 位的数据向 ARM 传送(例如,浮点 FIX 操作必须将浮点值转换为等效的定点值),这些工作必须在协处理器提交传送前进行。因此,在准备数据时经常需要协处理器握手信号处于“忙—等待”状态。ARM 可以在“忙—等待”时间内产生中断,如果它确实得以中断,它将暂停握手开始中断服务。当它从中断服务程序返回时,将可能重试协处理器指令,但也可能不重试,例如中断使任务切换。在任一情况下,协处理器必须给出一致的结果,因此,在握手提交阶段之前进行的准备工作,不许改变处理器的可见状态。

③从 ARM 到协处理器的传送一般比较简单,因为任何数据转换工作都可以在传送完成后在协处理器中的进行。

3.3.7 未使用的指令空间

前文已经提到的全部 2^{32} 种指令位编码并不是都指定了含义;迄今为止,还未使用的编码可用于未来指令集的扩展。每个未使用的指令编码都处于使用的编码所留下的特定间隙中,可以从它们所处的位置推断它们未来可能的用途。

(1)未使用的算术指令

这些指令看起来非常像乘法指令。这将是一种可能的编码,例如,对于整数除法指令就是这样。

31–28	27–22	21–20	19–16	15–12	11–8	7–4	3–0
cond	0 0 0 0 0 1	op	Rn	Rd	Rs	1 0 0 1	Rm

图 3.9　算术指令扩展空间

(2)未使用的控制指令

这些指令包括转移、交换指令和状态寄存器传送指令,这里的间隙可以用于影响处理器操作模式的其他指令编码。

31–28	27–23	22–21	20	19–16	15–12	11–8	7–4			3–0
cond	0 0 0 1 0	op1	0	Rn	Rd	Rs	op2		0	Rm
cond	0 0 0 1 0	op1	0	Rn	Rd	Rs	0	op2	1	Rm
cond	0 0 1 1 0	op1	0	Rn	Rd	#rot	8-bit 立即数			

图 3.10　控制指令扩展空间

(3)未使用的 load/store 指令

这些是由 SWAP 指令、load/store 半字和有符号字节指令占据的区域中未使用的编码。如果将来需要增加数据存取指令,就可以用使用这些指令。

31–28	27–25	24	23	22	21	20	19–16	15–12	11–8	7	6–5	4	3–0
cond	0 0 0	P	U	B	W	L	Rn	Rd	Rs	1	op1	1	Rm

图 3.11　数据存取指令扩展空间

(4)未使用的协处理器指令

下列指令格式类似于数据传送指令,可能用来支持所有可能需要增加的协处理器指令。

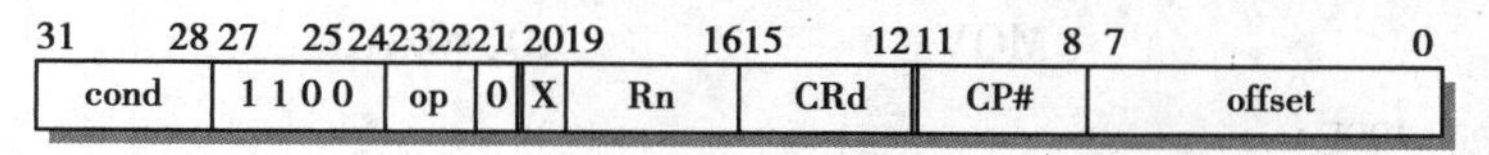

图3.12　协处理器指令扩展空间

(5)未定义的指令空间

最大未定义指令的区域看起来像字和无符号字节数据存取指令,然而未来对于这一空间的选用完全保持开放。

(6)未使用指令的行为

如果企图执行一条指令,它符合如图3.13所示的编码,即在未定义的指令空间,则所有当前的ARM处理器将产生未定义指令的陷阱。

图3.13　未定义的指令空间

如果执行任何未使用的操作码,最新的ARM处理器产生未定义指令的陷阱,但早先的版本(包括ARM6和ARM7)的行为无法预测,因此,应该避免这些指令。

习　题

3.1　试比较ARM指令集与8086/8088指令系统的异同点并总结ARM指令集的特点。

3.2　ARM指令的寻址方式有几种?试分别叙述它们各自的特点,并举例说明。

3.3　假设R0的内容为0x8000,寄存器R1、R2内容分别为0x01与0x10,存储器内容为空;执行下述指令后,说明指针如何变化?存储器及寄存器的内容如何变化?

```
STMIB    R0!,{R1,R2}
LDMIA    R0!,{R1,R2}
```

3.4　ARM指令系统中对字节、半字、字的存取是如何实现的?

3.5　简述CPSR各状态位的作用,并说明如何对其进行操作,以改变各状态位。

3.6　如何从ARM指令集跳转到Thumb指令集?ARM指令集中的跳转指令与汇编语言中的跳转指令有什么区别?

3.7　ARM指令集支持哪几种协处理器指令?试分别简述并列举其特点。

3.8　读懂下面一段程序,程序执行过程中寄存器R0、R1、R2中的内容如何变化?试分析并给出程序每一步所得的结果。

```
        .equ        x,88
        .equ        y,76
        .equ        z,96
        .equ        stack_top,0x1000
        .global     _start
```

```
        .text
_start:
        MOV     r0,#0xAB
loop:
        MOV     r0,r0,ASR #1
        B       loop
        MOV     r1,#y
        ADD     r2,r0,r1,lsl #1
        MOV     sp,#0x1000
        STR     r2,[sp]
        MOV     r0,#z
        AND     r0,r0,#0xFF
        MOV     r1,#y
        ADD     r2,r0,r1,lsr #1
        LDR     r0,[sp]
        MOV     r1,#0x01
        ORR     r0,r0,r1
        MOV     r1,R2
        ADD     r2,r0,r1,lsr #1
stop:
        B       stop
.end
```

3.9 下面一段程序将一个寄存器的内容以16进制符号在显示器上打印出来。可以用它来帮助调试程序,做法是将寄存器的值打印出来,并与算法产生的预期结果核对。

```
            AREA    Hex_Ou,CODE,READONLY
SWI_WriteC          EQU   &0            ; 输出r0中的字符
SWI_Exit            EQU   &11           ; 程序结束
            ENTRY                       ; 代码的入口
            LDR     r1,VALUE            ; 读取要打印的数据
            BL      HexOut              ; 调用16进制输出
            SWI     SWI_Exit            ; 结束
VALUE       DCD     &12345678           ; 测试数据
HexOut      MOV     r2,# 8              ; 半字节数=8
LOOP        MOV     r0,r1,LSR # 28      ; 读取高位的半字节
            CMP     r0,# 9              ; 0-9还是A-F?
            ADDGT   r0,r0,# "A" -10     ; ASCII字母
            ADDLE   r0,r0,# "0"         ; ASCII数字
            SWI     SWI_WriteC          ; 打印字符
            MOV     r1,r1,LSL # 4       ; 左移4位
```

```
SUBS    r2,r2,#1        ; 半字节数减 1
BNE     LOOP            ; 若还有,继续进行
MOV     pc,r14          ; 返回
END
```

修改上面的程序，以二进制格式输出 r1。对于上例中读入 r1 的数值，应得到:00010010001101000101011001111000。

3.10　编写一个子程序,从存储器某处拷贝一个字节串到存储器另一处。源字节串的开始地址放入 R1,长度(以字节为单位)放入 R2 中,目的字节串的开始地址在 R3。

3.11　说明下列指令完成的功能

(1)ADD R0,R1,R3,LSL #2;

(2)ANDNES R0,R1,#0x0F;

(3)LDRB R0,[R1,R2,LSR#2];

(4)ADCHI R1,R2,R3;

(5)EOR R0,R0,R3,ROR R4;

(7)MLA R0,R1,R2,R3;

(8)LDR R1,[R0,-R5,LSL #4]。

3.12　用汇编语言实现下列功能的程序段,令 R1 = a,R2 = b。

(1)if(a! = b)&a - b >5))a = a + b;

(2)while(a!　=0)

{

b = b + b * 2;

a - - ;

}

(3)从 a 所指向的地址,拷贝 20 个 32 位数据到 b 所指向的地址。

3.13　试比较 TST 与 ANDS、CMP 与 SUBS、MOV 与 MVN 指令的区别。

3.14　写一段 ARM 汇编程序:循环累加队列中的所有数据,直到碰到零值位置,结果放在 R4。

源程序末尾队列如下:

Array:

DCD 0x11

DCD 0x22

DCD 0x33

DCD 0

R0 指向队列头,ADR R0,ARRAY

使用命令 LDR R1,[R0],#4 来装载,累加至 R4,循环直到 R1 为"0",用死循环来停止。

3.15　写一个汇编程序,求一个含 64 个带符号的 16 位数组组成的队列的平方和。

第 4 章
Thumb 指令集

ARM 体系结构除了支持执行效率很高的 32 位 ARM 指令集外，为兼容数据总线宽度为 16 位的应用系统，还支持 16 位的 Thumb 指令集。

所有的 Thumb 指令都有对应的 ARM 指令，而且 Thumb 的编程模式也对应于 ARM 的编程模式，在应用程序的编写过程中，只要遵循一定的调用规则，Thumb 子程序和 ARM 子程序就可以相互调用，例如利用第 3 章中的 BX、BLX 指令等。当处理器在执行 ARM 程序段时，称 ARM 处理器处于 ARM 工作状态；当处理器在执行 Thumb 程序段时，称 ARM 处理器处于 Thumb 工作状态。

Thumb 指令集可以看作 ARM 指令集压缩形式的子集，是针对代码密度的问题而提出的，具有 16 位的代码密度。虽然所有的 Thumb 指令都有相对应的 ARM 指令，但 Thumb 不是一个完整的体系结构，处理器不可能只执行 Thumb 指令集而不支持 ARM 指令集。因此，Thumb 指令只需要支持通用功能，必要时可以借助于完善的 ARM 指令集，比如所有异常自动进入 ARM 工作状态。

4.1 Thumb 指令集概述

ARM 开发工具完全支持 Thumb 指令，应用程序可以灵活地将 ARM 和 Thumb 子程序混合编程，以便在例程的基础上提高性能或代码密度。在 ADS 集成开发环境下，在编写 Thumb 指令时，先要使用伪指令 CODE16 声明，而且在 ARM 指令中要使用 BX 指令跳转到 Thumb 指令，以切换处理器状态，编写 ARM 指令时，则可使用伪指令 CODE32 声明。与 ARM 指令集相比，Thumb 指令集有如下特点：

①Thumb 指令采用 16 位二进制编码，而 ARM 指令是 32 位的。

②大多数 Thumb 指令是无条件执行的（除了转移指令 B），而所有 ARM 指令都是条件执行的。

③许多 Thumb 数据处理指令采用二地址格式，即目的寄存器与一个源寄存器相同，而大多数 ARM 数据处理指令采用的是三地址格式（除了 64 位乘法指令外）。

④Thumb 指令集没有协处理器指令、信号量指令、乘加指令、64 位乘法指令以及访问

CPSR 或 SPSR 的指令,而且指令的第二操作数受到限制。

⑤由于是压缩的指令,在 ARM 指令流水线中实现 Thumb 指令时,先动态解压缩,然后作为标准的 ARM 指令来执行。

⑥支持 Thumb 指令的 ARM 微处理器都可以执行标准的 32 位 ARM 指令集。在任何时刻,CPSR 的第 5 位(位 T)决定了 ARM 微处理器执行的是 ARM 指令集还是 Thumb 指令集。当 T 置“1”,则认为是 16 位的 Thumb 指令集;当 T 置“0”,则认为是 32 位的 ARM 指令集。

⑦由 ARM 模式进入 Thumb 模式时,是显式的进入。由 Thumb 模式进入 ARM 模式时,可以隐式的进入,也可以显式的进入。所谓“隐式的进入”,是指不执行交换转移指令,直接进入另一种模式。例如,在异常状态下,由于 Thumb 指令不能处理异常,所以处理器自动转到 ARM 模式下执行。而所谓“显式的进入”,是指使用交换转移指令来实现处理器模式的转换。

4.1.1　Thumb 指令集编码

Thumb 指令集编码如图 4.1 所示。

	15	14	13	12	11	10	9	8	7	6	5	4	3	2	1	0	
1	0	0	0	Op		Offset15					Rs			Rd			*Move shifted register*
2	0	0	0	1	1	1	Op	Rn/offset3			Rs			Rd			*Add/subfrad*
3	0	0	1	Op		Rd			Offset8								*Move/compare/add /subbract immediate*
4	0	1	0	0	0	0	Op				Rs			Rd			*ALU operations*
5	0	1	0	0	0	1	Op		H1	H2	Rs/Hs			Rd/Hd			*Hi register operations /eranch exchange*
6	0	1	0	0	1	Rd			WordB								*PC-relative fcad*
7	0	1	0	1	L	B	0	Ro			Rb			Rd			*Load/store with register offset*
8	0	1	0	1	H	S	1	Ro			Rb			Rd			*Load/store sign-extenned byte/halfnord*
9	0	1	1	B	L	Offset5					Rb			Rd			*Load/store with immediate offset*
10	1	0	0	0	L	Offset5					Rb			Rd			*Lasd/store halfnord*
11	1	0	0	1	L	Rd			WordB								*SP-refafve load/sore*
12	1	0	1	0	SP	Rd			WordB								*Load address*
13	1	0	1	1	0	0	0	0	S	SWord7							*Add offset to stach pointer*
14	1	0	1	1	L	1	0	R	Rlist								*Push/pop regisfers*
15	1	1	0	0	L	Rb			Rlist								*Muffiple fead/sfove*
16	1	1	0	1	Cond				SoffsetB								*Condihonaf branteh*
17	1	1	0	1	1	1	1	1	ValueB								*Software fritevrupt*
18	1	1	1	0	0	Offset11											*Uricondihunaf braneh*
19	1	1	1	1	H	Offset											*Long branch with Nink*
	15	14	13	12	11	10	9	8	7	6	5	4	3	2	1	0	

图 4.1　Thumb 指令集编码

4.1.2　Thumb 状态与 ARM 状态的切换

通常使用 BX 分支指令将 ARM 处理器的工作状态在 ARM 状态和 Thumb 状态之间进行切换,示例程序如下所示:

```
; 从 ARM 状态切换到 Thumb 状态
  CODE32                      ; 下面的指令为 ARM 指令
```

```
        LDR     R0, = Lable + 1        ; R0 的 bit0 = 1,BX 自动将 CPSR 中的 T 置 1
        BX      R0                     ; 切换到 Thumb 状态,并跳转到 Lable 处执行
        CODE16                         ; 下面的指令为 Thumb 指令
Lable   MOV     R1,#19860301
      ; 从 Thumb 状态切换到 ARM 状态
        CODE16                         ; 下面的指令为 Thumb 指令
        LDR     R0, = Lable            ; R0 的 bit0 = 0,BX 自动将 CPSR 中的 T 置 0
        BX      R0                     ; 切换到 ARM 状态,并跳转到 Lable 处执行
        CODE32                         ; 下面的指令为 ARM 指令
Lable       MOV     R1,#20180806
```

4.2 Thumb 指令详细介绍

根据完成的功能进行划分,Thumb 指令可以分为四类:数据处理指令、分支指令、加载/存储指令和异常中断指令。

4.2.1 Thumb 数据处理指令

Thumb 数据处理指令包括一组高度优化且相当复杂的指令,范围涵盖编译器,通常需要大多数操作。ARM 指令支持在单条指令中完成一个操作数的移位及一个 ALU 操作,但 Thumb 指令集将移位操作和 ALU 操作分离为不同的指令。因此,Thumb 指令集中移位操作是作为操作符出现的,而不是作为操作数的修改量出现。数据处理指令的二进制编码如图 4.2 所示。

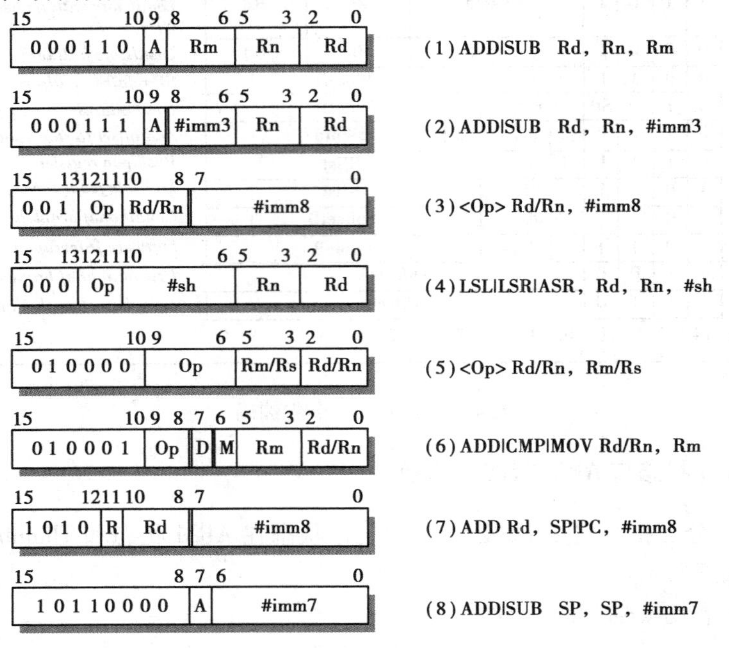

图 4.2 数据处理指令的二进制编码

(1)算术运算指令

1)ADD 与 SUB——低寄存器加法和减法

对于低寄存器操作,这两条指令各有如下三种形式:①两个寄存器的内容相加或相减,结果放到第三个寄存器中;②寄存器中的值加上或减去一个小整数,结果放到另一个不同的寄存器中;③寄存器中的值加上或减去一个大整数,结果放回同一个寄存器中。

①指令格式

```
op    Rd,Rn,Rm
op    Rd,Rn,#expr3
op    Rd,#expr8
```

其中:

Rd　　目的寄存器。它也用作"op　Rd,#expr8"的第一个操作数。

Rn　　第一操作数寄存器。

Rm　　第二操作数寄存器。

expr3　表达式或 3 位立即数,为取值在 -7 ~ +7 范围内的整数。

expr8　表达式或 8 位立即数,为取值在 -255 ~ +255 范围内的整数。

②用法

若 expr3 或 expr8 为负值,则 ADD 指令汇编成相对应的带正数常量的 SUB 指令,SUB 指令汇编成相对应的带正数常量的 ADD 指令。指令中的 Rd、Rn 和 Rm 必须是低寄存器(R0 ~ R7)。这些指令更新标志为 N、Z、C 和 V。

③举例

```
ADD   R3,R1,R5
SUB   R0,R4,#5
ADD   R7,#201
```

2)ADD——高或低寄存器

将寄存器中值相加,结果送回到第一操作数(也作为目的寄存器)寄存器。

①指令格式

```
ADD Rd,Rm
```

其中:

Rd　　目的寄存器,也是第一操作数寄存器;

Rm　　第二操作数寄存器。

②用法

这条指令将 Rd 和 Rm 中的值相加,结果放在 Rd 中。Rd 和 Rm 可以是 R0 ~ R15 中的任何一个,而不只限于低寄存器。若 Rd 和 Rm 是低寄存器,则更新条件码标志为 N、Z、C 和 V。其他情况下不更新条件码标志。

注意:若 Rd 和 Rm 都是低寄存器时,指令"ADD Rd,Rm"汇编成指令"ADD Rd,Rd,Rm"。

③举例

```
ADD   R12,R4            ; R12 < =R12 + R4
ADD   R10,R11           ; R10 < =R10 + R11
ADD   R0,R8             ; R0 < =R0 + R8
```

ADD　R2,R4　　　　　　　；等价于"ADD R2,R2,R4"

3)ADD 与 SUB—SP

SP 加上或减去立即数常量。

①指令格式

ADD　SP,#expr

SUB　SP,#expr

其中:expr 为表达式,取值(在汇编时)为在 -508 ~ +508 范围内的 4 的整倍数。

②用法

这条指令将 expr 的值加到 SP 的值上,结果放到 SP 中。这条指令不影响条件码标志。

注意:若 expr 为负值,则 ADD 指令汇编成相对应的带正数常量的 SUB 指令;SUB 指令汇编成相对应的带正数常量的 ADD 指令。

③举例

ADD　SP,#312

SUB　SP,#96

4)ADD——PC 或 SP 相对偏移

SP 或 PC 值加一个立即数常量,结果放入低寄存器。

①指令格式

ADD　Rd,Rp,#expr

其中:

Rd　　目的寄存器,Rd 必须在 R0 ~ R7 范围内;

Rp　　SP 或 PC;

expr　　表达式,取值(汇编时)为在 0 ~ 1 020 范围内的 4 的整倍数。

②用法

这条指令将 expr 加到 Rp 的值中,结果放入 Rd。这条指令不影响条件码标志。

注意:若 Rp 是 PC,则使用值为:(当前指令地址 +4) AND 0xFFFFFFC,即忽略地址的低两位,这条指令不影响条件码标志。

③举例

ADD　R6,SP,#64

ADD　R2,PC,#980

5)ADC、SBC 和 MUL

带进位标志的加法、带进位标志的减法和乘法。

①指令格式

op　Rd,Rm

其中:

Rd　　目的寄存器,也是第一操作数寄存器;

Rm　　第二操作数寄存器。

②用法

ADC 将带进位标志的 Rd 和 Rm 的值相加,结果放在 Rd 中。用这条指令可组合成多字加法。

SBC 考虑进位标志,从 Rd 的值中减去 Rm 的值,结果放入 Rd 中。用这条指令可组合成多字减法。

MUL 进行 Rd 和 Rm 的值的乘法,结果放入 Rd 中。

注意:在此操作过程中,Rd 和 Rm 必须是低寄存器(R0 ~ R7)。

ADC 和 SBC 更新标志 N、Z、C 和 V,MUL 更新标志 N 和 Z。在 ARMv4 及以前的结构中,MUL 会使标志 C 和 V 不正确。在 ARMv5 结构及以后的结构中,MUL 不影响标志 C 和 V。

③举例

```
ADC   R2,R4          ; R2 <= R2 + R4 + C
SBC   R0,R1          ; R0 <= R0 - R1 - (1 - C),其中(1 - C)是借位
MUL   R7,R6          ; R7 <= R7 × R6
```

(2)逻辑运算指令(AND、ORR、EOR 和 BIC)

按位进行"与""或""异或"和"与反码相与"的逻辑操作。

①指令格式

op Rd,Rm

其中:

Rd 目的寄存器。它也包含第一操作数。Rd 必须在 R0 ~ R7 范围内。

Rm 第二操作数寄存器。Rm 必须在 R0 ~ R7 范围内。

②用法

这些指令用于对 Rd 和 Rm 中的值进行按位逻辑操作,结果放在 Rd 中。其操作如下:

a. AND 指令进行逻辑"与"操作;

b. ORR 指令进行逻辑"或"操作;

c. EOR 指令进行逻辑"异或"操作;

d. BIC 指令进行"Rd AND NOT Rm"操作。

注意:这些指令根据结果更新标志 N 和 Z。

③举例

```
AND     R2,R4
ORR     R0,R1
EOR     R5,R6
BIC     R7,R6              ; R2 <= R7 and not R6
```

(3)移位和循环移位操作(ASR、LSL、LSR 和 ROR)

在 Thumb 指令集中,移位和循环移位作为独立的指令,对寄存器的内容进行移位和循环移位操作。这些指令可使用寄存器中的值或立即数来表示移位量。

①指令格式

op Rd,Rs

op Rd,Rm,#expr

其中:op 是下列其中之一:

a. ASR 算术右移,将寄存器中的内容看作补码形式的带符号整数,将符号位拷贝到空出的位。

b. LSL 逻辑左移,空出的位用"0"填充。

c. LSR 逻辑右移,空出的位用“0”填充。

d. ROR 循环右移,将寄存器右端移出的位循环移回到左端。注意,ROR 仅能与寄存器控制的移位一起使用,也即是它只能用第一种指令格式。

Rd——目的寄存器,它也是第一操作数寄存器。Rd 必须在 R0 ~ R7 范围内。

Rs——包含移位量的寄存器,Rs 必须在 R0 ~ R7 范围内。

Rm——存放源操作数的寄存器,Rm 必须在 R0 ~ R7 范围内。

expr——立即数移位量。它是一个取值(在汇编时)为整数的表达式。整数的范围如下,若 op 是 LSL,则为 0 ~ 31,其他情况则为 1 ~ 32。

②用法

a. 对于寄存器控制移位的指令,也即是寄存器存放移位位数,这些指令从 Rd 中取值,并对其进行移位,结果放回 Rd。只有 Rs 的最低有效字节可用作移位量。

b. 对于除 ROR 以外的所有指令,若移位量为 32,则 Rd 清零,最后移出的位保留在标志 C 中,并根据结果影响 N、Z 标志位。若移位量大于 32,则 Rd 和标志 C 均被清零,并根据结果影响 N、Z 标志位。

c. 对于 ROR 指令,若移位量为 32,则 Rd 不变且不影响标志位;若移位量大于 32 或小于 32 时,则最后移出的位都将存入 C 中,并根据结果影响 N、Z 标志位。

d. 对于立即数移位的指令,指令从 Rm 取值,并对其进行移位,结果放到 Rd 中。

注意:这些指令根据结果更新标志 N 和 Z,且不影响标志 V。对于标志 C,若移位量是“0”,则不受影响;若移位量不是“0”且移位量在允许的范围中时,C 包含源寄存器的最后移出的位。

③举例

```
ASR   R3,R5           ; 将 R3 中的值算术右移[R5]次后的值再放入 R3
LSR   R0,R2,#6        ; 将 R2 中的值逻辑右移 6 次后的值放入 R0
LSR   R5,R5,zyb       ; zyb 必须在汇编时取值为在 1 ~ 32 范围内的整数
LSL   R0,R4,#0        ; 将 R4 的内容放到 R0 中,除了不影响标志 C 和 V 外,同
                      ; “MOV R0,R4”
ROR   R2,R3           ; R2 中的值循环右移[R3]次后再存入 R2 中。
```

(4)比较指令(CMP 和 CMN)

比较和比较负值。

①指令格式

```
CMP   Rn,#expr
CMP   Rn,Rm
CMN   Rn,Rm
```

其中:

Rn——第一操作数寄存器;

expr——表达式,其值(在汇编时)范围为在 0 ~ 255 内的整数;

Rm——第二操作数寄存器。

②用法

这些指令更新条件码标志,但不往寄存器中存放结果。

a. CMP指令从Rn的值中减去expr或Rm的值，根据结果设置条件码标志位，而Rn中的内容不变。

b. CMN指令将Rm和Rn的值相加，根据结果设置条件码标志位，Rm和Rn的内容不变。

注意：对于"CMP Rn，#expr"和CMN指令，Rn和Rm必须在R0～R7范围内。对于"CMP Rn，Rm"指令，Rn和Rm可以是R0～R15中的任何寄存器。这些指令根据结果更新标志N、Z、C和V。

③举例

```
CMP    R2,#255
CMP    R7,R12              ; 指令"CMP Rn,Rm"允许高寄存器
CMN    Rl,R5
```

(5)传送和取负指令(MOV、MVN和NEG)

传送、传送非和取负。

①指令格式

```
MOV    Rd,  #expr
MOV    Rd,  Rm
MVN    Rd,  Rm
NEG    Rd,  Rm
```

其中：

Rd——目的寄存器；

expr——表达式，其取值(在汇编时)为在0～255范围内的整数；

Rm——源寄存器。

②用法

MOV指令将#expr或Rm的值放入Rd。

MVN指令从Rm中取值，然后对该值进行按位逻辑"非"操作，结果放入Rd。

NEG(negate)指令从Rm中取值，再乘以"－1"，结果放入Rd。

注意：对于"MOV Rd，#expr"、MVN和NEG指令，Rd和Rm必须在R0～R7范围内。对于"MOV Rd，Rm"指令，Rd和Rm可以是寄存器R0～R15中的任一个。"MOV Rd，#expr"和MVN指令更新标志N和Z，对标志C或V无影响。NEG指令更新标志N、Z、C和V，而"MOV Rd，Rm"指令表现如下：

a. 若Rd或Rm是高寄存器(R8～R15)，则标志不受影响；

b. 若Rd和Rm都是低寄存器(R0～R7)，则更新标志N和Z，且清除标志C和V。

③举例

```
MOV   R3,#0
MOV   R0,R12              ; 不更新标志，因为用到高寄存器R12
MVN   R7,R1               ; 将R1中的内容逻辑取非后放入R7
NEG   R2,R2               ; 将R2中的内容乘以-1后再放入R2
```

(6)测试指令(TST)

①指令格式

```
TST   Rn,Rm
```

其中：

Rn——第一操作数寄存器；

Rm——第二操作数寄存器。

②用法

TST 对 Rm 和 Rn 中的值进行按位“与”操作。它更新条件码标志，但不将结果放入寄存器。该指令根据结果更新标志 N 和 Z，标志 C 和 V 不受影响。Rn 和 Rm 必须在 R0 ~ R7 范围内。

为了便于与 ARM 指令进行对照理解，下面将 Thumb 指令集中有等价指令的 ARM 数据处理指令列于表 4.1 和表 4.2。

使用 8 个通用低寄存器(r0 ~ r7)的指令：

表 4.1　ARM 与 Thumb 指令低寄存器比较

ARM 指令				Thumb 指令			
MOVS	Rd,	# < #imm8 >		MOV	Rd,	# < #imm8 >	
MVNS	Rd,	Rm		MVN	Rd,	Rm	
CMP	RN,	# < #imm8 >		CMP	Rn,	# < #imm8 >	
CMP	Rn,	Rm		CMP	Rn,	Rm	
CMN	Rn,	Rm		CMN	Rn,	Rm	
TST	Rn,	Rm		TST	Rn,	Rm	
ADDS	Rd,	Rn,	# < #imm3 >	ADD	Rd,	Rn,	# < #imm3 >
ADDS	Rd,	Rn,	# < #imm8 >	ADD	Rd,	# < #imm8 >	
ADDS	Rd,	Rn,	Rm	ADD	Rd,	Rn,	Rm
ADCS	Rd,	Rn,	Rm	ADC	Rd,	Rm	
SUBS	Rd,	Rn,	# < #imm3 >	SUB	Rd,	Rn,	# < #imm3 >
SUBS	Rd,	Rn,	# < #imm8 >	SUB	Rd,	# < #imm8 >	
SUBS	Rd,	Rn,	Rm	SUB	Rd,	Rn,	Rm
SBCS	Rd,	Rn,	Rm	SBC	Rd,	Rm	
RSBS	Rd,	Rn,	#0	NEG	Rd,	Rn	
MOVS	Rd,	Rm,	LSL # < #sh >	LSL	Rd,	Rm,	# < #sh >
MOVS	Rd,	Rd,	LSL Rs	LSL	Rd,	Rs	
MOVS	Rd,	Rm,	LSR # < #sh >	LSR	Rd,	Rm,	# < #sh >
MOVS	Rd,	Rd,	LSR Rs	LSR	Rd,	Rs	
MOVS	Rd,	Rm,	ASR # < #sh >	ASR	Rd,	Rm,	# < #sh >
MOVS	Rd,	Rd,	ROR Rs	ASR	Rd,	Rs	
MOVS	Rd,	Rd,	ROR Rs	ROR	Rd,	Rs	
ANDS	Rd,	Rd,	Rm	AND	Rd,	Rm	

续表

ARM 指令				Thumb 指令		
EORS	Rd,	Rd,	Rm	EOR	Rd,	Rm
ORRS	Rd,	Rd,	Rm	ORR	Rd,	Rm
BICS	Rd,	Rd,	Rm	BIC	Rd,	Rm
MULS	Rd,	Rm,	Rd	MUL	Rd,	Rm

表 4.2 ARM 与 Thumb 指令高寄存器比较

ARM 指令				Thumb 指令			
ADD	Rd,	Rd,	Rm	ADD	Rd,	Rm (1/2 Hi regs)	
CMP	Rn,	Rm		CMP	Rn,	Rm (1/2 Hi regs)	
ADD	Rd,	PC,	# < #imm8 >	ADD	Rd,	PC,	# < #imm8 >
ADD	Rd,	SP,	# < #imm8 >	ADD	Rd,	SP,	# < #imm8 >
ADD	SP,	SP,	# < #imm7 >	ADD	SP,	SP,	# < #imm7 >
SUB	SP,	SP,	# < #imm7 >	SUB	SP,	SP,	# < #imm7 >

所有对 8 个低寄存器操作的数据处理指令都更新条件码位(等价于 ARM 指令置 S 位),对 8 个高寄存器操作的指令不改变条件码位(CMP 指令除外,它只改变条件码)。上面指令中“1/2 Hiregs”表示至少有一个寄存器操作数是高 8 位寄存器。#imm3、#imm7、#imm8 分别表示 3 位、7 位和 8 位立即数域。#sh 表示 5 位的移位数域。

4.2.2 Thumb 分支指令

在 ARM 指令集中已介绍过的多种形式分支指令和转移链接指令,以及用于 ARM 和 Thumb 状态切换的跳转指令,这里主要讲述 Thumb 指令集的分支指令和转移链接指令,着重介绍二者的不同之处。

ARM 指令有一个大的(24 位)偏移域(offset field),这不可能在 16 位 Thumb 指令格式中表示。为此,Thumb 指令集有多种方法实现其子功能。

Thumb 转移指令二进制编码如图 4.3 所示。

转移指令的典型用法有:①短距离条件转移指令可用于控制循环的退出;②中等距离的无条件转移指令用于实现 goto 功能;③长距离的转移指令用于子程序调用。

Thumb 指令集对每种情况采用不同的指令模式,分别如图 4.4 所示。前两种转移格式是条件域和偏移长度的折中。第一种指令格式中条件域与 ARM 指令相同。前两种指令格式的偏移值都左移一位,以实现半字对齐,并符号扩展到 32 位。第三种指令格式中,Thumb 采用两条这样指令格式的指令组合成 22 位半字偏移并符号扩展为 32 位,使指令转移范围为 ±4 MB。这是因为转移链接子程序通常需要一个大的范围,很难用 16 位指令格式实现。为了使这两条转移指令相互独立,使它们之间也能响应中断等,所以将链接寄存器 LR 作为暂存器使用。LR 在这两条指令执行完成后会被覆盖,因而 LR 中不能装有效内容。这个指令对的操

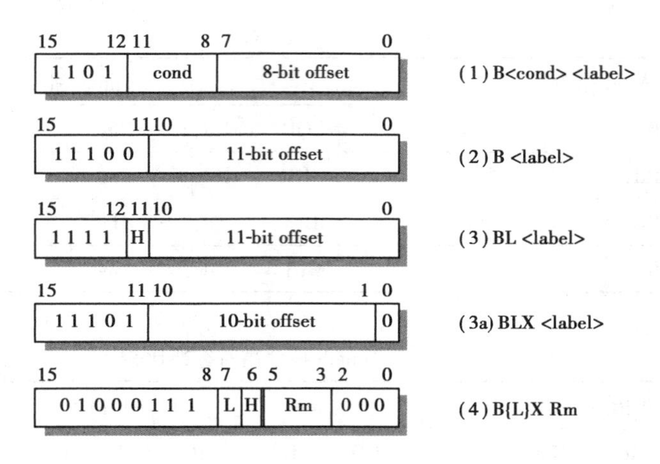

图 4.3　Thumb 指令二进制编码

作为：

(H =0)　　LR：= PC +(偏移量左移 12 后符号扩展至 32 位)；

(H =1)　　PC：= LR +(偏移量左移 1 位)；LR ：= oldPC ＋ 3。

这里，oldPC 是第二条指令的地址；加 3 使产生的地址指向下一条指令并且使最低位置位以指示这是一个 Thumb 程序。用 3a 指令格式的指令代替上面的第二步，就可以实现 BLX 指令。指令格式 3a 只在 v5T 结构中有效。它使用与上面的 BL 指令同样的第一步：

(BL,H =0)　LR：= PC +(偏移量左移 12 后符号扩展至 32 位)；

(BLX)　　PC：= LR +(偏移量左移 1 位)&0xffff_fffc；LR：= oldPC +3，清 Thumb 指示位。

应注意该形式的指令转移的目标是 ARM 指令，偏移地址只需要 10 位而且必须对 PC 值的位“1”(PC[1])进行清零操作。第四种指令格式直接对应 ARM 指令 B{L}X，不同之处是 BLX(仅在 v5T 结构中有效)指令中 r14 值为后续指令地址加“1”，以指示是被 Thumb 代码调用。指令中“H”置“1”时，选择高 8 个寄存器(r8 ~ r15)。

指令格式：

B	<cond> <label>	；格式 1	目标为 Thumb 代码
B	<label>	；格式 2	目标为 Thumb 代码
BL	<label>	；格式 3	目标为 Thumb 代码
BLX	<label>	；格式 3a	目标为 ARM 代码
B{L}X	Rm	；格式 4	目标为 ARM 或 Thumb 代码

转移链接产生两条指令格式 3 指令。指令格式 3 指令必须成对出现而不能单独使用。同样 BLX 产生一条指令格式 3 指令和一条指令格式 3a 指令。汇编器根据当前指令地址、目标指令标识符的地址以及对流水线行为的微调计算出应插入指令中相应的偏移量。若转移目标不在寻址范围内，则给出错误信息。

下面分类详细介绍每一种转移指令。

(1) B

分支指令。这是 Thumb 指令集中唯一可以条件执行的指令。

①指令格式

B{cond}label

B label

其中:label 是程序相对偏移表达式,通常是在同一代码块内的标号。若使用 cond,则label 必须在当前指令的 -256 ~ +256 字节范围内;若指令是无条件的,则 label 必须在 ±2 KB 范围内。

②用法

若 cond 满足或不使用 cond,则 B 指令引起处理器转移到 label,label 必须在指定范围内。ARM 链接器不能增加代码来产生更长的转移。

③举例

```
B      loop
BLT    sectB
```

(2) BL

带链接的长分支。

①指令格式

BL label

其中:label 为程序相对转移表达式。

②用法

BL 指令将下一条指令的地址拷贝到 R14(LR,链接寄存器),并引起处理器转移到 label。BL 指令不能转移到当前指令 ±4 MB 以外的地址。必要时,ARM 链接器插入代码以允许更长的转移。

③举例

```
BL     subC
```

(3) BX

分支指令,并可选择地切换指令集。

①指令格式

BX Rm

其中:Rm 装有分支目的地址的 ARM 寄存器,Rm 的位[0]不用于地址部分。若 Rm 的位[0]清零,则位[1]也必须清零(因为在 ARM 状态下,地址是字对齐的,所以最后两位必须为 00);指令清除 CPSR 中的标志 T,目的地址的代码被解释为 ARM 代码。

②用法

BX 指令引起处理器转移到 Rm 存储的地址。若 Rm 的位[0]置位,则指令集切换到 Thumb 状态。若 Rm 的位[0]置“0”,则指令集切换到 ARM 状态。

③举例

```
MOV    R7,to_Thumb +1
BX     R7                ; R7 的位[0]被置为 1,所以指令集切换到 Thumb 状态
```

(4) BLX

带链接分支,并可选地交换指令集。

①指令格式

BLX　　Rm

BLX　　lable

其中:Rm 装有分支目的地址的 ARM 寄存器。Rm 的位[0]不用于地址部分。若 Rm 的位[0]清零,则位[1]也必须清零;指令清除 CPSR 中的标志 T,目的地址的代码被解释为 ARM 代码。Label 是程序相对偏移表达式。“BLX　label”始终引起处理器切换到 ARM 状态。

②用法

BLX 指令可用于:

a. 拷贝下一条指令的地址到 R14;

b. 引起处理器转移到 label 或 Rm 存储的地址;

c. 如果 Rm 的位[0]清零,或使用“BLX label”形式,则指令集切换到 ARM 状态。

③举例

BLX　　R2

BLX　　R0

BLX　　armsub

指令不能转移到当前指令 ±4 MB 范围以外的地址,必要时,ARM 链接器插入代码(veneer)以允许更长的转移。这条代码的作用就是使 Thumb 采用两条 BLX 指令组合成 22 位的半字偏移,最终使指令转移范围为 ±4 MB。

注意,BLX 指令只有 v5T 结构的 ARM 微处理器支持。

在 ARM 和 Thumb 状态下,通常用 BL 指令来调用子程序。在不同的情况下有不同的返回方法,如下所述:

如果子程序由相同的指令集调用,则它可以用传统的 BL 调用,用“MOV pc,r14”或“LDMFD sp!,{…,pc}”(在 Thumb 代码中为 POP“{…,pc}”)返回。如果子程序由不相同的指令集调用,则可以用“BX lr”或“LDMFD sp!,{…,rN};BX　rN”(在 Thumb 代码中为“POP {…,rN};BX rN”)返回。支持 v5T 结构的 ARM 微处理器也可以用 LDMFD sp!,{…,pc}(在 Thumb 代码中为 POP {…,pc})返回,因为这些指令采用装载的 PC 值的最低位来更新 Thumb 标志位。早于 v5T 结构的微处理器不支持这样的用法。

4.2.3　Thumb 加载/存储指令

(1) Thumb 单寄存器数据存取指令(LDR 和 STR)

Thumb 单寄存器存取指令是从存储器中取值放到一个寄存器中,或将一个寄存器值存储到存储器中。在 Thumb 状态下,这些指令只能访问低寄存器 R0 ~ R7。

Thumb 单寄存器数据存取指令二进制编码如图 4.4 所示。

这些指令是从 ARM 单寄存器存取指令中精心导出的子集,并且与等价的 ARM 指令有严格相同的语义。在所有的指令中,偏移量需要根据数据类型按比例调整。

指令格式如下:

```
<op> Rd,[Rn,#<#off5>]    ; <op> = LDR|LDRB|STR|STRB
<op> Rd,[Rn,#<#off5>]    ; <op> = LDRH| STRH
<op> Rd,[Rn,Rm]          ; <op> =LDR|LDRH|LDRSH|LDRB|LDRSB|STR|STRH
                         ; |STRB
```

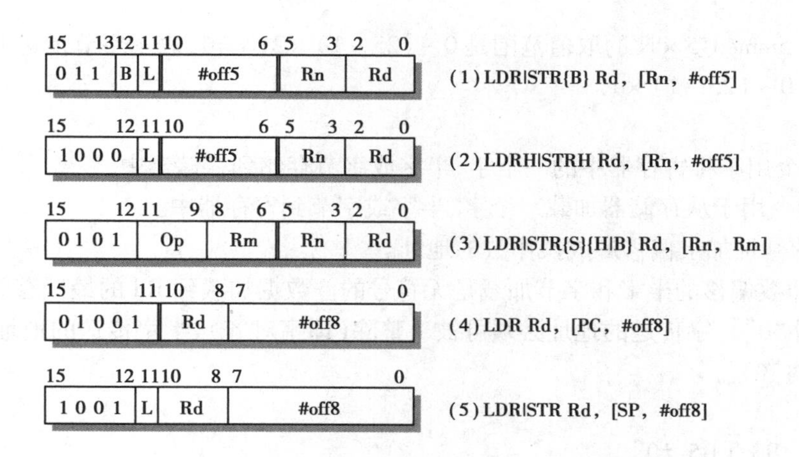

图 4.4　Thumb 单寄存器数据存取指令二进制编码

<op> Rd,[PC,#<#off8>]

<op> Rd,[SP,#<#off8>]　　；<op> = LDR| STR,该两条指令偏移量为 8 位,基址为 PC

；和 SP

a. 在前三种指令格式中,Rn 为基址寄存器,加上偏移量形成操作数的地址。

b. 不支持负偏移,#off5 和#off8 分别表示 5 位和 8 位的立即数偏移。在所有情况下,指令格式用字节表示偏移。在指令二进制编码中的 5 和 8 位偏移需要根据存取的数据类型进行比例调整。

c. 与 ARM 指令相同,只有 load 指令支持符号数。对于存储指令,有符号和无符号存储有相同的结果。

d. 这些指令只能访问 R0 ~ R7。

e. PC、SP 的相对偏移仅适用字,地址必须为 4 的倍数,最大立即数偏移为 1 020,立即数不允许为负数,且 STR 没有 PC 相对偏移。

f. 读字节指令不支持自动变址。

1) LDR 和 STR 立即数偏移

加载寄存器和存储寄存器。存储器的地址以一个寄存器的立即数偏移指明。

①指令格式

op　　Rd,[Rn,#immed_5 ×4]

opH　　Rd,[Rn,#immed_5 ×2]

opB　　Rd,[Rn,#immed_5 ×1]

其中:

H——指明无符号半字传送的参数。

B——指明无符号字节传送的参数。

Rd——加载和存储寄存器,Rd 必须在 R0 ~ R7 范围内。

Rn——基址寄存器,Rn 必须在 R0 ~ R7 范围内。

immed_5 ×N 偏移量,它是一个表达式,其取值(在汇编时)是 N 的倍数,在 0 ~ 31N 范围内。N =4,2,1。N =4,表示是字传送,immed_5 ×N 的取值范围是 0 ~(25 -1)×4;N =2,表示是半字传送，immed_5 × N 的取值范围是 $0 \sim (25-1) \times 2$；N = 1，表示字节传送 immed_5 × N 的取值范围是 $0 \sim (25-1) \times 1$。

②用法

a. STR 指令用于将寄存器中的一个字、半字或字节存储到存储器中。

b. LDR 指令用于从存储器加载一个字、半字或字节到寄存器中。

c. Rn 中的基址加上偏移形成操作数的地址。

注意：立即数偏移的半字和字节加载是无符号的。数据加载到 Rd 的最低有效字或字节，Rd 的其余位补“0”。字传送的地址必须可被 4 整除(即字对齐)，半字传送的地址必须可被 2 整除(即半字对齐)。

③举例

```
LDR     R3,[R5,#0]
STRB    R0,[R3,#31]
STRH    R7,[R3,#16]
LDRB    R2,[R4,#label-{PC}]
```

2) LDR 和 STR 寄存器偏移

加载寄存器和存储寄存器。用一个寄存器的基于寄存器偏移指明存储器地址。

①指令格式

```
op      Rd,[Rn,Rm]
```

其中：

op 是下列情况之一，即

LDR　　加载寄存器，4 字节字；

STR　　存储寄存器，4 字节字；

LDRH　　加载寄存器，2 字节无符号半字；

LDRSH　　加载寄存器，2 字节带符号半字；

STRH　　存储寄存器，2 字节半字；

LDRB　　加载寄存器，无符号字节；

LDRSB　　加载寄存器，带符号字节；

STRB　　存储寄存器，字节。

Rm 内含偏移量的寄存器，Rm 必须在 R0 ~ R7 范围内。

②用法

a. STR 指令将 Rd 中的一个字、半字或字节存储到存储器。

b. LDR 指令从存储器中将一个字、半字或字节加载到 Rd。

c. Rn 中的基址加上偏移量形成存储器的地址。

注意：寄存器偏移的半字和字节加载可以是带符号或无符号的。带符号和无符号的存储指令没有区别，一般没有 STRS、STRHS 和 STRBS 的指令形式。数据加载到 Rd 的最低有效字或字节。对于无符号加载，Rd 的其余位补“0”，对于带符号加载，Rd 的其余位拷贝符号位。字传送地址必须可被 4 整除，半字传送地址必须可被 2 整除。

③举例

```
LDR     R2,[R1,R5]
```

```
LDRSH   R0,[R0,R6]
STRB    R1,[R7,R0]
```

3)LDR 和 STR PC 或 SP 相对偏移

加载寄存器和存储寄存器。用 PC 或 SP 中值的立即数偏移指明存储器中的地址。

①指令格式

```
LDR Rd,[PC,#immed_8 ×4]
LDR Rd,label
LDR Rd,[SP,#immed_8 ×4]
STR Rd,[SP,#immed_8 ×4]
```

其中:immed_8 ×4 偏移量,它是一个表达式,取值(在汇编时)为 4 的整数倍,范围在 0 ~ 1 020内,即在 0 ~ $(2^8-1)\times 4$ 范围内。

label 程序相对偏移表达式。label 必须在当前指令之后且在 1 KB 范围内。

②用法

a. STR 指令将一个字存储到存储器中。

b. LDR 指令从存储器中加载一个字。

c. PC 或 SP 的基址加上偏移量形成存储器地址。PC 的位[1]忽略,确保了地址是字对准的。

注意:没有 PC 相对偏移的 STR 指令。半字或字节传送没有 PC 或 SP 相对偏移。地址必须是 4 的整数倍,8 位的偏移量也必须是 4 的整数倍,且不允许是负数。

③举例

```
LDR     R2,[PC,#1016]
LDR     R5,localdata        ; localdata 的值必须是 4 的整数倍
LDR     R0,[SP,#920]
STR     Rl,[SP,#20]
```

(2)Thumb 多寄存器数据存取指令

在 Thumb 多寄存器数据存取指令中,LDM 和 STM 将任何范围为 R0 ~ R7 的寄存器子集从存储器加载以及存储到存储器中。PUSH 和 POP 指令使用堆栈指针(SP)作为基址实现满递减堆栈。除了可以传送 R0 ~ R7 外,PUSH 还可以用于存储链接寄存器 LR(r14),并且 POP 可以用于加载程序指针 PC(r15)。

与 ARM 指令一样,Thumb 多寄存器数据存取指令可以用于过程调用与返回以及存储器块拷贝。但为了编码的紧凑性,这两种用法由分开的指令实现,其寻址方式的数量也有所限制。在其他方面这些指令的性质与等价的 ARM 指令相同。

Thumb 多寄存器存取指令的二进制编码如图 4.5 所示。

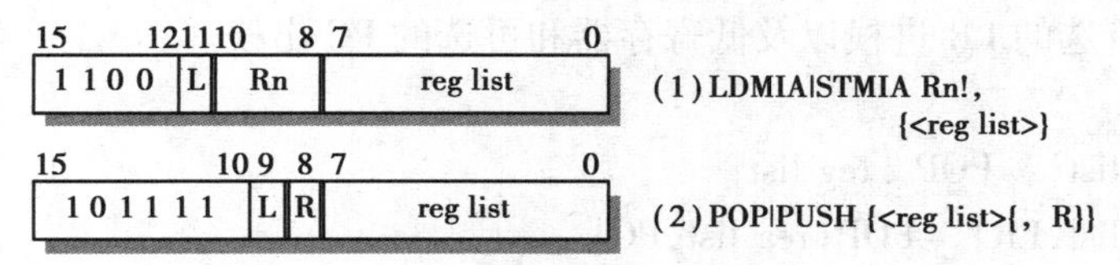

图 4.5　Thumb 多寄存器存取指令的二进制编码

指令的块拷贝形式只有使用 LDMIA 和 STMIA 寻址模式,即 Thumb 指令集使用 LDM 和 STM 指令进行多寄存器的加载和存储操作时,LDM 和 STM 指令必须包括后缀,而且只有 IA 一个后缀。低寄存器(8 个低寄存器 r0 ~ r7)中的任何一个可以作为基址寄存器。寄存器列表可以是这些寄存器的任意子集,因为总是选择回写,所以寄存器列表中不应包括基址寄存器。

堆栈形式使用指令 PUSH 和 POP,并使用 SP(r13)作为基址寄存器,并且也总是使用回写。堆栈的模式也固定为满栈递减。寄存器列表除了可以是 8 个低寄存器外,链接寄存器 LR(r14)可以出现在 PUSH 指令中,PC(r15)可以出现在 POP 指令中,以优化过程调用及返回程序。

指令格式如下:

<reg list>是寄存器的列表,寄存器范围是 r0 ~ r7。

```
LDMIA   Rn!,{<reg list>}
STMIA   Rn!,{<reg list>}
POP     {<reg list>{,pc}}
PUSH    {<reg list>{,lr}}   //该类指令中仅有寄存器列表,默认的基址寄存器为 R13
```

下面分别介绍多寄存器传送指令 LDMIA 和 STMIA、堆栈指令 PUSH 和 POP。

1)LDMIA 和 STMIA

加载和存储多个寄存器。

①指令格式

```
op   Rn!,{reg list}
```

其中:reg list 为低寄存器(R0 ~ R7)或低寄存器范围的、用逗号隔开的列表。注意:列表中至少应有一个寄存器。

②用法

寄存器以寄存器编号顺序加载或存储。编号最低的寄存器在 Rn 的初始地址中。Rn 的值以 reg list 中寄存器个数的 4 倍增加。若 Rn 在寄存器列表中,对于 LDMIA 指令,Rn 的最终值是加载的值,不是增加后的地址;对于 STMIA 指令,Rn 的存储值有两种情况:a. 若 Rn 是寄存器列表中最低数字的寄存器,则 Rn 存储的值为 Rn 的初值;b. 其他情况,则不可预知。

③举例

```
LDMIA    R3!,{R0,R4}
LDMIA    R5!,{R0-R7}
STMIA    R0!,{R6,R7}
STMIA    R3!,{R3,R5,R7}
```

2)PUSH 和 POP

低寄存器和可选的 LR 进栈以及低寄存器和可选的 PC 出栈。

①指令格式

```
PUSH  {reg list}    POP {reg list}
PUSH  {reg list,LR}    POP{reg list,PC}
```

其中:reg list 为低寄存器(r0 ~ r7)的全部或子集的列表。指令格式说明中的括号是指令格式的一部分。它们不代表指令列表可选。列表中至少必须有一个寄存器。

②用法

Thumb 堆栈是满递减堆栈。堆栈向下增长,且 SP 指向堆栈的最后入口。寄存器以数字顺序存储在堆栈中,编号最低的寄存器其地址最低。

POP { reg list,PC}

这条指令引起处理器转移到从堆栈弹出给 PC 的地址。这通常是从子程序返回,其中 LR 在子程序开头压进堆栈。该指令不影响条件码标志。

③举例

```
PUSH    {R0,R3,R5}
PUSH    {R1,R4~R7}; R1,R4,R5,R6 和 R7 进栈
PUSH    {R0,LR}
POP     {R2,R5}
POP     {R0~R7,PC}; 出栈,并从子程序返回
```

3)等价的 ARM 指令

对于前两种块指令格式,等价的 ARM 指令有相同的指令格式。在后两种指令格式中要以合适的寻址模式来代替 POP 和 PUSH。

块拷贝:

```
LDMIA    Rn!,{<reg list>}
STMIA    Rn!,{<reg list>}
  POP
LDMFD    SP!,{<reg list>{,pc}}
  PUSH
STMFD    SP!,{<reg list>{,lr}}      //PC 不能进栈,不能弹出到 LR
```

注意:基址寄存器必须是字对齐的,否则一些系统将忽略地址值的低 2 位,而另一些系统会产生未对齐访问异常。由于所有这些指令都采用基址回写,因此基址寄存器不应出现在寄存器列表中。编码后 reg list 即指令中的位[0~7],它的每一位对应一个寄存器,比如位[0]指示 r0 寄存器是否传送,位[1]控制 r1,等等。在 POP 和 PUSH 指令中,R 位控制 PC 和 LR。在 v5T 结构中,装载的 PC 的最低位更新 Thumb 位,因此,可以直接返回到 Thumb 或 ARM 调用程序。

4.2.4 异常中断指令

(1) Thumb 软件中断指令

Thumb 软中断指令的行为和 ARM 等价指令完全相同,进入异常的指令,使微处理器进入 ARM 执行状态。

Thumb 软件中断指令的二进制编码如图 4.6 所示。

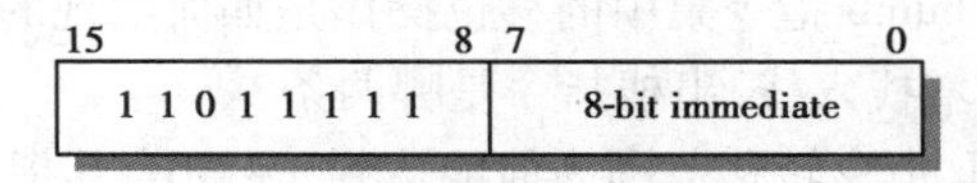

图 4.6 Thumb 软件中断指令的二进制编码

SWI 指令引起 SWI 异常。这意味着:①处理器状态切换到 ARM 状态;②处理器模式切换

到管理模式;③CPSR 保存到管理模式下的 SPSR 中;④执行转移到 SWI 向量地址。处理器忽略 immed_8,但 immed_8 出现在指令操作码的位[7:0]中,而异常处理程序用它来确定正在请求何种服务。这条指令不影响条件码标志。

这条指令将引起下列动作:

a. 将下一条 Thumb 指令的地址保存到 r14_svc;

b. 将 CPSR 寄存器保存到 SPSR_svc;

c. 微处理器关闭 IRQ,清 Thumb 位,并通过修改 CPSR 的相关位进入监控模式;

d. 强制将 PC 值被置为地址 0x08,然后进入 ARM 指令 SWI 的处理程序。正常地返回指令将恢复 Thumb 执行状态。

指令格式如下:

SWI <8 位立即数>

其中:<8 位立即数>为数字表达式,其取值为 0 ~ 255 范围内的整数。

(2) Thumb **断点指令**

Thumb 断点指令的行为与等价的 ARM 指令完全相同。断点指令用于软件调试,可以使微处理器中断正常指令执行,进入相应的调试程序。

Thumb 断点指令二进制编码如图 4.7 所示。

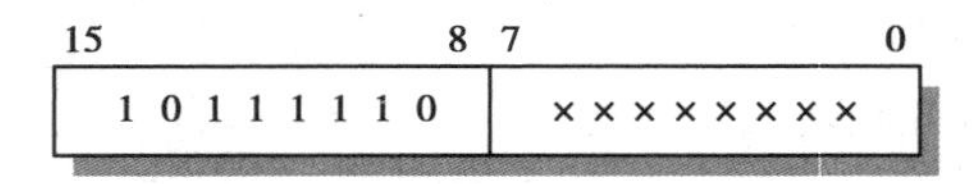

图 4.7 Thumb 断点指令二进制编码

当硬件调试单元作适当配置时,断点指令会使微处理器放弃指令预取。BKPT 指令引起处理器进入调试模式,调试工具利用 BKPT 指令来调查到达特定地址时的系统状态。处理器忽略 immed_8,但 immed_8 出现在指令操作码的位[7:0]中。调试器用它来保存断点的信息。

指令格式如下:

BKPT immed_8

注意:等价的 ARM 指令与 Thumb 指令有完全相同的汇编语法。只有实现了 v5T 结构的 ARM 处理器才支持 BKPT 指令。

习 题

4.1 试简述 Thumb 指令集的编程模式和指令集的特点。

4.2 简述如何用指令实现 ARM 处理器 Thumb 工作状态与 ARM 工作状态之间的切换。

4.3 试比较 ARM 指令集与 Thumb 指令集的异同,并说出各自的特点。

4.4 ARM 指令集与 Thumb 指令集中的移位操作是如何实现的?它们有何异同点?

4.5 Thumb 指令集的堆栈入栈、出栈指令是哪两条?

4.6 Thumb 指令集 BL 指令转移范围为何能达到 ±4 MB,其指令编码是怎样的?

第5章 嵌入式系统程序设计基础

基于 ARM 的编译器一般都支持汇编语言的程序设计、C/C++语言的程序设计以及二者的混合编程。本章介绍基于 ARM 的嵌入式系统程序设计的一些基本概念,如 ARM 汇编语言的伪指令、汇编语言的语句格式和汇编语言的程序结构等,同时也介绍 C/C++和汇编语言的混合编程等问题。

5.1 ARM 汇编器所支持的伪指令

ARM 汇编语言源程序中语句一般由指令、伪操作、宏指令和伪指令组成。

伪操作是 ARM 汇编语言程序里的一些特殊指令助记符,它的作用主要是为完成汇编程序做各种准备工作,在源程序进行汇编时由汇编程序处理,而不是在计算机运行期间由机器执行。也就是说,这些伪操作只在汇编过程中起作用,一旦汇编结束,伪操作的使命也就随之结束了。

宏指令是一段独立的程序代码,可以插在源程序中,它通过伪操作来定义。宏在被使用之前必须提前定义好,宏之间可以互相调用,也可以自己递归调用。通过直接书写宏名来使用宏,并根据宏指令的格式设置相应的输入参数。宏定义本身不会产生代码,只是在调用它时将宏体插入源程序中。宏与 C 语言中的子函数形参与实参的传递很相似,调用宏时通过实际的指令来代替宏体实现相关代码。但是,宏的调用和子程序调用有本质不同,即宏并不会节省程序空间。它的优点是简化程序代码、提高程序的可读性以及宏内容可同步修改。

伪操作、宏指令一般与编译程序有关。因此,ARM 汇编语言的伪操作、宏指令在不同的编译环境下有不同的编写形式和规则。

伪指令也是 ARM 汇编语言程序里的特殊指令助记符,也不在处理器运行期间由机器执行,它们在汇编时将被合适的机器指令代替成 ARM 或 Thumb 指令,从而实现真正指令操作;或者可以理解为伪指令是为完成汇编语言程序做各种准备工作,这些伪指令仅在汇编过程中起作用,一旦汇编结束,伪指令的使命就完成。

5.1.1 ADS 编译环境下的 ARM 伪指令与宏指令

ADS 编译环境下，在 ARM 的汇编程序中，有符号定义伪指令、数据定义伪指令、汇编控制伪指令和宏指令以及其他伪指令。

(1)符号定义伪指令

符号定义伪指令用于定义 ARM 汇编程序中的变量，对变量进行赋值以及定义寄存器名称。

1)GBLA、GBLL 及 GBLS

用途：GBLA、GBLL 及 GBLS 伪指令用于声明一个 ARM 程序中的全局变量并在默认情况下将其初始化。其中，GBLA 伪指令声明一个全局的算术变量，并将其初始化成“0”；GBLL 伪指令声明一个全局的逻辑变量，并将其初始化成{FALSE}；GBLS 伪指令声明一个全局的字符串变量，并将其初始化成空串“”。

格式：<GBLX>　Variable

其中：<GBLX>是 GBLA、GBLL 或 GBLS 三种伪指令之一；Variable 是全局变量的名称。在其作用范围内必须唯一，即同一个变量名只能在作用范围内出现一次。

示例：

```
GBLA    hsp1                      ; 声明一个全局的数字变量，变量名为 hsp1
hsp1    SETA  0x19860301          ; 将该变量赋值为 0x19860301
GBLL    hsp2                      ; 声明一个全局的逻辑变量，变量名为 hsp2
hsp2    SETL{TRUE}                ; 将该变量赋值为真
GBLS    hsp3                      ; 声明一个全局的字符串变量，变量名为 hsp3
hsp3    SETS "heshangping"        ; 将该变量赋值为"heshangping"
```

2)LCLA、LCLL 及 LCLS

用途：LCLA、LCLL 及 LCLS 伪指令用于声明一个 ARM 程序中的局部变量，并在默认情况下将其初始化。其中，LCLA 伪指令声明一个局部的算术变量，并将其初始化成“0”；LCLL 伪指令声明一个局部的逻辑变量，并将其初始化成{FALSE}；LCLS 伪操作声明一个局部的串变量，并将其初始化成空串“”。

格式：<LCLX>　Variable

其中：<LCLX>是 LCLA、LCLL 或 LCLS 三种伪指令之一；Variable 是局部变量的名称。在其作用范围内必须唯一，即同一个变量名只能在作用范围内出现一次。

示例：

```
LCLA    hsp4                      ; 声明一个局部的数字变量，变量名为 hsp4
hsp4    SETA  0x19860301          ; 将该变量赋值为 0x19860301
LCLL    hsp5                      ; 声明一个局部的逻辑变量，变量名为 hsp5
hsp5    SETL{TRUE}                ; 将该变量赋值为真
LCLS    hsp6                      ; 声明一个局部的字符串变量，变量名为 hsp6
hsp6    SETS "heshangping"        ; 将该变量赋值为"heshangping"
```

3)SETA、SETL 及 SETS

用途：SETA、SETL 及 SETS 伪指令用于给一个 ARM 程序中的全局或局部变量赋值。其中,SETA 伪指令给一个全局或局部算术变量赋值;SETL 伪指令给一个全局或局部逻辑变量赋值;SETS 伪指令给一个全局或局部字符串变量赋值。

格式:<SETX>　Variable　expr

其中:<SETX>是 SETA、SETL 或 SETS 三种伪指令之一;Variable 是使用 GBLA、GBLL、GBLS、LCLA、LCLL 或 LCLS 定义的变量的名称,在其作用范围内必须唯一;expr 为表达式,即赋予变量的值。

示例:

```
GBLA    Test1                  ; 声明一个全局的数字变量,变量名为 Test1
Test1   SETA   0x19870712      ; 将该变量赋值为 0x19870712
LCLL    Test2                  ; 声明一个局部的逻辑变量,变量名为 Test2
Test2   SETL{TRUE}             ; 将该变量赋值为真
LCLS    Test3                  ; 声明一个局部的字符串变量,变量名为 Test3
Test3   SETS "fangling"        ; 将该变量赋值为"fangling"
```

4)RLIST

用途:RLIST 伪操作用于给一个通用寄存器列表定义名称。定义的名称可以在LDM/STM 指令中使用,即这个名称代表了一个通用寄存器列表。在 LDM/STM 指令中,寄存器列表中的寄存器的访问次序总是先访问编号较低的寄存器,再访问编号较高的寄存器;也就是说,编号低的寄存器对应于存储器的低地址,而不管寄存器列表中各寄存器的排列顺序。但为了编程的统一性,寄存器列表中各寄存器一般按编号由低到高排列。

格式:name　RLIST{list　of　registers}

其中:name 是将要定义的寄存器列表的名称;{list　of　registers}为通用寄存器列表。

示例:

Reg List　RLIST {R0—R5,R8,R10};将寄存器列表{R0—R5,R8,R10}的名称定义为 Reg List

(2)数据定义伪指令

数据定义伪指令用于数据缓冲池定义、数据表定义、数据空间分配等,包括以下的伪指令。

1)LTORG

用途:LTORG 用于声明一个数据缓冲池(也称为"文字池")的开始。在使用伪指令 LDR 时,常常需要在适当的地方加入 LTORG 声明数据缓冲池,LDR 加载的数据暂时放于数据缓冲池。当程序中使用 LDR 之类的指令时,数据缓冲池的使用可能越界。为防止越界发生,可以使用 LTORG 伪指令定义数据缓冲池。通常大的代码段可以使用多个数据缓冲池。ARM 汇编编译器一般将数据缓冲池放在代码段的最后面,即下一个代码段开始之前或 END 伪操作之前。LTORG 伪指令通常放在无条件跳转指令之后或子程序返回指令之后,这样处理器就不会错误地将数据缓冲池中的数据当作指令来执行。

格式:LTORG

示例:

```
AREA   Example,CODE,READONLY      ; 声明一个代码段,名称为 Example,
                                  ; 属性为只读
```

```
start  BL      funcl
       …
funcl                               ; 子程序
       LDR r1, =0x8000              ; 将“0x8000”加载到 r1
                                    ; 在后面介绍伪指令 LDR 时详细解释
       MOV PC,1r                    ; 子程序结束
       LTORG                        ; 定义数据缓冲池,存放“8000”
       Data SPACE 40                ; 从当前位置开始分配 40 字节的内存单元
                                    ; 并初始化为 0
END                                 ; 程序结束
```

2)MAP

用途:MAP 用于定义一个结构化的内存表的首地址。此时,内存表的位置计数器{VAR}(汇编器的内置变量)设置成该地址值。MAP 可以用“^”代替。MAP 伪指令和 FIELD 伪指令配合使用来定义结构化的内存表结构。其具体使用方法将在 FIELD 伪指令中详细介绍。

格式:MAP expr{,base-register}

其中:expr 为数字表达式或是程序中已经定义过的标号。base-register 为一个寄存器,当指令中没有 base-register 时,expr 即为结构化内存表的首地址。此时,内存表的位置计数器{VAR}设置成该地址值。当指令中包含这一项时,结构化内存表的首地址为 expr 和 base-register 寄存器内容的和。

示例:

```
MAP   startaddress        ;startaddress 就是内存表的首地址
MAP   0x100,R1            ;定义结构化内存表首地址的值为 R1 +0x100
```

3)FIELD

用途:FIELD 用于定义一个结构化内存表中的数据域。FIELD 可以用“#”代替。MAP 伪指令和 FIELD 伪指令配合使用来定义结构化的内存表结构。MAP 伪指令定义内存表的首地址;FIELD 伪指令定义内存表中各数据域的字节长度,并可以为每一个数据域指定一个标号,其他指令可以引用该标号。

MAP 伪指令中的 base-register 寄存器值对于其后所有的 FIELD 伪指令定义的数据域是默认使用的,直至遇到新的包含 base-register 项的 MAP 伪指令。

需要特别注意的是,MAP 伪指令和 FIELD 伪指令仅仅是定义数据结构,它们并不实际分配内存单元。

由 MAP 伪指令和 FIELD 伪指令配合定义的内存表有三种:基于绝对地址的内存表、基于相对地址的内存表和基于 PC 的内存表。

格式:{label} FIELD expr

其中:{label}为可选的。当指令中包含这一项时,label 的值为当前内存表的位置计数器{VAR}的值。汇编编译器处理了这条 FIELD 伪操作后,内存表计数器的值将加上 expr。expr 表示本数据域在内存表中所占的字节数。

示例:

```
MAP     0x100                       ; 定义结构化内存表首地址的值为 R1 +0x100
```

```
A        FIELD    16             ; 定义A的长度为16字节,位置为0x100
B        FIELD    32             ; 定义B的长度为32字节,位置为0x110
C        FIELD    256            ; 定义C的长度为256字节,位置为0x130
```

4)SPACE

用途:SPACE用于分配一块连续内存单元,并用"0"初始化。SPACE可以用"%"代替。

格式:{label} SPACE expr

其中:{label}是一个标号,是可选的,expr表示本伪操作分配的内存字节数。

示例:

```
Data     SPACE    100            ; 分配100字节的内存单元,并将内存单元内
                                 ; 容初始化成0。
```

5)DCB

用途:DCB用于分配一段字节内存单元,并用伪操作中的expr初始化。DCB可以用"="代替。

格式:{label}　DCB　expr{,expr}

其中:{label}为可选的;expr可以为-128~255的数值或者为字符串。

示例:

```
Str  DCB  "hezhenghanheshiyan"   ; 构造一个字符串,并以字节为单位分配内存
```

6)DCD(或DCDU)

用途:DCD用于分配一段字内存单元(分配的内存都是字对齐的),并用伪操作中的expr初始化。DCDU与DCD的不同之处在于,DCDU分配的内存单元并不严格字对齐。DCD和DCDU一般用来定义数据表格或其他常数。DCD可以用"&"代替。

格式:

{label}　DCD　expr{,expr}…

{label}　DCDU expr{,expr}…

其中:{label}为可选的标号。expr可以为数字表达式或程序中的标号。内存分配的字节数由expr的个数决定。

示例:

```
Datal  DCD  4,5,6        ; 分配一个字单元,且是字对齐的,其值分别为4、5和6
```

7)DCDO

用途:DCDO用于分配一段字对齐的字内存单元,并将每个字单元的内容初始化为该单元相对于静态基址寄存器R9内容的偏移量。

格式:{label} DCDO　expr{,expr}…

其中:{label}为可选的标号。expr可以为数字表达式或为程序中的标号。内存分配的字节数由expr的个数决定。

示例:

```
IMPORT   sign            ; IMPORT伪操作于后面详细介绍
DCDO     sign            ; 32位的字单元,其值为标号sign基于R9的偏移量
```

8)DCFD及DCFDU

用途:DCFD用于为双精度的浮点数分配字对齐的内存单元,并将字单元的内容初始化为

双精度浮点数。每个双精度的浮点数占据两个字单元。DCFD 与 DCFDU 的不同之处在于，DCFDU 分配的内存单元并不严格字对齐。

格式：{label}　DCFD {U} fpliteral{,fpliteral}…

其中：{label}为可选的；fpliteral 为双精度的浮点数。

示例：

```
FDataTest    DCFD    2E115, -5E7    ; 分配一片连续的字存储单元并初始化为指定
                                    ; 的双精度数
```

9）DCFS 及 DCFSU

用途：DCFS 用于为单精度的浮点数分配字对齐的内存单元，并将各字单元的内容初始化成 fpliteral 表示的单精度浮点数。每个单精度的浮点数占据一个字单元。DCFS 与 DCFSU 的不同之处在于 DCFSU 分配的内存单元并不严格字对齐。

格式：{label}　DCFS {U} fpliteral {,fpliteral}…

其中：{label}为可选的标号；fpliteral 为单精度的浮点数。

示例：

```
FDataTest    DCFS    2E5, -5E -7    ; 分配一片连续的字存储单元并初始化为指定
                                    ; 的单精度数
```

10）DCI

用途：在 ARM 代码中，DCI 用于分配一段字对齐的内存单元，并用伪指令中的 expr 将其初始化；在 Thumb 代码中，DCI 用于分配一段半字对齐的半字内存单元，并用伪指令中的 expr 将其初始化。

格式：{label}　DCI　expr{,expr}…

其中：{label}为可选的标号；expr 可以为数字表达式。

示例：

```
MACRO                                                ; 宏指令
Newinstr   $ Rd, $ Rm
DCI        0xel6f0f10:OR:( $ Rd:SHL:12):OR: $ Rm    ; 这里存放的是指令
MEND
```

11）DCQ 及 DCQU

用途：DCQ 用于分配一段以双字（8 字节）为单位的内存，分配的内存要求必须字对齐，并用伪操作中的 64 位的整数数据初始化。DCQU 与 DCQ 的不同之处在于，DCQU 分配的内存单元并不严格字对齐。

格式：{label}　DCQ{U}{-}literal{,{-}literal}…

其中：{label}是一个标号，是可选的。literal 为 64 位的数字表达式，可以选正负号。其取值范围为 $0 \sim 2^{64}-1$。当在 literal 前加上“-”时，literal 的取值范围为 $-2^{63} \sim -1$。在内存中，$2^{64}-n$ 与 $-n$ 具有相同的表达形式。这是因为数据在内存中都是以补码形式表示的。

示例：

```
AREA      MiscData,DATA,READWRITE    ; 定义数据段，属性为可读可写
Data0   DCQ    -100,2_101            ; 2_ 101 指的是二进制的 101
```

```
Data1   DCQU   1000, -100000000
DCQU    number + 4                  ; number 必须是已定义过的数字表达式
```

12) DCW 及 DCWU

用途:DCW 用于分配一段半字对齐的半字内存单元,并用伪指令中的 expr 初始化。DCWU与 DCW 的不同之处在于 DCWU 分配的内存单元并不严格半字对齐。

格式:{label}　DCW{U} expr{,expr}…

其中:{label}为可选的标号;expr 为数字表达式,其取值范围为 -32 768 ~ 65 535。

示例:

```
Data   DCW   -235,748,2446
DCW   num + 8
```

(3)汇编控制伪指令和宏指令

汇编控制伪指令用于条件汇编、宏定义、重复汇编控制等。

1) IF、ELSE 及 ENDIF

用途:IF、ELSE 及 ENDIF 伪指令能够根据条件将一段源代码包括在汇编语言程序内或将其排除在程序之外,它与 C 语言中的 if 语句的功能很相似。

格式:

```
IF logical expression
…                          ; 指令或伪指令代码段 1
{ELSE
…                          ; 指令或伪指令代码段 2
}
ENDIF
```

其中,logical expression 是用于控制选择的逻辑表达式。ELSE 伪操作作为可选的。

示例:

```
        Variable = 16            ; 如果 Variable  = 16 成立,则编译下面的代码
IF
        BNE  SUB1
        LDR  R0, = SUB0
        BX   R0
ELSE                             ; 否则编译下面的代码
        BNE   SUB0
        …
ENDIF
```

2) WHILE 及 WEND

用途:WHILE 及 WEND 伪操作能够根据条件重复汇编相同的一段源代码,它与 C 语言中的 while 语句很相似,只要满足条件,将重复汇编语法格式中的指令或伪指令。

格式:

```
WHILE logical expression
…                                ; 指令或伪指令代码段
```

```
WEND
示例:
GBLA    Counter                 ; 声明一个全局的数字变量,变量名为 Counter
Counter  SETA  3                ; 设置循环计数变量 Counter 初始值为 3
WHILE   Counter < =10           ; 由变量 Counter 控制循环执行的次数
        Counter  SETA count +1; 将循环计数变量加 1
        …                       ; 指令序列
WEND
```

3)MACRO、MEND 及 MEXIT

用途:MACRO 伪操作标识宏定义的开始,MEND 标识宏定义的结束。MERIT 用于从宏中跳转出去。用 MACRO 和 MEND 定义的一段代码,称为宏定义体,这样在程序中就可以通过宏名多次调用该代码段来完成相应的功能。

格式:

```
MACRO
{ $ label}   macroname { $ parameter{ , $ parameter} …}
…                                ; 宏代码
MEND
```

其中:macroname 为所定义的宏的名称; $ label 在宏指令被展开时,label 可被替换成相应的符号,通常是一个标号(在一个符号前使用" $ ",表示程序被汇编时将使用相应的值来替代" $ "后的符号); $ parameter 为宏指令的参数,当宏指令被展开时将被替换成相应的值,类似于函数中的形式参数,可以在宏定义时为参数指定相应的默认值。

MEXIT 用于从宏定义中跳转出去。

格式:

```
MEXIT
```

(4)其他伪指令

1)CODE16 及 CODE32

用途:当汇编源程序中同时包含 ARM 指令和 Thumb 指令时,使用 CODE16 伪指令通知汇编编译器,其后的指令序列为 16 位的 Thumb 指令;使用 CODE32 伪指令通知汇编编译器,其后的指令序列为 32 位的 ARM 指令。CODE16 伪操作告知汇编编译器后面的指令序列为 16 位的 Thumb 指令。但是,CODE16 伪指令和 CODE32 伪指令只是告知编译器后面指令的类型,该伪指令本身并不进行程序状态的切换。

格式:

```
CODE16
CODE32
```

示例:

在下面的示例中,程序先在 ARM 状态下执行,然后通过 BX 指令切换到 Thumb 状态,并跳转到相应的 Thumb 指令处执行。在 Thumb 程序入口处用 CODE16 伪操作标识下面的指令为 Thumb 指令。

```
AREA   ChangeState,CODE,READONLY
```

```
CODE32                          ; 指示下面的指令为 ARM 指令
LDR  r0, = start + 1
BX   r0                         ; 切换到 Thumb 状态,并跳转到 start 处执行
CODE16                          ; 指示下面的指令为 Thumb 指令
start  MOV r1,#10
…
```

2)EQU

用途:EQU 伪指令为数字常量、基于寄存器的值和程序中的标号(基于 PC 的值)定义一个字符名称。

格式:name　EQU　expr{,type}

其中:expr 为基于寄存器的地址值、程序中的标号、32 位的地址常量或 32 位的常量;name 为 EQU 伪指令 expr 定义的字符名称;type 当 expr 为 32 位常量时,可以使用 type 指示 expr 表示的数据的类型。EQU 伪指令的作用类似于 C 语言中的#define,用于为一个常量定义字符名称。EQU 可以用"*"代替。type 有下面三种取值。

①CODE16　表明该地址处为 Thumb 指令

②CODE32　表明该地址处为 ARM 指令

③DATA　　表明该地址处为数据区

示例:

```
Test   EQU   10               ; 定义标号 Test 的值为 10
Loop   EQU   label + 100      ; 定义标号 Loop 的值为(label + 100)
Addr   EQU   0x55,CODE32      ; 定义 Addr 的值为绝对地址值 0x55,且该处为
                              ; 32 位的 ARM 指令
reg    EQU   0x20180808       ; 定义寄存器 reg,地址为 0x19870712
```

这里的寄存器是除 ARM 中的寄存器以外的寄存器。例如,外设中的寄存器因为 I/O 与存储器是统一编址的。

3)AREA

用途:AREA 伪指令用于定义一个代码段或数据段。ARM 汇编程序中一般采用分段式设计,一个 ARM 源程序至少有一个代码段。通常可以用 AREA 伪指令将程序分为多个 ELF 格式的段。一个大的程序可以包括多个代码段和数据段,一个汇编程序至少包含一个代码段。

格式:AREA　sectionname{,attr}{,attr}…

其中:sectionname 为所定义的代码段或数据段的名称。如果该名称是以数字开头的,则该名称必须用"|"括起来,例如,|1_datasec|。还有一些代码段具有约定的名称,例如,|.text| 表示 C 语言编译器产生的代码段或与 C 语言库相关的代码段。

attr 是该段的属性。在 AREA 伪操作中,各属性间用逗号隔开。下面列举所有可能的属性:

①ALIGN = expression。在默认的情况下,ELF(可执行链接文件,由链接器生成)的代码段和数据段是 4 字节对齐的。expression 可以取 0 ~ 31 的数值,相应的对齐方式为($2^{expression}$)字节对齐,如 expression = 4 时为 16 字节对齐。

②ASSOC = section,指定与本段相连的 ELF 段。任何时候链接 section 段,也必须包括

sectionname 段。

③CODE 定义代码段,默认属性为 READONLY。

④COMDEF 定义一个通用的段。该段可以包含代码或数据。在其他源文件中,同名的 COMDEF 段必须相同。

⑤COMMON 定义一个公用的段。该段不包含任何用户代码和数据,链接器将其初始化为“0”。各源文件中同名的 COMMON 段公用同样的内存单元,链接器为其分配合适的尺寸。

⑥DATA 定义数据段,默认属性为 READWRITE。

⑦NOINIT 指定本数据段仅仅保留了内存单元,而没有将各初始值写入内存单元,或将各内存单元值初始化为“0”。

⑧READONLY 指定本段为只读,代码段的默认属性为 READONLY。

⑨READWRITE 指定本段为可读可写,数据段的默认属性为 READWRITE。

示例:

下面的伪指令定义了一个代码段,代码段的名称为 Example,属性为 READONLY。

```
AREA Example,CODE,READONLY
```

4)ENTRY

用途:ENTRY 伪指令用于声明程序的入口。一个程序可以包含多个源文件,而一个源文件中最多只能有一个 ENTRY(也可以没有 ENTRY),所以,一个程序可以有多个 ENTRY,但至少要有一个 ENTRY。

用途:ENTRY

```
AREA    example CODE,READONLY
ENTRY                                   ; 应用程序的入口点
CODE32
START   MOV R1,#0x19870712
```

5)END

用途:END 伪指令告知编译器已经到了源程序结尾。每一个汇编源程序都包含 END 伪操作,来表示本源程序的结束。

格式:END

示例:

```
AREA example CODE,READONLY
…
END
```

6)ALIGN

用途:ALIGN 伪指令通过添加补丁字节使当前位置满足一定的对齐方式。

格式:ALIGN {expr{,offset}}

其中:expr 为指定对齐方式,可能的取值为 2 的次幂,如 1,2,4,8 等。如果伪操作中没有指定 expr,则默认当前位置对齐到下一个字边界处。不指定 offset 表示将当前位置对齐到以 expr 为单位的起始位置,比如,“ALIGN 8”表示将当前位置以两个字的方式对齐。如果指定 offset,如“ALIGN 4,3”,如果原始位置在 0x0001(字节),使用“ALIGN 4,3”以后,当前位置会转到 0x0007(0x0004 +3),如图 5.1 所示。

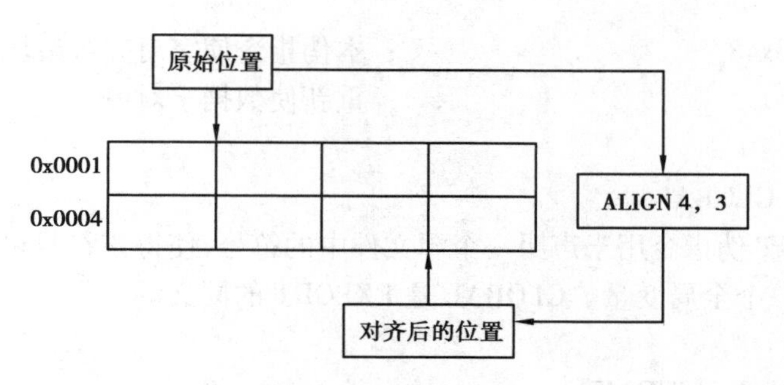

图5.1　对齐方式图例

在下面的情况中,需要特定的地址对齐方式:

①Thumb 的伪指令 ADR 要求地址是字对齐的,而 Thumb 代码中地址标号可能不是字对齐的,这时就要用伪指令“ALIGN　4”,使 Thumb 代码中的地址标号字对齐。

②由于有些 ARM 处理器的 Cache 采用了其他对齐方式,如 16 字节的对齐方式,这时使用 ALIGN 伪指令指定合适的对齐方式,可以充分发挥该 Cache 的性能优势。

③LDRD 及 STRD 指令要求内存单元是 8 字节对齐的,这样在为 LDRD/STRD 指令分配的内存单元前,要使用 ALIGN 8 实现 8 字节对齐方式。

④地址标号通常自身没有对齐要求,而在 ARM 代码中要求地址标号是字对齐的,在 Thumb 代码中要求半节对齐。这样需要使用合适的 ALIGN 伪操作来调整对齐方式。

ALIGN 伪指令示例 1:

在 AREA 伪指令中使用 ALIGN 与单独使用 ALIGN 时,伪指令中 expr 含义是不同的,如下面例子中所示。

```
AREA    cache,CODE,ALIGN =3        ; 指定该代码段的指令是 8 字节对齐的
…
MOV pc,lr                          ; 程序跳转后变成 4 字节对齐的,不再是 8 字节对齐
                                   ; 所以需要用 ALIGN 伪操作添加补丁字节使当前
                                   ; 位置再次满足 8 字节对齐
ALIGN 8                            ; 指定下面的指令是 8 字节对齐的
…
```

ALIGN 伪指令示例 2:

将两个字节数据放在同一个字的第一个字节和第四个字节中。

```
AREA     Example,CODE,READONLY
DCB      0x11                      ; 第一个字节保存 0x11
ALIGN    4,3                       ; 字对齐
DCB      0x24                      ; 第四个字节保存 0x24
```

ALIGN 伪指令示例 3:

在下面的例子中通过 ALIGN 伪指令使程序中地址标号字对齐。

```
AREA Example,CODE,READONLY
start  LDR r6, = label
…
MOV PC,1r
```

```
label   DCB   0x48                    ; 本伪指令使字对齐被破坏
ALIGN                                 ; 重新使数据字对齐
…
```

7)EXPORT 及 GLOBAL

用途:EXPRORT 伪指令用于声明一个源文件中的符号,使得该符号可以被其他源文件引用,相当于声明了一个全局变量。GLOBAL 是 EXPORT 的同义词。

格式:

```
EXPORT   symbol {[WEAK]}
GLOBAL   symbol {[WEAK]}
```

其中,symbol 为声明的符号的名称,它是区分大小写的。[WEAK]选项声明其他的同名符号优先于本符号被引用。

示例:

```
AREA   Example,CODE,READONLY
EXPORT   fun                  ; 表明下面的函数名称 fun 可以被其他源文件引用
fun   ADD r0,r0,r1
```

8)IMPORT

用途:IMPORT 伪指令通知编译器当前的符号不是在本源文件中定义的,而是在其他源文件中定义的。在本源文件中,可能引用该符号,而且无论本源文件是否实际引用该符号,该符号都将被加入本源文件的符号表中。

使用 IMPORT 伪指令声明一个符号是在其他源文件中定义的。如果链接器在链接处理时不能解析该符号,而且 IMPORT 伪指令中没有指定[WEAK]选项,则链接器将会报告错误;如果链接器在链接处理时不能解析该符号,而 IMPORT 伪指令中指定了[WEAK]选项,则链接器将不会报告错误,而是进行下面的操作:

①如果该符号被 B 或 BL 指令引用,则该符号被设置成下一条指令的地址,该 B 或 BL 指令相当于一条 NOP 指令。例如 B sign,sign 不能被解析,则该指令被忽略为 NOP 指令,继续执行下面地址的指令,也就是将 sign 理解为下一条指令的地址。

②其他情况下该符号被设置为“0”。

格式:IMPORT   symbol {[WEAK]}

其中:symbol 为声明的符号的名称,它是区分大小写的。[WEAK]指定这个选项后,如果 symbol 在所有的源文件中都没有被定义,编译器也不会产生任何错误信息,同时编译器也不会到当前没有被 INCLUDE 进来的库中去查找该符号。

9)EXTERN

用途:EXTERN 伪指令通知编译器当前的符号不是在本源文件中定义的,而是在其他源文件中定义的,在本源文件中可能引用该符号。这与 IMPORT 伪操作的作用相同,不同之处在于,如果本源文件没有实际引用该符号,该符号都将不会被加入到本源文件的符号表中。

使用 EXTERN 伪指令声明一个符号是在其他源文件中定义的。如果链接器在链接处理时不能解析该符号,而 EXTERN 伪指令中没有指定[WEAK]选项,则链接器将会报告错误。如果链接器在链接处理时不能解析该符号,而 EXTERN 伪指令中指定了[WEAK]选项,则链接器将不会报告错误,而是进行下面的操作:

a. 如果该符号被 B 或 BL 指令引用,则该符号被设置成下一条指令的地址,该 B 或 BL 指令相当于一条 NOP 指令。

b. 其他情况下该符号被设置为"0"。

格式:EXTERN symbol {〔WEAK〕}

其中,symbol 为声明的符号的名称,它是区分大小写的。[WEAK]指定该选项后,如果 symbol 在所有的源文件中都没有被定义,编译器也不会产生任何错误信息,同时编译器也不会到当前没有被 INCLUDE 进来的库中去查找该符号。

10) GET 及 INCLUDE

用途:GET 伪指令将一个源文件包含到当前源文件中,并将被包含的文件在其当前位置进行汇编处理。INCLUDE 是 GET 的同义词。

通常可以在一个源文件中定义宏,用 EQU 定义常量的符号名称,用 MAP 和 FIELD 定义结构化的数据类型,这样的源文件类似于 C 语言中的". h"文件。然后用 GET 伪指令将这个源文件包含到它们的源文件中,类似于在 C 源程序的"include * . h"。

编译器通常在当前目录中查找被包含的源文件,可以使用编译选项 I 添加其他的查找目录。同时,被包含的源文件中也可以使用 GET 伪指令,即 GET 伪指令可以嵌套使用。如在源文件 A 中包含了源文件 B,而在源文件 B 中包含了源文件 C,编译器在查找 C 源文件时将把源文件 B 所在的目录作为当前目录。

GET 伪指令不能用来包含目标文件。包含目标文件需要使用 INCBIN 伪操作。

格式:

```
GET       filename
INCLUDE   filename
```

其中:filename 为被包含的源文件的名称,这里可以使用路径信息。注意:路径信息中可以包含空格。

示例:

```
AREA Example,CODE,READONLY
GET   examplel . s                  ; 包含源文件 examplel. s
GET   D:\project\example2. s        ; 包含源文件 example2. s,可以包含路径信息
GET   D:\ project \example3. s      ; 包含源文件 example3. s,路径信息中可以包含空格
```

11) INCBIN

用途:INCBIN 伪指令将一个文件包含到当前源文件中,被包含的文件不进行汇编处理。通常可以使用 INCBIN 将一个可执行文件或任意的数据包含到当前文件中。被包含的执行文件或数据将被原封不动地放到当前文件中。编译器从 INCBIN 伪指令后面开始继续处理。

格式:INCBIN filename

其中,filename 为被包含的文件的名称,这里可以使用路径信息。注意:这里所包含的文件名称及其路径信息中都不能有空格。

示例:

```
AREA Example,CODE,READONLY
INCBIN   examplel. dat                ; 包含文件 examplel. dat
INCBIN   c:\windows\example2. txt     ; 包含文件 example2. txt,路径信息中不可以包含空格
```

```
INCBIN    c:\ my project \ example3. obj    ; 此用法是错误的,因为路径信息中包含空格
```

12) RN

用途:RN 伪指令用于给一个特定的寄存器定义名称,方便记忆该寄存器的功能。

格式:name RN expr

其中:expr 为某个寄存器的编码;name 为本伪指令给寄存器 expr 定义的名称。

示例:

```
Counter    RN    R2          ; 给寄存器 R2 定义一个别名为 Counter
Temp       RN    R10         ; 给寄存器 R10 定义一个别名为 Temp
```

13) ROUT

用途:ROUT 伪指令用于定义局部变量的有效范围。当没有使用 ROUT 伪指令定义局部变量的作用范围时,局部变量的作用范围为其所在的段。ROUT 伪指令作用的范围为本 ROUT 伪指令和下一个 ROUT(指同一个段中的 ROUT 伪指令)伪指令之间。若只有一个 ROUT,则局部标号的作用范围在 ROUT 与段结束伪指令(END)之间。

格式:{name} ROUT

其中:name 为所定义的作用范围的名称。

示例:

```
routine      ROUT                    ; 定义局部标号的有效范围,名称为 routine
             …
1 routine                            ; routine 范围内的局部标号 1
             …
             BEQ   %2 routine        ; 若条件成立,则跳转到 routine 范围内的局部标号 2
             …
             BGE   %1 routine        ; 若条件成立,则跳转到 routine 范围内的局部标号 1
             …
2 routine    …
             …
otherroutine     ROUT                ; 定义新的局部标号的有效范围
```

5.1.2 ARM 汇编语言的伪指令

ARM 中伪指令不是真正的 ARM 指令或 Thumb 指令,这些伪指令在编译器对源程序进行汇编处理时被替换成相应的 ARM 或 Thumb 指令序列。ARM 伪指令包括 ADR、ADRL、LDR 和 NOP;Thumb 伪指令与 ARM 伪指令相似,包括 ADR、LDR 和 NOP,只是它不支持 ADRL。

(1) ADR(小范围的地址读取伪指令)

用途:该指令将基于 PC 的地址值或基于寄存器的地址值读取到寄存器中。

格式:ADR {cond} register, expr

其中:cond 为可选的指令执行的条件;register 为目标寄存器;expr 为基于 PC 或者基于寄存器的地址表达式,其取值范围如下:

①当地址值不是字对齐时,其取值范围为 -255 ~255 B。

②当地址值是字对齐时,其取值范围为 -1 020 ~1 020 B。

③当地址值是 16 字节对齐时,其取值范围将更大。

在处理源程序时,ADR 伪指令通常被编译器替换成一条 ADD 指令或 SUB 指令,以实现该 ADR 伪指令的功能。如果不能用一条指令来替换,编译器将报告错误。

因为 ADR 伪指令中的地址是基于 PC 或基于寄存器的相对偏移,所以 ADR 读取到的地址为位置无关的地址。当 ADR 伪指令中 expr 是基于 PC 的偏移地址时,该地址与 ADR 伪指令必须在同一个代码段中。

示例:

```
start   MOV   r0,#10
ADR   r1,start                  ; 因为 PC 值为当前指令地址值加 8 字节,所以本
                                ; ADR 伪指令将被编译器替换成 SUB r1,pc,0xc
```

(2) ADRL(**中等范围的地址读取伪指令**)

用途:该指令将基于 PC 或基于寄存器的地址值读取到寄存器中。ADRL 伪指令与 ADR 伪指令的不同之处在于,它可以读取更大范围的地址。ADRL 伪指令在汇编时,被编译器替换成两条数据处理指令。

格式:ADRL　{cond}　register,expr

其中:cond 为可选的指令执行的条件;register 为目标寄存器;expr 为基于 PC 或基于寄存器的地址表达式,其取值范围如下:

①当地址值不是字对齐时,其取值范围为 -64 ~ 64 KB。

②当地址值是字对齐时,其取值范围为 -256 ~ 256 KB。

③当地址值是 16 字节对齐时,其取值范围将更大。

在处理源程序时,ADRL 伪指令被编译器替换成两条合适的数据处理指令,即使一条指令可以完成该伪指令的功能,编译器也将用两条指令来替换该 ADRL 伪指令。如果不能用两条指令来实现 ADRL 伪指令的功能,编译器将报告错误。

因为 ADRL 伪指令中的地址是基于 PC 或基于寄存器的相对偏移,所以 ADRL 读取到的地址为位置无关的地址。当 ADRL 伪指令中的地址是基于 PC 时,该地址与 ADRL 伪指令必须在同一个代码段中,否则链接后可能超出范围。

注意:在汇编 Thumb 指令时,ADRL 无效,ADRL 仅用在 ARM 代码中。

示例:

```
start   MOV   r0,#10                ; 因为 PC 值为当前指令地址值加 8 字节
ADRL   r4,start + 60000
```

本 ADRL 伪指令将被编译器替换成下面两条指令(在 GNU 环境下)

```
ADD   r4,PC,# 84
ADD   r4,r4,#59904
```

(3) LDR(**大范围的地址读取伪指令**)

用途:LDR 伪指令将一个 32 位的立即数或一个地址值读取到寄存器中。

格式:LDR　{cond}　register, = [expr | label - expr]

其中:cond 为可选的指令执行的条件;register 为目标寄存器;expr 为 32 位的常量。编译器将根据 expr 的取值情况,如下处理 LDR 伪指令:

①当 expr 表示的地址值在 MOV 或 MVN 指令中地址的取值范围以内时,编译器用合适的

MOV 或 MVN 指令代替该 LDR 伪指令。

②当 expr 表示的地址值超过了 MOV 或 MVN 指令中地址的取值范围时，编译器一般将该常数放在数据缓冲区（也称为“文字池”）中，同时用一条基于 PC 的 LDR 指令读取该常数。

③Label-expr 为基于 PC 的地址表达式或外部表达式。

④当 Label-expr 为基于 PC 的地址表达式时，编译器将 label-expr 表示的数值放在数据缓冲区中，同时用一条 LDR 指令读取该数值。

⑤当 Label-expr 为外部表达式或非当前段的表达式时，汇编编译器将在目标文件中插入链接重定位伪操作，这样链接器将在链接时生成该地址。

LDR 伪指令主要有以下两种用途：

a. 当需要读取到寄存器中的数据超过了 MOV 及 MVN 指令可以操作的范围时，可以使用 LDR 伪指令将该数据读取到寄存器中。

b. 将一个基于 PC 的地址值或外部的地址值读取到寄存器中。注意，LDR 伪指令处的 PC 值到数据缓冲区中的目标数据所在的地址的偏移量要小于 4 KB，还必须确保在指令范围内有一个文字池。因为这种地址值在链接时是确定的，所以这种代码不是位置无关的。（有一些伪指令得到的是当前 PC 与标号的相对偏移，所以是位置无关的。例如，指令 LDR　R5，constb 是位置无关的）。

示例 1：

将 0xFF 读取到 R1 中。

```
LDR   R1, =0xFF
```

汇编后将得到：

```
MOV R1,0xFF
```

示例 2：

将 0xFFF 读取到 R1 中。

```
LDR   R1, =0xFFF
```

汇编后将得到：

```
LDR   R1,[PC,OFFSET_TO _LPOOL]
…
LTORG                               ; 声明数据缓冲池
LPOOL   DCD   0xFFF                 ; 0XFFF 放在数据缓冲池中
```

示例 3：

将外部地址 ADDR1 读取到 R1 中。

```
LDR   R1, =ADDR1
```

汇编后将得到：

```
LDR R1,[PC,OFFSET _TO_ LPOOL]
…                                   ; 声明数据缓冲池
LTORG
LPOOL   DCD ADDR1                   ; ADDR1 是标号，作为一个地址放在数据缓冲池
                                    ; 中（这里的 DCD 用的是 ADS 下的伪指令）
```

(4)NOP(空操作伪指令)

用途:NOP伪指令在汇编时将被替换成ARM中的空操作,比如可能为MOV R0,R0等。

格式:NOP

NOP伪指令不影响CPSR中的条件标志位。NOP伪指令在汇编时将会被代替成ARM的空操作,例如"MOV R0,R0"。NOP不能有条件使用。执行和不执行空操作指令对结果都是一样的,所以不需要有条件执行。

5.2　ARM汇编语言程序设计

在ARM嵌入式系统中,一般用C语言等高级语言对各个应用接口模块功能的实现进行程序设计,但是在某些方面用汇编语言更方便、简单,而且在另一些方面(例如用来初始化电路以及用来为高级语言写的软件做好运行前准备的启动代码)必须用汇编语言来写。ARM嵌入式系统程序设计可以分为ARM汇编语言程序设计、嵌入式C语言程序设计以及C语言与汇编语言的混合编程。

汇编语言的代码效率很高,一般用于对硬件的直接控制。因此,ARM汇编程序设计是嵌入式编程中的一个重要的,也是必不可少的组成部分。

5.2.1　ARM汇编中的文件格式

ARM源程序文件(可简称为"源文件")可以由任意一种文本编辑器来编写程序代码,一般为文本格式。在ARM程序设计中,常用的源文件可简单分为几种,不同种类的文件有不同的后缀名,见表5.1。

表5.1　ARM源程序的文件后缀名

源程序文件	文件名	说　明
汇编程序文件	*.S	用ARM汇编语言编写的ARM程序或Thumb程序
C程序文件	*.C	用C语言编写的程序代码
头文件	*.H	为了简化源程序,将程序中常用到的常量命名、宏定义、数据结构定义等单独放在一个文件中,一般称为头文件

在ARM的一个工程中,可以包含多个汇编源文件或多个C程序文件,或汇编源文件与C程序文件的组合,但至少要包含一个汇编源文件或C语言源文件。

5.2.2　ARM汇编语言语句格式

ARM汇编语言语句格式如下所示:

{symbol} {instruction | directive | pseudo-instruction}　{;comment}

其中:

①instruction为指令。在ARM汇编语言中,指令不能从一行的行头开始。在一行语句

中,指令的前面必须有空格或者符号。

②directive 为伪操作。

③pseudo-instruction 为伪指令。

④symbol 为符号。在 ARM 汇编语言中,符号必须从一行的行头开始,并且符号中不能包含空格。在指令和伪指令中符号用作地址标号;在有些伪操作中,符号用作变量或常量。

⑤comment 为语句的注释。在 ARM 汇编语言中注释以分号“;”开头。注释的结尾即为一行的结尾。注释也可以单独占用一行。

注意:

①在 ARM 汇编语言中,各个指令、伪指令及伪操作的助记符可以全部用大写字母,也可以全部用小写字母,但不能在一个助记符中既有大写字母又有小写字母。

②源程序中,在语句之间适当地插入空行,可以提高源代码的可读性。

③如果一条语句很长,为了提高可读性,可以使用“\”将该长语句分成若干行来写。在“\”之后不能再有其他字符,包括空格和制表符。

(1)ARM 汇编语言中的符号

在 ARM 汇编语言中,符号可以代表地址、变量和数字常量。当符号代表地址时,又称为标号。符号包括变量、数字常量、标号和局部标号。

符号的命名规则如下:

①符号由大小写字母、数字以及下画线组成。

②局部标号(例如在 ADS 编译环境下,ROUT 之间的标号为局部标号)以数字开头,其他的符号都不能以数字开头。

③符号是区分大小写的。

④符号在其作用范围内必须是唯一的,即在其作用范围内不可有同名的符号。

⑤程序中的符号不能与系统内部变量或系统预定义的符号同名。

⑥程序中的符号通常不要与指令助记符或伪操作同名。

(2)ARM 汇编语言中的表达式

表达式是由符号、数值、单目或多目操作符以及括号组成的。在一个表达式各种元素的优先级如下所示:

①括号内的表达式优先级最高。

②各种操作符有一定的优先级。

③相邻的单目操作符的执行顺序为由右到左,单目操作符优先级高于其他操作符。

④优先级相同的双目操作符执行顺序为由左到右。

(3)ARM 汇编语言程序格式

本小节以 ADS 编译器下汇编语言程序设计的格式为例,介绍 ARM 汇编语言程序的基本格式,并详细描述了 ARM 汇编语言编程的几个重点。

ARM 汇编语言是以段为单位来组织源文件的。段是相对独立的、具有特定名称的、不可分割的指令或数据序列。段又可以分为代码段和数据段:代码段存放执行代码,数据段存放代码运行时需要用到的数据。一个 ARM 源程序至少需要一个代码段,大的程序可以包含多个代码段和数据段。

ARM 汇编语言源程序经过汇编处理后生成一个可执行的映像文件,它通常包括下面三部分：

①一个或多个代码段，代码段通常是只读的。

②零个或多个包含初始值的数据段，这些数据段通常是可读写的。

③零个或多个不包含初始值的数据段，这些数据段被初始化为“0”，通常是可读写的。

链接器根据一定的规则将各个段安排到内存中的相应位置。源程序中段之间的相邻关系与执行的映像文件中段之间的相邻关系并不一定相同。

下面通过一个简单的例子，说明 ARM 汇编语言源程序的基本结构。

```
AREA   EXAMPLE,CODE,READONLY
ENTRY
start
     MOV r0,#10
     MOV r1,#3
     ADD r0,r0,r1
END
```

在 ARM 汇编语言源程序中，使用伪操作 AREA 定义一个段。AREA 伪操作表示了一个段的开始，同时定义了这个段的名称及相关属性。在本例中定义了一个只读的代码段，其名称为“EXAMPLE”。

ENTRY 伪操作标识了程序执行的第一条指令，即程序的入口点。一个 ARM 程序中可以有多个 ENTRY，至少要有一个 ENTRY。初始化部分的代码以及异常中断处理程序中都包含了 ENTRY。如果程序包含了 C 代码，C 语言库文件的初始化部分也包含了 ENTRY。

END 伪操作告知汇编编译器源文件的结束。每一个汇编模块必须包含一个 END 伪操作，指示本模块的结束。

本程序的程序体部分实现了一个简单的加法运算。

5.2.3　ARM 汇编程序实例

```
AREA    ARMex,CODE,READONLY         ；行1，设置本段程序的名称及属性，代码段的
                                    ；名称为 ARMex
ENTRY                               ；行2，标记要执行的第一条指令
start   MOV   R0,#10                ；行3，设置参数
        MOV   R1,#3                 ；行4，
        ADD   R0,R0,R1              ；行5，R0 = R0 + R1
stop    MOV   R0,#&18               ；行6，软中断参数设置
        LDR   R1, = &20026          ；行7，软中断参数设置
        SWI   0x123456              ；行8，将 CPU 的控制权交给调试器
END                                 ；行9，文件的结束标志
```

说明：

行1：AREA 指示符定义本程序段为代码段，名字是“ARMex”，属性为只读。通常一个汇编程序可以包括多个段，如代码段、可读写的数据段等。代码段中也可以定义数据。该行中的信息将供链接器使用。

行2:ENTRY指示符标记程序中被执行的第一条指令,即标志入口地址。在一个ARM程序中可以有多个ENTRY,但是至少要有一个。

行3:start是一个标号,表示代码的开始,其值是一个地址。其后是ARM指令,利用MOV指令将立即数10赋给寄存器R0。

行4:利用MOV指令将立即数3赋给寄存器Rl。

行5:计算R0 = R0 + R1。

行6～行8:这三条指令将系统控制权交还给调试器,结束程序运行。此处是通过向Angel发送一个软中断实现的。Angel的软中断号为0x123456,实现该功能的中断参数为:R0 = 0x18,R1 = 0x20026。

行9:END指示符指示汇编器结束对该源程序的处理。因此,每个汇编程序都必须包含一个END行。

5.3 嵌入式C语言程序设计基础

嵌入式C语言程序设计是利用基本的C语言知识,面向嵌入式工程实际应用进行程序设计语言。嵌入式C语言程序设计首先是C语言程序设计,必须符合C语言基本语法。嵌入式C语言程序设计又是面向嵌入式的应用,因此,就要利用C语言基本知识开发出面向嵌入式的应用程序。如何能够在嵌入式系统开发中熟练、正确地运用C语言开发出高质量的应用程序,是学习嵌入式程序设计的关键。

5.3.1 嵌入式程序设计中常用的C语言语句

语句是C语言程序设计的基本单位,本节对嵌入式程序设计中的常用的C语言语句进行介绍。

C语言语句格式为:

[标号:]　语句[;]

其中:标号部分可有可无,标号由有效标志符后跟冒号组成。语句结束部分一般用分号做结束符。

C语言的常用语句有表达式语句、复合语句、条件语句、循环语句、swith语句、break语句、continue语句、返回语句等,其中用得最多的是条件语句、swith语句和循环语句,下面将重点介绍。

(1)条件语句

格式:

1)两重选择

```
if(条件表达式)
    语句1;
else
    语句2;
```

2)多重选择

```
if(条件表达式1)
    语句2;
else if(条件表达式2)
    语句3;
…
else if(条件表达式n)
    语句n;
```

其中,if-else 语句可以嵌套使用。如果每个条件下需要执行多个语句,这些语句就需要用“{}”括起来。

示例:

本例给出的是基于 S3C44B0X 的某开发板的 Led 控制程序,利用条件语句判断 Led 的状态参数值来选择不同的 Led 点亮,如果参数值满足让 led1 亮的条件,则 led1 亮,否则 led1 灭;如果参数值满足让 led2 亮的条件,则 led2 亮,否则 led2 灭,如以下程序所示。

```
void Led_Display(int LedStatus)        /* 函数定义,参数为 int LedStatus,表示 Led 的状态 */
{
led_state = LedStatus;                 /* 将传递来的参数值赋给 Led 状态全局变量 */
if((LedStatus&0x01) = =0x01)
rPDATB = rPDATB&0x5ff;                 /* led1 亮 */
else
rPDATB = rPDATB|0x200;                 /* Led1 灭 */
if((LedStatus&0x02) = =0x02)
rPDATB = rPDATB&0x3ff;                 /* Ld2 亮 */
else
rPDATB = rPDATB|0x400;                 /* Led2 灭 */
}
```

(2)switch **语句**

格式:

```
switch(开关表达式)
  { case 常量表达式1:[语句1;]
    case 常量表达式2:[语句2;]
    …
    case 常量表达式n:[语句n;]
    default:          [语句n+1;]
  }
```

其中,开关表达式的值必须是 int 整数。语句可以是复合语句,也可以是空(即没有语句)。在 switch 语句中,可以通过 break 语句和 goto 语句跳出。

示例:

本例给出的是基于 S3C44B0X 的某开发板的测试主程序的其中一部分,利用 switch 语句来选择不同功能模块的测试，如以下程序所示。

```
void user_input_action(int value)
{
    if(!((value < 0x30)|(value > 0x39)))    Uart_Printf("%x",value-0x30);
    switch(value)
    {
    case '0':
        TS_Test();            /* 如果用户输入 0，则进行触摸屏的测试 */
        break;
    case '1':
        Digit_Led_Test();     /* 如果用户输入"1"，则进行 8 段数码管的测试 */
        break;
    case '2':
        Uart_Printf("\nLook at LCD ...\n");
        Lcd_Test();           /* 如果用户输入"2"，则进行 LCD 的测试 */
        break;
    case '3':
        Uart_Printf("\nKeyboard function testing, please press Key and Look at 8LED ...\
n");
        Test_Keyboard();      /* 如果用户输入"3"，则进行键盘的测试 */
        break;
    case '4':
        Test_Iis();           /* 如果用户输入"4"，则进行 IIS 的声音测试 */
        break;
    case '5':
        Test_Timer();         /* 如果用户输入"5"，则进行定时器的测试 */
        break;
    case '6':
        Dhcp_Test();          /* 如果用户输入"6"，则进行以太网的 DHCP 测试 */
        break;
    case '7':
        Test_Flash();         /* 如果用户输入"7"，则进行 Flash 的测试 */
        break;
    case '8':
        Test_Iic();           /* 如果用户输入"8"，则进行 IIC 的测试 */
        break;
    case '9':
        Tftp_Test();          /* 如果用户输入"9"，则进行以太网的 TFTP 的测试 */
        break;
```

```
    default:
        break;
    }
}
```

(3)循环语句

在C语言中有三种循环语句:for循环语句、while循环语句和do while循环语句。

1)for循环语句

格式:

```
for(表达式1;表达式2;表达式3)
    语句;
```

其中,表达式1是对循环量赋初值,表达式2是对循环量的控制语句,表达式3是对循环量进行增减变化。注意,当语句为复合语句时,需要用“{}”括起来。for循环语句可以嵌套使用。

示例:

本例使用for循环语句控制在8段数码管中循环显示0~F,如以下程序所示。

```
void Digit_Led_Test(void)
{
    int i;
    for( i=16; i>0; i--)            /* 循环显示0~F */
      {
        Digit_Led_Symbol(i);         /* 通过调用函数Digit_Led_Symbol(i)来显示0~
                                        F */
        Delay(4000);                 /* 调用时间延迟函数 */
      }
}
```

2)while循环语句

格式:

```
while(条件表达式)
        语句;
```

其中,当语句为复合语句时,需要用“{}”括起来。

示例:

本例使用while循环语句将输入回车符之前的一串字符放入string指针所指向的内存单元中,如以下程序所示。

```
void Uart_GetString(char *string)
{
char *string2=string;
char c;
while((c=Uart_Getch())!='\r')
```

```
{       if(c = ='\b')
{       if((int)string2  <(int)string)
      {       Uart_Printf(" \b \b");
                     string - -;}
            }
            else
            {       * string + + =c;
                      Uart_SendByte(c);}
}
* string ='\0';
Uart_SendByte('\n');
}
```

3)do while 循环语句

格式：

```
do
      语句;
while(条件表达式);
```

其中，当语句为复合语句时，需要用“{}”括起来。它与 while 语句的区别在于：控制循环结束的条件表达式在循环体后面，因而它至少执行一次循环体。

5.3.2 嵌入式程序设计中 C 语言的变量、数组、结构

(1)变量

格式：

[存储类型] 类型说明符 [修饰符] 标识符 [=初值] [,标识符[=初值]]…;

其中，各部分说明如下：

1)类型说明符

①对于数字与字符，其类型共有 9 种：char、unsigned char、int、unsigned、long、unsigned long、float、double、long double。

②void 类型(抽象型)，在具体化时可以用 void 类型强制来指定类型说明符中的任意一类。

③通过 typedef 定义的类型别名。为了增加程序可读性和移植程序时的方便，C 语言允许用户为 C 语言固有的类型用 typedef 起别名。其格式如下：

typedef C 固有的简单类型或复合类型 别名标识符;

用别名代替原来的类型，在说明中用作类型说明符。别名一般用大写字符，例如：

```
typedef  long  BIG
BIG    x = 80000;
```

2)标识符

①变量，是不带“ * ”的标识符。编译器为变量自动分配内存。

②指针，是带有“ * ”的标识符，指针的内容必须是地址。编译器为指针自动分配内存。

注意,指针标识符是不带"*"的标识符部分。指针说明中的类型说明符、存储类型和修饰符是指针指向对象的类型。一般所说"指针是变量",即指针指向的对象是变量。变量指针的类型可以是 void。例如:

extern int const *count; /*count 是指针,而且是外部存储类型的整型常量*/

3)存储类型

存储类型指定被说明对象所在内存区域的属性。

①auto—自动存储类型,它是局部变量,也是在函数内定义的变量且仅在该函数内是可见的(可以是变量、指针以及函数的实参),放在内存的栈中。其存储区随着函数的进入而建立,随着函数的退出而自动地被放弃。在函数中说明的内部变量,凡未加其他存储类说明的都是 auto 类型,每次调用该函数时都需要重新在堆栈中分配空间。

②register—寄存器存储类型,将使用频繁的变量放在 CPU 的寄存器中,需要时直接从寄存器取值,而不必再到内存中去存取,以求处理高速。

③extern—外部存储类型,表明该变量是外部变量(也称为"全局变量"),它是在函数外部定义的变量,它的作用域是为从变量的定义开始到本程序文件的末尾。在作用范围内,外部变量可以被程序中的各个函数所用。编译时外部变量被分配在静态存储区。外部变量能否被存取,由该外部变量定义性说明与使用它的函数之间的位置关系来决定。如果程序中只有一个文件,在定义了外部变量之后,使用该外部变量的函数则可直接存取;如果程序中有多个文件,在非该变量的定义文件中要使用它时,必须先加引用性说明,然后才能使用。其引用性说明格式如下:

extern 类型说明符[修饰符]变量名[,变量名]…;

在 C 语言中,与外部变量对应的还有内部变量,在函数内部作定义性说明的变量都是内部变量,如前面所讲的 auto 和 register 存储类型变量。内部变量只能在函数内部进行存取。

④static—静态存储类型,分为两种:内部静态和外部静态。在函数内部定义变量并说明为静态存储类的是内部静态变量,在离开这个函数到下次调用之间内部静态变量的值保持不变。内部静态变量在程序全程内存在,但只能在本函数内可存取。在函数外部定义变量并说明为静态存储类型的是外部静态变量。外部静态变量在程序全程内存在,但在定义它的范围以外,也是隐蔽起来的,是不可用的。对于只有一个源文件的程序来说,如果在文件开始定义的外部变量,加与不加 static 是一样的。

4)赋初值部分

若初值缺省,auto 存储类型和 register 存储类型的变量为随机值;static 存储类型的变量被编译器自动清为"0";对于指针,无论什么存储类型,一律置为空指针(NULL)。

使用等号为变量赋初值。需要注意的是指针必须用地址量作为初值,字符可以用其编码值(例如 ASCAII 码)或用单引号括起的字符作为初值。对于静态变量,只在定义说明时赋初值一次。

5)修饰符

修饰符用于对变量进行特殊地修饰。修饰符包括以下三类:

①const—常量修饰符,指示被修饰的变量或变量指针是常量。在 C 语言中单独开辟一个常量区用于存放 const 变量。注意变量被 const 修饰后就不能再变了。对于指针有两种修饰的方法,它们的意义是不同的,例如:

```
const  int  * ptr = &a          //说明指针指向的对象是常量,是常量指针
int  * const  prt = &b          //说明指针本身是常量,是指针常量
```

②volatile—易失性修饰符,说明所定义的变量或指针,是可以被多种原因所修改的。例如,有的变量在中断服务程序中会被修改,有的会被 I/O 接口修改,这种修改带有随机性,防止丢失任何一次这种修改,故要将它修饰为易失性的变量。注意,禁止将它作为寄存器变量处理,也禁止对它进行任何形式的优化。

③near,far 近、远修饰符,用于说明访问内存中变量在位置上的远近。

6)变量说明

①格式中带有“[ ]”的是可选项,可有可无,不带“[ ]”的是必须有的(以下格式与此相同)。

②在一个说明语句中可以同时说明多个同类型的变量。这些变量之间要用逗号隔开,每个变量是否赋初值是任选的。

③说明语句一定要用终止符“;”结束。

示例:

有关变量的定义。

```
extern char Image_RW_Limit[ ];                //声明一个字符型的外部数组变量
volatile unsigned char  * downPt;             //定义了一个易失性无符号字符型的指针变量
unsigned int fileSize;                        //定义了一个无符号整型变量,表示文件大小
void  * mallocPt = Image_RW_Limit;            //定义了一个指针变量并赋初值
static int delayLoopCount = 400;              //定义了一个静态整型变量并赋初值,用于延时计数
unsigned long   * ptr   = 0x0c010200;         //定义一个长整型的指针,并赋初值
unsigned short   * ptrh  = 0x0c010200;        //定义一个短整型的指针,并赋初值
unsigned char   * ptrb  = 0x0c010200;         //定义一个字符整型的指针,并赋初值
```

(2)数组说明

格式:

[存储类类型] 类型说明符 [修饰符] 标识符[=初值符][,标识符[=初值]]…;

1)一维数组

格式:

类型说明符 标识符 [常量表达式][={初值,初值,…}];

char 标识符[ ] =“字符串”;

标识符后跟方括号“[ ]”是一个一维数组的特征(注意,在这里方括号是必须的)。定义时若数组未赋初值,当方括号在用于数组时,其括号内必须有常量表达式,表示为数组分配内存的大小。初值缺省时,数组各元素为随机值;需赋初值时,使用等号进行赋初值,后面跟花括号“{}”,花括号内是用逗号分隔的初值表。初值的个数要小于或等于常量表达式的值,初值为“0”的元素可以只用逗号占位而不写初值。若初值的个数少于常量表达式值,其后的缺省项由编译器自动以“0”值补之。

字符型(char)数组是例外,它允许标识符后跟的方括号内为空,但必须赋初值。赋初值用等号,初值是双引号括起的字符串。字符数组的长度由编译器自动完成,其值为串中字符数加“1”(多结尾符‘\0’)。

示例：

本例定义了八段数码管显示0～F的符号数组，以及两个用于UART操作中的字符型数组。

```
int Symbol[ ] = {DIGIT_0, DIGIT_1, DIGIT_2, DIGIT_3, DIGIT_4, DIGIT_5, DIGIT_6, DIGIT
        _7, DIGIT_8, DIGIT_9, DIGIT_A, DIGIT_B, DIGIT_C, DIGIT_D, DIGIT_E,
        DIGIT_F};
char str[30];
char string[256];
```

2）一维指针数组和一维数组指针

格式：

类型说明符　*标志符[常量表达式][= {地址，地址，…}]；

类型说明符　（*标志符）[ ][= 数组标识符]；

前者是一维指针数组，本质上是一个数组，只是它的元素是指针，即数组中存放的是其变量的地址，它在字符串排序中特别有用；后者是一维数组指针或称数组指针，本质上是一个指针，只是该指针指向的是一个数组。指针指向数组的首地址，但是指针不能指向数组中的除首地址外的其他元素的地址。也可以将数组指针理解为行指针，指针变化后可以指向二维数组不同的行。数组指针不需要指明所指向的数组有多少元素。下标方括号内可以是空的。在C语言中，数组标识符并不代表整个数组，它只作为数组的首地址，即数组第一个元素的地址。虽然指针变量的值是地址，但是指针和地址是有区别的。指针是个对象，在内存中被分配有空间的，只不过该对象的内容不是变量而是可变的地址，而数组标识符只不过是已分配过内存的数组的首地址。

3）二维数组

格式：

类型说明符　标识符[m][n][= {{初值表}，{初值表}…}]；

上述格式是$m \times n$个元素的二维数组。标识符独立使用时，它代表的是二维数组在内存中的首地址，与"&标识符[0][0]"意义相同。数组标识符是一个地址常量，不能用作左值，可用在表达式中，而不可用于赋值运算符的左侧。在C语言中，二维数组在内存中的排列次序是先放第一行的n列，再放第二行的n列，直到第m行的n列。赋初值的顺序也是按同样的序列。初始化时，某些元素的初值可以省略，缺省初值被置为"0"。

4）二维指针数组

格式：

类型说明符　*标识符[m][n][= {{地址表}，{地址表…}}]；

上述格式是$m \times n$个元素的二维指针数组。标识符单独使用时，它代表的是指针数组的首地址。由于这个首地址的内容是指针，它指向的内容才是变量（地址变量）。因此，指针数组标识符具有二重指针性质，是一个指针的指针。指针数组标识符是一个地址常量，不可以用为左值，但可以为二维指针赋初值。

5）二维数组指针

格式：

类型说明符（*标识符）[ ][n][= 数组标识符]；

上述格式是一个二维数组的指针，这个指针指向的是一个二维数组，如前面的一维数组指针的介绍，只是二维数组指针所指向的数组是二维的。为了使这个指针能指向二维数组的任一个元素，说明时应给出第二个方括号中的下标常量，至于第一个方括号中的下标量无须给出，给出也不为错。

6）多重指针

格式：

类型说明符　*　*　标识符[=& 指针]；

上述格式定义了一个多重指针变量，即指针的指针，可以用一个二维指针数组的标识符为它赋初值。

(3)结构说明

结构说明有原型法和类型别名法两种定义方法。

1)原型法

格式：

①声明结构类型的同时定义变量名

```
[存储类说明符]  struct  [结构原型名]
                {  类型说明标识符[,标识符…];
                   类型说明标识符[,标识符…];
                   …
                }标识符[ ={初值表}[,标识符[ ={初值表}]…];
```

其中：存储类说明符有：static、extern；结构原型名有：结构名、* 结构指针名。

②先声明结构类型再定义变量名

```
struct 结构原型名
{ 类型说明标识符[,标识符…];
…
}
[存储类说明符]  struct 结构原型名 标识符[ ={初值表}[,标识符[ ={初值表}]…];
```

其中，存储类说明符有：static、extern；结构原型名有：结构名、* 结构指针名。

2)类型别名法

先为结构原型名起别名，再用别名作定义说明。

格式：

```
typedef   struct[结构原型名]
          {   类型说明符   标识符 [,标识符…];
              类型说明符   标识符 [,标识符…];
              …
          } 结构别名
[存储类说明符]  结构别名 标识符[ ={初值表}[,标识符[ ={初值表}]…];
```

其中：存储类说明符有：static、extern；结构原型名有：结构名、* 结构指针名。结构别名习惯上用大写字符。[结构原型名]可用可不用，习惯上不用。因为，一般说来，别名更具特色。

说明：

①结构由各种数据类型的成员组成。成员之间没有次序关系，访问成员不按次序，而用结构成员名。

②成员可以是各种简单变量类型和复合变量类型，也可以是数组，数组的元素也可以是结构，即结构和数组可以互为嵌套。

③只有在定义性说明时，才可以整体性地为结构赋初值。在程序中，不能用语句整体性地给结构赋值，但可以对成员个别地进行赋值和取存操作。

④存取成员的方法有两种：a. 结构名·成员名；b. 结构指针名—>成员名。前者是结构首地址加偏移法，后者是指针值加偏移法。只要结构指针指在结构的首地址上，二者就访问同一成员。

⑤对结构只能进行两种运算：一是对结构成员的访问；二是取结构的地址（& 结构名）。

5.4　C语言与汇编语言混合编程

在嵌入式程序设计中，C语言编程和ARM汇编语言编程都是必需的，在某些情况下，还需要C语言程序与汇编语言程序的混合编程。灵活地运用C语言程序和汇编语言程序之间的关系进行嵌入式编程，有利于对嵌入式系统以及相关模块的编程开发。在需要C语言程序和汇编语言程序混合编程时，如果汇编代码比较简单，则可以直接利用内嵌汇编来进行混合编程；如果汇编代码比较复杂，可以将汇编程序和C语言程序分别以文件的形式加到一个工程里，通过ATPCS来完成汇编程序与C语言程序之间的调用。

在本节中主要介绍ATPCS规定、内嵌汇编和汇编与C之间的相互调用，并给出了相应的例子。

5.4.1　ATPCS介绍

ATPCS(ARM-Thumb Produce Call Standard)是ARM程序和Thumb程序中子程序调用的基本规则，目的是使单独编译的C语言程序和汇编程序之间能够相互调用。这些基本规则包括子程序调用过程中寄存器的使用规则、数据栈的使用规则和参数的传递规则。

5.4.2　内嵌汇编

在C语言程序中嵌入汇编程序，可以实现一些高级语言没有的功能，并可以提高执行效率。armcc和armcpp内嵌汇编器支持完整的ARM指令集；tcc和tcpp用于Thumb指集。但是，内嵌汇编器并不支持诸如直接修改PC实现跳转的底层功能。

虽然内嵌的汇编指令包括大部分的ARM指令和Thumb指令，但是不能直接引用C语言的变量定义，数据交换必须通过ATPCS进行。嵌入式汇编在形式上表现为独立定义的函数体。

(1)内嵌汇编指令的语法格式

__asm("指令[;指令]");

ARM C汇编器使用关键字"__asm"。如果有多条汇编指令需要嵌入，可以用"{}"将它们归为一条语句。如：

```
__asm
    {
    指令[;指令]
    …
    [指令]
    }
```

各指令用“;”分隔。如果一条指令占据多行，除最后一行外都要使用连字符“\”。在汇编指令段中，可以使用C语言的注释语句。需要特别注意的是__asm是两条下画线。

(2)内嵌的汇编指令的特点

1)操作数

在内嵌的汇编指令中，操作数可以是寄存器、常量或C语言表达式。它们可以是char、short或者int类型，而且都是作为无符号数进行操作。如果需要有符号数，用户需要自己处理与符号有关的操作。编译器将计算这些表达式的值，并为其分配寄存器。

当汇编指令中同时用到了物理寄存器和C语言的表达式时，要注意使用的表达式不要过于复杂。

2)物理寄存器

在内嵌的汇编指令中使用物理寄存器有以下限制：

①不能直接向PC寄存器中赋值，程序的跳转只能通过B指令和BL指令实现。

②在使用物理寄存器的内嵌汇编指令中，不要使用过于复杂的C语言表达式。因为当表达式过于复杂时，会需要较多的物理寄存器，这些寄存器可能与指令中的物理寄存器的使用冲突。当编译器发现了寄存器的分配冲突时，会产生相应的错误信息，报告寄存器分配冲突。

③编译器可能会使用R12寄存器或者R13寄存器存放编译的中间结果，在计算表达式值时，可能会将寄存器R0到R3、R12以及R14用于子程序调用。因此，在内嵌的汇编指令中，不要将这些寄存器同时指定为指令中的物理寄存器。

④在内嵌的汇编指令中使用物理寄存器时，如果有C语言变量使用了该物理寄存器，编译器将在合适时保存并恢复该变量的值。

⑤通常在内嵌的汇编指令中不要指定物理寄存器，因为这可能会影响编译器分配寄存器，进而可能影响代码的效率。

3)常量

在内嵌的汇编指令中，常量前的符号“#”可以省略。如果在一个表达式中使用符号“#”，该表达式必须是一个常量。

4)标号

C语言程序中的标号可以被内嵌的汇编指令使用，但是只有指令B可以使用C语言程序中的标号，指令BL不能使用C语言程序中的标号。指令B使用C语言程序中的标号时，语法格式如下所示：

B{cond} label

5)内存单元的分配

内嵌汇编器不支持汇编语言中用于内存分配的伪操作。所用的内存单元的分配都是通过C语言程序完成的,分配的内存单元通过变量供内嵌的汇编器使用。

6)指令展开

内嵌的汇编指令中如果包含常量操作数,该指令可能会被汇编器展开成几条指令。

例如,指令“ADD R0,R0,#1023”可能会被展开成下面的指令序列:

ADD R0,R0,#1024

SUB R0,R0,#01

乘法指令MUL可能会被展开成一系列的加法操作和移位操作。事实上,除了与协处理器相关的指令外,大部分的ARM指令和Thumb指令中包含常量操作数都可能被展开成多条指令。各展开的指令对CPSR寄存器中的各条件标志位有如下影响:

①算术指令可以正确地设置CPSR寄存器中的NZCV条件标志位。

②逻辑指令可以正确地设置CPSR寄存器中的NZ条件标志位,不影响V条件标志位,破坏C语言条件标志位(使C语言标志位变得不准确)。

7)SWI和BL指令的使用

在内嵌的SWI和BL指令中,除了正常的操作数域外,还必须增加以下三个可选的寄存器列表。

①第一个寄存器列表中的寄存器用于存放输入的参数。

②第二个寄存器列表中的寄存器用于存放返回的结果。

③第三个寄存器列表中的寄存器供被调用的子程序作为工作寄存器,这些寄存器的内容可能被调用的子程序破坏。

8)内嵌汇编器与armasm汇编器的区别

内嵌汇编器与armasm汇编器的区别如下:

①内嵌汇编器不支持通过“·”指示符或PC获取当前指令地址。

②不支持LDR Rn, = expression伪指令,而使用MOV Rn, expression指令向寄存器赋值。

③不支持标号表达式。

④不支持ADR和ADRL伪指令。

⑤不支持BX和BLX指令。

⑥不可以向PC赋值。

⑦使用0x前缀替代“&”表示十六进制数。当使用8位移位常量导致CPSR中的ALU标志位需要更新时,NZCV标志中的C不具有真实意义。

(3)内嵌汇编指令的应用举例

下面是在C语言程序中嵌入汇编程序的例子。通过以下例子,可以帮助用户更好地理解内嵌汇编的特点及用法。

1)字符串复制

本例主要介绍如何使用指令BL调用子程序。

注意,由内嵌汇编的特点可知,在内嵌的SWI和BL指令中,除了正常的操作数域外,还必须增加下面三个可选的寄存器列表。在这个程序里就能体现这一点。

示例:使用指令BL调用子程序。

```
#include  <stdio. h>
void my_strcpy(char   *src,const   char   *dst)
```

```
{
int ch;
__asm
{
loop:
#ifndef   _arm    /* ARM 版本 */
LDRB   ch,[src],#1
STRB   ch,[dst],#1
#else              /* Thumb 版本 */
LDRB   ch,[src]
ADD   src,#1
STRB ch,[dst]
ADD   dst,#1
#endif
CMP ch,#0
BNE   loop
}
}
int main(void)
{
const char *a ="Hello world!";
char   b[20];
__asm
{
MOV   R0,a                    /* 设置入口参数 */
MOV   R1,b
BL my_strcpy,{R0,R1}          /* 调用 my_strcpy()函数 */
}
printf("Original string:%s\ n",a); /* 显示字符串复制结果 */
printf("Copied string:%s\n",b);
return 0;
}
```

在这个例子中,主函数 main()中的 BL my_strcpy,{R0,R1}指令的输入寄存器列表为{R0,R1},没有输出寄存器列表。子程序使用的工作寄存器为 ATPCS 默认工作寄存器 R0 ~ R3、R12、lr 以及 PSR。

2)使能和禁止中断

本例主要介绍如何利用内嵌汇编程序来使能和禁止中断。

使能和禁止中断是通过修改 CPSR 寄存器中的[位 7]完成的。这些操作必须在特权模式下进行,因为在用户模式下不能修改 CPSR 寄存器中的控制位。

示例:中断的使能和禁止。

```
__inline   void   enable_IRQ(void)
{
int tmp;
__asm
{
MRS tmp,CPSR
BIC tmp,tmp,#0x80
MSR CPSR_c,tmp
}
}
__inline void   disable_IRQ(void)
{
int tmp;
__asm
{
MRS tmp,CPSR
ORR   tmp,tmp,#0x80
MSR CPSR_c,tmp
}
}
int   main(void)
{
disable_IRQ();
enable_IRQ();
}
```

5.4.3　C 语言程序和 ARM 汇编程序间相互调用

在 C 语言程序和 ARM 汇编程序之间相互调用必须遵守 ATPCS(ARM-Thumb Procedure Call Standard)规则。C 语言程序和汇编语言程序之间的相互调用,可以从汇编程序对 C 语言程序全局变量的访问、在 C 语言程序中调用汇编程序以及在汇编程序中调用 C 语言程序这三方面来介绍,下面分别给出了具体实例。

(1)汇编程序访问 C 语言全局变量

汇编程序可以通过地址间接访问在 C 语言程序中声明的全局变量。通过使用 IMPORT 关键词引入全局变量,并利用 LDR 和 STR 指令根据全局变量的地址可以访问它们。对于不同类型的变量,需要采用不同选项的 LDR 和 STR 指令,如下所示:

```
unsigned char       LDRB/STRB
unsigned short      LDRH/STRH
unsigned int        LDR/STR
```

```
char                LDRSB/STRSB
short               LDRSH/STRSH
```

对于结构,如果知道各个成员的偏移量,则可以通过加载和存储指令进行访问。如果结构所占空间小于8个字,可以用LDM和STM一次性读写。

下面是一个在汇编程序中访问C语言程序全局变量的例子,它读取全局变量globvar,并将其加"2"后写回。程序中变量globvar是在C语言程序中声明的全局变量。

示例:C语言程序全局变量在汇编程序中的访问。

```
AREA    globals,CODE,READONLY
EXPORT asmsubroutine        ;用EXPORT伪操作声明该变量可以被其他文件引
                            ;用,相当于声明了一个全局变量
IMPORT    globvar           ;用IMPORT伪操作声明该变量是在其他文件中定
                            ;义的,在本文件中可能要用到该变量
asmsubroutine
LDR R1, =globvar            ;从文字池读globvar的地址,并将其保存到R1
LDR R0,[R1]                 ;再将其值读入寄存器R0中
ADD R0,R0,#2
STR R0,[R1]                 ;修改后再将寄存器R0的值赋予变量globvar
MOV PC,LR
END
```

(2)C语言程序调用汇编程序

为了保证程序调用时参数的正确传递,汇编程序的设计要遵守ATPCS。在汇编程序中需要使用EXPORT伪操作来声明,使得本程序可以被其他程序调用。同时,在C语言程序调用该汇编程序之前,需要在C语言程序中使用extern关键词来声明该汇编程序。下面例子中,汇编程序strcopy完成字符串复制功能,C语言程序调用strcopy完成字符串的复制工作。

示例:C语言程序调用汇编程序完成字符串拷贝。

C源程序:

```
# include    <stdio.h>
extern void    strcopy(char    *d,const char    *s)        ;用extern声明一个函数为外部函数,
                                                           ;可以被其他文件中的函数调用
int    main()
{    const    char    *srcstr ="First string - source";
char    * dststr  ="Second string - destination";
printf("Before copying:\n");
printf("%s\ n%s\n",srcstr,dststr);
strcopy(dststr,srcstr)                                     ;调用汇编函数strcopy()
printf("After copying:\n");
printf("%s\n%s\n",srcstr,dststr);
return(0);
}
```

汇编源程序:

```
AREA    SCopy,CODE,READONLY
EXPORT strcopy              ;用 EXPORT 伪操作声明该变量可以被其他文件引
                            ;用,相当于声明了一个全局变量
Strcopy                     ;R0 指向目标字符串,R1 指向源字符串
LDRB   R2,[R1],#1           ;字节加载,并更新地址
STRB   R2,[R0],#1           ;字节保存,并更新地址
CMP    R2,#0                ;检测 R2 是否等于 0
BNE strcopy                 ;若条件不成立则继续执行
MOV    PC,LR                ;从子程序返回
END
```

根据 ATPCS,函数的前四个参数在 R0 ~ R3 中。C 代码源程序可以保存为 strtest. c,汇编程序是 scopy. s。

(3)汇编程序调用 C 程序

为了保证程序调用时参数的正确传递,汇编程序的设计要遵守 ATPCS。在 C 语言程序中不需要使用任何关键字来声明被汇编语言调用的 C 语言程序,但是,在汇编程序调用该 C 语言程序之前,需要在汇编语言程序中使用 IMPORT 伪操作来声明该 C 语言程序。在汇编程序中通过 BL 指令来调用子程序。下面例子中,汇编程序 strcopy 完成字符串复制功能,C 语言程序调用 strcopy 完成字符串的复制工作。

示例:汇编程序调用 C 语言程序。

C 函数原型:

```
int   g(int a,int b,int c,int d,int e)
{
return   a + b + c + d + e;
}
```

汇编程序调用 C 程序 g( )计算 5 个整数 i, 2 * i, 3 * i, 4 * i, 5 * i 的和。

汇编源程序:

```
EXPORT   f
AREA   f,CODE,READONLY
IMPORT g                    ;i 在 R0 中
STR    LR,[SP,#- 4]!        ;预先保存 LR
ADD    R1,R0,R0             ;计算 2 * i(第 2 个参数)
ADD    R2,R1,R0             ;计算 3 * i(第 3 个参数)
ADD    R3,R1,R2             ;计算 5 * i(第 5 个参数)
STR    R3,[SP,#- 4]!        ;将第 5 个参数压入堆栈
ADD    R3,R1,R1             ;计算 4 * i(第 4 个参数)
BL     g                    ;调用 C 程序 g( )
ADD    SP,SP,#4             ;调整数据栈指针,准备返回
LDR    PC,[SP],#4           ;从子程序返回
END
```

习　题

5.1　举例说明如何在程序中利用伪指令来定义一个完整的宏并在程序中调用。

5.2　为什么通常使用C语言与汇编语言混合编程,它有什么优点?

5.3　简要说明EXPORT及IMPORT的使用方法。

5.4　分析说明下列程序完成什么功能:

```
AERA    EXAMPLE,CODE,READONLY
CODE32
LDR R0, = START + 1
BX R0
CODE16
START MOV R1,#1
```

5.5　简述C语言与汇编语言混合编程时应遵循的参数传递规则。

5.6　写出C程序中内嵌ARM汇编语句的格式。

5.7　利用C语言和汇编的混合编程,完成两个字符串的比较,并返回比较结果,分别用C语言和汇编语言完成比较程序。

第6章 基于S3C44B0X嵌入式系统应用开发实例

本章以S3C44B0X处理器为例进行介绍,Samsung公司的S3C44B0X是国内应用广泛的基于ARM7TDMI内核的嵌入式处理器,该芯片功能强大,是Samsung公司为手持设备等应用提供的高性价比解决方案。本章首先对S3C44B0X处理器进行简要介绍,然后围绕S3C44B0X片上的基本功能模块及应用开发进行详细介绍。

6.1 S3C44B0X处理器介绍

本节将对S3C44B0X进行全面介绍,使读者建立起基于S3C44B0X开发嵌入式系统的基础。

6.1.1 Samsung S3C44B0X简介

Samsung S3C44B0X微处理器片内集成ARM7TDMI核,采用0.25 μm CMOS工艺制造,并在ARM7TDMI核基本功能的基础集成了丰富的外围功能模块,便于低成本设计嵌入式应用系统。片上集成的主要功能如下:

①片上在ARM7TDMI基础上增加8 KB的Cache;
②外部扩充存储器控制器(FP/EDO/SDRAM控制,片选逻辑);
③LCD控制器(最大支持256色的DSTN),并带有1个LCD专用DMA通道;
④2个通用DMA通道、2个带外部请求管脚的DMA通道;
⑤2个带有握手协议的UART,1个SIO;
⑥1个多主的IIC总线控制器;
⑦1个IIS总线控制器;
⑧5个PWM定时器及1个内部定时器;
⑨看门狗定时器;
⑩71个通用可编程I/O口,8个外部中断源;
⑪功耗控制模式:正常、低、休眠和停止;
⑫8路10位ADC;

⑬具有日历功能的 RTC(实时时钟);

⑭片上集成 PLL 时钟发生器。

6.1.2 Samsung S3C44B0X 特点

(1)S3C44B0X 体系结构

S3C44B0X 是基于 ARM7TDMI 的体系结构,ARM7TDMI 是 ARM 公司最早为业界普遍认可且赢得了最为广泛应用的处理器核。

(2)系统(存储)管理

①支持大、小端模式(通过外部引脚来选择)。

②地址空间:包含 8 个地址空间,每个地址空间的大小为 32 MB,总共有 256 MB 的地址空间。

③所有地址空间都可以通过编程设置为 8 位、16 位或 32 位宽数据对准访问。

④8 个地址空间中,6 个地址空间可以用于 ROM、SRAM 等存储器,2 个用于 ROM、SRAM、FP/EDO/SDRAM 等存储器。

⑤7 个起始地址固定及大小可编程的地址空间。

⑥1 个起始地址及大小可变的地址空间。

⑦所有存储器空间的访问周期都可以通过编程配置。

⑧提供外部扩展总线的等待周期。

⑨在低功耗的情况下,支持 DRAM/SDARM 自动刷新。

⑩支持地址对称或非地址对称的 DRAM。

(3)Cache 和片内 SRAM

①4 路组相联统一的 8 KB 指令/数据 Cache。

②未作为 Cache 使用的 0/4/8 KB Cache 存储空间可作为片内 SRAM 使用。

③Cache 伪 LRU(最近最少使用)的替换算法。

④通过在主内存和缓冲区内容之间保持一致的方式写内存。

⑤具有四级深度的写缓冲。

⑥当缓冲区出错时,请求数据填充。

(4)时钟和功耗管理

①低功耗。

②片上 PLL 使得 MCU 的工作时钟最高为 66 MHz。

③每一个功能块的时钟频率可以通过软件进行设置。

④功耗管理模式为:

a. 正常模式:正常运行模式;

b. 低速模式:不带 PLL 的低频时钟;

c. 休眠模式:只使 CPU 的时钟停止;

d. 停止模式:所有时钟都停止。

⑤EINT[7:0]或 RTC 警告中断可使功耗管理从停止模式中唤醒。

(5)中断控制器

①30 个中断源(1 个看门狗定时器中断,6 个定时器中断,6 个 UART 中断,8 个外部中断,

4 个 DMA 中断,2 个 RTC 中断,1 个 ADC 中断,1 个 IIC 中断,1 个 SIO 中断)。

②矢量 IRQ 中断模式减少中断响应周期。

③外部中断源的电平/边沿模式。

④可编程的电平/边沿极性。

⑤支持紧急中断请求的 FIQ(快速中断请求)。

(6)带 PWM 的定时器(脉宽可调制)

①5 个 16 位带 PWM 的定时器,1 个 16 位基于 DMA 或基于中断的内部定时器。

②可编程的工作周期、频率和极性。

③死区产生器。

④支持外部时钟源。

(7)实时时钟 RTC

①全时钟特点:毫秒、秒、分、时、天、星期、月、年。

②运行于 32.768 kHz。

③CPU 唤醒的警告中断。

④时间滴答中断。

(8)通用输入/输出端口

①8 个外部中断端口。

②71 个(多功能)复用输入/输出口。

(9)UART

①2 个基于 DMA 或基于中断的 UART。

②支持 5 位、6 位、7 位、8 位串行数据传送/接收。

③在传送/接收时支持硬件握手。

④波特率可编程。

⑤支持 IrDA 1.0(115.2 Kbit/s)。

⑥用于回环测试模式。

⑦每个通道有 2 个用于接收和发送的内部 32 字节 FIFO。

(10)DMA 控制器

①2 路通用的无 CPU 干涉的 DMA 控制器。

②2 路桥式 DMA(外设 DMA)控制器。

③支持 I/O 到内存、内存到 IO、IO 到 IO 的桥式 DMA 传送,有 6 种 DMA 请求方式:软件、4 个内部功能块(UART、SIO、实时器、IIS)和外部管脚。

④DMA 之间优先级次序可编程。

⑤突发传送模式提高了 FPDRAM、EDODRAM 和 SDRAM 的传送率。

⑥支持内存到外围设备的 fly-by 模式和外围设备到内存的传送模式。

(11)A/D 转换

①8 通道多路 ADC。

②最大转换速率及分辨率 100 kS/s/10 位。

(12)LCD 控制器

①支持彩色/单色/灰度 LCD。

②支持单扫描和双扫描显示。

③支持虚拟显示功能。

④系统内存可作为显示内存。

⑤专用 DMA 用于从系统内存中提取图像数据。

⑥可编程屏幕大小。

⑦灰度:16 级。

⑧彩色模式:256 色。

(13)看门狗定时器

①16 位看门狗定时器。

②定时中断请求或系统超时复位。

(14)IIC 总线接口

①1 个基于中断操作的多主的 IIC 总线。

②8 位双向串行数据传送器能够工作于 100 Kbit/s 的标准模式和 400 Kbit/s 的快速模式。

(15)IIS 总线接口

①1 路基于 DMA 操作的音频 IIS 总线接口。

②每通道 8/16 位串行数据传送。

④支持 MSB 可调整的数据格式。

(16)SIO(同步串行 I/O)

①1 路基于 DMA 或基于中断的 SIO。

②波特率可编程。

③支持 8 位 SIO 的串行数据传送/接收操作。

(17)操作电压范围

内核:1.8~2.5 V;　　　　I/O:3.0~3.6 V。

(18)运行频率

最高达 66 MHz。

(19)封装

160LQFP/160FBGA。

6.1.3　S3C44B0X 功能结构框图

S3C44B0X 的体系结构功能框图如图 6.1 所示。

6.1.4　S3C44B0X 引脚信号描述

S3C44B0X 引脚按以下 15 种功能详细列表描述信号功能。

(1)S3C44B0X 的引脚信号描述(总线控制信号)

S3C44B0X 的总线控制信号的引脚见表 6.1。

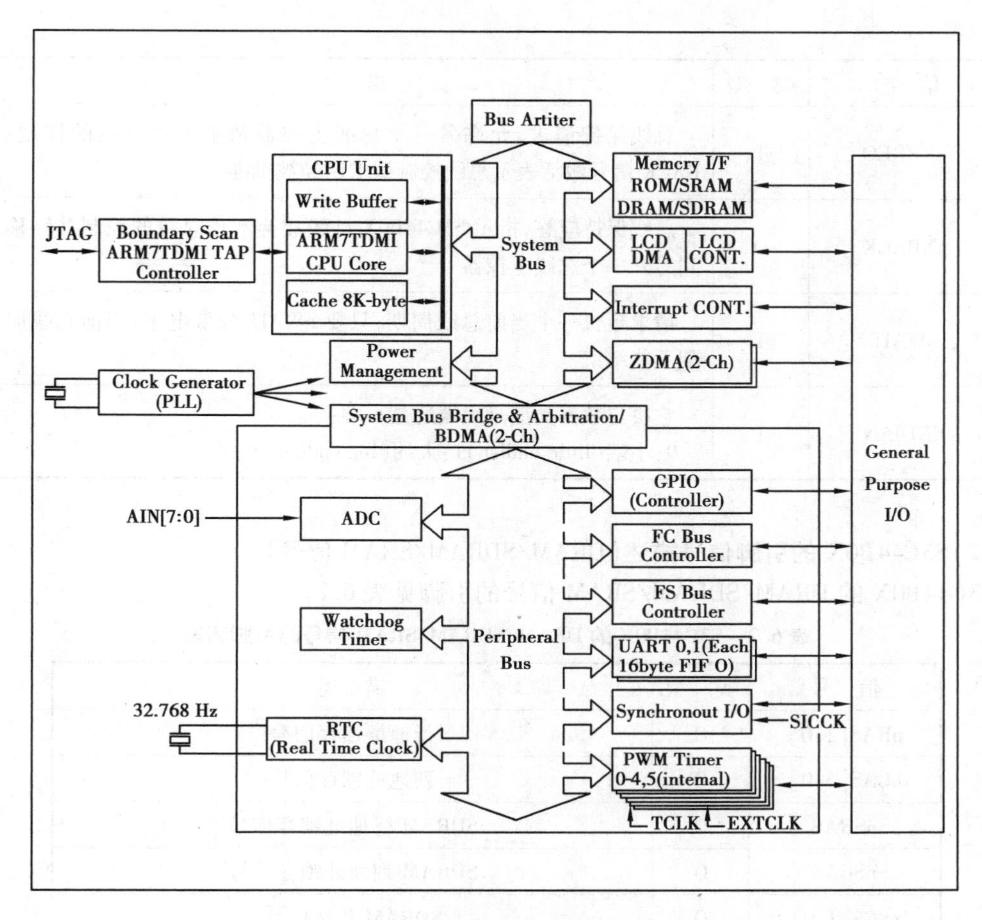

图6.1　S3C44B0微处理器体系结构框图

表6.1　S3C44B0X总线控制信号的引脚列表

信　号	类　型	描　述
OM[1:0]	I	设置S3C44B0X在TEST模式以及决定nGCS0的总线宽度00:8 bit 01:16 bit 10:32 bit 11:Test模式
ADDR[24:0]	O	地址总线
DATA[31:0]	IO	数据总线,在存储器读时输入数据,在存储器写时输出数据,总线宽度可以编程改变:8/16/32位
nGCS[7:0]	O	通用片选,当存储器地址在每个bank的地址区域之间时,其片选信号被激活,访问周期的数量以及bank宽度可以编程改变
nWE	O	写使能,指示当前总线周期是写周期
nWBE[3:0]	O	写字节使能,当对存储器进行写操作时,该信号控制存储器的写使能
nBE[3:0]	O	高字节/低字节使能,SRAM使用
nOE	O	输出使能,指示当前总线周期是读周期

续表

信　号	类　型	描　述
nXBREO	I	总线保持请求，允许另一个总线主控器请求本地总线的控制，BACK 信号激活表示总线控制请求已经被批准
nXBACK	O	总线保持应答，指示 S3C44B0X 已经放弃本地总线的控制并转移到另外一个总线主控器
nWAIT	I	请求延长一个当前总线周期，只要 nWAIT 为低电平，当前总线周期不能结束
ENDIAN	I	它决定数据类型是大端还是小端： 0：小端（little endian）1：大端（big endian）

（2）S3C44B0X 的引脚信号描述（DRAM/SDRAM/SRAM 信号）

S3C44B0X 的 DRAM/SDRAM/SRAM 信号的引脚见表 6.2。

表 6.2　S3C44B0X 的 DRAM/SDRAM/SRAM 信号的引脚列表

信　号	类　型	描　述
nRAS[1:0]	O	行地址锁存信号
nCAS[3:0]	O	列地址锁存信号
nSRAS	O	SDRAM 行地址锁存信号
nSCAS	O	SDRAM 列地址锁存信号
nSCS[1:0]	O	SDRAM 片选信号
DQM[3:0]	O	SDRAM 数据输入/输出的屏蔽信号
SCLK	O	SDRAM 时钟
SCKE	O	SDRAM 时钟使能信号

（3）S3C44B0X 的引脚信号描述（LCD 控制信号）

S3C44B0X 的 LCD 控制信号引脚见表 6.3。

表 6.3　S3C44B0X 的 LCD 控制信号的引脚列表

信　号	类　型	描　述
VD[7:0]	O	LCD 数据总线
VFRAME	O	LCD 帧信号
VM	O	交替改变行、列电压的极性
VLINE	O	LCD 行信号
VCLK	O	LCD 时钟信号

(4)S3C44B0X的引脚信号描述(TIMER/PWM控制信号)

S3C44B0X的TIMER/PWM控制信号的引脚见表6.4。

表6.4　S3C44B0X的TIMER/PWM控制信号的引脚列表

信　号	类　型	描　述
TOUT[4:0]	O	定时器输出[4:0]
TCLK	I	外部时钟输入

(5)S3C44B0X的引脚信号描述(中断控制信号)

S3C44B0X的中断控制信号的引脚见表6.5。

表6.5　S3C44B0X的中断控制信号的引脚列表

信　号	类　型	描　述
EINT[7:0]	I	外部中断请求信号

(6)S3C44B0X的引脚信号描述(DMA控制信号)

S3C44B0X的DMA控制信号的引脚见表6.6。

表6.6　S3C44B0X的DMA控制信号的引脚列表

信　号	类　型	描　述
nXDREQ[1:0]	I	外部DMA请求信号
nXDACK[1:0]	O	外部DMA请求应答信号

(7)S3C44B0X的引脚信号描述(UART控制信号)

S3C44B0X的UART控制信号引脚见表6.7。

表6.7　S3C44B0X的UART控制信号的引脚列表

信　号	类　型	描　述
RxD[1:0]	I	UART接收数据信号线
TxD[1:0]	O	UART发送数据信号线
nCTS[1:0]	I	清除发送
nRTS[1:0]	O	请求发送

(8)S3C44B0X的引脚信号描述(IIC-BUS控制信号)

S3C44B0X的IIC-BUS控制信号引脚见表6.8。

表6.8　S3C44B0X的IIC-BUS控制信号的引脚列表

信　号	类　型	描　述
IICSDA	IO	IIC总线数据
IICSCL	IO	IIC总线时钟

(9) S3C44B0X 的引脚信号描述(IIS-BUS 控制信号)

S3C44B0X 的 IIS-BUS 控制信号引脚见表 6.9。

表 6.9　S3C44B0X 的 IIS-BUS 控制信号的引脚列表

信　号	类　型	描　述
IISLRCK	IO	IIS 总线通道选择时钟
IISDO	O	IIS 总线串行数据输出
IISDI	I	IIS 总线串行数据输入
IISCLK	IO	IIS 总线串行时钟
CODECLK	O	CODEC 系统时钟

(10) S3C44B0X 的引脚信号描述(SIO 控制信号)

S3C44B0X 的 SIO 控制信号的引脚见表 6.10。

表 6.10　S3C44B0X 的 SIO 控制信号的引脚列表

信　号	类　型	描　述
SIORXD	I	SIO 接收数据信号线
SIOTXD	O	SIO 发送数据信号线
SIOCK	IO	SIO 时钟
SIORDY	IO	当 DMA 完成 SIO 操作时 SIO 的握手信号

(11) S3C44B0X 的引脚信号描述(ADC 控制信号)

S3C44B0X 的 ADC 控制信号的引脚见表 6.11。

表 6.11　S3C44B0X 的 ADC 控制信号的引脚列表

信　号	类　型	描　述
AIN[7:0]	AI	ADC 输入[7:0]
AREFT	AI	ADC · Top · Vref
AREFB	AI	ADC · Bottom · Vref
AVCOM	AI	ADC · Common · Vref

(12) S3C44B0X 的引脚信号描述(GPIO 控制信号)

S3C44B0X 的 GPIO 控制信号的引脚见表 6.12。

表 6.12　S3C44B0X 的 GPIO 控制信号的引脚列表

信　号	类　型	描　述
P[70:0]	IO	通用输入/输出端口,一些端口仅仅用于输出模式

(13) S3C44B0X的引脚信号描述(复位和时钟信号)

S3C44B0X的复位和时钟信号的引脚见表6.13。

表6.13　S3C44B0X的复位和时钟信号的引脚列表

信　号	类　型	描　述
nRESET	ST	复位信号,必须保持至少4个MCLK的低电平以进行复位
OM[3:2]	I	决定时钟怎样产生 00 = Crystal(XTAL0,EXTAL0),PLL on 01 = EXTCLK,PLL on 10,11 = Chip test mode
EXTCLK	I	当OM[3:2] =01 b时,为外部时钟源,如果没有使用,必须设置为高电平(3.3 V)
XTAL0	AI	系统时钟晶体电路的输入信号,如果没有使用,必须设置为高电平(3.3 V)
EXTAL0	AO	系统时钟晶体电路的输出信号,它是XTAL0的反向输出。如果没有使用,它必须设置为浮动电平
PLLCAP	AI	系统时钟PLL的滤波电容(700 pF)
XTAL1	AI	实时时钟的32 kHz晶体输入
EXTAL1	AO	实时时钟的32 kHz晶体输出。它是XTAL1的反向输出
CLKout	O	Fout · 或 · Fpllo时钟

(14) S3C44B0X的引脚信号描述(JTAG测试逻辑控制信号)

S3C44B0X的JTAG测试逻辑控制信号的引脚见表6.14。

表6.14　S3C44B0X的JTAG测试逻辑控制信号的引脚列表

信号	类　型	描　述
nTRST	I	TAP控制器复位信号,用于复位TAP控制器,必须连接一个10 kΩ的上拉电阻。如果不使用调试器,该信号必须保持为L或者低激活脉冲
TMS	I	TAP控制器模式选择,控制TAP控制器状态的顺序,必须连接一个10 kΩ的上拉电阻
TCK	I	TAP控制器时钟,提供JTAG逻辑的时钟输入,必须连接一个10 kΩ的上拉电阻
TDI	I	TAP控制器数据输入,是JTAG测试指令和数据的串行输入,必须连接一个10 kΩ的上拉电阻
TDO	O	TAP控制器数据输出,是JTAG测试指令和数据串行输出

(15) S3C44B0X 的引脚信号描述(电源)

S3C44B0X 的电源的引脚见表 6.15。

表 6.15 S3C44B0X 的电源的引脚列表

信　号	类　型	描　述
VDD	P	S3C44B0X 内核逻辑 VDD(2.5 V)
VSS	P	S3C44B0X 内核逻辑 VSS
VDDIO	P	S3C44B0X I/O 端口 VDD(3.3 V)
VSSIO	P	S3C44B0X I/O 端口 VSS
RTCVDD	P	RTC VDD(2.5 V 或者 3.0 V,不支持 3.3 V)
VDDADC	P	VDC VDD(2.5 V)
VSSADC	P	ADC VSS

6.2 S3C444B0X I/O 端口功能及应用开发

处理器通过 I/O 口和外围硬件连接,ARM 芯片的 I/O 口通常都是和其他引脚复用的,要熟悉 ARM 芯片 I/O 口的编程配置方法,就要熟悉 S3C44B0X 芯片的 I/O 口的功能配置和特殊功能寄存器的配置。本节主要介绍 S3C444B0X I/O 端口的功能配置及应用。

6.2.1 S3C444B0X I/O 功能概述

S3C44B0X 有 71 个多功能输入输出引脚,可分为以下 7 个端口:

①两个 9 位输入输出端口(PortE 和 PortF);

②两个 8 位输入输出端口(PortD 和 PortG);

③一个 16 位输入输出端口(PortC);

④一个 10 位输出端口(PortA);

⑤一个 11 位的输出端口(PortB)。

6.2.2 S3C444B0X 端口功能配置

每个端口都可以通过软件设置来满足各种各样的系统设置和设计要求。每个端口的功能通常都要在主程序开始前被定义。如果一个引脚的多功能没有使用,那么这个引脚被设置为 I/O 端口。在引脚配置以前,需要对引脚的初始化状态进行设定来避免一些问题的出现。S3C44B0X I/O 端口设置总的情况见表 6.16。

表 6.16　S3C44B0X I/O 端口设置表

端　口		Function1	Function2	Function3	Function4
PortA	PA9 ~ PA1	Output only	ADDR24 ~ ADDR 16		
	PA0	Output only	ADDR0		
PortB	PB10 ~ PB6	Output only	nGCS5 ~ nGCS1		
	PB5	Output only	nWBE3:nBE3:DQM3		
	PB4	Output only	nWBE2:nBE2:DQM2		
	PB3	Output only	nSRAS:nCAS3		
	PB2	Output only	nSCAS:nCAS2		
	PB1	Output only	SCLK		
	PB0	Output only	SCKE		
PortC	PC15	Input/output	DATA31	nCTS0	
	PC14	Input/output	DATA30	nRTS0	
	PC13	Input/output	DATA29	RxD1	
	PC12	Input/output	DATA28	TxD1	
	PC11	Input/output	DATA27	nCTS1	
	PC10	Input/output	DATA26	nRTS1	
	PC9	Input/output	DATA25	nXDREQ1	
	PC8	Input/output	DATA24	nXDACK1	
	PC7 ~ PC4	Input/output	DATA23 ~ DATA20	VD4 ~ VD7	
	PC3	Input/output	DATA19	IISCLK	
	PC2	Input/output	DATA18	IISDI	
	PC1	Input/output	DATA17	IISDO	
	PC0	Input/output	DATA16	IISLRCK	
PortD	PD7	Input/output	VFRAME		
	PD6	Input/output	VM		
	PD5	Input/output	VLINE		
	PD4	Input/output	VCLK		
	PD3 ~ PD0	Input/output	VD3 ~ VD0		

续表

端口		Function1	Function2	Function3	Function4
PortE	PE8	ENDIAN	CODECLK	Input/output	
	PE7	Input/output	TOUT4	VD7	
	PE6	Input/output	TOUT3	VD6	
	PE5	Input/output	TOUT2	TCLK	
	PE4	Input/output	TOUT1	TCLK	
	PE3	Input/output	TOUT0		
	PE2	Input/output	RxD0		
	PE1	Input/output	TxD0		
	PE0	Input/output	Fpllo	Fout	
PortF	PF8	Input/output	nCTS1	SIOCK	IISCLK
	PF7	Input/output	RxD1	SIORxD	IISDI
	PF6	Input/output	TxD1	SIORDY	IISDO
	PF5	Input/output	nRTS1	SIOTxD	IISLRCK
	PF4	Input/output	nXBREQ	nXDREQ0	—
	PF3	Input/output	nXBACK	nXDACK0	
	PF2	Input/output	nWAIT		
	PF1	Input/output	IICSDA		
	PF0	Input/output	IICSCL		
PortG	PG7	Input/output	IISLRCK	EINT7	
	PG6	Input/output	IISDO	EINT6	
	PG5	Input/output	IISDI	EINT5	
	PG4	Input/output	IISCLK	EINT4	
	PG3	Input/output	nRTS0	EINT3	
	PG2	Input/output	nCTS0	EINT2	
	PG1	Input/output	VD5	EINT1	
	PG0	Input/output	VD4	EINT0	

注意:①只是在复位后,有下画线的功能名才可以被选择。只有当 nRESET 电平为 L 时,(ENDIAN(PE8)才会被使用;
②IICSDA和 IICSCL 引脚是开放的输出引脚,因此,这个引脚需要上拉电阻才能被作为输出端口(PF[1:0])。

6.2.3　S3C444B0X 端口功能控制描述

I/O 端口的各种功能主要是通过对端口各个寄存器进行设置而实现的，下面通过对各个寄存器的说明来分别介绍 I/O 端口所能完成的功能。

(1)端口配置寄存器(PCONA-G)

由于 S3C44B0X 的大多数引脚都是多功能引脚，因此应当为每个引脚选择功能。端口配置寄存器(PCONn)决定了每一个引脚的功能。

如果 PG0-PG7 在掉电模式下被用作唤醒信号，则在中断模式里这些端口必须被设定。

(2)端口数据寄存器(PDATA-G)

如果这些端口被设定为输出端口，输出数据可以被写入到 PDATn 的相应的位；如果被设定为输入端口，输入数据可以被读到 PDATn 的相应的位。

(3)端口上拉寄存器(PUPC-G)

端口上拉寄存器控制着每一个端口组的上拉寄存器的使能端。当相应的位被设为“0”时，引脚接上拉电阻；当相应的位为“1”时，引脚不接上拉电阻。

(4)特殊的上拉电阻控制寄存器(SPUCR)

数据线 D[15:0]引脚的上拉电阻能够通过 SPUPCR 寄存器控制。

在 STOP/SL-IDLE 模式里，数据线(D[31:0]或 D[15:0])处于高阻状态(Hi-z state)。由于 I/O 端口的特征，在 STOP/SL-IDLE 模式里，数据线上拉电阻可以降低功耗。D[31:16]引脚的上拉电阻能够通过 PUPC 寄存器来控制；D[15:0] 引脚上拉电阻能够通过 SPUCR 寄存器来控制。

在 STOP 模式中，为了保护存储器不出现错误功能，存储器控制信号通过在特殊的上拉电阻控制寄存器里设置 HZ@ STOP 区域来选择高阻状态或先前的状态。

(5)外部中断控制寄存器

8 个外部中断寄存器可以用各种信号所请求。外部中断寄存器为外部中断设置了信号触发方法选择位，也设置了触发信号的极性选择位。外部中断请求信号触发的方法有低电平触发、高电平触发、下降沿触发、上升沿触发和双沿触发。

8 个外部中断寄存器的具体设置情况请详见 I/O 的特殊功能寄存器。

因为每个外部中断引脚都有一个数字滤波器，这让中断控制寄存器能够识别长于 3 个时钟周期的请求信号。

(6)外部中断挂起寄存器(EXTINTPND)

外部中断请求(4/5/6/7)对于中断控制器来说是“或”的关系。EINT4、EINT5、EINT6、EINT7 共享在中断控制器里同一个中断请求队列。如果外部中断请求的 4 位中的任何一位被激活的话，那么 EXTINPNDn 将会被设置为“1”。外部挂起条件清除以后，中断服务程序必须清除中断挂起状态。通过 EXTINPND 对应位写“1”来清除挂起条件。

6.2.4　S3C444B0X I/O 端口的特殊功能寄存器

因为在 ARM 芯片中，I/O 引脚一般都是多功能的，所以在使用 I/O 端口之前，需要对 I/O 端口各个特殊功能寄存器进行设置，下面将对其各个特殊功能寄存器进行介绍。

(1)端口 A 控制寄存器(PCONA、PDATA)

表6.17是端口A控制寄存器,包括端口A的配置寄存器PCONA和数据寄存器PDATA。

表6.17 端口A控制寄存器

PORTA控制寄存器	PCONA 地址:0x01D20000 R/W 配置寄存器 初始值:0x3ff PDATA 地址:0x01D20004 R/W 数据寄存器 初始值:未定义			
		位	位名称	描述
	配置寄存器	[9] ~[1]	PA9 ~ PA1	0 = Output 1 = ADDR24 ~ ADDR16
		[0]	PA0	0 = Output 1 = ADDR0
	数据寄存器	[9:0]	PA9 ~ PA0	当端口配置为输出口时,对应脚的状态和该位的值相同;当端口配置为功能引脚时,如果读该位的值,将是一个不确定的值

(2)端口 B 控制寄存器(PCONB、PDATB)

表6.18是端口B控制寄存器,包括端口B的配置寄存器PCONB和数据寄存器PDATB。

表6.18 端口B控制寄存器

PORTB控制寄存器	PCONB 地址:0x01D20008 R/W 配置寄存器 初始值:0x7ff PDATB 地址:0x01D2000C R/W 数据寄存器 初始值:未定义			
		位	位名称	描述
	配置寄存器	[10]	PB10	0 = Output 1 = nGCS5
		[9]	PB9	0 = Output 1 = nGCS4
		[8]	PB8	0 = Output 1 = nGCS3
		[7]	PB7	0 = Output 1 = nGCS2
		[6]	PB6	0 = Output 1 = nGCS1
		[5]	PB5	0 = Output 1 = nWBE3/nBE3/DQM3
		[4]	PB4	0 = Output 1 = nWBE2/nBE2/DQM2
		[3]	PB3	0 = Output 1 = nSRAS/nCAS3
		[2]	PB2	0 = Output 1 = nSCAS/nCAS2
		[1]	PB1	0 = Output 1 = SCLK
		[0]	PB0	0 = Output 1 = SCKE
	数据寄存器	[10:0]	PB10 ~ PB0	当端口配置为输出口时,对应脚的状态和该位的值相同;当端口配置为功能引脚时,如果读该位的值,将是一个不确定的值

(3)端口 C 控制寄存器(PCONC、PDATC、PUPC)

表6.19是端口C控制寄存器,包括端口C的配置寄存器PCONC、数据寄存器PDATC和

上拉电阻配置 PUPC。

表 6.19　端口 C 控制寄存器

<table>
<tr><td rowspan="21">PORTC
控制
寄存器</td><td colspan="4">PCONC　地址:0x01D20010　R/W　配置寄存器　初始值:0xaaaaaaaa
PDATC　地址:0x01D20014　R/W　数据寄存器　初始值:未定义
PUPC　地址:0x01D20018　R/W　上拉电阻配置　初始值:0x0</td></tr>
<tr><td></td><td>位</td><td>位名称</td><td>描述</td></tr>
<tr><td rowspan="16">配置寄存器</td><td>[31:30]</td><td>PC15</td><td>00 = Input　01 = Output　10 = DATA31　11 = nCTS0</td></tr>
<tr><td>[29:28]</td><td>PC14</td><td>00 = Input　01 = Output　10 = DATA30　11 = nRTS0</td></tr>
<tr><td>[27:26]</td><td>PC13</td><td>00 = Input　01 = Output　10 = DATA29　11 = RxD1</td></tr>
<tr><td>[25:24]</td><td>PC12</td><td>00 = Input　01 = Output　10 = DATA28　11 = TxD1</td></tr>
<tr><td>[23:22]</td><td>PC11</td><td>00 = Input　01 = Output　10 = DATA27　11 = nCTS1</td></tr>
<tr><td>[21:20]</td><td>PC10</td><td>00 = Input　01 = Output　10 = DATA26　11 = nRTS1</td></tr>
<tr><td>[19:18]</td><td>PC9</td><td>00 = Input　01 = Output
10 = DATA25　11 = nXDREQ1</td></tr>
<tr><td>[17:16]</td><td>PC8</td><td>00 = Input　01 = Output
10 = DATA24　11 = nXDACK1</td></tr>
<tr><td>[15:14]</td><td>PC7</td><td>00 = Input　01 = Output　10 = DATA23　11 = VD4</td></tr>
<tr><td>[13:12]</td><td>PC6</td><td>00 = Input　01 = Output　10 = DATA22　11 = VD5</td></tr>
<tr><td>[11:10]</td><td>PC5</td><td>00 = Input　01 = Output　10 = DATA21　11 = VD6</td></tr>
<tr><td>[9:8]</td><td>PC4</td><td>00 = Input　01 = Output　10 = DATA20　11 = VD7</td></tr>
<tr><td>[7:6]</td><td>PC3</td><td>00 = Input　01 = Output　10 = DATA19　11 = IISCLK</td></tr>
<tr><td>[5:4]</td><td>PC2</td><td>00 = Input　01 = Output　10 = DATA18　11 = IISDI</td></tr>
<tr><td>[3:2]</td><td>PC1</td><td>00 = Input　01 = Output　10 = DATA17　11 = IISDO</td></tr>
<tr><td>[1:0]</td><td>PC0</td><td>00 = Input　01 = Output
10 = DATA16　11 = IISLRCK</td></tr>
<tr><td>数据寄存器</td><td>[15:0]</td><td>PC15 ~ PC0</td><td>当端口配置为输入口时,该位的值是对应脚的状态;当端口配置为输出口时,对应脚的状态和该位的值相同;当端口配置为功能引脚时,如果读该位的值,将是一个不确定的值</td></tr>
<tr><td>上拉电阻配置</td><td>[15:0]</td><td>PC15 ~ PC0</td><td>0 = 允许上拉电阻连接到对应脚
1 = 不允许</td></tr>
</table>

(4) 端口 D 控制寄存器(PCOND、PDATD、PUPD)

表 6.20 是端口 D 控制寄存器,包括端口 D 的配置寄存器 PCOND、数据寄存器 PDATD 和上拉电阻配置 PUPD。

表 6.20 端口 D 控制寄存器

PORTD 控制寄存器	PCOND 地址:0x01D2001C R/W 配置寄存器 初始值:0x0000 PDATD 地址:0x01D20020 R/W 数据寄存器 初始值:未定义 PUPD 地址:0x01D20024 R/W 上拉电阻配置 初始值:0x0			
		位	位名称	描述
	配置寄存器	[15:14]	PD7	00 = Input 01 = Output 10 = VFRAME 11 = 保留
		[13:12]	PD6	00 = Input 01 = Output 10 = VM 11 = 保留
		[11:10]	PD5	00 = Input 01 = Output 10 = VLINE 11 = 保留
		[9:8]	PD4	00 = Input 01 = Output 10 = VCLK 11 = 保留
		[7:6]	PD3	00 = Input 01 = Output 10 = VD3 11 = 保留
		[5:4]	PD2	00 = Input 01 = Output 10 = VD2 11 = 保留
		[3:2]	PD1	00 = Input 01 = Output 10 = VD1 11 = 保留
		[1:0]	PD0	00 = Input 01 = Output 10 = VD0 11 = 保留
	数据寄存器	[7:0]	PD7 ~ PD0	当端口配置为输入口时,该位的值是对应脚的状态;当端口配置为输出口时,对应脚的状态和该位的值相同;当端口配置为功能引脚时,如果读该位的值,将是一个不确定的值
	上拉电阻配置	[7:0]	PD7 ~ PD0	0 = 允许上拉电阻连接到对应脚 1 = 不允许

(5)端口 E 控制寄存器(PCONE、PDTAE)

表 6.21 是端口 E 控制寄存器,包括端口 E 的配置寄存器 PCONE、数据寄存器 PDATE 和上拉电阻配置 PUPE。

表 6.21 端口 E 控制寄存器

PORTE 控制寄存器	PCONE 地址:0x01D20028 R/W 配置寄存器 初始值:0x00 PDATE 地址:0x01D2002C R/W 数据寄存器 初始值:未定义 PUPE 地址:0x01D20030 R/W 上拉电阻配置 初始值:0x00			
		位	位名称	描述
	配置寄存器	[17:16]	PE8	00 = 保留 01 = Output 10 = CODECLK 11 = 保留
		[15:14]	PE7	00 = Input 01 = Output 10 = TOUT4 11 = VD7
		[13:12]	PE6	00 = Input 01 = Output 10 = TOUT3 11 = VD6
		[11:10]	PE5	00 = Input 01 = Output 10 = TOUT2 11 = TCLK in
		[9:8]	PE4	00 = Input 01 = Output 10 = TOUT1 11 = TCLK in
		[7:6]	PE3	00 = Input 01 = Output 10 = TOUT0 11 = 保留
		[5:4]	PE2	00 = Input 01 = Output 10 = RxD0 11 = 保留
		[3:2]	PE1	00 = Input 01 = Output 10 = TxD0 111 = 保留
		[1:0]	PE0	00 = Input 01 = Output 10 = Fpllo out 11 = Fout out

续表

		位	位名称	描述
PORTE 控制寄存器	数据寄存器	[8:0]	PE8 ~ PE0	当端口配置为输出口时,对应脚的状态和该位的值相同;当端口配置为功能引脚时,如果读该位的值,将是一个不确定的值
	上拉电阻配置	[7:0]	PE7 ~ PE0	0: 允许上拉电阻连接到对应脚 1: 不允许 PE8 没有可编程的上拉电阻

(6)端口 F 控制寄存器(PCONF、PDTAF、PUPF)

表 6.22 是端口 F 控制寄存器,包括端口 F 的配置寄存器 PCONF、数据寄存器 PDATF 和上拉电阻配置 PUPF。

表 6.22　端口 F 控制寄存器

PORTF 控制寄存器	PCONF　地址:0x01D20034　R/W　配置寄存器　初始值:0x0000 PDATF　地址:0x01D20038　R/W　数据寄存器　初始值:未定义 PUPF　地址:0x01D2003C　R/W　上拉电阻配置　初始值:0x000			
		位	位名称	描述
	配置寄存器	[21:19]	PF8	000 = Input　001 = Output　010 = nCTS1 011 = SIOCLK　100 = IISCLK　Others = 保留
		[18:16]	PF7	000 = Input　001 = Output　010 = RxD1 011 = SIORxD　100 = IISDI　Others = 保留
		[15:13]	PF6	000 = Input　001 = Output　010 = TxD1 011 = SIORDY　100 = IISDO　Others = 保留
		[12:10]	PF5	000 = Input　001 = Output　010 = nRTS1 011 = SIOTxD　100 = IISLRCK　Others = 保留
		[9:8]	PF4	00 = Input　01 = Output　10 = nXBREQ　11 = nXDREQ0
		[7:6]	PF3	00 = Input　01 = Output　10 = nXBACK　11 = nXDACK0
		[5:4]	PF2	00 = Input　01 = Output　10 = nWAIT　11 = 保留
		[3:2]	PF1	00 = Input　01 = Output　10 = IICSDA　11 = 保留
		[1:0]	PF0	00 = Input　01 = Output　10 = IICSCL　11 = 保留
	数据寄存器	[8:0]	PF8 ~ PF0	当端口配置为输入口时,该位的值是对应脚的状态;当端口配置为输出口时,对应脚的状态和该位的值相同;当端口配置为功能引脚时,如果读该位的值,将是一个不确定的值
	上拉电阻配置	[8:0]	PF8 ~ PF0	0 = 允许上拉电阻连接到对应脚 1 = 不允许

(7)端口 G 控制寄存器(PCONG、PDATG、PUPG)

表 6.23 是端口 G 控制寄存器,包括端口 G 的配置寄存器 PCONG、数据寄存器 PDATG 和上拉电阻配置 PUPG。

表 6.23 端口 G 控制寄存器

PORTG控制寄存器	PCONG 地址:0x01D20040 R/W 配置寄存器 初始值:0x0 PDATG 地址:0x01D20044 R/W 数据寄存器 初始值:未定义 PUPG 地址:0x01D20048 R/W 上拉电阻配置 初始值:0x0			
		位	位名称	描述
	配置寄存器	[15:14]	PG7	00 = Input 01 = Output 10 = IISLRCK 11 = EINT7
		[13:12]	PG6	00 = Input 01 = Output 10 = IISDO 11 = EINT6
		[11:10]	PG5	00 = Input 01 = Output 10 = IISDI 11 = EINT5
		[9:8]	PG4	00 = Input 01 = Output 10 = IISCLK 11 = EINT4
		[7:6]	PG3	00 = Input 01 = Output 10 = nRTS0 11 = EINT3
		[5:4]	PG2	00 = Input 01 = Output 10 = nCTS0 11 = EINT2
		PG1	[3:2]	00 = Input 01 = Output 10 = VD5 11 = EINT1
		PG0	[1:0]	00 = Input 01 = Output 10 = VD4 11 = EINT0
	数据寄存器	[7:0]	PG7 ~ PG0	当端口配置为输入口时,该位的值是对应脚的状态;当端口配置为输出口时,对应脚的状态和该位的值相同;当端口配置为功能引脚时,如果读该位的值,将是一个不确定的值
	上拉电阻配置	[7:0]	PG7 ~ PG0	0 = 允许上拉电阻连接到对应脚 1 = 不允许

(8)上拉电阻控制寄存器(SPUCR)

表 6.24 是上拉电阻控制寄存器,设置它所完成的功能如表中所示。

表 6.24 上拉电阻控制寄存器

上拉电阻控制寄存器控制	SPUCR 地址:0x01D2004C R/W 初始值:0x4		
	位	位名称	描述
	[2]	HZ@ STOP	0 = 在停止模式存储器的控制信号保持先前的状态 1 = 控制信号保持高阻状态
	[1]	SPUCR1	0 = DATA[15:8]上拉电阻允许 1 = DATA[15:8]上拉电阻不允许
	[0]	SPUCR0	0 = DATA[7:0]上拉电阻允许 1 = DATA[7:0]上拉电阻不允许

(9)外部中断控制寄存器(EXTINT)

外部中断控制寄存器见表 6.25,为外部中断设置了信号触发的方法,有低电平触发、高电平触发、下降沿触发、上升沿触发和双沿触发。

表 6.25　外部中断控制寄存器

外部中断控制寄存器	EXTINT 0x01D20050 R/W　　外部中断控制寄存器　　初始值 0x000000		
	位	位名称	描述
	[30:28]	EINT7	000 = 低电平触发　001 = 高电平中断 01x = 下降沿触发　10x = 上升沿触发 11x = 双边沿触发
	[26:24]	EINT6	
	[22:20]	EINT5	
	[18:16]	EINT4	
	[14:12]	EINT3	
	[10:8]	EINT2	
	[6:4]	EINT1	
	[2:0]	EINT0	

(10)外部中断挂起寄存器(EXTINTPND)

外部中断请求(4/5/6/7)共用在中断控制器里的一个相同的中断请求队列。外部中断挂起寄存器见表 6.26,它各个位的设置为"1"来清除外部中断(4/5/6/7)的挂起位。

表 6.26　外部中断挂起寄存器

外部中断挂起寄存器	EXTINTPND　　**地址**:0x01D20054　　R/W　　**初始值**:0x00		
	位	**位名称**	**描述**
	[3]	EXTINTPND3	**如果** EINT7 **激活**,EXINTPND3 **设置为**"1",INTPND[21]**也设置为**"1"
	[2]	EXTINTPND2	**如果** EINT6 **激活**,EXINTPND2 **设置为**"1",INTPND[21]**也设置为**"1"
	[1]	EXTINTPND1	**如果** EINT5 **激活**,EXINTPND1 **设置为**"1",INTPND[21]**也设置为**"1"
	[0]	EXTINTPND0	**如果** EINT4 **激活**,EXINTPND0 **设置为**"1",INTPND[21]**也设置为**"1"

6.2.5　S3C444B0X I/O 端口应用编程

下面给出了 I/O 端口的几个编程实例,包括 I/O 端口的初始化、I/O 端口的读写,通过这几个简单例子使读者对 I/O 端口的编程有一定的了解。

(1)I/O 端口的初始化代码

对每个 I/O 端口的配置一般按照以下步骤进行:

①根据具体应用对端口数据寄存器设置相应的值;

②根据应用需要设置控制寄存器,确定各个端口的具体功能;

③根据需要设置上拉电阻寄存器。

具体程序代码如下：

```
void Port_Init(void)
{
    //PORT A GROUP
    rPCONA = 0x1ff;

    //PORT B GROUP
    rPDATB = 0x7ff;
    rPCONB = 0x1cf;

    //PORT C GROUP
    //BUSWIDTH = 16
    rPDATC = 0xff00;
    rPCONC = 0x0ff0ffff;
    rPUPC  = 0x30ff;              //上拉电阻被使能

    //PORT D GROUP
    rPDATD =  0xff;
    rPCOND =  0xaaaa;
    rPUPD = 0x0;

    //PORT E GROUP
    rPDATE  =  0x1ff;
    rPCONE  =  0x25529;
    rPUPE =  0x6;

    //PORT F GROUP
    rPDATF = 0x0;
    rPCONF = 0x252a;
    rPUPF = 0x0;

    //PORT G GROUP
    rPDATG = 0xff;
    rPCONG = 0xffff;
    rPUPG = 0x0;              //上拉电阻被使能
    rSPUCR = 0x7;

    /* Low level default */
```

```
    rEXTINT = 0x0;
}
```

(2) I/O 端口的读写代码

下面是以 LED 实验中的点亮或熄灭 LED 的函数为例来介绍 I/O 口的读写。

```
void led1_on( )   /* 使 led1 亮的函数 */
{
    led_state = led_state | 0x1;   /* 将 led 状态变量的最低一位置 1,其余位保留 */
    Led_Display( led_state );   /* 函数调用 */

void led1_off( )        /* 使 led1 灭的函数 */
{
    led_state = led_state & 0xfe;   /* 将 led 状态变量的最低一位置 0,其余位保留 */
    Led_Display( led_state );   /* 函数调用 */
}

    void Led_Display( int LedStatus)   /* led 控制显示函数  */
{
    led_state = LedStatus;         /* 将传递来的参数值赋给 led 状态全局变量 */
    if( ( LedStatus&0x01 ) = = 0x01 )
                    rPDATB = rPDATB&0x5ff; /* 根据状态参数,写 B 口数据寄存器的第 9 位为
                                            0,B 口其余位保留状态,led1 亮 */
    else
                    rPDATB = rPDATB|0x200; /* 根据状态参数,写 B 口数据寄存器的第 9 位为
                                            1,B 口其余位保留状态,led1 灭 */
    if( ( LedStatus&0x02 ) = = 0x02 )
                    rPDATB = rPDATB&0x3ff; /* 根据状态参数,写 B 口数据寄存器的第 10 位为
                                            0,B 口其余位保留状态,led2 亮 */
    else
                      rPDATB = rPDATB | 0x400; /* 根据状态参数,写 B 口数据寄存器的第 10
                                                位为 1,B 口其余位保留状态,led1 灭 */

}
```

6.3　S3C444B0X UART 接口功能及应用开发

UART (Universal Asynchronous Receiver/Transmitter) 通用异步收发器是用于控制计算机与串行设备的接口,它提供了 RS-232C 数据终端设备接口,这样计算机就可以和调制解调器或其他使用 RS-232C 接口的串行设备通信了。作为接口的一部分,UART 还提供以下功能:将由计算机内部传送过来的并行数据转换为输出的串行数据流;将计算机外部来的串行数据

转换为字节,供计算机内部使用并行数据的器件使用。在输出的串行数据流中加入奇偶校验位,并对从外部接收的数据流进行奇偶校验。在输出数据流中加入启停标记,并从接收数据流中删除启停标记。处理由键盘或鼠标发出的中断信号(键盘和鼠标也是串行设备)。可以处理计算机与外部串行设备的同步管理问题。

6.3.1 S3C444B0X UART 概述

S3C44B0X 的 UART 单元提供两个独立的异步串行 I/O 口(Asynchronous Serial I/O, SIO),每个通信口均可工作于中断或 DMA 模式。也即 UART 能产生内部中断请求或 DMA 请求,在 CPU 和串行 I/O 口之间传送数据。它支持高达 115.2 K bit/s 的传输速率,每一个 UART 通道包含了 2 个 16 位的分别用于接收和发送信号的 FIFO(先进先出)通道。

S3C44B0X 的 UART 单元特性包括:

①基于 DMA 或中断操作的 RxD0、RxD1、TxD0、TxD1;

②UART 通道 0 支持红外发送与接收;

③UART 通道 1 支持红外发送与接收;

④支持握手方式传输与发送。

S3C44B0X UART 包括可编程波特率、红外发送/接收、一个开始位、一个或两个停止位、5 位/6 位/7 位或 8 位的数据宽度和奇偶校验。每个 UART 包含一个波特率发生器、接收器、发送器和控制单元,如图 6.2 所示,波特率发生器可以被 MCLK 系统时钟控制,收发器包含了 16 字节的 FIFO 和数据移位器。将要传输的数据写进 FIFO,然后复制到发送移位器,最后从发送的管脚移位发送出去。

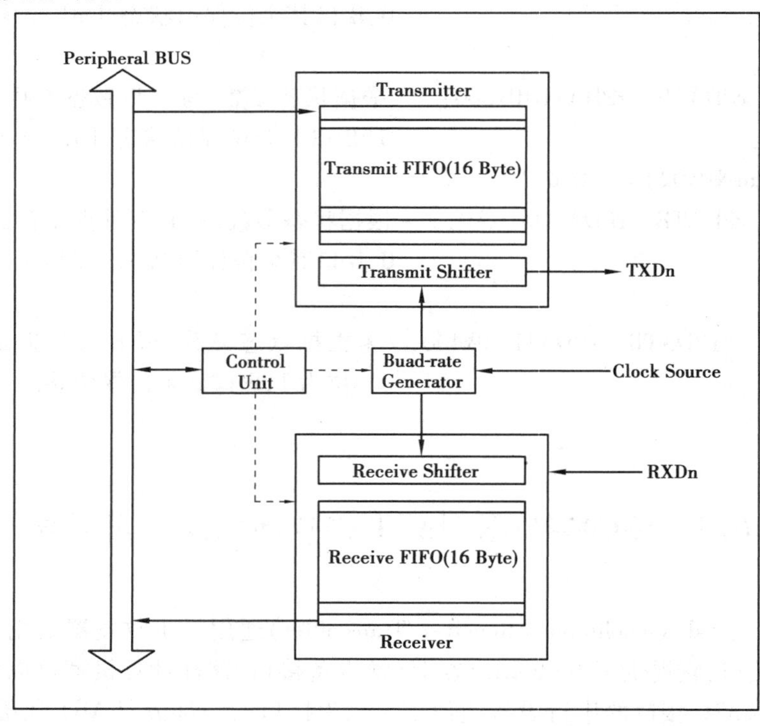

图 6.2 UART 框图(带 FIFO)

6.3.2 S3C444B0X UART 的操作

下面介绍UART的数据传输和接收、中断和波特率的产生、循环返回的模式、红外模式以及自动的数据流控制。

(1)数据传输

UART所传送的数据帧是可编程的,包含1个开始位,5~8个数据位,1个可选奇偶位和1~2个停止位,具体由行控制寄存器(ULCONn)来定义。发送器也可以产生断点条件,断点条件迫使串行输出口连续输出大于输出一帧数据所用时间的逻辑0状态。这个块在完整地传输完当前的信息后传输断点信号输出。在断点传输后,继续传输数据给TxFIFO(在Non-FIFO模式下的Tx保持寄存器)。

(2)数据接收

与数据的传送一样,UART接收的数据帧也是可编程的,行控制寄存器(ULCONn)包含了开始位,5~8个数据位,1个可选的奇偶位和1~2个停止位,接收机可以发现数据溢出、奇偶错误、帧的错误和断点条件,其中每一个都可以在寄存器中置一个错误标志位。

①溢出错误表明新的数据在旧数据没有被读取的情况下,覆盖了旧的数据。

②奇偶错误表明接收器发现一个不希望出现的奇偶错误。

③帧错误表明接收的数据没有一个有效的停止位。

④断点条件表明接收器收到的输入保持了大于传输一帧数据时间的逻辑0状态。

如果在接收3个字的时间内没有接收到数据且Rx FIFO是非空的,那么接收超时(在FIFO模式下)。

(3)自动流控制AFC(Auto Flow Control)

S3C44B0X中的UART用nRTS(发送请求信号)和nCTS(清除发送信号)来支持自动流控制,以此解决UART之间的互连。如果用户将UART连在Modem上,那么需将UMCONn寄存器的自动控制流位设为失效,而由软件来控制发送请求信号。

在自动流控制中,nRTS被接收器条件控制,而发送器的操作被nCTS信号所控制。只有在nCTS信号有效的情况下,UART的发送器才会将数据传输到FIFO(在自动流控制中,nCTS信号的有效表示另外一个UART的FIFO准备接收数据)。在UART接收数据前,如果接收数据的FIFO有超过2字节的空间,那么nRTS有效;如果接收数据的FIFO的空间剩余空间在1字节以下,那么nRTS无效(在AFC中,nRTS信号的有效表示接收器的FIFO已经准备好接收数据)。UART的AFC接口如图6.3所示。

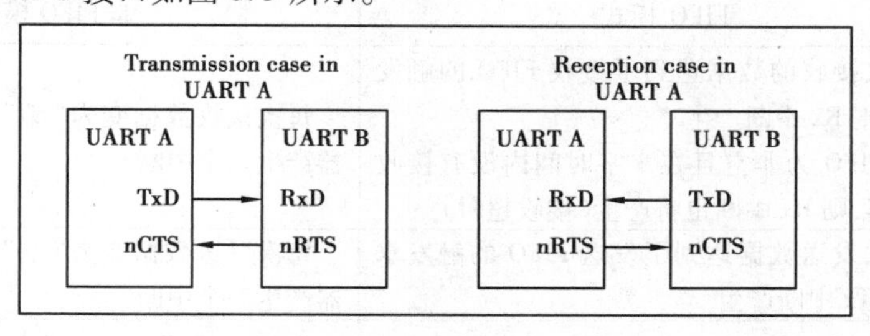

图6.3 UART的AFC接口

(4)非自动流控制(nRTS 和 nCTS 由 S/W 所控制)

1)接收数据操作

①选择接收模式(中断或是 BDMA 模式)。

②检查 UFSTARn 寄存器中 Rx FIFO 计数的值,如果其值小于 15,则用户须置 UMCONn[0]为"1"(nRTS 有效);如果其值大于或等于 15,则用户须置 UMCONn[0]为"0"(nRTS 无效)。

③重复步骤②。

2)发送数据操作

①选择发送模式(中断或 BDMA 模式)。

②检查 UMSTATn[0]的值,如果其值为"1"(nCTS 有效),则用户往 Tx 缓冲器或 TxFIFO 寄存器写数据。

3)RS-232C 接口

①如果用户连接了调制解调器(modem)接口,则 nRTS、nCTS、nDSR、nDTR、DCD 和 nRI 信号会被用到。在这种情况下,用户利用软件通过 S/W 用通用 I/O 口来控制这些信号,因为 AFC 不支持 RS-232C 接口。

(5)中断/DMA 请求的产生

S3C44B0X 的 UART 有 7 个状态(Tx/Rx/Error)信号:溢出错误、奇偶错误、帧错误、断点条件、接收 FIFO/buffer 数据准备就绪、发送 FIFO/buffer 空和发送移位寄存器空等,它们由相应的 UART 状态寄存器(UTRSTATn/UERSTATn)声明。

当处于接收错误状态时,如果在控制寄存器(UCONn)中接收错误状态中断使能位被置为"1",溢出错误、奇偶校验错误、帧错误、断点错误每一个作为一种错误状态都可以发出错误中断请求。当一个接收错误状态中断请求被发现时,引起中断请求的信号会被 UERSTSTn 所识别。

如果控制器中的接收模式被选定为中断模式,当接收器从它的接收移位寄存器向它的接收 FIFO 传输数据时,会激活接收 FIFO 的可以引起接收中断的"满"状态信号。

同样,如果控制器中的发送模式被选定为中断模式,当发送器从它的发送 FIFO 向它的发送移位寄存器传输数据时,可以引起发送中断的发送 FIFO"空"状态信号被激活。

如果接收/发送模式被选定为 DMA 模式,接收 FIFO 满和发送 FIFO 空的状态信号也可以被连接产生 DMA 请求信号。

表 6.27 与 FIFO 相连的中断

类　型	FIFO 模式	非 FIFO 模式
Rx 中断	每次接收的数据达到了接收 FIFO 的触发水平,则 Rx 中断产生 当 FIFO 为非空且在 3 字时间内没有接收到数据,则 Rx 中断也将产生(接收超时)	每次接收数据变为"满",则接收移位寄存器产生一个中断
Tx 中断	每次发送数据达到了发送 FIFO 的触发水平,则 Tx 中断产生	每次发送数据变为"空",则发送保持寄存器产生一个中断
错误中断	帧错,奇偶校验错和断点条件信号被发现且以字节为单位被接收,则将产生一个错误中断	所有的错误立即产生一个错误中断,如果同时另一个错误中断发生,只会产生一个中断

(6) UART **错误状态 FIFO**

UART 除了 RxFIFO 寄存器,还有一个错误状态 FIFO,错误状态 FIFO 指出 FIFO 中的数据哪一个在接收时出错。错误中断发生在有错误的数据被读取时。为清除 FIFO 的状态,寄存器 URXHn(有错的)和 UERSTATn 会被读取。

(7) 波特率的产生

每一个 UART 的波特率发生器为收/发器提供一个连续时钟,时钟源为可选为 S3C44B0 的内部系统时钟,波特率的时钟通过一个 16 位分频器分频后产生,16 位分频器的值由 UBRDIVn 寄存器具体说明,UBRDIVn 由下式决定:

UBRDIVn = (round_off)(MCLK/(bit/s × 16)) -1(取整)

分频器的值为 $1 \sim (2^{16}-1)$,例如:如果波特率为 115 200 Bd,而 MCLK 为 40 MHz,则

UBRDIVn = (取整)(40 000 000/(115 200 × 16) +0.5) -1

= (取整)(21.7 +0.5) -1

= 22 -1

= 21

(8) 回环模式

S3C44B0X 的 UART 提供了一个供参考的测试模块作为回环模式,来解决通信链接中出现的孤立错误。此种模式下,所传输的数据会被立即接收,这个特点允许处理器检验内部的传输和接受所有 SIO 通道的数据路径。这种模式可以通过设定 UCONn 寄存器中的回环模式位来选择。

(9) 红外模式

S3C44B0X 的 UART 模块支持红外传送和接收,它可以通过设置 ULCONn 寄存器红外模式位来选择。此模式下的执行原理如图 6.4 所示。

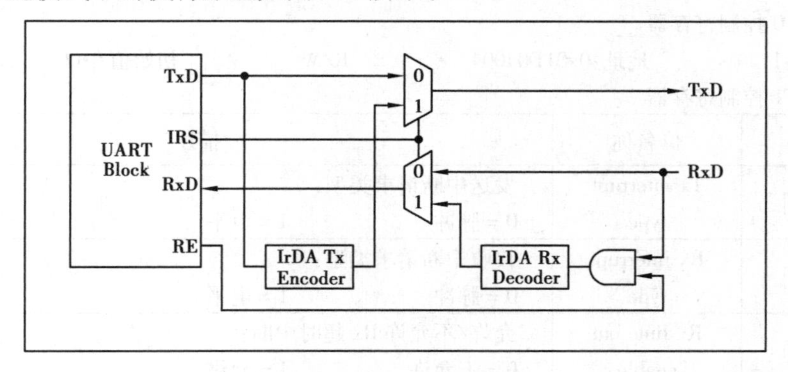

图 6.4　IrDA 功能框图

6.3.3　S3C444B0X UART 的特殊功能寄存器

在 UART 操作中,主要是通过对 UART 特殊寄存器进行设置来对 UART 操作进行控制。UART 的特殊功能寄存器包括 UART 的行控制寄存器、状态寄存器、保持寄存器、波特率分频寄存器等。

(1) UART 的行控制寄存器

在 UART 模块中有两个 UART 行控制寄存器，ULCON0 和 ULCON1，见表 6.28。

表 6.28　UART 行控制寄存器

UART 行控制寄存器	ULCON0　地址:0x01D00000　R/W　初始值 0x00 UART0 的行控制寄存器 ULCON1　地址:0x01D04000　R/W　初始值 0x00 UART1 的行控制寄存器		
	位	位名称	描述
	[7]		保留
	[6]	Infra-Red Mode	该位确定是否使用红外模式: 0 = 普通操作模式　1 = 红外发送/接收模式
	[5:3]	Parity Mode	该位确定奇偶如何产生和校验: 0xx = 无　100 = 奇校验 101 = 偶校验　110 = 强制为 1 111 = 强制为 0
	[2]	Stop bit	该位确定停止位的个数: 0 = 每帧一位停止位　1 = 每帧两位停止位
	[1:0]	Word length	该位确定数据位的个数: 00 = 5 位　01 = 6 位　11 = 7 位　11 = 8 位

(2) UART 控制寄存器

在 UART 模块中有两个 UART 控制寄存器，UCON0 和 UCON1，见表 6.29。

表 6.29　UART 控制寄存器

UART 控制寄存器	UCON0　地址:0x01D00004　R/W　初始值 0x00 UART0 控制寄存器 UCON1　地址:0x01D04004　R/W　初始值 0x00 UART1 控制寄存器		
	位	位名称	描述
	[9]	Tx interrupt type	发送中断请求类型: 0 = 脉冲　1 = 电平
	[8]	Rx interrupt type	接收中断请求类型: 0 = 脉冲　1 = 电平
	[7]	Rx time out enable	允许/不允许 Rx 超时中断: 0 = 不允许　1 = 允许
	[6]	interrupt enable	允许/不允许产生 UART 错误中断: 0 = 不允许　1 = 允许
	[5]	Loop-back Mode	该位为"1"使 UART 进入回环模式(loop back)模式: 0 = 普通运行　1 = 回环模式(loop back)
	[4]	Send Break Signal	该位为"1"使 UART 发送一个暂停条件,该位在发送一个暂停信号后自动清除: 0 = 正常传送　1 = 发送暂停条件

续表

	位	位名称	描述
UART 控制寄存器	[3:2]	Transmit Mode	这两位确定哪个模式可以写 TX 数据到 UART 发送保持寄存器: 00 = 禁止 01 = 中断请求或 polling 模式 10 = BDMA0 请求(仅用于 UART0) 11 = BDMA1 请求(仅用于 UART1)
	[1:0]	Receive Mode	这两位确定哪个模式可以从 UART 接收缓冲寄存器读数据: 00 = 禁止 01 = 中断请求或 polling 模式 10 = BDMA0 请求(仅用于 UART0) 11 = BDMA1 请求(仅用于 UART1)

(3) UART FIFO 控制寄存器

在 UART 模块中有两个 UART FIFO 控制寄存器,UFCON0 和 UFCON1,见表 6.30。

表 6.30　UART FIFO 控制寄存器

UART FIFO 控制寄存器	UFCON0　地址:0x01D00008　R/W　初始值 0x00 UART0 FIFO 控制寄存器 UFCON1　地址:0x01D04008　R/W　初始值 0x00 UART1 FIFO 控制寄存器		
	位	位名称	描述
	[7:6]	Tx FIFO Trigger Level	这两位确定发送 FIFO 的触发条件: 00 = 空　01 = 4-byte　10 = 8-byte　11 = 12-byte
	[5:4]	Rx FIFO Trigger Level	这两位确定接收 FIFO 的触发条件: 00 = 4-byte　01 = 8-byte　10 = 12-byte　11 = 16-byte
	[3]		保留
	[2]	Tx FIFO Reset	TX FIFO 复位,该位在 FIFO 复位后自动清除: 0 = 正常　1 = Tx FIFO 复位
	[1]	Rx FIFO Reset	Rx FIFO 复位,该位在 FIFO 复位后自动清除: 0 = 正常　1 = Rx FIFO 复位
	[0]	FIFO Enable	0 = FIFO 禁止　1 = FIFO 模式

(4) UART MODEM 控制寄存器

在 UART 模块中有两个 UART MODEM 控制寄存器,UMCON0 和 UMCON1,见表 6.31。

表 6.31　UART MODEM 控制寄存器

UART MODEM 控制寄存器	UMCON0　地址:0x01D0000C　R/W　初始值 0x00 UART0 MODEM 控制寄存器 UMCON1　地址:0x01D0400　R/W　初始值 0x00 UART1 MODEM 控制寄存器		
	位	位名称	描述
	[7:5]		保留。这两位必须为“0”
	[4]	AFC	AFC(Auto Flow Control)是否允许: 0 = 禁止　1 = 使能
	[3:1]		这两位必须为“0”
	[0]	Request to Send	如果 AFC 允许,该位忽略: 0 = 高电平（nRTS 无效） 1 = 低电平（nRTS 有效）

(5) UART Tx/Rx 状态寄存器

在 UART 模块中有两个 UART Tx/Rx 状态寄存器,UTRSTAT0 和 UTRSTAT1,见表 6.32。

表 6.32　UART Tx/Rx 状态寄存器

UART TX/RX 状态寄存器	UTRSTAT0　地址:0x01D00010　R　初始值 0x6 UART0 TX/RX 状态寄存器 UTRSTAT1　地址:0x01D04010　R　初始值 0x6 UART1 TX/RX 状态寄存器		
	位	位名称	描述
	[5]	Transmit shifter Empty	该位在发送移位寄存器没有有效的数据或发送移位寄存器为空时为“1” 0 = 发送移位寄存器不空　1 = 发送移位寄存器空
	[4]	Transmit buffer Empty	该位在发送缓冲寄存器没有包含有效的数据为“1”。如果 UART 使用 FIFO,用户应当检查 UFSTAT 寄存器的 Tx FIFO 计数位和 Tx FIFO 满标志位代替检查该位 0 = 不空　1 = 空
	[3]	Break Detect	该位为“1”指示一个暂停信号已经接收到: 0 = 无暂停信号接收　1 = 暂停信号已经接收到
	[2]	Frame Error	该位为“1”指示一个帧错误发生
	[1]	Parity Error	该位为“1”指示在接收时一个奇偶错误发生
	[0]	Overrun Error	该位为“1”指示一个溢出错误发生

(6) UART FIFO 状态寄存器

UARTn 有一个接收 FIFO 和一个发送 FIFO。在 UART 模块中有两个 UART FIFO 状态寄存器,UFSTAT0 和 UFSTAT1,见表 6.33。

表6.33　UART FIFO状态寄存器

<table>
<tr><td rowspan="7">UART FIFO 状态寄存器</td><td colspan="3">UFSTAT0　地址:0x01D00018　R　UART0 FIFO 状态寄存器　初始值0x0
UFSTAT1　地址:0x01D04018　R　UART1 FIFO 状态寄存器　初始值0x0</td></tr>
<tr><td>位</td><td>位名称</td><td>描述</td></tr>
<tr><td>[15:10]</td><td></td><td>保留</td></tr>
<tr><td>[9]</td><td>Tx FIFO Full</td><td>当发送FIFO满时,该位为“1”
当0字节小于或等于Tx FIFO中的数据小于或等于15字节时,该位=0
Tx FIFO中的数据满时,该位=1</td></tr>
<tr><td>[7:4]</td><td>Tx FIFO Count</td><td>Tx FIFO里的数据数量</td></tr>
<tr><td>[3:0]</td><td>Rx FIFO Count</td><td>Rx FIFO里的数据数量</td></tr>
</table>

(7) UART MODEM状态寄存器

在UART模块中有两个UART MODEM状态寄存器,UMSTAT0和UMSTAT1,见表6.34。

表6.34　UART MODEM状态寄存器

<table>
<tr><td rowspan="5">UART MODEM 状态寄存器</td><td colspan="3">UMSTAT0　地址:0x01D0001C　R　初始值:0x0
UART0 MODEM 状态寄存器
UMSTAT1　地址:0x01D0401C　R　初始值:0x0
UART1 MODEM 状态寄存器</td></tr>
<tr><td>位</td><td>位名称</td><td>描述</td></tr>
<tr><td>[4]</td><td>Delta CTS</td><td>该位指示输入到S3C44B0X的nCTS信号自从上次读后是否已经改变状态
0=未变　　1=改变</td></tr>
<tr><td>[3:1]</td><td></td><td>保留</td></tr>
<tr><td>[0]</td><td>Clear to Send</td><td>0=CTS信号没有改变(nCTS引脚为高电平)
1=CTS信号改变(nCTS引脚为低电平)</td></tr>
</table>

(8) UART发送保持寄存器

在UART模块中有两个UART发送保持寄存器,UTxH0和UTxH1,见表6.35。

表6.35　UART发送保持寄存器

<table>
<tr><td rowspan="2">UART发送缓冲寄存器和FIFO寄存器</td><td>UTXH0
W(byte)</td><td>地址:0x01D00020(小端模式)　0x01D00023(大端模式)
UART0发送缓冲寄存器　初始值—</td></tr>
<tr><td>UTXH1
W(byte)</td><td>地址:0x01D04020(小端模式)　0x01D04023(大端模式)
UART1发送缓冲寄存器　初始值—</td></tr>
</table>

(9) UART接收保持寄存器

在UART模块中有两个UART接收保持寄存器,UTxH0和UTxH1,见表6.36。

表 6.36　UART 接收保持寄存器

UART 接收缓冲寄存器和 FIFO 寄存器	URXH0	地址:0x01D00024(小端模式)	0x01D00027(大端模式)
	W(byte)	UART0 接收缓冲寄存器	初始值—
	URXH1	地址:0x01D04024(小端模式)	0x01D04027(大端模式)
	W(byte)	UART1 接收缓冲寄存器	初始值—

注意:当一个溢出错误发生后,URXHn 必须被读出;否则,即使 USTATn 的溢出位已经被清零,下一个接收到的数据也将产生溢出错误。

(10) UART 波特率分频寄存器

UART 波特率分频寄存器见表 6.37,UBRDIVn 的值通过下式来决定 Tx/Rx 的时钟频率(波特率):

UBRDIVn = (round_off)(MCLK / (bps x 16)) - 1

这里的约数因子范围为 1 ~ (2^{16} - 1)。例如,如果欲使波特率为 115 200 Bd,MCLK 是 40 MHz,则 UBRDIVn 应为:

UBRDIVn = (int)(40000000 / (115200 × 16) + 0.5) - 1
= (int)(21.7 + 0.5) - 1
= 22 - 1
= 21

表 6.37　UART 波特率分频寄存器

UART 波特率分频寄存器	UBRDIV0	地址:0x01D00028	R/W
	UART0 波特率分频寄存器	初始值—	
	UBRDIV1	地址:0x01D04028	R/W
	UART1 波特率分频寄存器	初始值—	

6.3.4　S3C444B0X UART 应用编程

下面给出了 UART 的几个编程实例,包括基本的 UART 寄存器在头文件中的定义、UART 初始化、UART 的发送/接收,通过这几个简单例子的介绍,使读者对 UART 的应用编程有一定的了解。

(1) 各寄存器在头文件中的定义

各寄存器在头文件中的定义如以下程序所示。

```
/* UART */
#define rULCON0        (*(volatile unsigned *)0x1d00000)
#define rULCON1        (*(volatile unsigned *)0x1d04000)
#define rUCON0         (*(volatile unsigned *)0x1d00004)
#define rUCON1         (*(volatile unsigned *)0x1d04004)
#define rUFCON0        (*(volatile unsigned *)0x1d00008)
#define rUFCON1        (*(volatile unsigned *)0x1d04008)
#define rUMCON0        (*(volatile unsigned *)0x1d0000c)
#define rUMCON1        (*(volatile unsigned *)0x1d0400c)
```

```
#define rUTRSTAT0       (*(volatile unsigned *)0x1d00010)
#define rUTRSTAT1       (*(volatile unsigned *)0x1d04010)
#define rUERSTAT0       (*(volatile unsigned *)0x1d00014)
#define rUERSTAT1       (*(volatile unsigned *)0x1d04014)
#define rUFSTAT0(*(volatile unsigned *)0x1d00018)
#define rUFSTAT1(*(volatile unsigned *)0x1d04018)
#define rUMSTAT0        (*(volatile unsigned *)0x1d0001c)
#define rUMSTAT1        (*(volatile unsigned *)0x1d0401c)
#define rUBRDIV0(*(volatile unsigned *)0x1d00028)
#define rUBRDIV1(*(volatile unsigned *)0x1d04028)

#ifdef __BIG_ENDIAN
#define rUTXH0          (*(volatile unsigned char *)0x1d00023)
#define rUTXH1          (*(volatile unsigned char *)0x1d04023)
#define rURXH0          (*(volatile unsigned char *)0x1d00027)
#define rURXH1          (*(volatile unsigned char *)0x1d04027)
#define WrUTXH0(ch)     (*(volatile unsigned char *)(0x1d00023))=(unsigned char)(ch)
#define WrUTXH1(ch)     (*(volatile unsigned char *)(0x1d04023))=(unsigned char)(ch)
#define RdURXH0()       (*(volatile unsigned char *)(0x1d00027))
#define RdURXH1()       (*(volatile unsigned char *)(0x1d04027))
#define UTXH0           (0x1d00020+3)    //byte_access address by BDMA
#define UTXH1           (0x1d04020+3)
#define URXH0           (0x1d00024+3)
#define URXH1           (0x1d04024+3)

#else //Little Endian
#define rUTXH0          (*(volatile unsigned char *)0x1d00020)
#define rUTXH1          (*(volatile unsigned char *)0x1d04020)
#define rURXH0          (*(volatile unsigned char *)0x1d00024)
#define rURXH1          (*(volatile unsigned char *)0x1d04024)
#define WrUTXH0(ch)     (*(volatile unsigned char *)0x1d00020)=(unsigned char)(ch)
#define WrUTXH1(ch)     (*(volatile unsigned char *)0x1d04020)=(unsigned char)(ch)
#define RdURXH0()       (*(volatile unsigned char *)0x1d00024)
#define RdURXH1()       (*(volatile unsigned char *)0x1d04024)
#define UTXH0           (0x1d00020)      //byte_access address by BDMA
#define UTXH1           (0x1d04020)
#define URXH0           (0x1d00024)
#define URXH1           (0x1d04024)
#endif
```

(2)UART 的主要函数

下面列出的三个代码段是 UART 中用到的三个主要函数,包括 UART 初始化、字符的收与发。

①UART 初始化代码:

```
static int whichUart = 0;

void Uart_Init(int mclk,int baud)
{
    int i;
    if(mclk = = 0)
        mclk = MCLK;

    rUFCON0 = 0x0;              //禁止 FIFO
    rUFCON1 = 0x0;
    rUMCON0 = 0x0;
    rUMCON1 = 0x0;
//UART0
    rULCON0 = 0x3;              //正常模式,无奇偶校验,1 个停止位,8 位数据位
    rUCON0 = 0x245;             //rx 为边沿触发、tx 为电平触发、禁止超时中断、产生接受错误
                                //断、普通传送、发送与接收为中断或轮循模式
    rUBRDIV0 = ( (int)(mclk/16/baud + 0.5) -1);
//UART1
    rULCON1 = 0x3;
    rUCON1 = 0x245;
    rUBRDIV1 = ( (int)(mclk/16/baud + 0.5) -1);

    for(i = 0;i < 100;i + +);
}
```

②接收字符的实现函数:

```
char Uart_Getch(void)
{
    if(whichUart = = 0)
    {
        while(! (rUTRSTAT0 & 0x1)); //Receive data read
        return RdURXH0();
    }
    else
    {
        while(! (rUTRSTAT1 & 0x1)); //Receive data ready
```

```
        returnr   URXH1;
    }
}
```

③发送字符的实现函数：

```
void Uart_SendByte(int data)
{
    if(whichUart = =0)
    {
        if(data = ='\n')
        {
            while(! (rUTRSTAT0 & 0x2));
            Delay(10);                          //因为超级终端的响应慢
            WrUTXH0('\r');
        }
        while(! (rUTRSTAT0 & 0x2));    //一直等到 THR 为空
        Delay(10);
        WrUTXH0(data);
    }
    else
    {
        if(data = ='\n')
        {
            while(! (rUTRSTAT1 & 0x2));
            Delay(10);                          //因为超级终端的响应慢
            rUTXH1 ='\r';
        }
        while(! (rUTRSTAT1 & 0x2));    //一直到 THR 为空
        Delay(10);
        rUTXH1 = data;
    }
}
```

6.4　S3C44B0X 中断控制器功能及应用开发

CPU 与外设之间传输数据的控制方式通常有三种：查询方式、中断方式和 DMA 方式。为了节省 CPU 时间，提高 CPU 的利用率，通常采用中断方式。中断在嵌入式中应用很广泛，本节将介绍 S3C44B0X 的中断控制器。

6.4.1 S3C444B0X 中断概述

S3C44B0X 的中断控制器可以接收来自 30 个中断源的中断请求。这些中断源来自 DMA、UART、SIO 等芯片内部外围或接口芯片的外部引脚。在这些中断源中，有 4 个外部中断(EINT4/5/6/7)是逻辑或的关系，它们共用一条中断请求线。UART0 和 UART1 的错误中断也是逻辑或的关系。

中断控制器的任务是在片内外围和外部中断源组成的多重中断发生时，经过优先级判断选择其中一个中断通过 FIQ 或 IRQ 向 ARM7TDMI 内核发出 FIQ 或 IRQ 中断请求。

实际上最初 ARM7TDMI 内核只有 FIQ(快速中断请求)和 IRQ(通用中断请求)两种中断，其他中断都是各个芯片商家在设计芯片时定义的，这些中断根据中断的优先级高低来进行处理。例如，如果定义所有的中断源为 IRQ 中断(通过中断模式设置)，当同时有 10 个中断发出请求时，可以通过读中断优先级寄存器来确定哪一个中断将被优先执行。一般的中断模式在进入所需的服务程序前需要很长的中断反应时间，为了解决这个问题，S3C44B0X 提供了一种新的中断模式称为矢量中断模式，它具有 CISC 结构微控制器的特征，能够减少中断反应时间。换句话说，S3C44B0X 的中断控制器硬件本身直接提供了对矢量中断服务的支持。

当多重中断源请求中断时，硬件优先级逻辑会判断哪一个中断将被执行；同时，硬件逻辑自动执行由 0x18(或 0x1C)地址到各个中断源向量地址的跳转指令，然后再由中断源向量进入到相应的中断处理程序。与原来的软件实现的方式相比，这种方法可以显著地减少中断响应时间。

6.4.2 S3C444B0X 中断控制器的操作

(1)程序状态寄存器的 F 位和 I 位

如果 CPSR 程序状态寄存器的 F 位被设置为“1”，CPU 将不接收来自中断控制器的 FIQ(快速中断请求)；如果 CPSR 程序状态寄存器的 I 位被设置为“1”，那么 CPU 将不接收来自中断控制器的 IRQ(中断请求)。因此，为了使能 FIQ 和 IRQ，必须先将 CPSR 程序状态寄存器的 F 位和 I 位清零，并且中断屏蔽寄存器 INTMSK 中相应的位也要清零。

(2)中断模式(INTMOD)

ARM7TDMI 提供了两种中断模式：FIQ 模式和 IRQ 模式。所有的中断源在中断请求时都要确定使用哪一种中断模式。

(3)中断挂起寄存器(INTPND)

用于指示对应的中断是否被激活。当中断挂起位被设置时，只要相应的标志 I 或标志 F 被清零，相应的中断服务程序都将会被执行。中断挂起寄存器是只读寄存器，在中断服务程序中必须加入对 I_ISPC 和 F_ISPC 写“1”的操作来清除挂起条件。

(4)中断屏蔽寄存器(INTMSK)

当中断屏蔽寄存器的屏蔽位为“1”时，对应的中断被禁止；当中断屏蔽寄存器的屏蔽位为“0”时，则对应的中断正常执行。如果一个中断的屏蔽位为“1”，在该中断发出请求时挂起位还是会被设置为“1”。如果中断屏蔽寄存器的全局屏蔽位设置为“1”，那么在中断发出请求时相应的中断挂起位会被设置，但所有的中断请求都不被执行。

6.4.3　S3C444B0X 中断源

在30个中断源中,对于中断控制器来说有24个中断源是单独的,4个外部中断(EINT4/5/6/7)是逻辑或的关系,它们共用同一个中断源,另外两个UART错误中断(UERROR0/1)也是共用同一个中断控制器。

表6.38　S3C44B0X的中断源及其向量地址

中断源	向量地址	描述
EINT0	0x00000020	外部中断0
EINT1	0x00000024	外部中断1
EINT2	0x00000024	外部中断2
EINT3	0x0000002c	外部中断3
EINT4/5/6/7	0x00000030	外部中断4/5/6/7
INT_TICK	0x00000030	RTC时间滴答中断
INT_ZDMA0	0x00000034	通用DMA中断0
INT_ZDMA1	0x00000040	通用DMA中断1
INT_BDMA0	0x00000044	桥梁DMA中断0
INT_BDMA1	0x00000048	桥梁DMA中断1
INT_WDT	0x0000004c	看门狗定时器中断
INT_UERR0/1	0x00000050	UART错误中断0/1
INT_TIMER0	0x00000054	定时器0中断
INT_TIMER1	0x00000060	定时器1中断
INT_TIMER2	0x00000064	定时器2中断
INT_TIMER3	0x00000068	定时器3中断
INT_TIMER4	0x0000006c	定时器4中断
INT_TIMER5	0x00000070	定时器5中断
INT_URXD0	0x00000080	UART接收中断0
INT_URXD1	0x00000084	UART接收中断1
INT_IIC	0x00000088	IIC中断
INT_SIO	0x0000008c	SIO中断
INT_UTXD0	0x00000090	UART发送中断0
INT_UTXD1	0x00000094	UART发送中断1
INT_RTC	0x000000a0	RTC告警中断
INT_ADC	0x000000c0	ADC EOC中断

注意:EINT4、EINT5、EINT6和EINT7共享同一个中断请求线,因此,ISR(中断服务程序)通过读EXTINPND[3:0]来区别这4种中断源。在ISR完成之后,ISR中的EXTINPND[3:0]必须通过写"1"的操作来清除。

(1)中断优先级产生模块

中断优先级产生模块只为IRQ中断服务,如图6.5所示。如果应用向量模式并且在INT-

MOD 寄存器中一个中断源在 INTMOD 寄存器中配置为 ISR,则这个中断将被中断优先级产生模块处理。

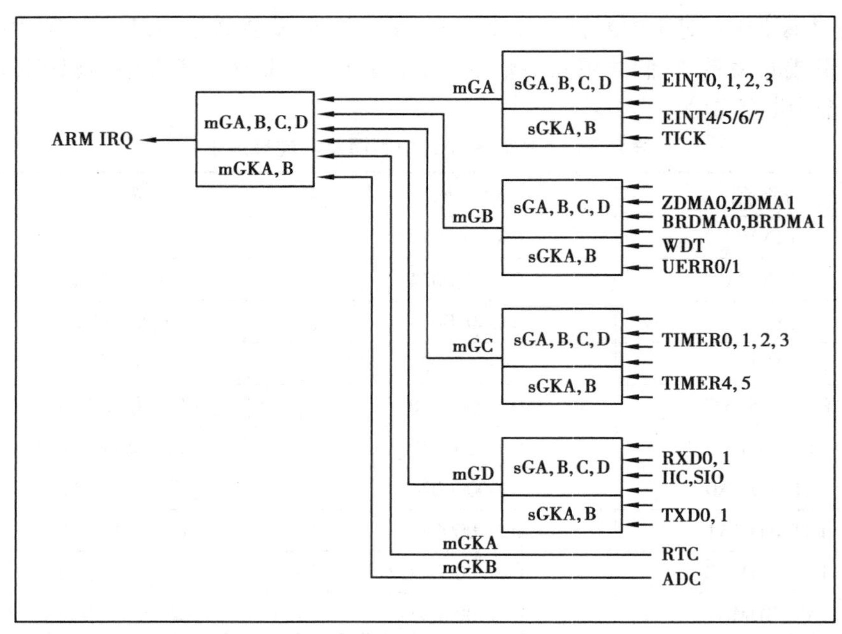

图 6.5　中断优先级产生模块

优先级产生模块包括 5 部分,1 个主单元和 4 个从单元。每个从优先级产生单元管理 6 个中断源。主优先级产生单元管理 4 个从单元和 2 个中断源。

每个从单元都有 4 个可编程优先级中断源(sGn)和 2 个固定的优先级中断源(sGKn)。在每个从单元中的 4 个优先级中断源都是可编程的,其余 2 个固定优先级在 6 个中断源中优先级最低。主优先级单元决定了 4 个从优先级单元和 2 个中断源的优先级。这 2 个中断源 INT_RTC 和 INT_ADC 在 26 个中断源中优先级最低。

(2)中断优先级

如果中断源 A 设置为 FIQ,中断源 B 设置为 IRQ,则中断源 A 的优先级高于中断源 B 的优先级,因为 FIQ 中断的优先级总是高于 IRQ 中断的优先级。如果中断源 A 和中断源 B 处于不同的主群中,并且中断源 A 所在的主群的优先级高于中断源 B 所在的主群的优先级,则中断源 A 的优先级高于中断源 B 的优先级。如果中断源 A 和中断源 B 处于相同的主群中,并且中断源 A 的优先级高于中断源 B 的优先级,则源 A 拥有较高的优先级。

sGA、sGB、sGC 和 sGD 的优先级总是高于 sGKA 和 sGKB。sGA、sGB、sGC 和 sGD 的优先级都是可编程的或可以由轮询方法来决定。在 sGKA 和 sGKB 中,sGKA 的优先级高。

由于 mGA、mGB、mGC 和 mGD 的优先级总是高于 mGKA 和 mGKB,所以 mGKA 和 mGKB 的优先级在其他中断源中是最低的。mGA、mGB、mGC 和 mGD 的优先级都是可编程的或可以由轮询方法来决定。在 mGKA 和 mGKB 中,mGKA 的优先级高。

6.4.4　S3C444B0X 中断控制器的特殊功能寄存器

一般是通过对中断控制器的特殊功能寄存器的设置来完成相应的中断功能,包括是否使能中断、选择什么样的中断方式、是否中断挂起、是否屏蔽哪个中断以及中断优先级的设定等。下面将分别对各个寄存器进行介绍。

(1)中断控制寄存器(INTCON)

中断控制器见表 6.39,从表中可以看出,INTCON 寄存器的位[0]为 FIQ 中断使能位,位[1]为 IRQ 中断使能位,位[2]是选择 IRQ 中断为矢量中断模式还是普通模式。

表 6.39　中断控制寄存器(INTCON)

中断控制寄存器	INTCON	地址:0x01E00000	R/W　　初始值 x7
	位	位名称	描　述
	[3]	保留	
	[2]	V	该位允许 IRQ 使用向量模式: 0 = 矢量中断模式　　1 = 非矢量中断模式
	[1]	I	该位允许 IRQ 中断。0 = 允许 IRQ 中断　　1 = 保留
	[0]	F	该位允许 FIQ 中断: 0 = 允许 FIQ 中断(FIQ 中断不支持矢量中断模式) 1 = 保留(在使用 FIQ 中断之前该位必须清除)

注意:FIQ 模式不支持矢量中断模式。

(2)中断挂起寄存器(INTPND)

中断挂起寄存器见表 6.40,共有 26 位,每一位对应着一个中断源,当中断请求产生时,相应的位会被设置“1”。中断服务程序中必须加入对 I_ISPC 和 F_ISPC 写“1”的操作来清除挂起条件。

如果有几个中断源同时发出中断请求,那么无论它们有没有被屏蔽,它们相应的挂起位都会置“1”。只是优先级寄存器会根据它们的优先级高低来响应当前优先级最高的中断。

表 6.40　中断挂起寄存器(INTPND)

中断挂起寄存器	INTPND	地址:0x01E00004	R/W	指示中断请求状态	初始值 0x0000000
	位	位名称	位	位名称	描　述
	[25]	EINT0	[12]	INT_TIMER1	0 = 无请求 1 = 请求
	[24]	EINT1	[11]	INT_TIMER2	
	[23]	EINT2	[10]	INT_TIMER3	
	[22]	EINT3	[9]	INT_TIMER4	
	[21]	EINT4/5/6/7	[8]	INT_TIMER5	
	[20]	INT_TICK	[7]	INT_URXD0	
	[19]	INT_ZDMA0	[6]	INT_URXD1	
	[18]	INT_ZDMA1	[5]	INT_IIC	
	[17]	INT_BDMA0	[4]	INT_SIO	
	[16]	INT_BDMA1	[3]	INT_UTXD0	
	[15]	INT_WDT	[2]	INT_UTXD1	
	[14]	INT_UERR0/1	[1]	INT_RTC	
	[13]	INT_TIMER0	[0]	INT_ADC	

(3)中断模式寄存器(INTMOD)

中断模式寄存器见表6.41,共有26位,每一位对应着一个中断源,当中断源的模式位设置为“1”时,对应的中断会由ARM7TDMI内核以FIQ模式来处理;相反地,当模式位设置为“0”时,中断会以IRQ模式来处理。

表6.41　中断模式寄存器(INTMOD)

中断模式寄存器	INTMOD	地址:0x01E00008		R/W	初始值:0x0000000
	位	位名称	位	位名称	描　述
	[25]	EINT0	[12]	INT_TIMER1	0 = IRQ 模式 1 = FIQ 模式
	[24]	EINT1	[11]	INT_TIMER2	
	[23]	EINT2	[10]	INT_TIMER3	
	[22]	EINT3	[9]	INT_TIMER4	
	[21]	EINT4/5/6/7	[8]	INT_TIMER5	
	[20]	INT_TICK	[7]	INT_URXD0	
	[19]	INT_ZDMA0	[6]	INT_URXD1	
	[18]	INT_ZDMA1	[5]	INT_IIC	
	[17]	INT_BDMA0	[4]	INT_SIO	
	[16]	INT_BDMA1	[3]	INT_UTXD0	
	[15]	INT_WDT	[2]	INT_UTXD1	
	[14]	INT_UERR0/1	[1]	INT_RTC	
	[13]	INT_TIMER0	[0]	INT_ADC	

(4)中断屏蔽寄存器(INTMSK)

在中断屏蔽寄存器中,除了全局屏蔽位外,其余的26位都分别对应一个中断源,见表6.42。当屏蔽位为“1”时,对应的中断被屏蔽;当屏蔽位为“0”时,该中断可以正常执行。如果全局屏蔽位被设置为“1”,则所有的中断都不执行。

如果使用了矢量中断模式,在中断服务程序中改变了中断屏蔽寄存器的值,这时并不能屏蔽相应的中断过程,因为该中断在中断屏蔽寄存器之前已经被中断挂起寄存器锁定了。要解决这个问题,就必须在改变中断屏蔽寄存器后再清除相应的挂起位。

表6.42　中断屏蔽寄存器(INTMSK)

	INTMSK	地址:0x01E0000C	R/W	初始值:0x07ffffff	
	位	位名称	位	位名称	描　述
中断屏蔽寄存器	[26]	Global	[12]	INT_TIMER1	0=服务允许 1=屏蔽
	[25]	EINT0	[11]	INT_TIMER2	
	[24]	EINT1	[10]	INT_TIMER3	
	[23]	EINT2	[9]	INT_TIMER4	
	[22]	EINT3	[8]	INT_TIMER5	
	[21]	EINT4/5/6/7	[7]	INT_URXD0	
	[20]	INT_TICK	[6]	INT_URXD1	
	[19]	INT_ZDMA0	[5]	INT_IIC	
	[18]	INT_ZDMA1	[4]	INT_SIO	
	[17]	INT_BDMA0	[3]	INT_UTXD0	
	[16]	INT_BDMA1	[2]	INT_UTXD1	
	[15]	INT_WDT	[1]	INT_RTC	
	[14]	INT_UERR0/1	[0]	INT_ADC	
	[13]	INT_TIMER0	[27]	Reserved	

注意:①只有当相应的中断没有发出请求时,INTMSK寄存器才能被屏蔽;②如果需要屏蔽所有的中断,可以应用MSR、MRS指令来设置CPSR中的I/F位。当任何中断出现时,CPSR中的I/F位也能被屏蔽。

(5)IRQ向量模式相关寄存器

S3C44B0X中的优先级产生模块包含5个单元,1个主单元和4个从单元。每个从优先级产生单元管理6个中断源。主优先级产生单元管理4个从单元和2个中断源。

每一个从单元有4个可编程优先级中断源(sGn)和2个固定优先级中断源(kn)。这4个中断源的优先级是由I_PSLV寄存器决定的,另外2个固定优先级中断源在6个中断源中的优先级最低。

主单元可以通过IRQ向量模式相关寄存器来决定4个从单元和2个中断源的优先级,见表6.43。这2个中断源INT_RTC和INT_ADC在26个中断源中的优先级最低。

如果几个中断源同时发出中断请求,这时I_ISPR寄存器可以显示当前具有最高优先级的中断源。

表 6.43　IRQ 向量模式相关寄存器

寄存器	地　址	读　写	描　述	初始值
I_PSLV	0x01E00010	R/W	确定 slave 组的 IRQ 优先级	0x1b1b1b1b
I_PMST	0x01E00014	R/W	master 寄存器的 IRQ 优先级	0x00001f1b
I_CSLV	0x01E00018	R	当前 slave 寄存器的 IRQ 优先级	0x1b1b1b1b
I_CMST	0x01E0001C	R	当前 master 寄存器的 IRQ 优先级	0x0000xx1b
I_ISPR	0x01E00020	R	中断服务挂起寄存器(同时仅能一个服务位被设置)	0x00000000
I_ISPC	0x01E00024	W	IRQ 中断服务清除寄存器	不确定
F_ISPC	0x01E0003C	W	FIQ 中断服务清除寄存器	不确定

(6) IRQ 从群优先级寄存器 (I_PSLV)

IRQ 从群优先级寄存器见表 6.44,它决定了在每个从群中 4 个中断源的中断优先级。

表 6.44　IRQ 从群优先级寄存器(I_PSLV)

位名称	BIT	描　述	初始值
PSLAVE@ mGA	[31:24]	确定 mGA 中的 sGA、B、C、D 的优先级	0x1b
PSLAVE@ mGB	[23:16]	确定 mGB 中的 sGA、B、C、D 的优先级	0x1b
PSLAVE@ mGC	[15:8]	确定 mGC 中的 sGA、B、C、D 的优先级	0x1b
PSLAVE@ mGD	[7:0]	确定 mGD 中的 sGA、B、C、D 的优先级	0x1b
注意:每个 sGn 必须有不同的优先级			

注意:即使相应的中断源没有用到,I_PSLAVE 中的各项也必须配置不同的优先级。

(7) IRQ 主群优先级寄存器(I_PMST)

IRQ 主群优先级寄存器见表 6.45,决定了 4 个从群的中断优先级。

表 6.45　IRQ 主群优先级寄存器(I_PMST)

位名称	BIT	描　述	初始值
Reserved	[15:13]	保留	000
M	[12]	操作模式:0 = round robin　1 = fix mode	1
FxSLV[A:D]	[11:8]	Slave 操作模式:0 = round robin　1 = fix mode	1111
PMASTER	[7:0]	确定 4 个 slave 单元的优先级	0x1b

注意:即使相应的中断源没有用到,I_PMST 中的各项也必须配置不同的优先级。

(8) 当前 IRQ 从群优先级寄存器 (I_CSLV)

当前 IRQ 从群优先级寄存器见表 6.46,表示在从群中各中断源当前的优先级状态。如果应用轮询模式,I_CSLV 可能不同于 I_PSLV。

表6.46　当前IRQ从群优先级寄存器(I_CSLV)

位名称	位	描　述	初始值
CSLAVE@mGA	[31:24]	指示mGA中的sGA、B、C、D的当前优先级	0x1b
CSLAVE@mGB	[23:16]	指示mGB中的sGA、B、C、D的当前优先级	0x1b
CSLAVE@mGC	[15:8]	指示mGC中的sGA、B、C、D的当前优先级	0x1b
CSLAVE@mGD	[7:0]	指示mGD中的sGA、B、C、D的当前优先级	0x1b

(9)当前IRQ主群优先级寄存器(I_CMST)

当前IRQ主群优先级寄存器见表6.47,表示了各从群当前的优先级状态。

表6.47　当前IRQ主群优先级寄存器(I_CMST)

位名称	位	描　述	初始值
Reserved	[15:14]	保留	0
VECTOR	[13:8]	对应分支机器代码的低6位	不确定
CMASTER	[7:0]	master的当前优先级	00011011

(10)IRQ中断服务挂起寄存器(I_ISPR)

IRQ中断服务挂起寄存器见表6.48,表示了当前正在被响应的中断。虽然有多个中断挂起位都被打开,但只有[1]位发生作用。

表6.48　IRQ中断服务挂起寄存器(I_ISPR)

位名称	位	位名称	位	描述初始值
EINT0	[25]	INT_TIMER1	[12]	0=不响应 1=现在响应 初始值:0
EINT1	[24]	INT_TIMER2	[11]	
EINT2	[23]	INT_TIMER3	[10]	
EINT3	[22]	INT_TIMER4	[9]	
EINT4/5/6/7	[21]	INT_TIMER5	[8]	
INT_TICK	[20]	INT_URXD0	[7]	
INT_ZDMA0	[19]	INT_URXD1	[6]	
INT_ZDMA1	[18]	INT_IIC	[5]	
INT_BDMA0	[17]	INT_SIO	[4]	
INT_BDMA1	[16]	INT_UTXD0	[3]	
INT_WDT	[15]	INT_UTXD1	[2]	
INT_UERR0/1	[14]	INT_RTC	[1]	
INT_TIMER0	[13]	INT_ADC	[0]	

(11) IRQ/FIQ **中断挂起清零寄存器**(I_ISPC/F_ISPC)

IRQ/FIQ 中断挂起清零寄存器见表 6.49,主要用来清除中断挂起位(INTPND)。I_ISPC/F_ISPC 也表明了相应 ISR(中断服务程序)末尾的中断控制器。在 ISR(中断服务程序)的末尾,相应的挂起位必须被清除。

通过对 I_ISPC/F_ISPC 相应的位写“1”来清除中断挂起位(INTPND)。这一特点减小了清除 INTPND 的代码大小。相应的 INTPND 位被 I_ISPC/F_ISPC 自动清除。INTPND 寄存器不能直接被清除。

表 6.49　IRQ/FIQ 中断挂起清零寄存器(I_ISPC/F_ISPC)

位名称	位	位名称	位	描述初始值
EINT0	[25]	INT_TIMER1	[12]	0 = 不变 1 = 清除未响应中断请求 初始值:0
EINT1	[24]	INT_TIMER2	[11]	
EINT2	[23]	INT_TIMER3	[10]	
EINT3	[22]	INT_TIMER4	[9]	
EINT4/5/6/7	[21]	INT_TIMER5	[8]	
INT_TICK	[20]	INT_URXD0	[7]	
INT_ZDMA0	[19]	INT_URXD1	[6]	
INT_ZDMA1	[18]	INT_IIC	[5]	
INT_BDMA0	[17]	INT_SIO	[4]	
INT_BDMA1	[16]	INT_UTXD0	[3]	
INT_WDT	[15]	INT_UTXD1	[2]	
INT_UERR0/1	[14]	INT_RTC	[1]	
INT_TIMER0	[13]	INT_ADC	[0]	

注意:为了清除 I_ISPC/F_ISPC,须遵守以下两个原则:①在 ISR(中断服务程序)中,I_ISPC/F_ISPC 寄存器的存取只能进行一次;②I_ISPR/INTPND 寄存器中的挂起位应该通过 I_ISPC 寄存器来清除。

如果这两个原则都不满足,即使中断已经发出请求,I_ISPR 和 INTPND 寄存器也可能是“0”。

6.4.5　S3C444B0X 中断控制器应用编程

下面给出了中断控制器的两个简单实例,包括外部中断的初始化及利用中断来显示数码管的实例,通过这两个例子,使读者对中断控制器的应用编程有一定的了解。

(1)外部中断的初始化

中断初始化就是根据具体应用对相应的中断特殊控制寄存器进行配置,如以下程序所示。

```
void init_Ext4567(void)
{
```

```
    /* 使能中断 */
    rINTMOD = 0x0;
    rINTCON = 0x1;

    /* set EINT1 interrupt handler */
    rINTMSK = ~(BIT_GLOBAL|BIT_EINT4567);
    pISR_EINT4567 = (int)Eint4567Isr;

    /* 对端口G的配置 */
    rPCONG  = 0xffff;
    rPUPG   = 0x0;                      //上拉电阻使能
    rEXTINT = rEXTINT|0x22220000;       //EINT4567下降沿模式

    rI_ISPC = BIT_EINT4567;             //清除挂起位
    rEXTINTPND = 0xf;                   //清除EXTINTPND寄存器
}
```

(2)中断服务程序举例

以S3C44B0X开发板为开发平台,利用板上的两个中断按钮"SB2"和"SB3"可完成简单的中断实验。其功能是:当按下"SB2"时,8段数码管显示0~9和A~F;当按下"SB3"时,8段数码管显示F~A和9~0。下面只给出了中断服务程序的主要部分。

```
void Eint4567Isr(void)
{
    unsigned char which_int;

    which_int = rEXTINTPND;
    rEXTINTPND = 0xf;                   //清除EXTINTPND寄存器
    rI_ISPC   = BIT_EINT4567;           //清除挂起位

    if(which_int == 4)                  //按下按钮SB2,显示0-F
    {
      led1_on();
      D8Led_Direction(0);
      led1_off();
    }
    else if(which_int == 8)             //按下按钮SB3,显示F-0
    {
      led2_on();
      D8Led_Direction(1);
      led2_off();
```

```
}

    leds_off( );
}
```

6.5 S3C44B0X PWM 定时器功能及应用开发

S3C44B0X 中的定时器具有 PWM(脉宽调制)功能,通过对一些功能寄存器的配置,用户可以定义占空比以及定时频率的大小。本节将对定时器的定时电路、PWM 调制原理、定时器的定时操作进行较详细的介绍,并讲述定时器的特殊功能寄存器的配置及使用。

6.5.1 S3C44B0X PWM 定时器概述

如图 6.6 所示,S3C44B0X 有 6 个 16 位定时器,都可工作在基于中断或 DMA 的操作模式。定时器 0、1、2、3、4 有 PWM 功能(脉宽调制),定时器 5 只是一个内部定时器而无输出引脚,定时器 0 有一个死区发生器,其用于大电流器件。定时器 0 和 1 共用一个 8 位预分频器,定时器 2 和 3、定时器 4 和 5 分别共用另外两个 8 位预分频器,除定时器 4 和 5 外,每个定时器有一个时钟除法器,除法器使用 5 个不同的除数因子(1/2、1/4、1/8、1/16、1/32)。定时器 4 和 5 也有一个时钟除法器,它有 4 个除数因子(1/2、1/4、1/8、1/16)和一个时钟输入端 TCLK/EXTCLK。每个定时器块从其时钟除法器中接收时钟信号,时钟除法器从其相应的 8 位预分频器中接收时钟信号。8 位预分频器是可编程的,并根据存储在 TCFG0 和 TCFG1 寄存器中的值来对 MCLK 信号进行分频。

PWM 定时器的特性:

①6 个基于 DMA 或基于中断操作的 16 位定时器;

②3 个 8 位预分频器,2 个 5 位除法器,1 个 4 位除法器;

③输出波形可编程的功率控制(PWM);

④自动装载或短脉冲模式;

⑤死区发生器。

6.5.2 S3C44B0X PWM 定时器工作原理

定时器计数缓冲寄存器(TCNTBn)的值是当定时器使能时装载到减法计数器的初值,定时器比较缓冲寄存器(TCMPBn)的值将装载到比较寄存器并与减法计数器的值相比较。TC-NTBn 和 TCMPBn 双重缓冲的特性使定时器在频率和占空比改变时,也能产生稳定的输出。

每个计数器都有自己的 16 位的减法计数器,它由定时器时钟驱动。当定时器计数器值达到“0”时,定时器发出中断请求通知 CPU 定时工作已完成。相应的 TCNTBn 将自动装载入计数器以继续下一个操作。但是,如果定时器已停止,如在定时器运行状态中通过清除 TCONn 中的定时器使能位,TCNTBn 中的值将不会被装载到计数器中。

TCMPBn 的值用于脉宽调制,当该计数器值与定时器控制逻辑中的比较寄存器值相等时,定时器控制逻辑改变输出电平。因此,比较寄存器决定 PWM 输出的高电平时间(或低电平时间)。

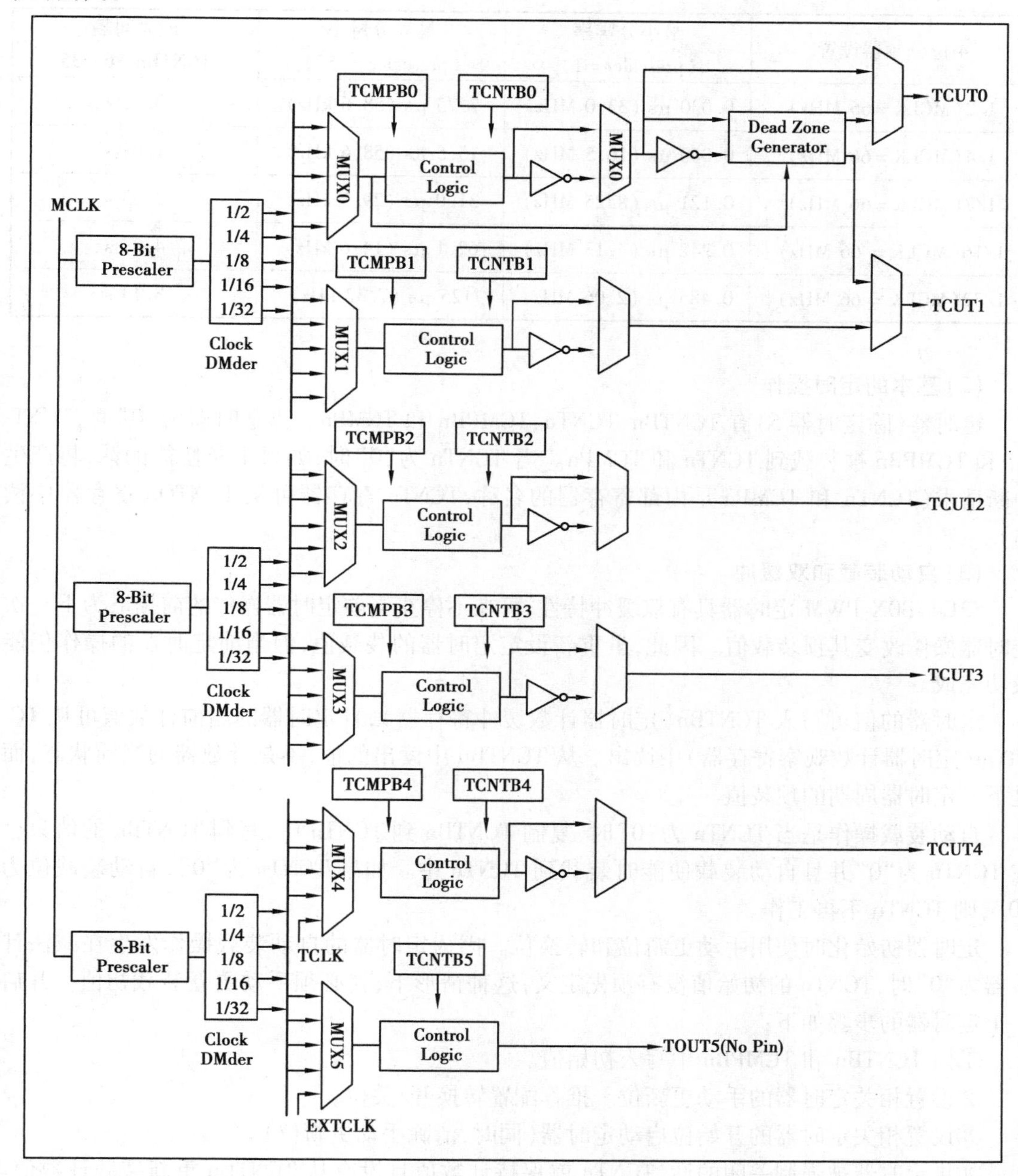

图 6.6　16 位 PWM 定时器框图

6.5.3　S3C44B0X PWM 定时器操作

(1)预分频器和除法器

一个 8 位预分频器和一个独立的 4 位时钟除法器可产生下列的输出频率,见表 6.50。

表 6.50 输出频率表

4 位分频器设置	最小分辨率 (prescaler = 1)	最大分辨率 (prescaler = 255)	最大间隔 (TCNTBn = 65535)
1/2(MCLK = 66 MHz)	0.030 μs (33.0 MHz)	7.75 μs (58.6 kHz)	0.50 s
1/4(MCLK = 66 MHz)	0.060 μs (16.5 MHz)	15.5 μs (58.6 kHz)	1.02 s
1/8(MCLK = 66 MHz)	0.121 μs (8.25 MHz)	31.0 μs (29.3 kHz)	2.03 s
1/16(MCLK = 66 MHz)	0.242 μs (4.13 MHz)	62.1 μs (14.6 kHz)	4.07 s
1/32(MCLK = 66 MHz)	0.485 μs (2.06 MHz)	125 μs (7.32 kHz)	8.13 s

(2)基本的定时操作

定时器(除定时器 5)有 TCNTBn、TCNTn、TCMPBn 和 TCMPn。当定时器为"0"时,TCNTBn 和 TCMPBn 被装载到 TCNTn 和 TCMPn。当 TCNTn 为"0"时,如果中断使能的话,将产生中断请求(TCNTn 和 TCMPn 是内部寄存器的名称,TCNTn 寄存器可从 TCNTOn 寄存器中读出)。

(3)自动装载和双缓冲

S3C44B0X PWM 定时器具有双缓冲特性,可在不停止当前定时器操作的前提下为下一次定时器操作改变其预装载值。因此,虽重新设定定时器的装载值,但当前定时器的操作仍能成功完成。

定时器的值可写入 TCNTBn(定时器计数缓冲寄存器),且定时器的当前计数值可从 TCNTOn(定时器计数观察寄存器)中读出。从 TCNTBn 中读出的值,不是计数器的当前状态,而是下一定时器周期的预装值。

自动装载操作是当 TCNTn 为"0"时,复制 TCNTBn 到 TCNTn 中,写到 TCNTBn 的值只会在 TCNTn 为"0"并且自动装载使能时装载到 TCNTn 中。如果 TCNTn 为"0",自动装载位为"0",则 TCNTn 不再工作。

定时器初始化时使用手动更新位和转换位。因为定时器的自动装载操作发生在减法计数器为"0"时,TCNTn 的初始值没有预先定义,这种情形下,就必须手动更新装载初值。开启一个定时器的步骤如下:

①向 TCNTBn 和 TCMPBn 中写入初始值。

②设置相关定时器的手动更新位。推荐配置转换开/关位。

③设置相关定时器的开始位启动定时器(同时,清除手动更新位)。

如果定时器被强制关闭的话,TCNTn 就保持计数值且没有从 TCNTBn 重新装载计数值。如果新的值必须被重新设置,手动更新就是必需的了。

(4)PWM 脉宽调制

PWM 特性可通过使用 TCMPBn 来实现,PWM 频率由 TCNTBn 决定。

减小 PWM 的输出值,需减小 TCMPBn。为获得更高的 PWM 输出值,需增大 TCMPBn 的值,若输出转换器使能,增/减可能是颠倒的。

由于双缓冲的特性,为了下一个正确的 PWM 周期,可在当前 PWM 周期的任意点通过 ISR(中断服务程序)或其他程序来写 TCMPBn。

(5)输出极性控制

下面的方法可用于保持TOUT为高或低(假设转换器为关)

①关闭自动预装载位,然后TOUTn变为“1”,TCNTn变为“0”后定时器停止,推荐使用该方法。

②通过清除定时器启动/停止位来停止定时器工作,若TCNTn <TCMPn,则输出电平为高电平;若TCNTn >TCMPn,则输出电平为低电平。

③写TCMPBn(该值大于TCNTBn的值),这将阻止TOUTn变为高,因为TCMPBn的值不能与TCNTn相等。

④TOUTn可根据TCON中的转换开/关而反向。转换器除去额外的电路,以调整输出极性。

(6)死区产生器

死区用于电源设备中的PWM控制。该特性用于在开关设备的断开时和另一开关设备开启时插入时间间隔,这个时间间隔禁止两个开关设备同时动作,即使时间很短也不行。

TOUT0是PWM的输出,nTOUT0是TOUT0取反。若使能了死区,则TOUT0和nTOUT0的输出波形将分别为TOUT0_DZ和nTOUT0_DZ。这种情况下在死区时间内,TOUT0_DZ和nTOUT0_DZ不可能同时被打开,如图6.7所示。

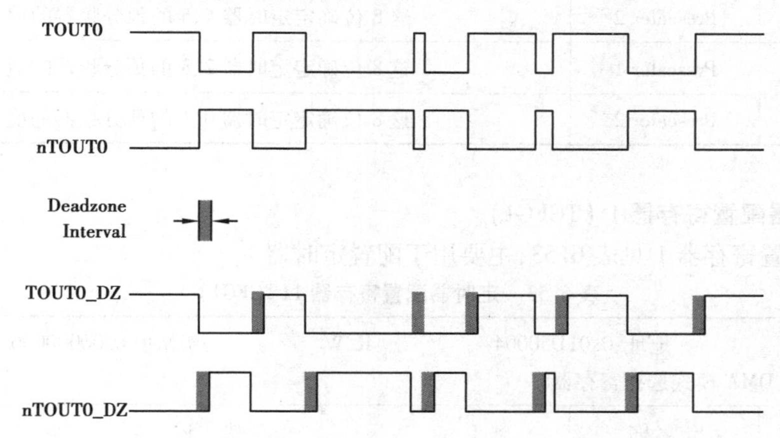

图6.7　死区特性开启时输出波形比较

(7)DMA请求模式

PWM定时器在任何指定的时间均可产生一个DMA请求。定时器接收到应答信号ACK之前,PWM一直保持DMA请求信号为“0”。当定时器接收到应答信号时,产生一停止请求信号。6个定时器中同时只有1个可产生DMA请求,这个定时器通过设置DMA模式位(在TCFG1定时器)来决定。若定时器配置为DMA请求模式,该定时器将不会产生中断请求,其他可产生普通中断请求。

表6.51　DMA模式和DMA请求的配置

DMA模式	0000	0001	0010	0011	0100	0101	0110	0111
DMA请求	No select	Timer0	Timer1	Timer2	Timer3	Timer4	Timer5	No select

6.5.4 S3C44B0X PWM 定时器的特殊功能寄存器

PWM 定时器是通过设置它的特殊功能寄存器来完成相应的功能，下面将对其各个寄存器进行介绍。

(1)定时器配置寄存器 0(TCFG0)

定时器输入时钟频率 = MCLK / {预分频值 + 1} / {除法器值}

{预分频值} =0 -255

{除法器值} =2,4,8,16,32

定时器配置寄存器 0 见表 6.52，主要用于配置定时器 0。

表 6.52 定时器配置寄存器 0(TCFG0)

定时器配置寄存器 0	TCFG0 地址:0x01D50000 R/W 初始值 0x00000000 3 个 8 位预定标器的配置		
	位	位名称	描 述
	[31:24]	Dead zone length	这 8 位确定 dead zone 的长度，dead zone 的长度的一个时间单位与定时器 0 的一个时间单位相等
	[23:16]	Prescaler 2	这 8 位确定定时器 4、5 的预分频器的值
	[15:8]	Prescaler 1	这 8 位确定定时器 2、3 的预分频器的值
	[7:0]	Prescaler 2	这 8 位确定定时器 0、1 的预分频器的值

(2)定时器配置寄存器 1 (TCFG1)

定时器配置寄存器 1 见表 6.53，主要用于配置定时器 1。

表 6.53 定时器配置寄存器 1(TCFG1)

定时器配置寄存器 1	TCFG1 地址:0x01D50004 R/W 初始值 0x00000000 MUX 和 DMA 模式选择寄存器		
	位	位名称	描 述
	[27:24]	DMA mode	选择 DMA 请求通道： 0000 = No select (all interrupt) 0001 = Timer0 0010 = Timer1 0011 = Timer2 0100 = Timer3 0101 = Timer4 0110 = Timer5 0111 = Reserved
	[23:20]	MUX 5	选择定时器 5 的 MUX 输入： 0000 = 1/2 0001 = 1/4 0010 = 1/8 0011 = 1/16 01xx = EXTCLK
	[19:16]	MUX 4	选择定时器 4 的 MUX 输入： 0000 = 1/2 0001 = 1/4 0010 = 1/8 0011 = 1/16 01xx = TCLK

续表

	位	位名称	描 述
定时器配置寄存器1	[15:12]	MUX 3	选择定时器3的MUX输入: 0000 = 1/2　　0001 = 1/4　　0010 = 1/8 0011 = 1/16　　01xx = 1/32
	[11:8]	MUX 2	选择定时器2的MUX输入: 0000 = 1/2　　0001 = 1/4　　0010 = 1/8 0011 = 1/16　　01xx = 1/32
	[7:4]	MUX 1	选择定时器1的MUX输入: 0000 = 1/2　　0001 = 1/4　　0010 = 1/8 0011 = 1/16　　01xx = 1/32
	[3:0]	MUX 0	选择定时器0的MUX输入: 0000 = 1/2　　0001 = 1/4　　0010 = 1/8 0011 = 1/16　　01xx = 1/32

(3)定时器控制寄存器(TCON)

定时器控制寄存器见表6.54,它对各个定时器的操作进行控制。

表6.54 定时器控制寄存器(TCON)

	TCON	地址:0x01D50008	R/W　　初始值0x00000000
	位	位名称	描 述
定时器控制寄存器	[26]	Timer5 auto reload on/off	这位确定定时器5的自动加载的开/关: 0 = One-shot　　1 = Interval mode (auto reload)
	[25]	Timer 5 manual update	这位确定定时器5的手动更新: 0 = No operation　　1 = Update TCNTB5
	[24]	Timer 5 start/stop	这位确定定时器5的启动/停止: 0 = Stop　　1 = Start for Timer 5
	[23]	Timer4 auto reload on/off	这位确定定时器4的自动加载的开/关: 0 = One-shot　　1 = Interval mode (auto reload)
	[22]	Timer 4 outputinverter on/off	这位确定定时器4的输出反转器的开/关: 0 = Inverter off　　1 = Inverter on for TOUT4
	[21]	Timer 4 manual update	这位确定定时器4的手动更新: 0 = No operation　　1 = Update TCNTB4,TCMPB4
	[20]	Timer 4 start/stop	这位确定定时器4的启动/停止: 0 = Stop　　1 = Start for Timer 4
	[19]	Timer3 auto reload on/off	这位确定定时器3的自动加载的开/关: 0 = One-shot　　1 = Interval mode (auto reload)

续表

	位	位名称	描　述
定时器控制寄存器	[18]	Timer 3 outputinverter on/off	这位确定定时器 3 的输出反转器的开/关： 0 = Inverter off　　1 = Inverter on for TOUT3
	[17]	Timer 3 manual update	这位确定定时器 3 的手动更新： 0 = No operation　　1 = Update TCNTB3,TCMPB3
	[16]	Timer 3 start/stop	这位确定定时器 3 的启动/停止： 0 = Stop　　1 = Start for Timer 3
	[15]	Timer2 auto reload on/off	这位确定定时器 2 的自动加载的开/关： 0 = One-shot　　1 = Interval mode (auto reload)
	[14]	Timer 2 outputinverter on/off	这位确定定时器 2 的输出反转器的开/关： 0 = Inverter off　　1 = Inverter on for TOUT2
	[13]	Timer 2 manual update	这位确定定时器 2 的手动更新： 0 = No operation　　1 = Update TCNTB2,TCMPB2
	[12]	Timer 2 start/stop	这位确定定时器 2 的启动/停止： 0 = Stop　　1 = Start for Timer 2
	[11]	Timer1 auto reload on/off	这位确定定时器 1 的自动加载的开/关： 0 = One-shot　　1 = Interval mode (auto reload)
	[10]	Timer 1 outputinverter on/off	这位确定定时器 1 的输出反转器的开/关： 0 = Inverter off　　1 = Inverter on for TOUT1
	[9]	Timer 1 manual update	这位确定定时器 1 的手动更新： 0 = No operation　　1 = Update TCNTB1,TCMPB1
	[3]	Timer0 auto reload on/off	这位确定定时器 0 的自动加载的开/关： 0 = One-shot　　1 = Interval mode (auto reload)
	[2]	Timer 0 outputinverter on/off	这位确定定时器 0 的输出反转器的开/关： 0 = Inverter off　　1 = Inverter on for TOUT0
	[1]	Timer 0 manual update	这位确定定时器 0 的手动更新： 0 = No operation　　1 = Update TCNTB0,TCMPB0
	[0]	Timer 0 start/stop	这位确定定时器 0 的启动/停止： 0 = Stop　　1 = Start for Timer 0

(4)定时器计数缓冲寄存器 & 比较缓冲寄存器(TCNTBn,TCMPBn)

表 6.55 给出了各个定时器的计数缓冲寄存器和比较缓冲寄存器。

表 6.55　定时器 n 计数/比较缓冲寄存器

寄存器	名称	地址/属性
定时器 n 计数/比较缓冲寄存器	定时器 0 计数缓冲寄存器 TCNTB0	地址:0x01D5000C R/W　初始值 0x00000000
	定时器 0 比较缓冲寄存器 TCMPB0	地址:0x01D50010 R/W　初始值 0x00000000
	定时器 1 计数缓冲寄存器 TCNTB1	地址:0x01D50018 R/W　初始值 0x00000000
	定时器 1 比较缓冲寄存器 TCMPB1	地址:0x01D5001C R/W　初始值 0x00000000
	定时器 2 计数缓冲寄存器 TCNTB2	地址:0x01D50024 R/W　初始值 0x00000000
	定时器 2 比较缓冲寄存器 TCMPB2	地址:0x01D50028 R/W　初始值 0x00000000
	定时器 3 计数缓冲寄存器 TCNTB3	地址:0x01D50030 R/W　初始值 0x00000000
	定时器 3 比较缓冲寄存器 TCMPB3	地址:0x01D50034 R/W　初始值 0x00000000
	定时器 4 计数缓冲寄存器 TCNTB4	地址:0x01D5003C R/W　初始值 0x00000000
	定时器 4 比较缓冲寄存器 TCMPB4	地址:0x01D50040 R/W　初始值 0x00000000
	定时器 5 计数缓冲寄存器 TCNTB5	地址:0x01D50048 R/W　初始值 0x00000000

注意：TCMPB 值必须小于 TCNTB 的值。

(5) 定时器观察寄存器 (TCNTOn)

表 6.56 给出了各个定时器的观察寄存器。

表 6.56　定时器观察寄存器 (TCNTOn)

名称	地址/属性
定时器 0 计数观察寄存器 TCNTO0	地址:0x01D50014 R　初始值 0x00000000
定时器 1 计数观察寄存器 TCNTO1	地址:0x01D50020 R　初始值 0x00000000
定时器 2 计数观察寄存器 TCNTO2	地址:0x01D5002C R　初始值 0x00000000
定时器 3 计数观察寄存器 TCNTO3	地址:0x01D50038 R　初始值 0x00000000
定时器 4 计数观察寄存器 TCNTO4	地址:0x01D50044 R　初始值 0x00000000
定时器 5 计数观察寄存器 TCNTO5	地址:0x01D5004C R　初始值 0x00000000

6.5.5 S3C44B0X PWM 定时器应用编程

下面给出的是定时器的测试程序,包括定时器的初始化、定时器的中断处理和定时器的关闭。通过这个程序的介绍,使读者对 PWM 定时器的应用编程有一定的了解。

```
void Test_Timer(void)
{
    Uart_Printf("\nTimer Start,press any key to exit...\n");
    //首先初始化定时器 0
    timer_init();
    //通过 UART 得到输入
    Uart_Getch();
    //关闭定时器
    timer_close();
    Uart_Printf("Exit. \n");
}

/***********************************************************************
* name:          timer_Int
* func:          Timer Interrupt handler
***********************************************************************/
void timer_Int(void)
{
    //清除中断挂起位
    rI_ISPC = BIT_TIMER0;
    Uart_Printf(" * ");
}
/***********************************************************************
* name:          timer_init
* func:          initialize PWM Timer0
***********************************************************************/
void timer_init(void)
{
    /* 使能中断 */
    rINTMOD = 0x0;
    rINTCON = 0x1;

    /* 中断处理设置 */
    rINTMSK = ~(BIT_GLOBAL|BIT_TIMER0);
    pISR_TIMER0 = (unsigned)timer_Int;
```

```
    /* 初始化 PWM 定时器 0 的寄存器 */
    rTCFG0 = 255;
    rTCFG1 = 0x1;
    rTCNTB0 = 655352;
    rTCMPB0 = 128002;
    /* 更新寄存器 TCNO0 */
    rTCON = 0x6;
    /* 使能定时器 */
    rTCON  = 0x19;
}
/***********************************************************************
* name:           timer_close
* func:           close PWM Timer0
***********************************************************************/
void timer_close(void)
{
    pISR_TIMER0 = NULL;
    /* 屏蔽中断 */
    rINTMSK = rINTMSK | BIT_TIMER0;
    /* 关定时器 0 */
    rTCON = 0x0;
}
```

6.6　S3C444B0X A/D 转换器功能及应用开发

A/D 转换是数字信号与模拟信号的转换接口电路，有着广泛的应用，尤其在现代工业控制中数字信号与模拟信号交替出现，A/D 转换更是必不可少。本节将对 A/D 转换的转换电路、转换操作实现及相关的特殊功能寄存器作较详细的阐述，最后给出 A/D 转换应用编程供读者参考。

6.6.1　S3C44B0X 的 A/D 转换器概述

S3C44B0X 的 10 位 CMOS ADC(Analog to Digital Converter A/D 转换器)由以下部分组成：一个 8 通道多路复用模拟输入端、自动调零比较器、时钟发生器、10 位连续寄存器(SAR)和输出寄存器。该 A/D 转换器还提供了软件选择休眠模式。

6.6.2　S3C44B0X A/D 转换器特点

①分辨率：10 位；

②差分线性误差：1 LSB；

③积分线性误差:2 LSB(Max ±3 LSB);
④最大转换速率:100 kS/s;
⑤输入电压范围:0～2.5 V;
⑥输入带宽:0～100 Hz(无采样/保持电路);
⑦低功耗。

6.6.3 S3C44B0X 的 A/D 转换操作

(1)S3C44B0X 的 A/D 转换模块框图

图 6.8 是 S3C44B0X A/D 转换器的功能模块图,由图中可以看出 S3C44B0X A/D 转换是逐次逼近 SAR 型,逐次逼近 A/D 转换器是由一个比较器、D/A 转换器、寄存器及控制逻辑电路组成。

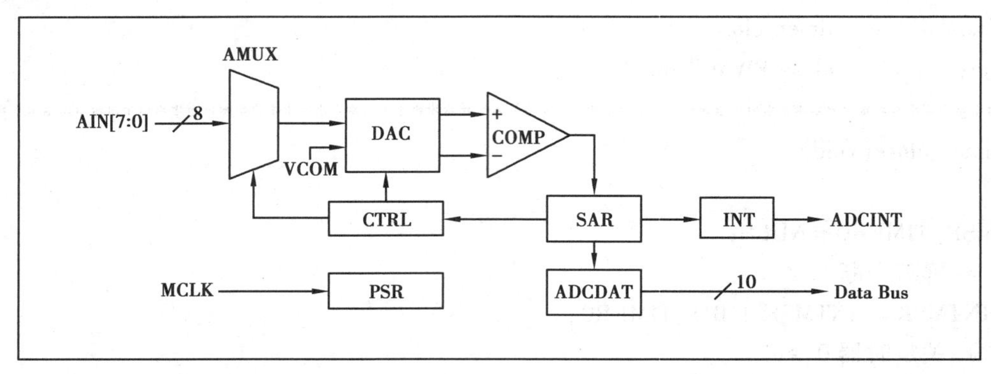

图 6.8 A/D 转换器的功能模块图

(2)S3C44B0XA/D 转换功能描述

1)逐次逼近型 A/D 转换器操作

逐次逼近型 A/D 转换过程如图 6.9 所示。初始时寄存器各位清为“0”,转换时,先将最高位置“1”,送入 D/A 转换器,经 D/A 转换后生成的模拟量送入比较器中与输入模拟量进行比较,若 $V_s < V_i$,该位的“1”被保留,否则被清除;然后次高位置为“1”,将寄存器中新的数字量送入 D/A 转换器,输出的 V_s 再与 V_i 比较,若 $V_s < V_i$,保留该位的“1”,否则清除。重复上述过程,直至最低位;最后寄存器中的内容即为输入模拟值转换成的数字量。

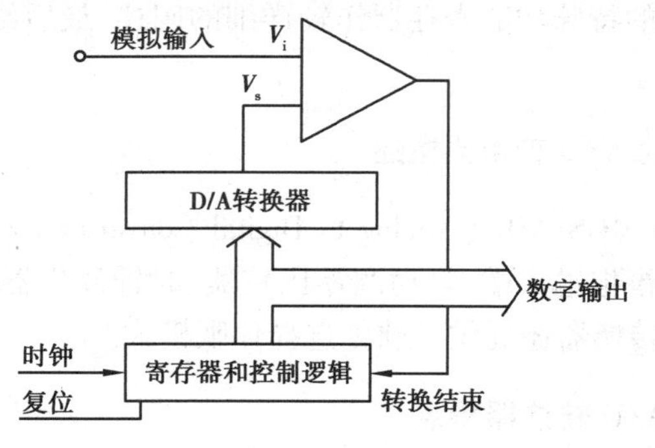

图 6.9 逐次逼近型 A/D 转换过程图

对于 n 位逐次逼近型 A/D 转换器,要比较 n 次才能完成一次转换。因此,逐次逼近型

A/D转换器的转换时间取决于位数和时钟周期。转换精度取决于 D/A 转换器和比较器的精度,一般可达 0.01%,转换结果也可串行输出。逐次逼近型 A/D 转换器可应用于许多场合,是应用最为广泛的一种 A/D 转换器。S3C44B0X 处理器内部集成了这种 A/D 转换器。

S3C44B0X AVCOM 是公共参考电压输入端,只需要滤波电容接地。AFREFB、AREFT 引脚也需要滤波电容接地,如图 6.10 所示。

2)A/D 转换时间

假设系统时钟频率为 66 MHz,比例因子为 20,那么 10 位 A/D 转换器的转换时间计算如下:

$$66\ \text{MHz} / 2(20+1) / 16 = 98.2\ \text{kHz} = 10.2\ \mu\text{s}$$

式中:16 指的是 10 位转换操作至少需要 16 个周期。

注意:尽管最大转换速率为 100 kS/s,由于该 A/D 转换器没有采样保持电路,所以模拟输入频率不应该超过 100 Hz,以便能进行准确转换。

3)S3C44B0X A/D 转换的休眠模式

该 ADC 休眠模式是通过设置 SLEEP 位(ADCCON[5])为“1”来完成的。在这个模式中,转换时钟不起作用,且 A/D 转换操作暂停。A/D 转换器数据寄存器保留休眠模式之前的数据。

注意:在 ADC 退出休眠模式(ADCCON[5] = 0)后,为使 ADC 参考电平稳定,在第一次 A/D 转换时需要等待 10 ms。

4)S3C44B0X 的 ADC 相关管脚配置

S3C44B0X VCOM、AFREFB、AREFT 必须按图 6.10 所示对地分别接滤波电容到地处理。

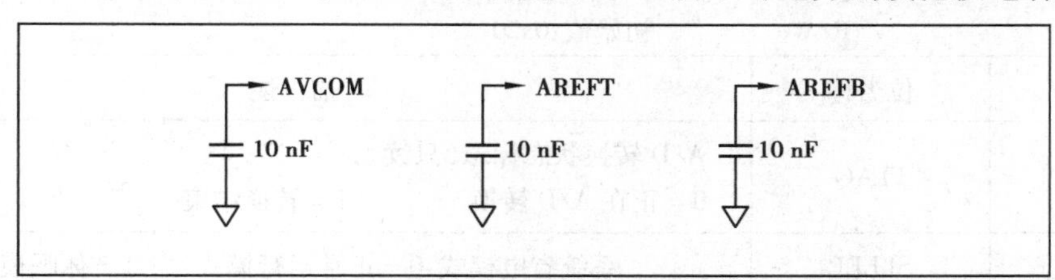

图 6.10　外部相关管脚配置

5)S3C44B0X 的 ADC 数据读取方面的问题

ADC 转换器标志状态(ADCCON[6],FLAG 位)常常是不正确的。FLAG 错误操作一般表现为以下情况:

①在 ADC 转换开始后,FLAG 位置“1”状态仅保持了一个时钟周期,这是不正确的。

②FLAG 位置“1”状态仅保持到 ADC 转换结束前一个周期,这也是不正确的。

若仅当 ADCPSR 足够大,那么这个问题会更明显。为了正确的读取 ADC 转换数据,请参考下面的程序:

```
rADCCON = 0x1 | (0x0 < < 2);          //开始 A/D 转换
while(rADCCON &0x1);                  //为避免第一个标志位有错
                                      //(在一个时钟周期内将开始位清零)
while(! (rADCCON & 0x40));
for(i = 0;i < rADCPSR;i + + );        //为避免第二个标志位有错
Uart_Printf(" A0 = %03xh ",rADCDAT);
```

6)使用 A/D 转换器的注意事项

①ADC 的模拟信号输入通道没有采样保持电路,使用时可以设置较大的 ADCPSR 值,以减少输入通道因信号输出电阻过大而产生的信号电压。

②ADC 的转换频率在 0 ~ 100 Hz。

③通道切换时,应保证至少 15 μs 的间隔。

④ADC 从 SLEEP 模式退出时,通道信号应保持 10 ms 以使 ADC 参考电压稳定。

⑤Start-by-read 可使用 DMA 传送转换数据。

6.6.4 S3C44B0X A/D 转换的特殊功能寄存器

S3C44B0X 的 A/D 转换是通过 A/D 转换特殊功能寄存器完成各种功能的控制与实现,处理器集成的 ADC 只使用到 3 个寄存器,即 ADC 控制寄存器(ADCCON)、ADC 数据寄存器(ADCDAT)和 ADC 预装比例因子寄存器(ADCPSR)。本节分别对各寄存器进行介绍。

(1) A/D 转换控制寄存器(ADCCON)

A/D 转换控制寄存器控制 A/D 转换的进程和通道选择等,ADCCON 的详细功能控制位见表 6.57。

表 6.57 A/D 转换控制寄存器(ADCCON)

<table>
<tr><td rowspan="7">A/D
转换
控制
寄存器</td><td colspan="3">ADCCON 地址: 0x01D40000(Li/W,Li/HW,Li/B,Bi/W)
0x01D40002(Bi/HW) 0x01D40003(Bi/B)
R/W 初始值:0x20</td></tr>
<tr><td>位</td><td>位名称</td><td>描 述</td></tr>
<tr><td>[6]</td><td>FLAG</td><td>A/D 转换状态标志(只读):
0 = 正在 A/D 转换 1 = 转换结束</td></tr>
<tr><td>[5]</td><td>SLEEP</td><td>系统省电模式:0 = 正常运行模式 1 = 休眠模式</td></tr>
<tr><td>[4:2]</td><td>INPUT SELECT</td><td>输入源选择:
000 = AIN0 001 = AIN1 010 = AIN2 011 = AIN3
100 = AIN4 101 = AIN5 110 = AIN6 111 = AIN7</td></tr>
<tr><td>[1]</td><td>READ
_START</td><td>A/D 转换通过读启动:
0 = 通过读操作禁止启动转换
1 = 通过读操作允许启动转换</td></tr>
<tr><td>[0]</td><td>ENABLE
_START</td><td>A/D 转换由使能位来启动:
0 = 无操作 1 = A/D 转换开始且启动后此位清零</td></tr>
</table>

(2) A/D 转换预置比例因子寄存器(ADCPSR)

A/D 转换预置比例因子寄存器见表 6.58,低 8 位是预置比例因子 PRESCALER。该数据决定转换时间的长短,数据越大转换时间就越长。

表6.58 ADC预置比例因子寄存器(ADCPSR)

A/D转换预标定器寄存器	ADCPSR	地址:	0x01D40004 (Li/W,Li/HW,Li/B,Bi/W)R/W 初始值:0x0 0x01D40006(Bi/HW) 0x01D40007(Bi/B)
	位	位名称	描 述
	[7:0]	PRESCALER	预定标器的值(0~255) Division factor = 2(prescaler_value + 1) ADC转换总时钟数 = 2 × (Prescalser_value + 1) × 16

(3)A/D转换数据寄存器(ADCDAT)

在A/D转换完成后,ADCDAT读取转换后的数据。在转换完成后,ADCDAT必须被读取。见表6.59,A/D转换数据寄存器的低10位用于存放A/D转换数据输出值。

表6.59 A/D转换数据寄存器(ADCDAT)

A/D转换数据寄存器	ADCDAT	地址:	0x01D40008(Li/W,Li/HW,Bi/W) R/W 初始值:— 0x01D4000A(Bi/HW)
	位	位名称	描 述
	[9:0]	ADCDAT	A/D转换数据输出值

6.6.5 S3C44B0X A/D转换器应用编程

在此以触摸屏中A/D转换为例,简单介绍A/D转换的编程过程。本程序主要完成触摸屏上XY轴上坐标的由模拟量到数字量的转换及其读取。由以下程序可知,首先需要设置A/D的数据寄存器和控制寄存器,通过控制寄存器的设置来选择AIN1或AIN1为ADC的输入通道,然后循环进行数据采集,最后取平均值。

```
rPDATE = 0x68;                    //PE7、PE6、PE5、PE4分别为0110
rADCCON = 0x1 < < 2;              //选择AIN1为ADC输入通道
DelayTime(1000);                  //设置到下一个通道的延时

for( i = 0; i < 5; i + + )        //循环采集
{
rADCCON | = 0x1;                  //启动A/D转换
while( rADCCON & 0x1);            //检查A/D是否已启动
while( ! (rADCCON & 0x40));       //检查FLAG,等待直到转换结束
Pt[i] = (0x3ff&rADCDAT);          //读入转换值10位
}
Pt[5] = (Pt[0] + Pt[1] + Pt[2] + Pt[3] + Pt[4])/5; //读取平均值

rPDATE = 0x98;                    //PE7、PE6、PE5、PE4分别为1001
```

```
        rADCCON = 0x0 < < 2;          //选择 AIN0 为 ADC 输入通道
        DelayTime(1000);              //延时
    for( i = 0; i < 5; i + + )        //循环采集
        {
            rADCCON | = 0x1;//开启动 A/D 转换
            while( rADCCON & 0x1);//检查 A/D 是否已启动
            while( ! (rADCCON & 0x40)); //检查 FLAG,等待直到转换结束
            Pt[i] = (0x3ff&rADCDAT); //读入转换值 10 位
    }
    Pt[5] = (Pt[0] + Pt[1] + Pt[2] + Pt[3] + Pt[4])/5; //读取平均值
```

6.7 S3C444B0X RTC 功能及应用开发

实时时钟(RTC)在当今的电子设备中应用非常普遍,它可以帮助人们实时、准确地掌握时间。例如:手机、PDA 及一些智能仪表中都提供了时钟显示。本节介绍实时时钟模块的组成结构、操作原理以及相关于模块的特殊功能寄存器的具体设置,最后给出实时时钟的应用编程供读者参考。

6.7.1 S3C44B0X RTC 概述

实时时钟(RTC)器件是一种能提供日历、时钟、数据存储等功能的专用集成电路,常用作各种计算机系统的时钟信号源和参数设置存储电路。RTC 具有计时准确、耗电低和体积小等特点,特别是在各种嵌入式系统中用于记录事件发生的时间和相关信息,如通信工程、电力自动化、工业控制等自动化程度高的领域的无人值守环境。随着集成电路技术的不断发展,RTC 器件的新品也不断推出,这些新品不仅具有准确的 RTC,还有大容量的存储器、温度传感器和 A/D 数据采集通道等,已成为集 RTC、数据采集和存储于一体的综合功能器件,特别适用于以微控制器为核心的嵌入式系统。

6.7.2 S3C44B0X RTC 特性

在系统电源关闭的情况下,RTC 单元可以由后备电池供电以继续运行。RTC 可通过 STRB/LDRB 的 ARM 指令向 CPU 传送 8 位 BCD 数据。传送的数据包括秒、分、时、星期、日期、月份和年份。RTC 单元时钟源由外部 32.768 kHz 晶振提供,可以实现闹钟(告警)功能。S3C44B0X 实时时钟(RTC)单元特性如下:

BCD 数据,秒、分、时、日、月、年;
闰年产生器;
告警功能:告警中断或从断电模式唤醒;
排除了 2000 年问题;
独立的电源端口(VDDRTC);
支持毫秒滴答时间中断作为 RTOS 核的时间滴答;

循环复位功能。

6.7.3　S3C44B0X 实时时钟操作

S3C44B0X 实时时钟框图如图 6.11 所示。

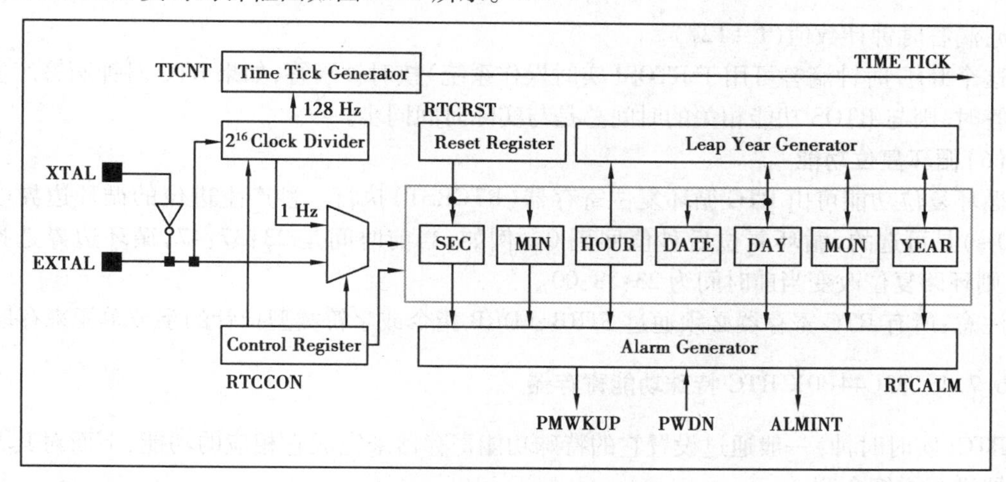

图 6.11　实时时钟框图

(1)闰年发生器

该模块根据 BCDDAY、BCDMON 和 BCDYEAR 的数据来决定每月的最后日期是否为 28、29、30 或 31，这个模块通过闰年来决定最后一天。一个 8 位计数器只能表示两个 BCD 数据，因此，它不能决定是否“00”是闰年。例如，它不能区分 1900 和 2000。要解决这个问题，S3C44B0X 中的 RTC 模块有支持闰年的硬线逻辑。注意：1900 不是闰年，而 2000 年是闰年。因此，在 S3C44B0X 中的两数字“00”表示 2000，而不是 1900。

(2)读/写寄存器

为了读写 RTC 模块中的寄存器，必须设置 RTCCON 寄存器中的位“0”。要显示秒、分、时、日、星期、月、年，CPU 应分别读取 BCDSEC、BCDMIN、BCDHOUR、BCDDAY、BCDDATE、BCDMON和 BCDYEAR 寄存器中的数据。但是，在 RTC 模块中，由于多个寄存器在读，可能会产生一秒的偏差。例如：当用户从 BCDYEAR 到 BCDMIN 读寄存器时，结果假定是 1959 年 12 月 31 日 23 时 59 分，当用户读 BCDSEC 寄存器并且结果是从 1 ~ 59，这没问题，但如果结果是 0 s，则年月日时分秒可能变为 1960 年 1 月 1 日 0 时 0 秒，因为存在 1 s 偏差。所以这时，若 BCDSEC 是“0”，用户应该从 BCDYEAR 向 BCDSEC 重新读取数据。

(3)备用电池操作

RTC 逻辑可用备用电池驱动，即使系统电源关闭了，它也可通过 RTCVDD 端口向 RTC 模块提供电源。当系统关闭时，CPU 和 RTC 逻辑间的接口应关闭。备用电池只驱动晶振电路和 BCD 计数器以最小化电源消耗。

(4)告警功能

在断电模式或正常操作模下，RTC 在一段指定时间将产生一个告警信号。在正常操作模式中，告警中断(ALMINT)有效；在断电模式中，电源管理器唤醒信号(PMWKUP)和 ALMINT 都有效。RTC 告警寄存器 RTCALM 决定告警使能与禁止，并决定告警时钟设置的条件。

(5)滴答时钟中断

RTC 滴答时钟用于产生中断请求,TICNT 寄存器有一个中断使能位和一个中断计数值。当计数值达到“0”,产生滴答时钟中断。中断周期如下:

$$周期 = (n + 1)/128\ s$$

n:滴答时钟计数值(1~127)。

这个 RTC 时钟滴答可用于 RTOS(实时操作系统)核时钟滴答,如果 RTC 时钟滴答产生时钟滴答时,则与 RTOS 功能相关的时间总是与实际时间同步。

(6)循环复位功能

循环复位功能可由 RTC 循环复位寄存器(RTCRST)执行。秒产生进位的循环边界(30、40、50 s)是可选的,循环复位后秒值回到 0。例如,当前时间是 23:37:47,循环边界选择为 40 s,则环路复位改变当前时间为 23:38:00。

注意:所有 RTC 寄存器必须通过 STRB、LDRB 指令或字符类型指针的字节单元来存取。

6.7.4 S3C44B0X RTC 特殊功能寄存器

RTC(实时时钟)一般通过设置它的特殊功能寄存器来完成它相应的功能,下面对其各个寄存器进行详细介绍。

(1)RTC 控制寄存器(RTCCON)

RTC 控制寄存器见表 6.60,它有 4 位,如 RTCEN 用于控制 BCD 寄存器的读/写使能;CLKSEL、CNTSEL 和 CLKRST 用于测试。RTCEN 位可控制 CPU 和 RTC 之间所有的接口,因此,在一个 RTC 控制例程中该位应设为“1”,以保证在系统复位后能读写数据。同样在断电之前,RTCEN 位应清零,以防止意外地写 RTC 寄存器。

表 6.60 RTC 控制寄存器(RTCCON)

RTC 控制寄存器	RTCCON 地址: 0x01D70040(小端) 0x01D70043(大端) R/W(字节) 初始值:0x0		
	位	位名称	描 述
	[3]	CLKRST	RTC 时钟计数复位: 0 = 不复位 1 = 复位
	[2]	CNTSEL	BCD 计数器选择: 0 = 组合的 BCD 计数器 1 = 保留(分离的 BCD 计数器)
	[1]	CLKSEL	BCD 计数器时钟选择: 0 = XTAL1/2^{15} divided clock 1 = 保留(XTAL clock only for test)
	[0]	RTCEN	RTC 读写允许: 0 = 禁止 1 = 允许 如果 RTC 读写允许,STOP 电流将大大增大,为了减少 STOP 电流,当不存取 RTC 时,设置该位为“0”,虽然为“0”,但 RTC 时钟仍运行

(2)RTC 告警控制寄存器(RTCALM)

RTC 告警控制寄存器决定着告警的使能及告警时间,见表 6.61。注意 RTC 告警控制寄存器通过 ALMINT 和 PMWKUP 在断电模式中产生告警信号,而在正常操作模式中只通过 ALMINT 产生。

表6.61　RTC告警控制寄存器(RTCALM)

RTC告警控制寄存器	RTCALM	地址：0x01D70050(小端) 0x01D70053(大端)	R/W(字节)　初始值:0x0
	位	位名称	描　述
	[7]		保留
	[6]	ALMEN	Alarm全局允许：　0=禁止　1=使能
	[5]	YEAREN	年Alarm允许：　0=禁止　1=使能
	[4]	MONREN	月Alarm允许：　0=禁止　1=使能
	[3]	DAYEN	天Alarm允许：　0=禁止　1=使能
	[2]	HOUREN	时Alarm允许：　0=禁止　1=使能
	[1]	MINEN	分Alarm允许：　0=禁止　1=使能
	[0]	SECEN	秒Alarm允许：　0=禁止　1=使能

(3)告警秒数据寄存器(ALMSEC)

告警秒数据寄存器见表6.62，它主要是用于存放秒的BCD值。

表6.62　告警秒数据寄存器(ALMSEC)

告警秒数据寄存器	ALMSEC	地址：0x01D70054(小端) 00x01D70057(大端)	R/W(字节)　初始值:0x0
	位	位名称	描　述
	[7]	Reserved	保留
	[6:4]	SECDATA	秒的BCD值(0~5)
	[3:0]		0~9

(4)告警分数据寄存器(ALMMIN)

告警分数据寄存器见表6.63，它主要用于存放分钟的BCD值。

表6.63　告警分数据寄存器(ALMMIN)

告警分数据寄存器	ALMMIN	地址：0x01D70058(小端) 0x01D7005B(大端)	R/W(字节)　初始值:0x00
	位	位名称	描　述
	[7]		保留
	[6:4]	MINDATA	分的BCD值(0~5)
	[3:0]		0~9

(5)告警时数据寄存器(ALMHOUR)

告警时数据寄存器见表6.64，它主要用于存放小时的BCD值。

表 6.64 告警时数据寄存器(ALMHOUR)

告警时数据寄存器	ALMHOUR 地址: 0x01D7005C (小端) 00x01D7005F (大端) R/W(字节) 初始值:0x0		
	位	位名称	描 述
	[7:6]		保留
	[5:4]	HOURDATA	时的 BCD 值(0~2)
	[3:0]		0~9

(6)告警日数据寄存器(ALMDAY)

告警日数据寄存器见表 6.65,它主要用于存放日的 BCD 值。

表 6.65 告警日数据寄存器(ALMDAY)

告警日数据寄存器	ALMDAY 地址: 0x01D70060 (小端) 0x01D70063 (大端) R/W(字节) 初始值:0x01		
	位	位名称	描 述
	[7:6]		保留
	[5:4]	DAYDATA	日的 BCD 值(0~3)
	[3:0]		0~9

(7)告警月数据寄存器(ALMMON)

告警月数据寄存器见表 6.66,它主要用于存放月的 BCD 值。

表 6.66 告警月数据寄存器(ALMMON)

报警月数据寄存器	ALMMON 地址: 0x01D70064 (little endian) 0x01D70067 (Big endian) R/W(字节) 初始值:0x01		
	位	位名称	描 述
	[7:5]		保留
	[4]	MONDATA	月的 BCD 值(0~1)
	[3:0]		0~9

(8)告警年数据寄存器(ALMYEAR)

告警年数据寄存器见表 6.67,它主要用于存放年的 BCD 值。

表 6.67 告警年数据寄存器(ALMYEAR)

告警年数据寄存器	ALMYEAR 地址: 0x01D70068 (小端) 0x01D7006B (大端) R/W(字节) 初始值:0x00		
	位	位名称	描 述
	[7:0]	YEARDATA	年的 BCD 值(00~99)

(9) RTC 循环复位寄存器(RTCRST)

RTC 循环复位寄存器见表 6.68,它主要用于确定是否允许循环复位和循环边界。

表 6.68　RTC 循环复位寄存器(RTCRST)

RTC循环复位寄存器	RTCRST	地址: 0x01D7006C (小端) 0x01D7006F (大端)	R/W(字节)　初始值:0x0
	位	位名称	描　述
	[3]	SRSTEN	循环(Round)秒复位允许:0 = 禁止　1 = 使能
	[2:0]	SECCR	产生秒进位的循环边界: 011 = 超过 30 s　100 = 超过 40 s　101 = 超过 50 s

(10) BCD 秒数据寄存器(BCDSEC)

BCD 秒数据寄存器见表 6.69,它主要用于存放秒的 BCD 值。

表 6.69　BCD 秒数据寄存器(BCDSEC)

BCD秒数据寄存器	BCDSEC	地址: 0x01D70070(小端) 0x01D70073(大端)	R/W(字节)　初始值:未定义
	位	位名称	描　述
	[7]		保留
	[6:4]	SECDATA	秒的 BCD 值(0 ~ 5)
	[3:0]		0 ~ 9

(11) BCD 分数据寄存器(BCDMIN)

BCD 分数据寄存器见表 6.70,它主要用于存放分钟的 BCD 值。

表 6.70　BCD 分数据寄存器(BCDSEC)

BCD分数据寄存器	BCDMIN	地址: 0x01D70074 (小端) 0x01D70077 (大端)	R/W(字节)　初始值:未定义
	位	位名称	描　述
	[7]		保留
	[6:4]	MINDATA	分的 BCD 值(0 ~ 5)
	[3:0]		0 ~ 9

(12) BCD 时数据寄存器(BCDHOUR)

BCD 时数据寄存器见表 6.71,它主要用于存放小时的 BCD 值。

表 6.71　BCD 时数据寄存器(BCDHOUR)

<table>
<tr><td rowspan="5">BCD
时数
据寄
存器</td><td colspan="3">BCDHOUR　　地址：　0x01D70078（小端）
0x01D7007B（大端）　　R/W(字节)　　初始值:未定义</td></tr>
<tr><td>位</td><td>位名称</td><td>描　述</td></tr>
<tr><td>[7:6]</td><td></td><td>保留</td></tr>
<tr><td>[5:4]</td><td>HOURDATA</td><td>时的 BCD 值(0～2)</td></tr>
<tr><td>[3:0]</td><td></td><td>0～9</td></tr>
</table>

(13) BCD 日数据寄存器(BCDDAY)

BCD 日数据寄存器见表 6.72,它主要用于存放日的 BCD 值。

表 6.72　BCD 日数据寄存器(BCDDAY)

<table>
<tr><td rowspan="5">BCD
日数
据寄
存器</td><td colspan="3">BCDDAY　　地址：　0x01D7007C（小端）
0x01D7007F（大端）　　R/W(字节)　　初始值:未定义</td></tr>
<tr><td>位</td><td>位名称</td><td>描　述</td></tr>
<tr><td>[7:6]</td><td></td><td>保留</td></tr>
<tr><td>[5:4]</td><td>HOURDATA</td><td>日的 BCD 值(0～2)</td></tr>
<tr><td>[3:0]</td><td></td><td>0～9</td></tr>
</table>

(14) BCD 星期数据寄存器(BCDDATE)

BCD 星期数据寄存器见表 6.73,它主要用于存放星期的 BCD 值。

表 6.73　BCD 星期数据寄存器(BCDDATE)

<table>
<tr><td rowspan="4">BCD
星期
数据
寄存
器</td><td colspan="3">BCDDATE　　地址：　0x01D70080（小端）
0x01D70083（大端）　　R/W(字节)　　初始值:未定义</td></tr>
<tr><td>位</td><td>位名称</td><td>描　述</td></tr>
<tr><td>[7:3]</td><td></td><td>保留</td></tr>
<tr><td>[2:0]</td><td>DATEDATA</td><td>星期的 BCD 值(1～7)</td></tr>
</table>

(15) BCD 月数据寄存器(BCDMON)

BCD 月数据寄存器见表 6.74,它主要用于存放月的 BCD 值。

表 6.74　BCD 月数据寄存器(BCDMON)

<table>
<tr><td rowspan="5">BCD
月数
据寄
存器</td><td colspan="3">BCDMON　　地址：　0x01D70084（小端）
0x01D70087（大端）　　R/W(字节)　　初始值:未定义</td></tr>
<tr><td>位</td><td>位名称</td><td>描　述</td></tr>
<tr><td>[7:5]</td><td></td><td>保留</td></tr>
<tr><td>[4]</td><td>HOURDATA</td><td>月的 BCD 值(0～1)</td></tr>
<tr><td>[3:0]</td><td></td><td>0～9</td></tr>
</table>

(16)BCD年数据寄存器(BCDYEAR)

BCD年数据寄存器见表6.75,它主要用于存放年的BCD值。

表6.75　BCD年数据寄存器(BCDYEAR)

BCD年数据寄存器	BCDYEAR　地址: 0x01D70088(小端) 0x01D7008B(大端)　R/W(字节)　初始值:未定义		
	位	位名称	描　述
	[7:0]	YEARDATA	年的BCD值(00~99)

(17)TICK TIME计数寄存器(TICNT)

TICK TIME计数寄存器见表6.76,它主要用于确定是否允许时间滴答中断和时间中断的计数值。

表6.76　TICK TIME计数寄存器(TICNT)

TICK TIME计数寄存器	TICNT　地址: 0x01D7008C(小端) 00x01D7008F(大端)　R/W(字节)　初始值:0x0		
	位	位名称	描　述
	[7]	TICK INT ENABLE	时间滴答中断允许:0=禁止　1=使能
	[6:0]	TICK TIME COUNT	时间滴答计数值,(1~127),这个计数值内部递减,用户不能读它的实时值

6.7.5　S3C44B0X RTC应用编程

下面给出几个RTC的编程实例,包括RTC的初始化、时间滴答控制、时钟测试以及RTC的读取显示。通过这几个程序的介绍,使读者对RTC的应用编程有一定的了解。

(1)RTC的初始化代码

```
void Rtc_Init(void)
{
    rRTCCON  =0x01;        //R/W enable,1/32768,Normal(merge),No reset
    rBCDYEAR =TESTYEAR;
    rBCDMON  =TESTMONTH;
    rBCDDAY  =TESTDAY;        //SUN:1 MON:2 TUE:3 WED:4 THU:5 FRI:6 SAT:7
    rBCDDATE =TESTDATE;
    rBCDHOUR =TESTHOUR;
    rBCDMIN  =TESTMIN;
    rBCDSEC  =TESTSEC;
    rRTCCON  =0x0;        //R/W disable,1/32768,Normal(merge),No reset

}
```

(2)时间滴答控制程序

```
/ ****************************************************************
* 功能:          RTC 时间片控制初始化
****************************************************************/
voidTest_RTC_Tick(void)
{
pISR_TICK = (unsigned)Rtc_Tick;

    rRTCCON =0x1;               //R/W 使能;配置为:1/32768,Normal(merge),No reset
    sec_tick =1;
    rINTMSK = ~(BIT_GLOBAL|BIT_TICK);

    rRTCCON =0x0;               //关闭 R/W 功能
    rTICINT =127 +(1< <7);  //启动时间片中断功能
}
/ ****************************************************************
* 函数名:          check_RTC ()
* 功能:            RTC 工作检测程序
****************************************************************/
void Rtc_Tick(void)
{
    rI_ISPC = BIT_TICK;         //清除时间片中断标志
    RTC_ok  =1;                //RTC 检测标志置位
}
```

(3)时钟检测代码

```
/ ****************************************************************
* 函数名:      check_RTC ()
* 功能:        RTC 工作检测程序
* 参数:        无
* 返回:        无
****************************************************************/
void check_RTC(void)
{
    int i =0;

    RTC_ok =0;                      //检测标志位清除
    rRTCCON =0x01;                  //R/W 使能;配置:1/32768,Normal(merge),No reset
    Test_Rtc_Tick();                //调用测试初始化函数
    for(i =0; i <0xffff; i + +); //等待时间中断
```

```
    for(i=0; i<0xffff; i++);     //等待时间中断

    rINTMSK |= BIT_TICK;         //禁止时间中断

    rRTCCON=0x0;                 //检测结束
    rINTCON=0x3;
}
```

(4) RTC 的读取显示代码

```
void Read_Rtc(void)
{
    //Uart_Printf("This test should be excuted once RTC test(Alarm) for RTC initialization\n");
    rRTCCON=0x01;      //R/W enable,1/32768,Normal(merge),No reset
    while(1)
    {
    if(rBCDYEAR == 0x99)
        year=0x1999;
    else
        year=0x2000 + rBCDYEAR;
        month=rBCDMON;
        day=rBCDDAY;
        weekday=rBCDDATE;
        hour=rBCDHOUR;
        min=rBCDMIN;
        sec=rBCDSEC;
    if(sec!=0)
        break;
    }
    rRTCCON=0x0;       //R/W disable(for power consumption),1/32768,Normal(merge),
No reset
}

void Display_Rtc(void)
{
    Read_Rtc();
    Uart_Printf(" Current Time is %02x-%02x-%02x %s",year,month,day,date[week-
day]);
    Uart_Printf(" %02x:%02x:%02x\r",hour,min,sec);
}
```

6.8 S3C44B0X IIC 总线接口功能及应用开发

IIC 是一种串行数据传输的标准总线,可以将支持此串行通信的外围设备连接在一起。本节将对 S3C44B0X 中 IIC 总线操作模式、操作原理进行详细介绍,并给出了特殊功能寄存器的配置,最后给出了 IIC 应用程序设计,供读者参考。

6.8.1 S3C44B0X IIC 总线概述

S3C44B0X RISC 微处理器支持多主 IIC 串行接口。专用串行数据线(SDA)和串行时钟线(SCL)在总线控制器和外围设备之间传送信息,它们都连接在 IIC 总线上。SDA 和 SCL 线都是双向的。

在多主 IIC 模式下,多个 S3C44B0X RISC 微处理器可以从设备接收数据或传送数据到设备。启动数据传送给 IIC 总线的主设备也负责终止数据的传送。S3C44B0X 中的 IIC 总线使用了标准的优先级仲裁过程。

为了控制多主 IIC 操作,必须为以下寄存器赋值:

①多主 IIC 控制寄存器(IICCON)

②多主 IIC 控制/状态寄存器(IICSTAT)

③多主 IIC Tx/Rx 数据移位寄存器(IICDS)

④多主 IIC 地址寄存器(IICADD)

当 IIC 空闲时 SDA 和 SCL 线应该都处于高电平,SDA 由高电平到低电平的转变能够产生启动条件;当 SCL 在高电平保持稳定时,SDA 由低电平到高电平的转变能够产生停止条件。

启动和停止条件一般由主设备产生。启动条件产生后,被放到总线上的第一个数据字节的 7 位地址值能够决定总线主设备所选择的从设备,第 8 位决定了传送的方向(读或写)。

放到 SDA 线上的每一个数据字节都是 8 位。在总线传送操作中被发送或接收的字节数是无限的,数据总是从最高位(MSB)开始发送,并且每个数据之后应该紧跟着一个应答位(ACK)。

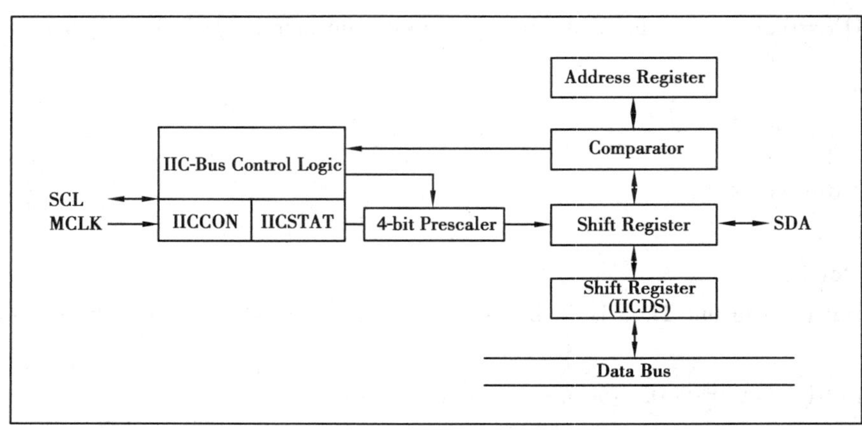

图 6.12 IIC 总线框图

注意：

①IIC数据保持时间(tSDAH)最小为0 ns。请检查IIC设备的保持时间(IIC规格V2.1中，在标准/快速总线模式下，IIC数据保持时间最小为0 ns)。

②IIC控制器只支持IIC总线设备(标准/快速总线模式)，不支持C总线设备。

6.8.2　S3C44B0X IIC总线接口操作

如图6.13和图6.14所示，S3C44B0X IIC总线接口有4种操作模式：主传送模式、主接收模式、从传送模式和从接收模式。这些操作模式的功能关系描述如下。

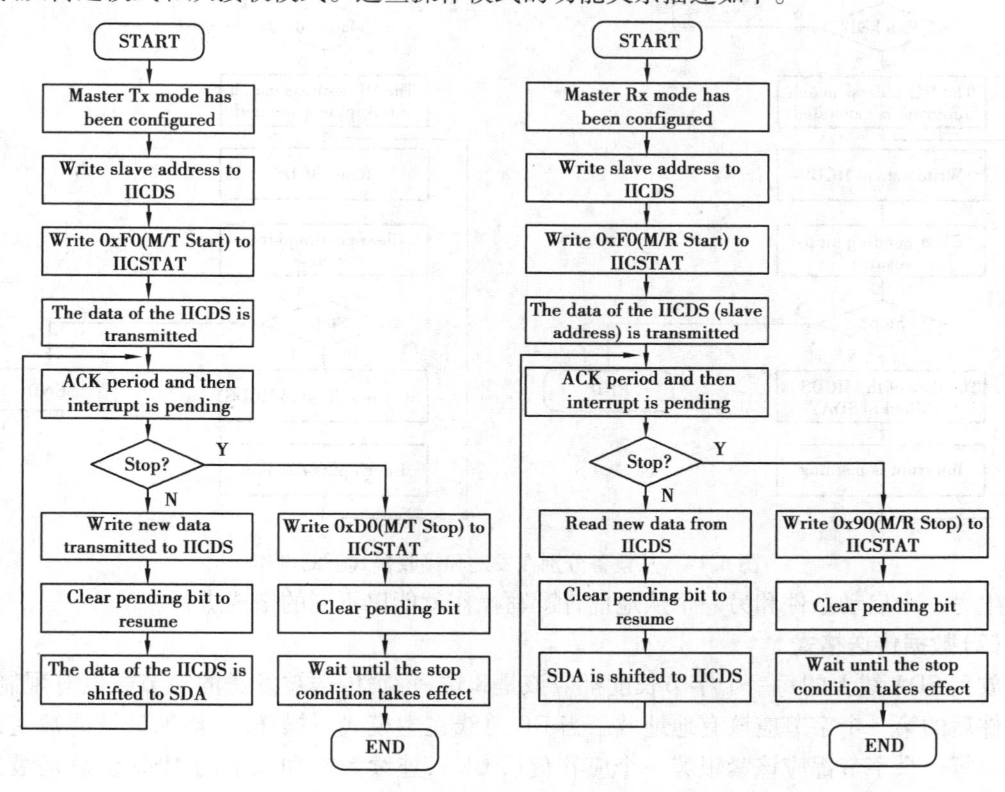

图6.13　主设备分别在发送和接收模式下的操作

(1)启动和停止条件

当IIC总线接口未被激活时，一般处于从模式。也就是说，在检测到SDA线上的启动条件之前，接口应该处于从模式(当SCL时钟信号保持高电平时，SDA线由高电平到低电平的转变产生启动条件)。当接口状态变为主模式，SDA线上的数据传送被启动，且SCL信号产生。

启动条件能够在SDA线上传送一个字节的连续数据，停止条件能够结束数据的传送。停止条件：当SCL是高电平时，SDA线上由低电平到高电平的转变。启动和停止条件总是由主设备产生，当启动条件产生时IIC总线忙，停止条件产生后几个时钟，IIC总线又变为空闲。

当主设备产生启动条件，它将发送一个从地址通知从设备。这一个字节的地址包括7位地址和1位传送方向指示(读或写)。如果第8位是“0”，表明是写操作(发送操作)；如果第8位是“1”，表明是读数据(接收操作)。

主设备通过发送一个停止条件完成传送操作。如果主设备要继续传送数据到总线上，它

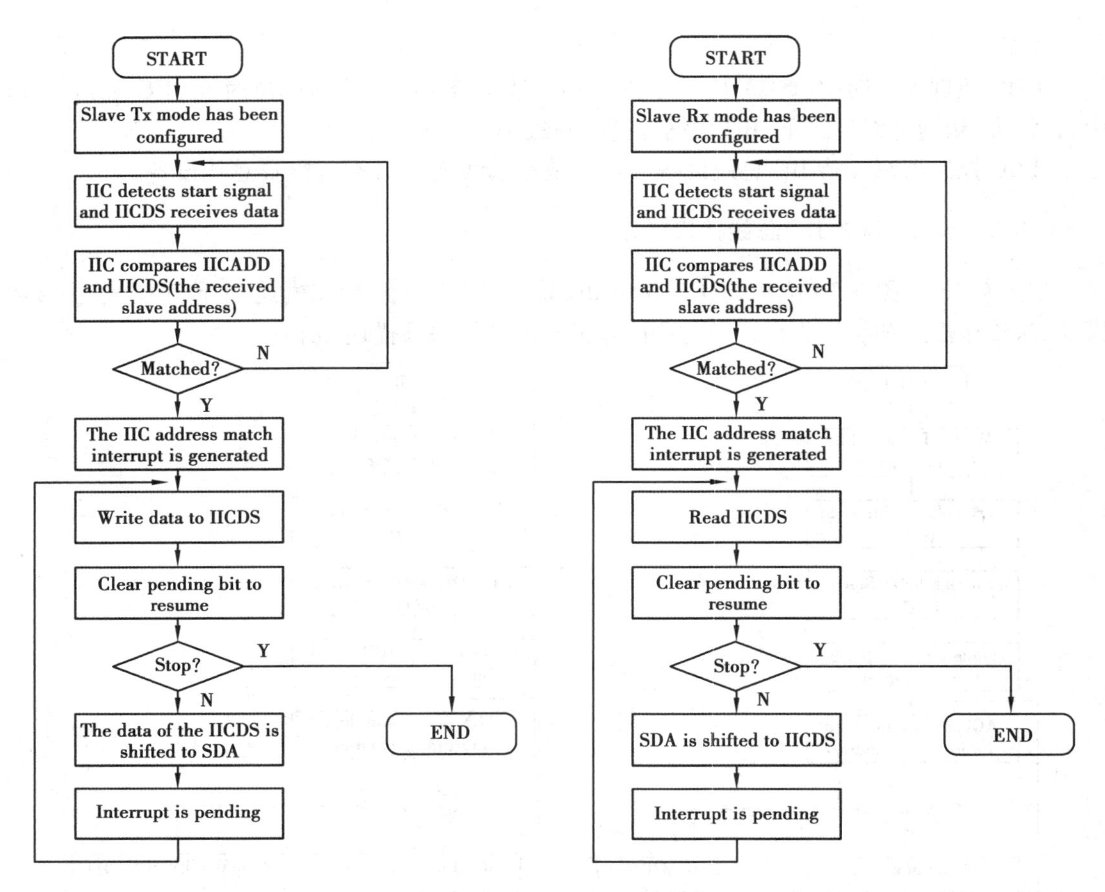

图 6.14　从设备分别在发送和接收模式下的操作

将产生另一个启动条件和另一个从地址，读/写操作就能以不同的格式进行。

(2)数据传送格式

放到 SDA 线上的每一个字节长度都应该是 8 位，每次传送被发送的字节数没有限制，启动条件后的第一个字节应该有地址域。当 IIC 总线在主模式下操作时，该地址域能被主设备发送。每一个字节都应该紧跟着一个应答位(ACK)，连续数据和地址的 MSB 位总是最先被发送。

(3)应答(ACK)信号传送

为了完全完成一个字节的传送，接收器应该发送一个 ACK 位给发送器。ACK 脉冲应该出现在 SCL 线的第 9 个时钟脉冲上，一个字节数据传送需要 8 个时钟，传送 ACK 位需要主设备产生一个时钟脉冲。

当接收到 ACK 时钟脉冲时，发送器应该通过使 SDA 线变成高电平来释放 SDA 线。接收器也需要在 ACK 时钟脉冲期间使 SDA 线变为低电平，因此，SDA 在第 9 个 SCL 脉冲的高电平期间可保持低电平。

ACK 位的传送功能能由软件(IICSTAT)激活或禁止。然而，完成一个字节数据传送操作时，在 SCL 第 9 个时钟上的 ACK 脉冲是必不可少的。

(4)读写操作

在传送模式下，数据被传送后 IIC 接口将处于等待状态直到有一个新数据写入 IICDS(IIC

数据转移寄存器)。在新的数据写入之前,SCL 线将保持低电平。新数据写入 IICDS 寄存器之后,SCL 线将被释放。S3C44B0X 保持这个中断,以确定当前数据传送的完成。CPU 接收到中断请求之后,它将再写一个新的数据到 IICDS。

在接收模式下,接收到数据后 IIC 接口将处于等待状态直到 IICDS 寄存器被读。在新数据被读出前,SCL 线保持低电平。在从 IICDS 寄存器读出新数据后,SCL 线将被释放。S3C44B0X 保持这个中断,以确定新数据接收的完成。CPU 接收到中断请求之后,它将从 IICDS 中读出这个数据。

(5)总线仲裁程序

仲裁发生在 SDA 线上,有效阻止了两个主设备在总线上的争夺。如果 SDA 为高电平的一个主设备检测到另一个主设备的 SDA 为低电平,那么它将不能启动数据传送,因为总线的当前电平与它自己的不相符。仲裁程序将持续到 SDA 线变为高电平。

然而,当两个主设备在 SDA 线上同时为低电平,每一个主设备应该评估总线控制权是否分配给自己。为了确认,每个主设备应该测试地址位。即使每个主设备都产生从地址,也应该测试 SDA 线上的地址位,因为一般 SDA 线上低电平的保持程度强于高电平的保持程度。例如,一个主设备产生一个低电平作为第一个地址位,而另一个主设备继续保持高电平。这种情况下,两个主设备都将在总线上检测到低电平,因为低电平强于高电平,即使第一个主设备尽力在总线上保持高电平。当这种情况发生时,产生低电平(作为地址的第一位)的主设备将得到总线控制权,产生高电平(作为地址的第一位)的主设备应该放弃总线控制权。如果两个主设备都产生低电平作为地址的第一位,这就需要通过地址的第 2 位进行仲裁。

(6)异常中断条件

如果从接收器不能对从地址进行确认,它将保持 SDA 线的高电平。这种情况下,主设备应该产生一个停止条件并终止传送。

如果主设备涉及异常中断中,在从设备接收到最后一个数据字节后,主设备将通过取消一个 ACK 信号的产生来通知从设备传送操作的结束,然后从发送器释放 SDA,允许主设备产生一个停止条件。

(7)配置 IIC 总线

为了控制连续时钟(SCL)的频率,4 位预分频器值可在 IICCON 寄存器内设置。IIC 接口地址存储在 IIC 地址寄存器 IICADD(缺省时 IIC 地址是一个未知值)。

(8)每种模式下操作的流程图

以下步骤必须在任何 IIC tx/rx 操作之前执行。

①如果需要的话在 IICADD 寄存器写入从地址。

②设置 IICCON 寄存器。

a. 使能中断。

b. 定义 SCL 周期。

③设置 IICSTAT 来使能连续输出。

6.8.3　S3C44B0X IIC 接口特殊功能寄存器

在 IIC 总线在主设备和从设备之间进行数据的发送、接收之前,需要根据要求对 IIC 的特殊功能寄存器进行相应的设置。下面对它的各个寄存器进行介绍。

(1)多主 IIC 总线控制寄存器(IICCON)

多主 IIC 总线控制寄存器见表 6.77,其具体功能在表中详细地描述。

表 6.77 多主 IIC 总线控制寄存器(IICCON)

IICCON	地址:0x01D60000	R/W	初始值:0000_xxxx
位	位名称	描 述	
[7]	Acknowledge Enable	应答允许位:1 = 允许应答信号产生 0 = 禁止应答信号产生: 在发送模式,IICSDA 在 ACK 时间释放 在接收模式,IICSDA 在 ACK 时间为低电平	
[6]	Tx clock Source Selection	IIC 总线的源时钟的预分频值选择位: 0 = IICCLK = $f_{MCLK}/16$ 1 = IICCLK = $f_{MCLK}/512$	
[5]	Tx/Rx Interrupt Enable	IIC 总线 Tx/Rx 中断使能/禁止位: 0 = 禁止中断 1 = 允许中断	
[4]	Interrupt Pending Flag	IIC 总线 Tx/Rx 中断挂起标志: 写"1"是不可能的,当读该位为"1"时,IICSCL 为低,IIC 停止,为了恢复操作,清除该位 0 = 1)读时,没有中断 2)写时,清除挂起条件和恢复操作 1 = 1)读时,中断挂起 2)写时,无操作 N/A	
[3:0]	Transmit Clock Value	IIC 总线发送时钟预分频值,发送时钟频率是由 4 位预分频值决定的,公式为:Tx clock = IICCLK/(IICCON[3:0] + 1)	

①与 EEPROM 接口连接,在 Rx 模式下为了产生停止条件,在读最后一个数据之前 ACK 的产生可能无效。

②IIC 总线中断发生的条件:

a. 当一个字节的发送和接收操作完成时;

b. 当产生一个总线呼叫或从地址匹配发生;

c. 如果总线仲裁失败。

③为了在 IISSCL 上升沿之前记录 IICSDA 设置时间,在清除 IIC 中断挂起位前 IICDS 必须被写。

④IICCLK 由 IICON[6]决定。Tx 时钟可以随 SCL 转变时间改变。当 IICCON[6] = 0, IICCON[3:0] = 0x0 或 0x1 是无效的。

⑤如果 IICON[5] = 0,IICON[4]将不能正确操作。

因此,即使不用 IIC 中断,也建议设置 IICCON[5] = 1。

(2)多主 IIC 总线控制/状态寄存器(IICSTAT)

IIC 总线控制/状态寄存器见表 6.78,其具体功能在表中详细地描述。

表6.78 IIC总线控制/状态寄存器(IICSTAT)

IICSTAT	地址:0x01D60004 R/W	初始值:0000_000
位	位名称	描 述
[7:6]	Mode selection	IIC-bus master/slave Tx/Rx 模式选择位: 00=从接收模式 01=从发送模式 10=主接收模式 11=主发送模式
[5]	START STOP Condition	IIC总线忙信号状态位: 0=读时,IIC总线不忙 写时,IIC总线STOP信号产生 1=读时,IIC总线忙 写时,IIC总线START信号产生 IICDS上的数据自动传输在START信号后
[4]	Serial Output Enable	IIC总线数据输出使能/禁止位: 0=禁止 Rx/Tx 1=使能 Rx/Tx
[3]	Arbitration status flag	IIC总线仲裁过程状态标志位: 0=总线仲裁成功 1=总线仲裁失败
[2]	Address-as-Slave Status Flag	IIC总线从地址状态标志位: 0=当检测到START/STOP清除 1=接收到的从地址匹配IICADD的值
[1]	Address Zero Status Flag	IIC总线地址为0状态标志: 0=当检测到START/STOP清除 1=接收到的从地址是00000000b
[0]	Last-Received Bit Status Flag	IIC总线上一次接收到的状态标志位: 0=最后接收位是0(ACK收到) 1=最后接收位是1(ACK未收到)

(3)多主IIC总线地址寄存器(IICADD)

多主IIC总线地址寄存器见表6.79,其具体功能在表中详细地描述。

表6.79 多主IIC总线地址寄存器(IICADD)

IICADD	地址:0x01D60008 R/W	初始值 XXXX_XXXX
位	位名称	描 述
[7:0]	从地址	当IICSTAT中的输出使能位为“0”时,IICADD为写允许; IICADD的值可以在任何时候被读,而不管输出使能位的设置。从地址=[7:1],Not mapped=[0]

(4)多主IIC总线发送/接收数据转移寄存器(IICDS)

多主IIC总线发送/接收数据转移寄存器见表6.80,其具体功能在表中详细地描述。

表 6.80　多主 IIC 总线发送/接收数据转移寄存器(IICDS)

IICDS	地址:0x01D6000C	R/W	初始值 XXXX_XXXX
位	位名称	描　述	
[7:0]	Data shift	当 IICSTAT 中的串行输出使能位(serial output enable) = 1,IICDS 为写使能,IICDS 的值可以在任何时候被读	

6.8.4　S3C44B0X IIC 总线应用编程

下面给出的是 IIC 的测试程序。通过这个例子的介绍,读者可对 IIC 的应用编程有一定的了解。

```
void Test_Iic(void)—
{
    unsigned int i,j;
    static U8 data[16];

    iGetACK =0;
    Uart_Printf("IIC Test using AT24C04... \n");

    /* 使能中断 */
    rINTMOD =0x0;
    rINTCON =0x1;

    rINTMSK = ~(BIT_GLOBAL|BIT_IIC);
    pISR_IIC =(unsigned)IicInt;

    /* 设置 S3C44B0X 的从地址 */
    rIICADD =0x10;

    /* 使能 ACK,中断;IICCLK = MCLK/16,使能 ACK//64Mhz/16/(15 +1) =257Khz */
    rIICCON =0xaf;

    /* 使能 TX/RX */
    rIICSTAT =0x10;

    Uart_Printf("Write char 0-f into AT24C04\n");

    /* 写 0-255 到 24C04 */
    for( i =0; i <16; i + + )
```

```
    Wr24C040(0xa0,(U8)i,i);

/* 清除队列 */
for( i=0; i<16; i++)
    data[i]=0;

Uart_Printf("Read 16 bytes from AT24C04\n");
/* 从24C04中读16字节 */
for( i=0; i<16; i++)
    Rd24C040(0xa0,(U8)i,&(data[i]));

/* 输出读取的数据 */
for( i=0; i<16; i++)
{
    Uart_Printf("%2x ",data[i]);
}
Uart_Printf("\n");0
}
```

习　题

6.1　ARM芯片的I/O口通常都是和其他引脚复用的,S3C44B0X芯片的I/O口也不例外。问通过什么来对S3C44B0X的I/O口的功能进行设置?如何设置?

6.2　S3C44B0X的UART单元提供两个独立的异步串行I/O口,请问它有哪些特性?在UART的操作中有自动流控制AFC和非自动流控制两种方式,请问二者有什么不同?

6.3　S3C44B0X提供了一种新的中断模式称为"矢量中断模式",在6.6节中给出了矢量中断模式下和无矢量中断模式下的程序举例,比较二者有什么区别?矢量中断模式的优点是什么?

6.4　在S3C44B0X上的PWM定时器的工作原理是什么?请简要说明。

6.5　在S3C44B0X上集成了一个逐次逼近SAR型的A/D转换器,请简要叙述它的转换过程,并指出使用该A/D转换器的注意事项。

第7章

嵌入式实时操作系统 μC/OS-Ⅱ应用与开发基础

嵌入式应用日益广泛,程序设计也越来越复杂,这就需要一个操作系统来对其进行管理和控制;同时,移植了操作系统的嵌入式系统开发也大大减少了应用程序员的负担,不必每次都从头开始设计。

在计算机技术发展的初期,计算机系统中没有"操作系统"这个概念。为了给用户提供一个与计算机之间的接口,同时提高计算机的资源利用率,便出现了计算机监控程序,使用户能通过监控程序来使用计算机。随着计算机技术的发展,计算机系统的硬件、软件资源也越来越丰富,监控程序已不能适应计算机应用的要求。于是,在 20 世纪 60 年代中期监控程序又进一步发展,形成了操作系统。发展到现在,广泛使用的有三种操作系统,即多通批量处理操作系统、分时操作系统以及实时操作系统。

多通批量处理系统一般用于计算中心较大的计算机系统中。由于其硬件设备比较全、价格较高,所以此类系统十分注意 CPU 及其他设备的充分利用,追求高的吞吐量,不具备实时性。

分时操作系统的主要目的是让多个计算机用户能共享系统的资源,能及时地响应和服务于联机用户,只具有很弱的实时功能,但与真正的实时操作系统仍然有明显的区别。

IEEE 的实时 UNIX 分委会认为实时操作系统应具备以下特点:

①异步的事件响应。实时系统为了能在系统要求的时间内响应异步的外部事件,要求有异步 I/O 和中断处理能力。I/O 响应时间常受内存访问、盘访问和处理机总线速度的限制。

②切换时间和中断延迟时间确定。

③优先级中断和调度。必须允许用户定义中断优先级和被调度的任务优先级,并指定如何服务中断。

④抢占式调度。为保证响应时间,实时操作系统必须允许高优先级任务一旦准备好运行,马上抢占低优先级任务的执行。

⑤内存锁定。必须具有将程序或部分程序锁定在内存的能力,锁定在内存的程序减少了为获取该程序而访问的时间,从而保证了快速响应时间。

⑥连续文件。应提供存取盘上数据的优化方法,使得存取数据时查找时间最少。通常要求将数据存储在连续文件上。

⑦同步。提供同步和协调共享数据使用和时间执行的手段。总的来说,实时操作系统是

事件驱动的,能对来自外界的作用和信号在限定的时间范围内作出响应。它强调的是实时性、可靠性和灵活性,与实时应用软件相结合成为有机的整体,起着核心作用,由它来管理和协调各项工作,为应用软件提供良好的运行环境和开发环境。

从实时系统的应用特点来看,实时操作系统可以分为一般实时操作系统和嵌入式实时操作系统两种。

一般实时操作系统与嵌入式实时操作系统都是具有实时性的操作系统,它们的主要区别在于应用场合和开发过程。一般实时操作系统应用于实时处理系统的上位机和实时查询系统等实时性较弱的实时系统中,并且提供了开发、调试和运用一致的环境。

嵌入式实时操作系统应用于实时性要求高的实时控制系统中,而且应用程序的开发程序是通过交叉开发来完成的,即开发环境与运行环境不一致。嵌入式实时操作系统有规模小(一般为几 KB 到几十 KB)、可固化和实时性强(在 ms 或 μs 数量级上)的特点。

μC/OS-Ⅱ是一个可裁减的、源代码开放的、结构小巧、可剥夺型的实时多任务内核。它提供任务调度、任务间的通信与同步、任务管理、时间管理和内存管理等基本功能。本章主要介绍 μC/OS-Ⅱ的内核结构及 μC/OS-Ⅱ在嵌入式处理器上的移植。

7.1　嵌入式实时操作系统

7.1.1　实时操作系统

目前,相当多的嵌入式应用产品都采用了实时多任务操作系统(RTOS,Real Time Operation System)。实时操作系统(RTOS)是一段在嵌入式系统启动后首先执行的背景程序,用户的应用程序是运行于 RTOS 之上的各个任务,RTOS 根据各个任务的要求,进行资源(包括存储器、外设等)管理、消息管理、任务调度及异常处理等工作。

在 RTOS 支持的系统中,每个任务均有一个优先级,RTOS 根据各个任务的优先级,动态地切换各个任务,保证对实时性的要求。工程师在编写程序时,可以分别编写各个任务,不必同时将所有任务运行的各种可能情况记在心中。这样大大减少了程序编写的工作量,而且减少了出错的可能,保证最终程序具有较高可靠性。实时多任务操作系统,以分时方式运行多个任务,看上去好像是多个任务"同时"运行。任务之间的切换应当以优先级为根据,通常基于优先级的操作系统有两种:非占先式内核和占先式内核。只有优先服务方式的 RTOS 才是真正的实时操作系统,时间分片方式和协作方式的 RTOS 并不是真正的"实时"。这就要求实时操作系统必须有一个可强占的内核,必须具有可预测性,必须有较短的中断响应延时等特性。RTOS 也称为实时操作系统(或实时内核)。由于实时操作系统的以上特点,其内核一般采用的是占先式内核。下面着重介绍占先式内核。

当系统响应时间很重要时,要使用占先式内核,因此,绝大多数商业销售的实时内核都是占先式内核。最高优先级的任务一旦就绪,总能得到 CPU 的控制权,当一个运行着的任务使一个比它优先级高的任务进入了就绪状态,当前任务的 CPU 使用权就被剥夺了,或者说被挂起了,那个高优先级的任务立刻得到了 CPU 的控制权。如果是中断服务子程序使一个高优先级的任务进入就绪态,则中断完成时,中断了的任务被挂起,优先级高的那个任务开始运行。

使用占先式内核时,应用程序不能直接使用不可重入型函数。调用不可重入型函数时,要满足互斥条件,这一点可以用互斥型信号量来实现。如果调用不可重入型函数,低优先级任务的 CPU 的使用权就会被高优先级任务剥夺,不可重入型函数中的数据有可能被破坏。μC/OS-Ⅱ则属于占先式内核。

RTOS 的使用使得实时应用程序的设计和扩展变得相对容易而且大大简化,不需要大的改动就可以增加新的功能。使用占先式内核时,所有对时间要求苛刻的事件都得到了尽可能快捷、有效的处理。通过有效的服务,如信号量、邮箱、队列、延时、超时等,RTOS 使得系统资源得到更好的利用。

7.1.2 使用嵌入式实时操作系统的必要性

嵌入式实时操作系统在目前的嵌入式应用中用得越来越广泛,尤其在功能复杂、系统庞大的应用中显得越来越重要。

首先,嵌入式实时操作系统提高了系统的可靠性。在控制系统中,出于安全方面的考虑,要求系统不能崩溃,而且还要有自愈能力;要求不仅在硬件设计方面提高系统的可靠性和抗干扰性,而且也应在软件设计方面提高系统的抗干扰性,尽可能地减少安全漏洞和隐患。长期以来,前后台系统软件设计在遇到强干扰时,运行的程序产生异常、出错、跑飞,甚至死循环,造成了系统的崩溃。而实时操作系统管理的系统,这种干扰可能只会导致若干进程中的一个被破坏,可以通过系统运行的系统监控进程对其进行修复。通常情况下,这个系统监视进程用来监视各进程运行状况,遇到异常情况时,采取一些利于系统稳定可靠的措施,例如将有问题的任务清除掉。

其次,嵌入式实时操作系统提高了开发效率,缩短了开发周期。在嵌入式实时操作系统环境下,开发一个复杂的应用程序,通常可以按照软件工程中的解耦原则将整个程序分解为多个任务模块,每个任务模块的调试、修改几乎不影响其他模块。商业软件一般都提供了良好的多任务调试环境。

第三,嵌入式实时操作系统充分发挥了 32 位 CPU 的多任务潜力。32 位 CPU 的速度比 8 位、16 位 CPU 的速度快。另外,它本来是为运行多用户、多任务操作系统而设计的,特别适于运行多任务实时系统。32 位 CPU 采用利于提高系统可靠性和稳定性的设计,使其更容易做到不崩溃。例如,CPU 运行状态分为系统态和用户态,将系统堆栈和用户堆栈分开,实时地给出 CPU 的运行状态等,允许用户在系统设计中从硬件和软件两方面对实时内核的运行实施保护。如果还是采用以前的前后台方式,则无法发挥 32 位 CPU 的优势。

从某种意义上说,没有操作系统的计算机(裸机)是没有用的。在嵌入式应用中,只有将 CPU 嵌入到系统中,同时又把操作系统嵌入进去,才是真正的计算机嵌入式应用。

7.1.3 嵌入式实时操作系统的优缺点

在嵌入式实时操作系统环境下开发实时应用程序,使程序的设计和扩展变得容易,不需要大的改动就可以增加新的功能。通过将应用程序分割成若干独立的任务模块,不仅使应用程序的设计过程更加简化;而且对实时性要求苛刻的事件都得到了快速、可靠的处理。通过有效的系统服务,嵌入式实时操作系统使得系统资源得到更好的利用。但是,使用嵌入式实时操作系统还需要额外的 ROM/RAM 开销、2% ~5% 的 CPU 额外负荷以及内核的费用。

7.2　嵌入式μC/OS-Ⅱ实时操作系统

7.2.1　μC/OS-Ⅱ简介

μC/OS-Ⅱ读作“micro controller OS 2”，意为“微控制器操作系统版本2”，它是一个源码公开、可移植、可固化、可裁剪、占先式的实时多任务操作系统，其绝大部分源码是用ANSIC写的。世界著名嵌入式专家Jean J. Labrosse（μC/OS-Ⅱ的作者）出版了多本图书，详细分析了该内核的几个版本。μC/OS-Ⅱ通过了美国联邦航空管理局（FAA）商用航行器认证，符合航空无线电技术委员会（RTCA）DO—178B标准，该标准是为航空电子设备所使用软件的性能要求而制定的。自1992年问世以来，μC/OS-Ⅱ已经被应用到数以百计的产品中。μC/OS-Ⅱ在高校教学使用是不需要申请许可证的，但将μC/OS-Ⅱ的目标代码嵌入到产品中去，应当购买目标代码销售许可证。

μC/OS-Ⅱ实际上是一个实时操作系统内核，只包含了任务调度、任务管理、时间管理、内存管理和任务间的通信与同步等基本功能，没有提供输入输出管理、文件系统、网络之类的额外服务。其中包含全部功能的核心部分代码只占用8.3 KB，而且由于μC/OS-Ⅱ是可裁剪的，所以用户系统中实际的代码最少可达2.7 KB，可谓短小精悍。因此，μC/OS-Ⅱ不仅可使用户得到廉价的解决方案，而且由于μC/OS-Ⅱ的可移植性和开源性，用户还可以针对自己的硬件优化代码，以获得更好的性能。

目前，已经出现了专门为μC/OS-Ⅱ开发文件系统、TCP/IP协议栈、用户显示接口等的第三方商家。μC/OS-Ⅱ属于可剥夺型内核，即它总是执行处理就绪条件下优先级最高的任务。为了简化系统的设计，μC/OS-Ⅱ规定所有任务的优先级必须不同，任务的优先级同时也唯一地标识了该任务。即使两个任务的重要性是相同的，它们也必须有优先级上的差异，这也就意味着高优先级的任务在处理完成后必须进入等待或挂起状态，否则低优先级的任务永远也不可能执行。系统通过两种方法进行任务调度：一是时钟节拍或其他硬件中断到来后，系统会调用函数OSIntCtxSw()执行切换功能；二是任务主动进入挂起或等待状态，这时系统通过发软中断命令或依靠处理器执行陷阱指令来完成任务切换，中断服务程序或陷阱处理程序的向量地址必须指向函数OSCtxSw()。

μC/OS-Ⅱ最多可以管理64个任务，这些任务通常都是一个无限循环的函数。在目前的版本中，作者保留了优先级为0、1、2、3、OS_LOWEST_PRIO－3、OS_LOWEST_PRIO－2、OS_LOWEST_PRIO－1、OS_LOWEST_PRIO的任务，用户可以拥有56个任务。μC/OS-Ⅱ提供了任务管理的各种函数，包括创建任务、删除任务、改变任务的优先级、挂起和恢复任务等。系统初始化时会自动产生两个任务：一是空闲任务OSTaskIdle()，它的优先级最低为OS_LOWEST_PRIO，该任务只是不停地给一个32位的整型变量加“1”；另一个是统计任务OSTaskStat()，它的优先级为OS_LOWEST_PRIO－1，该任务每秒运行一次，负责计算当前CPU的利用率。

μC/OS-Ⅱ要求用户提供一个称为时钟节拍的定时中断，该中断发生10～100次/s，时钟节拍的实际频率是由用户控制的。任务申请延时或超时控制的计时基准就是该时钟节拍。

该时钟节拍同时还是任务调度的时间基准。μC/OS-Ⅱ提供了与时钟节拍相关的系统服务，允许任务延时一定数量的时钟节拍或按时、分、秒、毫秒进行延时。

对于一个多任务操作系统来说，任务间的通信与同步是必不可少的。μC/OS-Ⅱ提供了四种同步对象，分别是信号量、邮箱、消息队列和事件。通过邮箱和消息队列还可以进行任务间的通信。所有的同步对象都有相应的创建、等待、发送的函数。由于这些对象一旦创建就不能删除，所以要避免创建过多的同步对象，以节约系统资源。

μC/OS-Ⅱ将连续的大块内存按分区来管理，这样便消除了多次分配与释放内存所引起的内存碎片，每个分区中都包含整数个大小相同的内存块，但不同分区之间内存块的大小可以不同。用户需要动态分配内存时，可选择一个适当的分区，按块来进行内存分配。释放内存时将该块放回它以前所属的分区。

μC/OS-Ⅱ的大部分代码是用 ANSI C 写成的，只有与处理器硬件相关的一部分代码用汇编语言编写。μC/OS-Ⅱ的移植性很强，可以在绝大多数 8 位、16 位、32 位微处理器、数字信号处理器上运行。μC/OS-Ⅱ的移植并不复杂，用户可以根据需要自己编写移植代码。

μC/OS-Ⅱ是在 PC 机上开发的，C 语言编译器使用的是 Borland C/C + + 3.1 版，而且 PC 机是大家最熟悉的开发环境，因此，在 PC 机上学习和使用 μC/OS-Ⅱ非常方便。μC/OS-Ⅱ的网站上也提供了在 PC 机上运行 μC/OS-Ⅱ的源代码。但是，由于 C/C + + 运行库和 DOS 本身的限制，在 PC 上运行 μC/OS-Ⅱ时需要注意两个问题：第一，由于 DOS 下的 C 语言编译器提供的运行库没有考虑多线程应用的问题，运行库中的全局变量和部分函数只适用于单线程。这些变量和函数包括：errno、_doserrno、strtok、strerror、tmpnam、tmpfile、asctime、gmtime、ecvt、fcvt 等。在 μC/OS-Ⅱ中使用这些函数时要小心，要避免两个任务同时调用这些函数，或者用信号量同步对这些函数进行调用。第二，DOS 是不能重入的，也就是说，正在调用 DOS 服务期间，是不能再次调用 DOS 的，如果又进行了 DOS 调用，那么肯定会引起系统崩溃。μC/OS-Ⅱ启动多任务后，如果两个以上的任务进行了 DOS 调用或者调用了需要 DOS 的 C/C + + 运行库（如：printf、scanf 等），就有可能引起 DOS 重入。在 μC/OS-Ⅱ中，虽然可以调用 BIOS 或直接操纵硬件，但要尽量减少 DOS 调用。如果必须要用 DOS，最好只有一个调用 DOS 的任务，或者用信号量进行同步。

μC/OS-Ⅱ作为一个源代码公开的实时嵌入式内核，对学习和使用实时操作系统提供了极大的帮助。许多开发者已经成功地将 μC/OS-Ⅱ应用于自己的系统之中，同时 μC/OS-Ⅱ自身也因此获得了快速的发展。随着 μC/OS-Ⅱ的不断完善，它必将会有更加广阔的应用空间。

7.2.2 μC/OS-Ⅱ的特点

(1)提供源代码

与 Linux 一样，μC/OS-Ⅱ源代码也是开放的，用户可以登录 μC/OS-Ⅱ的网站下载针对不同微处理器的移植代码。如 Intel 公司的 80x86、8051、80196 等，Zilog 公司的 z-80、z-180，Motorola公司的 PowerPC、68K、CPU32 等，TI 公司的 TMS320 系列，还包括 ARM 公司、Analog Device 公司、三菱公司、日立公司、飞利浦公司和西门子公司的各种微处理器。这极大地方便了实时嵌入式系统 μC/OS-Ⅱ的开发，节省了开发成本。另外，《嵌入式实时操作系统 μC/OS-Ⅱ》一书的附带光盘中有 μC/OS-Ⅱ V2.52 版本的所有源代码。该源代码清晰易懂，且结构协调。作为 μC/OS-Ⅱ的最初发布者，本书的作者 Jean J. Labrosse 还介绍了这些代码的工作原理以及这一段的代码是如何拼在一起的。

(2)可移植

μC/OS-Ⅱ的绝大部分源代码是使用移植性很强的 ANSI C 编写的,与微处理器硬件相关的部分是使用汇编语言编写的。为了便于将 μC/OS-Ⅱ移植到不同架构的微处理器上,使用汇编语言编写的部分代码已经压缩到了最低的限度。

(3)可固化

只要具备合适的软硬件工具,就可以将 μC/OS-Ⅱ嵌入产品中,使其成为其中的一部分。

(4)可裁剪

使用条件编译可实现对以 μC/OS-Ⅱ的裁剪,用户只需编译必需的 μC/OS-Ⅱ的功能代码即可,而不必编译不需要的功能代码,其目的就是避免 μC/OS-Ⅱ占用程序和数据资源。

(5)可剥夺

μC/OS-Ⅱ是完全可剥夺型的实时内核,μC/OS-Ⅱ总是运行就绪条件下优先级最高的任务。

(6)多任务

μC/OS-Ⅱ最多可以管理 64 个任务,然而,μC/OS-Ⅱ的作者则建议用户一定要预留 8 个任务给 μC/OS-Ⅱ,这样留给用户的最多可用的任务只有 56 个。

(7)可确定性

绝大多数 μC/OS-Ⅱ的函数调用和服务的执行时间具有确定性;也就是说,用户总是能知道 μC/OS-Ⅱ的函数调用与服务执行了多长时间。

(8)任务栈

μC/OS-Ⅱ的每个任务都有自己独立的栈,与此同时每个任务到底需要多少栈空间是可预知的。

(9)系统服务

μC/OS-Ⅱ提供多种系统服务方式,如信号量、互斥信号量、事件标志、消息邮箱、消息队列、块大小固定的内存的申请与释放及时间管理函数等。

(10)中断管理

中断可以使正在执行的任务暂时挂起,如果优先级更高的任务被中断唤醒,则高优先级的任务在中断嵌套全部退出后立即执行,中断嵌套数最多可达 255 层。

(11)稳定性与可靠性

μC/OS-Ⅱ是基于 μC/OS 的升级版本,μC/OS 自 1992 年以来已经有数百个商业应用。μC/OS-Ⅱ与 μC/OS 的内核是一样的,只是提供了更多的功能而已。另外,2000 年 7 月,μC/OS-Ⅱ在一个航空项目中得到了美国联邦航空管理局对商用飞机的、符合 RTCADO—178B 标准的认证。这一结论表明该操作系统的质量得到了认证,可以在任何应用中使用。

7.2.3　任务

一个任务也称为一个线程,是一个简单的程序,该程序可以认为 CPU 完全属于该程序本身,实时应用程序的设计过程,包括如何将问题分割成多个任务,每个任务都是整个应用的某一部分,被赋予一定的优先级,有它自己的一套 CPU 寄存器和自己的栈空间。

一个任务通常是一个无限的循环。一个任务看起来与其他 C 语言的函数一样,有函数返回类型，有形式参数变量，但是任务是绝不会返回的，故返回参数必须定义成 void。任务必须是以下两种结构之一。

```
viod YourTask(viod * pdata)
{  任务初始化代码;
   for(;;)
   {
     用户代码;
     /* 调用 uC/OS-Ⅱ的服务函数之一 */
     OSMboxPend();
     OSQPend();
     OSSenPend();
     OSTaskDel(OS_PRIO_SELF);
     OSTaskSuspend(OS_PRIO_SELF);
     OSTimeDly();
     OSTimeDlyHSM();
     用户代码;
     }
}
```

或者

```
viod YourTask(viod * pdata)
{
     用户代码;
     OSTaskDel(OS_PRIO_SELF);
}
```

对于执行无限循环的任务用第一种形式，对于只执行一次就自我删除的任务用第二种形式。两者的共同点是，都有一个 μC/OS-Ⅱ的系统调用，以便保证函数不返回和让出 CPU 资源。不同的是，对于第二种形式，当任务完成以后，任务可以自我删除。注意任务代码并非真的删除了，μC/OS-Ⅱ只是简单地不再理会这个任务了，这个任务的代码也不会再运行，如果任务调用了 OSTaskDel()，这个任务没有返回。

形式参数变量是由用户代码在第一次执行的时带入的。该变量的类型是一个指向 void 的指针，这是为了允许用户应用程序传递任何类型的数据给任务。这个指针好比一辆万能的车子，如果需要的话，可以运载一个变量的地址或一个结构，甚至是一个函数的地址。也可以建立许多相同的任务，所有任务都使用同一个函数（或者说是同一个任务代码程序）。

7.2.4 任务的状态

μC/OS-Ⅱ下每个任务可以有如下五种状态：

①休眠态：休眠态是指任务驻留在程序空间中，还没有交给内核管理。将任务交给内核是通过调用 ostaskcreate() 或 ostaskcreatext() 实现的。

②就绪：当任务一旦建立，这个任务就处于就绪态准备运行。任务可以动态的被另一个

程序建立,也可以在系统运行开始之前建立,通过调用 ostaskdel()使任务返回到休眠态。就绪态的任务都放在就绪列表中。在任务调度时,指针 ostcbhighrdy 指向优先级最高的就绪任务,也就是立刻就要运行的任务。

③运行:准备就绪的最高优先级的任务获得 CPU 的控制权,从而处于运行态。指针 ostcbcur 指向正在运行的任务。

④等待或挂起:正在运行的任务由于调用延时函数 ostimedly()或等待事件信号量的来临而将自身挂起,因而处于等待或挂起态。因为等待某事件,而被挂起的任务放在该事件的等待列表中。

⑤中断态:正在运行的任务可以被中断,除非是该任务将中断关闭。任务被中断后进入中断服务程序(isr)。如果中断服务程序使一个更高优先级的任务准备就绪,这个中断服务程序结束后,则更高优先级的任务开始运行程序。

7.2.5　任务控制块

系统对任务的管理是通过一个称为任务控制块 TCB(Task Control Blocks, OS_TCB)的数据结构进行的。每个任务在被创建时,TCB 将被赋值。当任务的 CPU 使用权被剥夺时,μC/OS-Ⅱ用任务控制块来保存该任务的状态。这样再次被调度时,从该任务的 TCB 中将任务的执行状态恢复,能确保任务从当时被中断的那一点继续执行。

μC/OS-Ⅱ任务控制块结构如下,其中的变量在结构中作了说明。

```
typedef struct os_tcb
{   OS_STK         * OSTCBStkPtr;          /* 指向当前任务堆栈栈顶的指针 */
    #if OS_TASK_CREATE_EXT_EN
        void           * OSTCBExtPtr;      /* 指向用户定义的任务控制块扩展 */
        OS_STK         * OSTCBStkBottom;   /* 指向任务堆栈栈底的指针 */
        INT32U         OSTCBStkSize;       /* 堆栈中可容纳的指针元数目 */
        INT16U         OSTCBOpt;           /* OSTCBOpt 把"选择项"传给 */
                                           /* OSTaskCreateExt(),当 */
                                           /* OS_TASK_CREATE_EXT_EN 为 1 时有
                                           效 */
        INT16U           OSTCBId;          /* 存储任务的识别码 */
    #endif
        struct os_tcb * OSTCBNext;         /* 指向 OS_TCB 链表中下一个元素 */
        struct os_tcb * OSTCBPrev;         /* 指向 OS_TCB 链表中前一个元素 */
    #if( (OS_Q_EN > 0) && (OS_MAX_QS > 0)) || (OS_MBOX_EN > 0) || (OS_SEM_EN
> 0) || (OS_MUTEX_EN >0)
        OS_EVENT       * OSTCBEventPtr;    /* 指向事件控制块的指针 */
        #endif
        #if ((OS_Q_EN > 0&& (OS_MAX_QS >0)) || (OS_MBOX_EN >0)
          void * OSTCBMsg;                 /* 指向传给任务的消息的指针 */
        #endif
```

```
    #if (OS_VERSION >= 251) && (OS_FLAG_EN > 0)) && (OS_MAX_FLAGS > 0)
    #if OS_TASK_EN > 0
    OS_FLAG_NODE    * OSTCBFlagNode;     /* 指向事件标志节点的指针 */
    #endif
    OS_FLAGS        OSTCBFlagRdy;
    #endif
  INT16U          OSTCBDly;            /* 任务允许等待事件发生的最多时钟节拍数 */
  INT8U           OSTCBStat;           /* 任务的状态字
  INT8U           OSTCBPrio;           /* 任务优先级 */
  INT8U           OSTCBX;              /* 以下四个变量用于加速任务进入就绪态的过程 */
  INT8U           OSTCBY;
  INT8U           OSTCBBitX;
  INT8U           OSTCBBitY;
#if OS_TASK_DEL_EN
  BOOLEANOSTCBDelReq;                  /* 表示该任务是否须删除 */
#endif
  } OS_TCB;
```

7.2.6 中断处理

中断是一种硬件机制,用于通知 CPU 有异步事件发生了。中断一旦被识别,CPU 保存部分(或全部)上下文,即部分(或全部)寄存器的值,跳转到专门的子程序,称为中断服务子程序(ISR)。中断服务子程序做事件处理,处理完成后,则:①在前后台系统中,程序回到后台程序;②对非占先式内核而言,程序回到被中断了的任务;③对占先式内核而言,让进入就绪态的优先级最高的任务开始运行。

中断使得 CPU 可以在事件发生时才予以处理,而不必让微处理器连续不断地查询是否有事件发生,通过两条特殊指令——关中断和开中断,可以让微处理器不响应(或响应)中断。在实时环境中,关中断的时间应尽量短。

关中断影响中断延迟时间,关中断时间太长可能会引起中断丢失。微处理器一般允许断嵌套,也就是在中断服务期间,微处理器可以识别另一个更重要的中断,并服务于那个更重要的中断。

μC/OS-Ⅱ中,中断服务子程序要用汇编语言来编写。如果用户使用编译器支持内嵌汇编的话,用户可以直接将中断服务子程序代码放在 C 语言的程序文件中。中断服务子程序结构如下:

保存全部 CPU 寄存器;

调用 OSIntEnter 或 OSIntNesting 直接加 1;

执行用户代码做中断服务;

调用 OSIntExit();

恢复所有 CPU 寄存器；

执行中断返回指令；

μC/OS-Ⅱ中，中断可以使正在执行的任务暂时挂起，并在进入中断前将任务执行现场保存到任务堆栈中。当中断返回时，如果有优先级更高的任务进入就绪态，则中断将唤醒更高优先级的任务在中断嵌套全部退出后立即执行。中断允许嵌套，嵌套层数可达 255 层。

进入中断服务子程序后，用户代码应该将全部 CPU 寄存器放入当前任务栈。需要注意的是，有些微处理器做中断服务时使用另外的堆栈。此时，当任务切换时，寄存器保存在被中断了的那个任务的栈中。

μC/OS-Ⅱ需要知道用户在做中断服务，故用户应该调用 OSIntEnter( )，或者将全程变量 OSIntNesting 直接加“1”。OSIntNesting 是共享资源，OSIntEnter( )可以保证处理 OSIntNesting 时的排他性。直接给 OSIntNesting 加“1”比调用 OSIntEnter( )快得多，如果微处理器支持直接加“1”的指令，直接加“1”更好。需要注意的是，在有些情况下，从 OSIntEnter( )返回时，会将中断打开，遇到这种情况时，需要在调用 OSIntEnter( )之前要先清中断源。

上述两步完成后，用户可以开始执行中断服务程序。中断服务子程序通知某任务去做事的手段是调用以下函数之一：OSMboxPost( )、OSQPost( )、OSQPostFront( )和 OSSemPost( )。中断发生并由上述函数发出消息时，接收消息的任务可以是也可以不是挂起在邮箱、队列或信号量上的任务。μC/OS-Ⅱ允许中断嵌套，因为 μC/OS-Ⅱ跟踪嵌套层数 OSIntNesting。然而，为允许中断嵌套，在多数情况下，用户应在开中断之前先清中断源。

调用脱离中断函数 OSIntExit( )标志着中断服务子程序的终结，OSIntExit( )将中断嵌套层数计数器减“1”。当嵌套计数器减到零时，所有中断（包括嵌套的中断）就都完成了，此时 μC/OS-Ⅱ需要判定有没有优先级较高的任务被中断服务子程序（或任一嵌套的中断）唤醒。如果没有高优先级的任务被中断服务子程序激活而进入就绪态，OSIntExit( )只占用很短的运行时间。如果有优先级高的任务进入了就绪态，μC/OS-Ⅱ就返回到那个高优先级的任务，OSIntExit( )返回到调用点。保存的寄存器值是在这时恢复的，然后是执行中断返回指令。如果调度被禁止了（OSIntNesting >0），μC/OS-Ⅱ将被返回到被中断了的任务。

7.2.7　时钟节拍

μC/OS 需要用户提供周期性信号源，用于实现延时和确认超时。时钟节拍是特定的周期性中断，这个中断可以看作系统心脏的脉动。中断之间的时间间隔取决于不同应用，一般为 10 ~ 200 ms，时钟的节拍式中断使得内核可以将任务延时若干个整数时钟节拍，以及当任务等待事件发生时，提供等待超时的依据。时钟节拍率越快，系统的额外开销就越大。时钟节拍的实际频率取决于用户应用程序的精度。

用户必须在多任务系统启动以后再开启时钟节拍器，也就是在调用 OSStart( )之后。换句话说，在调用 OSStart( )之后做的第一件事是初始化定时器中断。允许时钟节拍器中断放在系统初始化函数 OSInit( )之后，在调用多任务系统启动函数 OSStart( )之前是错误的。这种错误导致时钟节拍中断有可能在 μC/OS-Ⅱ启动第一个任务之前发生，由于此时 μC/OS-Ⅱ是处在一种不确定的状态之中，用户应用程序有可能会崩溃。

μC/OS-Ⅱ中的时钟节拍服务是通过在中断服务子程序中调用 OSTimeTick( )实现的。OSTimtick( )的调用由用户定义的时钟节拍外连函数 OSTimTickHook( )开始，这个外连函数可以将时钟节拍函数 OSTimtick( )予以扩展。首先调用 OSTimTickHook( )是在时钟节拍中断服务开始的时候,以给用户能完成许多苛刻工作的机会。OSTimtick( )中大量的工作是给每个用户任务控制块 OS_TCB 中的时间延时项 OSTCBDly 减“1”(如果该项不为零的话)。OSTimTick( )从 OSTCBList 开始,沿着 OS_TCB 链表做,一直做到空闲任务。当某任务的任务控制块中的时间延时项 OSTCBDly 减到了零,这个任务就进入了就绪态。而确切被任务挂起函数 OSTaskSuspend( )挂起的任务,则不会进入就绪态。OSTimTick( )的执行时间直接与应用程序中建立的任务个数成正比。

OSTimeTick( )还通过调用 OSTime( )累加开机以来的时间,用的是一个无符号 32 位变量。需要注意的是,在给 OSTime 加“1”之前使用了关中断,因为多数微处理器给 32 位数加“1”的操作都得使用多条指令,时钟节拍中断服务子程序利用信号量或邮箱发送信号给这个高优先级的任务。

7.2.8 μC/OS-Ⅱ初始化

μC/OS-Ⅱ在调用其他任何服务之前,首先要对系统初始化,这是通过调用系统初始化函数 OSIint( )实现的。OSIint( )初始化 μC/OS-Ⅱ的所有变量和数据结构,建立空闲任务 OS_TaskIdle( ),该任务总是处于就绪态。空闲任务 OS_TaskIdle( )的优先级总是设成最低,即 OS_LOWEST_PRIO。如果统计任务允许 OS_Task_STAT_EN 和任务建立扩展都设为“1”,则 OSIint( )还须建立统计任务 OS_TaskStat( ),并且使其进入就绪态。OS_TaskStat( )的优先级总是设为 OS_LOWEST_PRIO - 1。

7.2.9 μC/OS-Ⅱ的启动

μC/OS-Ⅱ的启动是通过调用 OSStart( )实现的,启动流程如下:

①在程序中分配任务栈。

②分配任务栈的主要目的是为任务运行时的变量、堆栈提供存放和访问空间。通过定义数组 unsigned int StackX[STACKSIZE]并在任务启动时传递该数组指针完成任务栈的初始化。

③建立任务函数体。

④函数体中包含的内容有变量定义及初始化、功能函数或指令语句、设定任务挂起时间间隔。

⑤描述启动任务。

⑥传递任务函数地址、任务堆栈地址、任务优先级。

⑦在 main( ) 函数中完成启动流程。

⑧主要包括运行任务前的硬件初始化、操作系统的初始化、启动定时中断、启动任务等。

7.3 μC/OS-Ⅱ的内核

内核,是一个操作系统的核心,是基于硬件的第一层软件扩充和提供操作系统的最基本的功能,是操作系统工作的基础,它负责管理系统的进程、内存、内核体系结构、设备驱动程序、文件和网络系统,决定着系统的性能和稳定性。

与其他的操作系统不同，μC/OS-Ⅱ其实只有一个内核，提供任务调度、任务间的通信与同步、任务管理、时间管理和内存管理等基本功能。目前已经出现针对 μC/OS-Ⅱ应用的第三方软件，如网络管理、输入输出管理、TCP/IP 协议栈等。在此，主要介绍 μC/OS-Ⅱ的内核管理功能，为使读者能更清楚的认识 μC/OS-Ⅱ的存储结构，也将对其文件体系进行介绍。

7.3.1　任务调度

调度是内核的主要职责之一，调度就是决定该轮到哪个任务运行了。多数实时内核是基于优先级调度法的，每个任务根据其重要程序的不同被赋予一定的优先级，基于优先级的调度法指 CPU 总是让处在就绪态的优先级最高的任务先运行。然而究竟何时让高优先级任务掌握 CPU 的使用权，有两种不同的情况，这要看用的是什么类型的内核，是非占先式的还是占先式的内核。

μC/OS-Ⅱ是一个基于优先级的实时操作系统。在 μC/OS-Ⅱ中，一个任务就像其他 C 语言函数一样，有返回值类型和参数，但任务函数是一个无限循环，所以它绝不会返回任何的数据，故返回类型应该定义为 void。每个任务必须赋予一定的优先级，而且各自的优先级必须不同，优先级数越高，优先级越低，因此"0"优先级的任务具有最高的优先级，通过在 Os_cfg. h 文件中定义宏 Os_lowest_prio，可以决定系统中任务的个数。系统目前占用的两个任务为空闲任务 idle task 和统计任务 stat task。当没有其他任务进入就绪状态时，空闲任务投入运行，空闲任务什么也不做，只是简单地将计数器加"1"，这个计数器可以用来统计 CPU 的利用率。

μC/OS-Ⅱ是占先式的实时多任务内核，优先级最高的任务一旦准备就绪，则就拥有 CPU 的所有权并开始投入运行。μC/OS-Ⅱ中每个任务的优先级要求不一样且是唯一的，所以任务调度的工作就是：查找准备就绪的最高优先级的任务，并进行上下文切换。函数 ossched (void)进行任务调度。任务调度函数结构如下：

```
void OSSched(void)
{
    关中断
    如果(不是中断嵌套并且系统可以被调度)
    {   确定优先级最高的任务
      如果(最高级的任务不是当前的任务)
      {
       调用 OSCtxSw();
      }
    }
    开中断
}
```

上面这个函数称作任务调度的前导函数。它先判断要进行任务切换的条件，如果条件允许进行任务调度，则调用 OSCtxSw()。函数 OSCtxSw()是真正实现任务调度的函数。由于在调用 OSCtxSw()期间要对堆栈进行操作，所以 OSCtxSw()一般用汇编语言写成。本函数由 OS_TASK_SW 宏调用，OS_TASK_SW 由 OSSched 函数调用，OSSched 函数负责任务之间的调度；OSCtxSw 函数的工作是先将当前任务的 CPU 现场保存到该任务的堆栈中，然后获得最高优先级任务的堆栈指针,并从该堆栈中恢复此任务的CPU现场,使之继续执行,这时该函数完成了一次任务切换。

7.3.2 任务间的通信与同步

嵌入式系统中的各个任务都是以并发的方式来运行的,并为同一个大的任务服务,它们不可避免地要共同使用一些共享资源,并且在处理一些需要多个任务共同协作来完成的工作时,还需要相互的支持和限制。因此,对于一个完善的多任务操作系统来说,系统必须具备完备的同步和通信机制,任务间的同步指异步环境下的一组并发出执行任务因各自的执行结果互为对方的执行条件,因而任务之间需互发信号,以使得各任务按一定的速度执行。

在多任务合作工作中,OS应该解决两个问题:①各任务间应该具有一种互斥关系,即对于某个共享资源,如果一个任务正在使用,则其他任务只能等待,等到该任务释放该资源后,等待的任务之一才能使用它,例如共享打印机。②相关的任务在执行上要有先后次序、一个任务要等其伙伴发来通知,或建立了某个条件后才能继续执行,否则只能等待。例如:A向buff中读数据,B向buff中写数据,只有在B写数据才能让A读数据。

任务之间这种制约性的合作运行机制称为任务间的同步。系统中任务的同步是依靠任务与任务之间互相发送消息来保证同步的。

任务间的同步依赖任务间的通信,在μC/OS-Ⅱ中,使用信号量、邮箱(消息邮箱)和消息队列这些被作为时间的中间环节来实现任务之间的通信。μC/OS-Ⅱ中将信号量、消息邮箱和消息队列这类用于任务同步和通信的数据结构称作事件,μC/OS-Ⅱ中,任务或中断服务子程序可以通过事件控制块ECB(Event Control Blocks)向另外的任务发信号。这里的信号被看成事件,如信号量、邮箱、消息队列等。

(1)事件控制块ECB

事件控制块ECB是用于实现信号量管理、邮箱管理、消息队列管理等的基本数据结构。其结构如下:

```
typedef struct
{
INT8U        OSEventType;/*定义事件的具体类型,可以是信号、邮箱、消息队列*/
INT8U        OSEventGrp;          /*等待任务所在的组*/
INT8U        OSEventCnt;          /*计数器(当事件是信号量时)*/
void         *OSEventPtr;         /*指向消息或者消息队列的指针*/
INT8U        OSEventTbl[OS_EVENT_TBL_SIZE]; /*等待任务列表*/
}OS_EVENT;
```

(2)事件控制块的操作

对于事件控制块进行的操作包括以下几种:

①OSEventWaitListInit()函数,用于初始化一个事件控制块。当建立一个信号量、邮箱或者消息队列时,需要初始化事件控制块中的等待任务列表,这是通过调用OSEventWaitListInit()完成的。该函数初始化一个空的等待任务列表,列表中没有任何任务。

②OSEventTaskRdy()函数,用于使一个任务进入就绪态。当所等待的事件发生时,需要将该事件等待任务列表中的最高优先级任务HPT(Highest Priority Task)置于就绪态,该操作

是由该事件对应的发送事件(信号量、邮箱、消息队列)函数调用 OSEventTaskRdy()实现的。该函数功能是从等待任务队列中删除 HPT 任务,并将该任务置于就绪态。

③OSEventTaskWait()函数,用于使一个任务进入等待某事件发生的状态。当某个任务要等待某一个事件的发生时,需要将当前任务从就绪任务表中删除,并放到相应事件的事件控制块的等待任务表中,此操作是由相应的等待事件(信号量、邮箱、消息队列)函数调用 OSEventTaskWait()函数实现的。

④OSEventTO()函数,用于由于等待超时而将任务置为就绪态状态。当在预先指定的时间内任务等待的事件没有发生时,OSTimeTick()函数会因为等待超时而将任务的状态置为就绪。此项工作是由发送事件(信号量、邮箱、消息队列)函数调用 OSEventTO()完成的。该函数负责从事件控制块中的等待任务列表里将任务删除,并将它置成就绪状态,最后从任务控制块中将指向事件控制块的指针删除。应当注意的是,调用 OSEventTO()时应当先关中断。

(3)使用信号量进行任务之间同步

信号量是一类事件,使用信号量的最初目的,是共享资源设立一个表示该共享资源被占用情况的标志。这样,就可使任务在访问共享资源之前,先对这个标志进行查询,在了解资源被占用的情况之后,再决定自己的行为。

使用信号量可以在任务间传递信息,实现任务的同步执行。μC/OS-Ⅱ中的信号量由两部分组成:一个是信号量的计数值,它是一个 16 位的无符号整数(0 ~ 65 535);另一个是由等待该信号量的任务组成的等待任务表。使用信号量实现同步主要使用如下函数:

①OSSemCreate()函数,用于建立信号量,并对信号量赋 0 ~ 65 535 的一个数为其初值。如果该信号量是用来表示有 n 个相同的资源可访问,则该初始值设为 n,即 n 代表可访问的资源数,并将该信号量作为一个可计数的信号量使用。如果信号量是表示发生的事件个数,则该信号量的初始值应设为“0”。如果信号量是用于表示对共享资源的访问,那么该信号量的初始值应设为“1”(例如,将它当作二值信号量使用)。

②OSSemDel()函数,用于删除一个信号量。注意:在删除一个信号量之前,必须首先删除操作该信号量的所有任务。

③OSSemPend()函数,用于等待一个信号量,对信号量进行减“1”操作。当信号量当前是可用(信号量的计数值大于“0”)时,函数将“无错”代码返回给它的调用函数。如果信号量的计数值小于等于“0”,而 OSSemPend()函数又不是由中断服务子程序调用的,则调用 OSSemPend()函数的任务要进入睡眠状态,等待另一个任务(或者中断服务子程序)发出该信号量。

④OSSemPost()函数,用于发送一个信号量,对信号量进行加“1”操作。若加“1”后的信号量等于“0”,则 OSSemPost()函数还需要唤醒一个处于等待该信号的其他任务。

⑤OSSemAccept()函数,用于无等待地请求一个信号量,功能是当一个任务请求一个信号量时,如果该信号量暂时无效,让该任务简单地返回,而不是进入睡眠等待状态。

⑥OSSemQuery()函数,用于查询一个信号量的当前状态,用户随时可以调用函数 OSSemQuery()来查询一个信号量的当前状态。

下面的代码使用信号量实现了两个任务之间的同步。信号量创建的代码如下,信号量 Sem2 初始为可用状态,而信号量 Sem1 初始为不可用状态。

```
Sem1 = OSSemCreate(0);
Sem2 = OSSemCreate(1);
```

任务 Task1 必须等待 Sem2 可用才能够继续往下运行，而 Sem2 在 Task2 中发送。同样 Task2 必须等待 Sem1 可用才能够继续往下运行，而 Sem1 在 Task1 中发送，这样就实现了下面"…"之间代码的顺序执行，而不受 TimeDlv 的延时值的影响。

```
void Task1(void * id)
(
  INT8U   Reply;
  for(;;)
  {
        OSSempend(Sem2,0,&Reply);            /* 等待信号 Sem2 */
    …
    OSSempost(Sem1);                         /* 发送信号 Sem1 */
    TimeDlv(200);                            /* 延时等待 */
  }
}
void Task2(void * Id)
{
  INT8U   Reply ;
  for(;;)
  {
    OSSemlpend(Sem1,0,&Reply);               /* 等待信号 Sem1 */
    OSSempost(Sem2);                         /* 发送信号 Sem2 */
    TimDly(100);                             /* 延时等待 */
  }
}
```

(4)使用消息邮箱实现任务之间的通信

在多任务操作系统中，常常需要在任务与任务之间通过传递数据(这种数据称为"消息")的方式来进行通信，为了达到这个目的，可以在内存中创建一个存储空间作为该数据的缓冲区。如果将这个缓冲区称为消息缓存区，在任务间传递数据(消息)的一个最简单的方法就是传递消息缓冲区指针。因此，用来传递消息缓冲区指针的数据结构就称为消息邮箱。

使用邮箱通信就是由发送消息的任务申请与接收消息的任务建立一个链接的邮箱，发送消息的任务将一个指针型的变量送往邮箱，接收进程从邮箱中取出该指针变量，从而完成进程间信息交换。该指针指向一个包含了"消息"的特定数据结构。具体可通过如下函数实现：

①OSMboxCreate()函数，用来创建邮箱，并指定其初始值。一般情况下，这个初始值是 NULL，但也可以初始化一个邮箱，使其在最开始就包含一条消息。如果使用邮箱的目的是通知一个事件的发生(发送一条消息)，那么就要初始化该邮箱为 NULL，因为在开始时，事件可能还没有发生。如果用户用邮箱来共享某些资源，那么就要初始化该邮箱为一个非 NULL 的指针。在这种情况下，邮箱被当成一个二值信号量使用。使用邮箱同样可以实现上节描述的任务间的同步。

②OSMboxDel()函数，用于删除一个邮箱。注意：在删除邮箱之前，必须首先删除可能操

作该邮箱的所有任务。

③OSMboxPost()函数,用来向邮箱发送一则消息。这时,如果邮箱中已经有消息,则返回“邮箱已满”的错误代码。同时该函数还要检查是否有任务在等待该邮箱中的消息,若有还需唤醒该任务。

④OSMboxPend()函数,用于等待发送一个消息到邮箱中,如果邮箱中没有可用的消息,调用 OSMboxPend()的任务就被挂起,直到邮箱中有了消息或者等待超时。

⑤OSMboxPostOpt()函数,用于向邮箱发送一则消息。该函数是 μC/OS-Ⅱ的新增函数,可以代替 OSMboxPost()函数。此外,该函数可以向等待邮箱的所有任务发送消息,即广播。

⑥OSMboxAccept()函数,用于无等待地从邮箱中得到一个消息,功能是当邮箱为空时,应用程序也可以无等待的方式从邮箱中得到消息,不必使该任务进入睡眠状态。注意:调用 OSMboxAccept()的函数必须检查其返回值。如果返回值是 NULL,说明邮箱是空的,没有可用的消息;如果返回值是非 NULL 值,说明邮箱中有消息可用,而且该调用函数已经得到了该消息。

⑦OSMboxQuery()函数,用于随时查询一个邮箱的当前状态。

(5)使用消息队列实现任务之间的通信

上面说到的消息邮箱不仅可用来传递一个消息,而且也可定义一个指针数组。让数组的每个元素都存放一个消息缓冲区指针,任务就可以通过传递这个指针数组指针的方法传递多个消息了,这样可以传递多个消息的数据结构就称为消息队列(简称“队列”)。

消息队列是 μC/OS-Ⅱ的另一种通信机制,它可以使一个任务或者中断服务子程序向另一个任务发送以指针方式定义的变量。对于不同的应用,每个指针指向的数据结构也不同。

μC/OS-Ⅱ提供了以下七个对消息队列进行操作的函数:

①OSQCreate()函数:创建消息队列函数;

②OSQPend()函数:等待消息队列函数;

③OSQPost()函数:先进先出(FIFO)发送消息函数;

④OSQPostFront()函数:后进先出(LIFO)发送消息函数;

⑤OSQAccept()函数:无等待获取消息函数;

⑥OSQFlush()函数:清空消息队列函数;

⑦OSQQuery()函数:查询消息队列函数。

7.3.3 任务管理

关于任务的结构以及 μC/OS-Ⅱ任务的一些特性前面已经介绍,本小节介绍任务管理,这部分包括如何在应用程序中建立任务、删除任务、改变任务的优先级及挂起和恢复任务,以及如何获得有关任务的信息。系统对任务的管理主要通过以下函数实现:

①OSTaskCreate()和 OSTaskCreateExt()函数,用于建立一个任务。可在多任务调度开始前或在其他任务的执行过程中建立任务。OSTaskCreateExt()是 OSTaskCreate()的扩展版本,虽然提供了一些附加的功能,但是会增加一些额外的开销。注意:任务不能由中断服务程序(ISR)来建立。

②OSTaskStkChk()函数,用于检验堆栈。堆栈是由连续的内存空间组成的,每个任务都有自己堆栈。如果为任务分配过多的堆栈空间,就会减少自己的应用程序代码所需的内存空

间,因此,μC/OS-Ⅱ提供 OSTaskStkChk( )函数来检验堆栈空间大小。

③OSTaskDel( )函数,用于删除一个任务,功能是将任务返回并使之处于休眠状态,这样μC/OS-Ⅱ将不再调用该任务。注意:不能删除空闲任务。

④OSTaskDelReq( )函数,用于请求删除一个任务,当 Task1 拥有内存缓冲区或信号量之类的资源,而 Task2 想删除该任务时,如果删除了 Task1,则这些资源就可能会由于未被释放而丢失。在这种情况下,可以通过 OSTaskDelReq( )函数,让拥有这些资源的任务在使用完资源后,先释放资源,再删除自己。注意:发出删除任务请求的任务 Task2 和要删除的任务 Task1 都需要调用 OSTaskDelReq( )函数。

⑤OSTaskChangePrio( )函数,用于改变任务的优先级。任务建立时,系统为任务分配了一个优先级。之后,用户可以通过调用 OSTaskChangePrio( )函数来动态地改变任务的优先级。注意:用户不能改变空闲任务的优先级。

⑥OSTaskSuspend( )函数,用于挂起任务。注意:不能挂起空闲任务。

⑦OSTaskResume( )函数,用于恢复挂起的任务。注意:不能恢复空闲任务。

⑧OSTaskQuery( )函数,用于获得自身或其他应用任务的信息,它获得的是指定任务的任务控制块 OS_TCB 中内容的拷贝。

7.3.4 时间管理

与大部分内核一样,μC/OS-Ⅱ要求提供定时中断,以实现延时与超时控制等功能。这个定时中断称为时钟节拍。

(1)任务延时函数 OSTimeDly( )

μC/OS-Ⅱ提供了这样一个系统服务:申请该服务的任务可以延时一段时间,这段时间的长短是用时钟节拍的数目来确定的,实现这个系统服务的函数称为 OSTimeDly( )。调用该函数会使 μC/OS-Ⅱ进行一次任务调度,并且执行下一个优先级最高的就绪态任务。任务调用 OSTimeDly( )后,一旦规定的时间期满或者有其他的任务通过调用 OSTimeDlyResume( )取消了延时,它就会马上进入就绪状态。注意:只有当该任务在所有就绪任务中具有最高的优先级时,它才会立即运行。

用户的应用程序是通过提供延时的时钟节拍数—— 一个 1 ~65 535 的数,来调用该函数的。如果用户指定“0”值,则表明用户不想延时任务,函数会立即返回到调用者。非“0”值会使得任务延时函数 OSTimeDly( )将当前任务从就绪表中移除;接着,这个延时节拍数会被保存在当前任务的 OS_TCB 中,并且通过 OSTimeTick( )每隔一个时钟节拍就减少一个延时节拍数;最后,既然任务已经不再处于就绪状态,任务调度程序就会执行下一个优先级最高的就绪任务。

(2)按时、分、秒延时函数 OSTimeDlyHMSM( )

OSTimeDly( )是一个非常有用的函数,但用户的应用程序需要知道延时时间对应的时钟节拍的数目。增加了 OSTimeDlyHMSM( )函数后,用户就可以按时(h)、分(min)、秒(s)和毫秒(ms)来定义时间了,这样会显得更自然。与 OSTimeDly( )一样,调用 OSTimeDlyHMSM( )函数也会使 μC/OS-Ⅱ进行一次任务调度,并且执行下一个优先级最高的就绪态任务。任务调用 OSTimeDlyHMSM( )后,一旦规定的时间期满或者有其他的任务通过调用 OSTimeDlyResume( )取消了延时,它就会马上处于就绪态。同样,只有当该任务在所有就绪态任务中具有最高的优先级时,它才会立即运行。

(3)恢复延时的任务函数 OSTimeDlyResume()

μC/OS-Ⅱ允许用户结束正处于延时期的任务。通过调用 OSTimeDlyResume()和指定要恢复的任务的优先级,延时的任务可以不等待延时期满,而是通过其他任务取消延时来使自己处于就绪态。实际上,OSTimeDlyResume()也可以唤醒正在等待事件的任务。在这种情况下,等待事件发生的任务会考虑是否终止等待事件。

(4)系统时间函数 OSTimeGet()**和** OSTimeSet()

无论时钟节拍何时发生,μC/OS-Ⅱ都会将一个 32 位的计数器加"1"。这个计数器在用户调用 OSStart()初始化多任务和 4 294 967 295 个节拍执行完一遍的时候从"0"开始计数。在时钟节拍的频率等于 100 Hz 时,这个 32 位的计数器每隔 497 d 就重新开始计数。用户可以通过调用 OSTimeGet()来获得该计数器的当前值,也可以通过调用 OSTimeSet()来改变该计数器的值。

7.3.5　内存管理

ANSI C 中,一般采用 malloc()和 free()两个函数动态地分配和释放内存。这样,随着内存空间的不断分配与释放,就会将原来很大的一块连续内存区域逐渐地分割成许多非常小的但彼此之间又不相邻的内存块,也就是产生内存碎片问题。系统中大量碎片的存在,使得后来一个程序要求为之分配存储空间时,可能出现总的内存空闲容量比所要求的大,但彼此不连续,也就是都以碎片的形式存。由于内存管理算法上的原因,malloc()和 free()函数的执行时间是不确定的,这在嵌入式实时操作系统中是非常危险的。

为了消除多次动态分配与释放内存所引起的内存碎片和分配、释放函数执行时间的不确定性,μC/OS-Ⅱ将连续的大块内存按分区来管理。每个分区中都包含整数个大小相同的内存块,但不同分区之间内存块的大小可以不同。用户需要动态分配内存时,选择一个适当的分区,按块来分配内存。释放内存时将该块放回它以前所属的分区,就能有效解决内存碎片问题,而且每次调用 malloc()和 free()分配和释放的都是整数倍的固定内存块长度,这样执行时间就是确定的了。

(1)内存控制块 OS_MEM

为了便于内存的管理,μC/OS-Ⅱ中使用内存控制块的数据结构跟踪每一个内存分区系统,每个分区都有属于自己的内存控制块,系统是通过内存控制块数据结构 OS_MEM 来管理内存的。其结构如下:

```
typedef struct
{void  * OSMemAddr;            /* 指向内存分区起始地址的指针 */
void  * OSMemFreeList;          /* 指向下一个空余内存控制块或者下一个空余内存块
                                   的指针 */
INT32U OSMemBlkSize;            /* 内存分区中内存块的大小 */
INT32U OSMemNBlks;              /* 内存分区中总的内存块数量 */
INT32U OSMemNFree;              /* 内存分区中当前可以获得的空余内存块数量 */
}OS_MEM;
```

(2)内存管理

对内存管理主要使用以下四个函数来实现:

①OSMemCreate()函数,用于建立一个内存分区。该函数共有四个参数:内存分区的起始地址、分区内的内存块数、每个内存块的字节数和一个指向错误信息代码的指针。

②OSMemGet()函数,用于分配一个内存块,当调度某任务执行时,必须先从已经建立的内存分区中为该任务申请一个内存块。

③OSMemPut()函数,释放一个内存块。当某一任务不再使用一个内存块时,必须及时地将它放回到相应的内存分区中,以便下一次的分配操作。

④OSMemQuery()函数,用于查询一个特定内存分区的状态。如查询某内存分区中内存块的大小、可用内存块数和正在使用的内存块数等信息,所有这些信息都放在 OS_MEM_DATA 数据结构中。

7.3.6 μC/OS-Ⅱ的文件体系

μC/OS-Ⅱ的文件体系结构如图 7.1 所示,其中应用软件层是基于 μC/OS-Ⅱ上的代码,μC/OS-Ⅱ包括以下三部分:

①核心代码部分,包括七个源代码文件和一个头文件,这七个源代码文件负责的功能分别是核心管理、事件管理、消息队列管理、存储管理、消息管理、信号量处理、任务调度和定时管理,这部分代码与处理器无关。

②设置代码部分,包括两个头文件,用来配置事件控制块的数目以及是否包含消息管理相关代码等。

③处理器相关的移植代码部分,包括一个头文件、一个汇编文件和一个 C 代码文件,在随后的 μC/OS-Ⅱ的移植过程中,用户所需要关注的就是这部分文件。

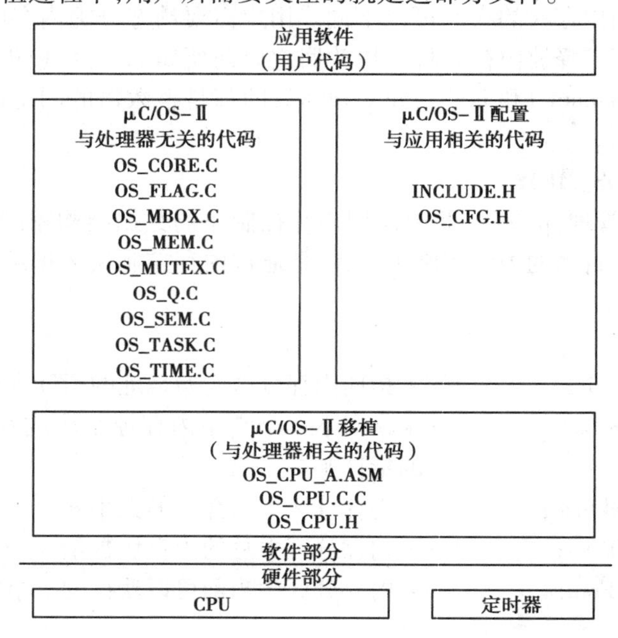

图 7.1 μC/OS-Ⅱ文件体系结构

7.4 μC/OS-Ⅱ应用程序开发

μC/OS-Ⅱ自从 1992 年发布以来,在世界各地都获得了广泛的应用,它是一种专门为嵌入式设备设计的内核。尤其值得一提的是,该系统自从 2.51 版本之后,就通过了美国 FAA 认证,可以运行在诸如航天器等对安全要求极为苛刻的系统之上。鉴于 μC/OS-Ⅱ可以免费获得代码,对于嵌入式 RTOS 而言,μC/OS-Ⅱ无疑是最经济的选择。应用 μC/OS-Ⅱ,自然要为它开发应用程序。下面论述基于 μC/OS-Ⅱ的应用程序的基本结构以及应用程序开发相关知识。

7.4.1 变量类型

由于 C 语言变量类型的长度与编译器类型相关,为了方便在各个平台间移植,在 μC/OS-Ⅱ中没有使用 C 语言的数据类型,而是定义了自己的数据类型。具体的变量类型见表 7.1(定义在 OS_CPU. H 中)。

表 7.1 μC/OS-Ⅱ使用的变量类型

类型符号	类 型	宽 度
BOOLEAN	布尔型	8
INT8U	8 位无符号整数	8
INT8S	8 位有符号整数	8
INT16U	16 位无符号整数	16
INT16S	16 位有符号整数	16
INT32U	32 位无符号整数	32
INT32S	32 位有符号整数	32
FP32	单精度浮点数	32
FP64	双精度浮点数	64

7.4.2 应用程序基本结构

每一个 μC/OS-Ⅱ应用至少要有一个任务。每一个任务必须被写成无限循环的形式。以下是一个推荐的结构:

```
void task ( void * pdata )
{
    INT8U   err;
    InitTimer( );            // 可选
    For( ;; )
    {
```

```
    …                      //应用程序代码
    OSTimeDly(1);          // 可选
    }
}
```

系统会为每一个任务保留一个堆栈空间，由于系统在任务切换时要恢复上下文并执行一条 reti 指令返回，如果允许任务执行到最后一个花括号，很可能会破坏系统堆栈空间，从而使应用程序的执行带有不确定性。换句话说，程序“跑飞”了。因此，每一个任务必须被写成无限循环的形式。无论是系统强制（通过 ISR）还是主动放弃（通过调用 OS API），开发者都要使自己的任务能够放弃对 CPU 的使用权。

现在来讨论 InitTimer() 函数，这个函数应该由系统提供，开发者需要在优先级最高的任务内调用它而且不能在 for 循环内调用。注意，这个函数是与所使用的 CPU 相关的，每种系统都有自己的 Timer 初始化程序。在 μC/OS-Ⅱ的帮助手册内，作者强调绝对不能在 OSInit() 或者 OSStart() 内调用 Timer 初始化程序，那样会破坏系统的可移植性，同时也会带来性能上的损失。因此，一个折中的办法就是像上面一样，在优先级最高的任务内调用，这样可以保证当 OSStart() 调用系统内部函数 OSStartHighRdy() 开始多任务后，首先执行的就是 Timer 初始化程序。或者专门执行一个优先级最高的任务，只做一件事情，那就是执行 Timer 初始化，之后通过调用 OSTaskSuspend() 将自己挂起来，永远不再执行。不过，这样会浪费一个 TCB 空间，对于那些 RAM 内存空间有限的系统来说，应该尽量不用。

μC/OS-Ⅱ是多任务内核，函数可能会被多个任务调用，因此，还需考虑函数的可重入性。由于每个任务有各自的堆栈，而任务的局部变量是放在当前的任务堆栈中的，所以，要保证函数代码的可重入性，只要不使用全局变量即可。

利用 μC/OS-Ⅱ的消息队列可以实现消息驱动程序。在编写任务代码时，先完成任务初始化，然后在消息循环过程中，在某个消息上等待，当其他任务或者中断服务程序返回消息后，根据消息的内容调用相应的函数模块，函数调用后重新回到消息循环，继续等待消息。

7.4.3 μC/OS-Ⅱ API 介绍

任何一个操作系统都会提供大量的 API 供开发者使用，μC/OS-Ⅱ也不例外。由于 μC/OS-Ⅱ面向的是实时嵌入式系统开发，并不要求大而全，所以内核提供的 API 也就大多与多任务相关，主要有任务类、消息类、同步类、时间类、临界区与事件类。

下面介绍几个比较重要的 API 函数：

(1) OSTaskCreate 函数

这个函数应该至少在 main 函数内调用一次，在 OSInit 函数调用之后调用。它的作用就是创建一个任务。该函数有四个参数：任务的入口地址、任务的参数、任务堆栈的首地址和任务的优先级。调用本函数后，系统会首先从 TCB 空闲列表内申请一个空的 TCB 指针；然后将会根据用户给出的参数初始化任务堆栈，并在内部的任务就绪表内标记该任务为就绪状态；最后返回，这样一个任务就创建成功了。

(2) OSTaskSuspend 函数

这个函数可以将指定的任务挂起。如果挂起的是当前任务，还会引发系统执行任务切换先导函数 OSShed 来进行一次任务切换。这个函数只有一个指定任务的优先级的参数。事实上,在系统内部,优先级除了表示一个任务执行的先后次序外,还起着区分每一个任务的作用;换句话说,优先级也就是任务的ID。因此,μC/OS-Ⅱ不允许出现相同优先级的任务。

(3) OSTaskResume 函数

这个函数与上面的函数正好相反,它用于将指定的已经挂起的函数恢复为就绪状态。如果恢复任务的优先级高于当前任务,还将引发一次任务切换。其参数类似于 OSTaskSuspend 函数,用来指定任务的优先级。需要特别说明是,本函数并不要求和 OSTaskSuspend 函数成对使用。

(4) OS_ENTER_CRITICAL 宏

通过分析 OS_CPU.H 文件,便知道 OS_ENTER_CRITICAL 和下面要涉及的 OS_EXIT_CRITICAL 都是宏。它们都是涉及了特定的 CPU。一般都被替换为一条或者几条嵌入式汇编代码。由于系统希望向上层开发者隐藏内部实现,因此一般都宣称执行此条指令后系统进入临界区。其实,它就是关闭中断而已。这样,只要任务不主动放弃 CPU 使用权,别的任务就没有占用 CPU 的机会了。相对这个任务而言,它就是独占了,进入临界区了。这个宏应该尽量少用,因为它会破坏系统的一些服务,尤其是时间服务,并使系统对外界响应性能降低。

(5) OS_EXIT_CRITICAL 宏

该宏与上面介绍的宏配套使用,在退出临界区时使用,其实它就是重新开中断。需要注意的是,它必须和上面的宏成对出现,否则会带来意想不到的后果。最坏情况下,系统会崩溃。推荐程序员尽量少使用这两个宏调用,因为它们的确会破坏系统的多任务性能。

(6) OSTimeDly 函数

这个函数完成的功能是先挂起当前任务,然后进行任务切换,在指定的时间到来之后,将当前任务恢复为就绪状态,但并不一定运行,如果恢复后是优先级最高就绪任务,则运行之。简而言之,就是可以使任务延时一定时间后再次执行它,或者说,暂时放弃 CPU 的使用权。一个任务可以不限时地调用这些可以导致放弃 CPU 使用权的 API,但那样多任务性能会大大降低,因为此时仅仅依靠时钟机制在进行任务切换。一个好的任务应该在完成一些操作时主动放弃使用权。

7.4.4 μC/OS-Ⅱ多任务实现机制

前面已经介绍过,μC/OS-Ⅱ是一种基于优先级的可剥夺型的多任务内核。了解它的多任务机制原理,有助于写出更加合适的代码来。其实在单 CPU 情况下,是不存在真正的多任务机制的,存在的只是不同的任务轮流使用 CPU,所以本质上还是单任务的。但由于 CPU 执行速度非常快,加上任务切换十分频繁并且切换得很快,感觉好像有很多任务同时在运行一样,这就是所谓的“多任务机制”。

由上面的描述不难发现,要实现多任务机制,目标 CPU 必须具备一种在运行期更改 PC 的途径,否则无法做到切换。不幸的是,直接设置 PC 指针,目前还没有哪个 CPU 支持这样的指令。但是,一般 CPU 都允许通过类似 JMP、CALL 这样的指令来间接地修改 PC,多任务机制的实现也正是基于这点。事实上,使用 CALL 指令或者软中断指令来修改 PC,主要是软中断。但在一些 CPU 上,并不存在“软中断”这个概念,因此,在那些 CPU 上,使用几条 PUSH 指令加上一条 CALL 指令来模拟一次软中断的发生。

μC/OS-Ⅱ中,每个任务都有一个任务控制块,这是一个比较复杂的数据结构。在任务控制块偏移为“0”的地方，存储着一个指针，记录了所属任务的专用堆栈地址。事实上，在μC/OS-Ⅱ内，每个任务都有自己的专用堆栈，彼此之间不能侵犯，这点要求开发者在他们的程序中保证。一般的做法是将它们声明成静态数组而且要声明成 OS_STK 类型。当任务有了自己的堆栈，就可以将每一个任务堆栈在那里记录到前面谈到的任务控制块偏移为“0”的地方。每当发生任务切换，系统必然会先进入一个中断，这一般是通过软中断或者时钟中断实现；然后系统会先将当前任务的堆栈地址保存起来，紧接着恢复要切换的任务的堆栈地址。由于那个任务的堆栈里一定也存的是地址（每当发生任务切换，系统必然会先进入一个中断，而一旦中断 CPU 就会把地址压入堆栈），这样，就达到了修改 PC 为下一个任务的地址的目的。开发者可以善加利用 μC/OS-Ⅱ的多任务实现机制，写出更合适、更富有效率的代码来。

7.5 μC/OS-Ⅱ在嵌入式处理上的移植

7.5.1 移植条件

移植 μC/OS-Ⅱ到嵌入式处理器上必须满足以下几个条件：

(1)处理器的 C 语言编译器能产生可重入代码

μC/OS-Ⅱ是多任务内核，函数可能会被多个任务调用。代码的可重入性是保证完成多任务的基础。可重入代码指的是可以被多个任务同时调用，而不会破坏数据的一段代码，或者说，代码具有在执行过程中打断后再次被调用的能力。

下面列举了两个函数例子，它们的区别在于变量 temp 保存的位置不同，左边的函数中 temp 作为全局变量存在，右边的函数中 temp 作为函数的局部变量存在，因此，左边的函数是不可重入的，而右边的函数是可以重入的。

```
int temp;
void swap (int  *x,int *y)
{
     temp = *x;
     *X = *Y;
     *y = Temp;
}
```

```
void swap (int  *x,int *y)
{
     int temp;
     temp = *x;
     *X = *Y;
     *y = Temp;
}
```

此外，除了在 C 语言程序中使用局部变量以外，还需要 C 语言编译器的支持，使用 Embest IDE for ARM 的集成开发环境，可以生成可重入的代码。

(2)用 C 语言就可以打开和关闭中断

ARM 处理器核包含一个 CPSR 寄存器，该寄存器包括一个全局的中断禁止位，控制它可以打开和关闭中断。

(3)处理器支持中断并且能产生定时中断

μC/OS-Ⅱ是通过处理器产生的定时器中断来实现多任务之间调度的。ARM7TDMI 的处理器都支持中断并能产生定时器中断。

(4)处理器支持能够容纳一定量数据的硬件堆栈

对于一些只有 10 根地址线的 8 位控制器,芯片最多可访问 1 KB 存储单元,这样的条件下移植是比较困难的。

(5)处理器有将其他 CPU 寄存器读出和存储的功能

μC/OS-Ⅱ进行任务调度时,会将当前任务的 CPU 寄存器存放到此任务的堆栈中,然后再从另一个任务的堆栈中恢复原来的工作寄存器,继续运行另一个任务。因此,寄存器的入栈和出栈是 μC/OS-Ⅱ多任务调度的基础。

ARM 处理器中汇编指令 STMFD 可以将所有寄存器压栈,对应也有一个出栈的指令 LDMFD。

7.5.2　移植步骤

所谓"移植",就是使一个实时操作系统能够在某个微处理器平台上或微控制器上运行。由 μC/OS-Ⅱ的文件系统可知,在移植过程中,用户所需要关注的就是与处理器相关的代码,这部分包括一个头文件(os_cpu. h)、一个汇编文件(os_cpu_a. asm)和一个 C 代码文件(os_cpu_c. c)。

以下介绍当使用 GNU 下的 gcc 编译器时,移植 μC/OS-Ⅱ的主要内容:

(1)基本的配置和定义

所有需要完成的基本配置和定义全部集中在 os_cpu. h 头文件中。

1)定义与编译器相关的数据类型

为了保证可移植性,程序中没有直接使用 C 语言中的 short、int、long 等数据类型的定义,因为它们与处理器类型有关,隐含着不可移植性,而是自己定义了一套数据类型,如 INT16U 表示 16 位无符号整型,对于 ARM 这样的 32 位内核,INT16U 是 unsigned short 型,如果是 16 位的处理器,则是 unsigned int 型。

2)定义允许和禁止中断宏

与所有的实时内核一样,μC/OS-Ⅱ需要先禁止中断再访问代码的临界段,并且在访问完毕后重新允许中断,这就使得 μC/OS-Ⅱ能够保护临界段代码免受多任务或中断服务例程(ISR)的破坏。中断禁止时间是商业实时内核公司提供的重要指标之一,因为它将影响到用户的系统对实时事件的响应能力。虽然 μC/OS-Ⅱ尽量使中断禁止时间达到最短,但是 μC/OS-Ⅱ的中断禁止时间还主要依赖于处理器结构和编译器产生的代码的质量。通常每个处理器都会提供一定的指令来禁止/允许中断,因此,用户的 C 语言编译器必须要有一定的机制来直接从 C 语言程序中执行这些操作。

μC/OS-Ⅱ定义了两个宏来禁止和允许中断:OS_ENTER_CRITICAL()和 OS_EXIT_CRITICAL()。

程序如下:

OS_ENTER_CRITICAL()代码

```
_asm
{
MRS      R0,SPSR
ORR      R0,R0,#NoInt
```

```
MSR     SPSR_c,R0
}
OSEnterSum + + ;

0S_EXIT_CRITICAL( )代码
if( - - OSEnterSum = =0)
{
_asm
{
MRS     R0,SPSR
BIC     R0,R0,#NoInt
MSR     SPSR_c,R0

}

}
```

程序中使用了一个变量 OSEntersum,它保存关中断的次数(中断嵌套层数)。在调用 OS_ENTER_CRITICAL( )时,它的值增加;同时关中断,在调用 OS_EXIT_CRITICAL( )时,它的值减少,并且仅在其值为“0”时开中断。这样,关中断和开中断就可以嵌套了。每个任务都有独立的变量 OSEntersum,在任务切换时保存和恢复各自的 OSEntersum。各个任务开关中断的状态可以不同,任务不必过分考虑关中断对其他任务的影响。

在 ARM 处理器核中,关中断和开中断是通过改变程序状态寄存器 CPSR 中的相应控制位实现的。由于使用了软件中断,程序状态寄存器 CPSR 保存到程序状态保存寄存器 SPSR 中,软件中断退出时会将 SPSR 恢复到 CPSR 中。因此,程序只要改变程序状态保存寄存器 SPSR 中相应的控制位就可以了。改变这些位是通过嵌入汇编实现的,代码很简单,这里不再说明。

3)定义栈的增长方向

μC/OS-Ⅱ使用结构常量 OS_STK_GROWTH 来指定堆栈的生长方式:

①置 OS_STK_GROWTH 为“0”,表示堆栈从下往上长。

②置 OS_STK_GROWTH 为“1”,表示堆栈从上往下长。

虽然 ARM 处理器核对于两种方式均支持,但 gcc 的 C 语言编译器仅支持一种方式,即从上往下增长,并且必须是满递减堆栈,所以,OS_STK_GROWTH 的值为“1”,它在 OS_CPU. H 中定义,用户规划好栈的增长方向后便定义了符号 OS_STK_GROWTH 的值。

4)定义 OS_TASK_SW 宏

OS_TASK_SW 宏是在 μC/OS-Ⅱ从低优先级任务切换到最高优先级任务时被调用的,可以采用下面两种方式定义:如果处理器支持软中断,可以使用软中断将中断向量指向 OSCtxSw 函数或者直接调用 OSCtxSw 函数。

μC/OS-Ⅱ的 OSCtxsw 函数原型:

void OSCtxSw(void)

```
{  保存处理器寄存器;                                          (1)
   将当前任务的堆栈保存到当前任务的 OS_TCB 中;
   OSTCBCur - > OSTCBStkPtr = 堆栈指针;                       (2)
   调用用户定义 OSTaskSwHook();                               (3)
   OSTCBCur = OSTCBHighRdy;                                   (4)
   OSPrioCur = OSPrioHighRdy;                                 (5)
   得到需要恢复的任务的堆栈指针;
            堆栈指针 = OSTCBHighRdy - > OSTCBStkPtr;          (6)
   将所有处理器寄存器从新任务的堆栈中恢复出来;                (7)
   执行中断返回指令;                                          (8)
}
```

(2)移植用汇编语言编写的4个与处理器相关的函数(OS_CPU_A. ASM)

1)OSStartHighRdy();运行优先级最高的就绪任务

OSStartHighRdy()函数是在 OSStart()多任务启动之后,负责从最高优先级任务的 TCB 控制块中获得该任务的堆栈指针 sp,并通过 sp 依次将 CPU 现场恢复,这时系统就将控制权交给用户创建的该任务进程,直到该任务被阻塞或者被其他更高优先级的任务抢占 CPU。该函数仅仅在多任务启动时被执行一次,用来启动最高优先级的任务执行。移植该函数的原因是它涉及将处理器寄存器保存到堆栈的操作。

2)OSCtxSw();任务级的任务切换函数

本函数由 OS_TASK_SW 宏调用,OS_TASK_SW 由 OSSched 函数调用,OSSched 函数负责任务之间的调度;OSCtxSw 函数的工作是先将当前任务的 CPU 现场保存到该任务的堆栈中,然后获得最高优先级任务的堆栈指针,并从该堆栈中恢复此任务的 CPU 现场,使之继续执行,该函数完成了一次任务切换。

3)OSIntCtxSw();中断级的任务切换函数

该函数由 OSIntExit()调用。由于中断可能会使更高优先级的任务进入就绪态,因此,为了让更高优先级的任务能立即运行,在中断服务子程序的最后,OSIntExit()函数会调用 OSIntCtxSw()做任务切换。这样做的目的主要是能够尽快地让高优先级的任务得到响应,保证系统的实时性能。OSIntCtxSw()与 OSCtxSw()都是用于任务切换的函数,其区别在于在 OSIntCtxSw()中无须再保存 CPU 寄存器,因为在调用 OSIntCtxSw()之前已经发生了中断,OSIntCtxSw()已经将默认 CPU 寄存器保存到被中断了的任务的堆栈中了。

4)OSTickISR();时钟节拍中断服务函数

时钟节拍是特定的周期性中断,是由硬件定时器产生的,这个中断可以看作系统心脏的脉动。时钟的节拍式中断使得内核可以将任务延时若干个整数时钟节拍,以及当任务等待事件发生时,提供等待超时的依据。时钟节拍频率越快,系统的额外开销就越大,中断之间的时间间隔取决于不同的应用。

OSTickISR()首先将 CPU 寄存器的值保存在被中断任务堆栈中,之后调用 OSIntEnter();随后,OSTickISR()调用 OSTimeTick(),检查所有处于延时等待状态的任务,判断是否有延时结束就绪的任务。OSTickISR()的最后调用 OSIntExit(),如果在中断中(或其他嵌套的中断)有更高优先级的任务就绪,并且当前中断为中断嵌套的最后一层。OSIntExit()将进行任务调度。注意如果进行了任务调度,OSIntExit( )将不再返回调用者,而是用新任务的堆栈中的寄存器数值恢复 CPU 现场,然后用 IRET 实现任务切换。如果当前中断不是中断嵌套的最后一层,或中断中没有改变任务的就绪状态,OSIntExit( )将返回调用者 OSTickISR( ),最后 OSTick-ISR( )返回被中断的任务。

(3)移植 C 语言编写的 6 个与操作系统相关的函数(OS_CPU_C. C)

OSTaskStkInit( )

OSTaskCreateHook( )

OSTaskDelHook( )

OSTaskSwHook( )

OSTaskStatHook( )

OSTimeTickHook( )

这些文件中,唯一必须移植的是任务堆栈初始化函数 OSTaskStkInit( ),这个函数在任务创建时被调用,它负责初始化任务的堆栈结构并返回新堆栈的指针 stk。在 ARM 体系结构下,任务堆栈空间由高至低依次保存着 pc、lr、r12、r11、r10、…、r1、r0、CPSR、SPSR, OSTaskStkInit( )初始化后的堆栈内容如图 7.2 所示。堆栈初始化工作结束后,返回新的堆栈栈顶指针。

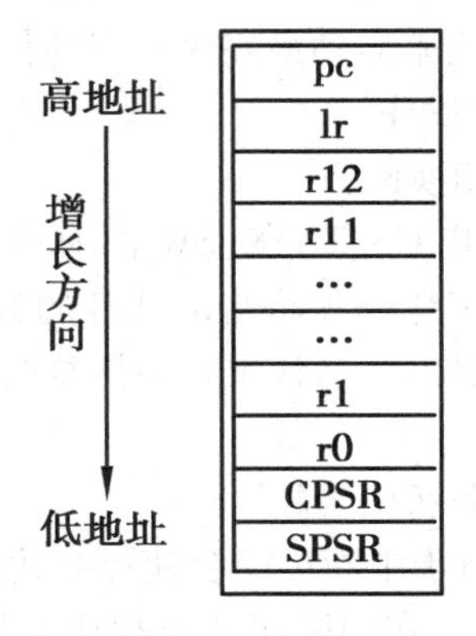

图 7.2　初始化堆栈后的堆栈内容

程序如下:

```
void * OSTaskStkInit(void( * task)(void * pd),void * pdata,void * ptos,INT16U   opt)
{
    unsigned Int * stk;
    opt = opt;                                  /* prevent warning */
    stk = (unsigned int * )ptos;                /* Load stackpolnter */
                                                /* build a context for the new task */
    * --stk = (unsigned int)task;               /* pc */
    * --stk = (unsigned int)task;               /* lr */
    * --stk  =0;                                /* r12 */
    * --stk =0;                                 /* r11 */
    * --stk =0;                                 /*  r10 */
```

```
    *--stk = 0;                          /* r9 */
    *--stk = 0;                          /* r8  */
    *--stk = 0;                          /* r7  */
    *--stk = 0;                          /* r6 */
    *--stk = 0;                          /* r5 */
    *--stk = 0;                          /* r4 */
    *--stk = 0;                          /* r3 */
    *--stk = 0;                          /* r2 */
    *--stk = 0;                          /* r1 */
    *--stk = (unsigned nit)pdata;        /* r0 */
    *--stk = (SVC32MODE| 0x0);          /* cpsr IRQ,FIQ disable */
    *--stk = (SVC32MODE|0x0);           /* spsr IRQ,FIQ disable  */
    return((void *)stk);
}
```

后面5个HooK函数又称为钩子函数,主要用来扩展μC/OS-Ⅱ功能,必须声明,它并不一定要包含任何代码。

1)OSTaskCreateHook( )

当用OSTaskCreate( )或OSTaskCreateExt( )建立任务时,就会调用OSTaskCreateHook( )。当μC/OS-Ⅱ设置完了自己的内部结构后,会在调用任务调度程序之前调用OSTaskCreateHook( ),该函数被调用时中断是禁止的。因此,用户应尽量减少该函数中的代码,以缩短中断的响应时间。

2)OSTaskDelHook( )

当任务被删除时,就会调用OSTaskDelHook( ),该函数在将任务从μC/OS-Ⅱ的内部任务链表中解开之前被调用。当OSTaskDelHook( )被调用时,它会收到指向正被删除任务的OS_TCB的指针,这样它就可以访问所有的结构成员。OSTaskDelHook( )可以用来检验TCB扩展是否被建立了(一个非空指针)并进行一些清除操作,此函数不返回任何值。

3)OSTaskSwHook( )

当发生任务切换时,调用OSTaskSwHook( ),无论任务切换是通过OSCtxSw( )还是OS-IntCtxSw( )来执行的都会调用该函数。OSTaskSwHook( )可以直接访问OSTCBCur和OSTCB-HighRdy,因为它们都是全局变量。OSTCBCur指向被切换出去的任务的OS_TCB,而OSTCB-HighRdy指向新任务的OS_TCB。注意,在调用OSTaskSwHook( )期间中断一直是被禁止的。因为代码的多少会影响到中断的响应时间,所以用户应尽量使代码简化。此函数没有任何参数,也不返回任何值。

4)OSTaskStatHook( )

OSTaskStatHook( )每秒钟都会被OSTaskStat( )调用一次。用户可以用OSTaskStatHook( )来扩展统计功能。例如,用户可以保持并显示每个任务的执行时间,每个任务所占用的CPU份额,以及每个任务执行的频率,等等。该函数没有任何参数,也不返回任何值。

5)OSTimeTickHook( )

OSTaskTimeHook( )在每个时钟节拍都会被OSTaskTick( )调用。实际上,OSTaskTime-

Hook( )是在节拍被 μC/OS-Ⅱ真正处理,并通知用户的移植实例或应用程序之前被调用的。OSTaskTimeHook( )没有任何参数,也不返回任何值。

注意:只用当 OS_CFG. H 中的 OS_CPU_HOOKS_EN 被置为“1”时,才会产生以上 5 个钩子函数的代码。

其程序清单如下:

```
void OSTaskCreateHook (OS_TCB *ptcb)
    { ptcb = ptcb;        /* Prevent compiler warning */
    }
void OSTaskDelHook (OS_TCB *ptcb)
    { ptcb = ptcb;        /* Prevent compiler warning */
    }
void OSTaskSwHook (void)
    {
    }
void OSTaskStatHook(void)
    {
    }
void OSTimeTickHook (void)
    {
    }
```

7.5.3 移植 μC/OS-Ⅱ后的测试

移植 μC/OS-Ⅱ后,还需要测试其是否移植成功。通常采用的方法是在 μC/OS-Ⅱ操作系统中建立用户程序,通过观察程序执行的结果来检测是否移植成功。如通过观察 LED 或数码管的亮灭和显示来判断是否移植成功。

习　题

7.1　操作系统发展到现在,广泛使用的有三种操作系统,即多通批量处理操作系统、分时操作系统以及实时操作系统,请分析三种操作系统的应用特点。

7.2　请简述一般实时操作系统与嵌入式实时操作系统的主要区别。

7.3　请简述 μC/OS-Ⅱ的特点。

7.4　请简述 μC/OS-Ⅱ的内核结构组成。

7.5　请简述 μC/OS-Ⅱ的启动过程。

7.6　μC/OS-Ⅱ中的任务可以有哪些状态?

7.7　列举 μC/OS-Ⅱ中提供的通信与同步机制。

7.8　μC/OS-Ⅱ中任务管理常用的函数有哪些?

7.9　简述 μC/OS-Ⅱ的文件体系结构。

7.10　简述 μC/OS-Ⅱ移植的条件。

7.11　列举 μC/OS-Ⅱ中两种典型的任务结构。

7.12　请查找与互斥信号量有关的函数，并说明哪些函数已经用到、哪些函数还没有用到，那些没有用到的函数未来会不会用到。

7.13　请查找与事件标志组、信号量、消息邮箱、消息队列、内存分配和管理有关的函数，并说明哪些函数已经用到、哪些函数还没有用到，那些没有用到的函数未来会不会用到。

7.14　请列举所有影响任务划分的因素。

7.15　请列举实际的应用系统中用到的所有信号量、消息邮箱、消息队列，并将这些信号量、消息邮箱及消息队列的使用方式归类(一对一、多对一、一对多、多对多、全双工)，看哪些方式比较常用，哪些方式不常用或者用不到。请编写实现一个空的、满的及正常状态的消息队列，并使用嵌入式操作系统提供的服务查看这些消息队列的信息。

7.16　请思考用消息队列实现任务间同步与用信号量实现任务间同步有什么区别?

7.17　如何实现多个任务间的同步?

7.18　试述 μC/OS-Ⅱ的任务调度过程。

7.19　试比较函数 OSCtxSw()与 OSIntCtxSw()。

7.20　描述 μC/OS-Ⅱ的移植步骤。

第8章 嵌入式实时操作系统Linux应用与开发基础

在所有操作系统中,Linux是发展最快、应用最为广泛的一种操作系统。虽然商用型的专用操作系统提供了良好的图形用户界面和强大的网络支持功能,但由于价格昂贵、源码封闭,因此大大限制了开发者的积极性。而Linux则为嵌入式操作系统提供了一个极有吸引力的选择,它是一个与Unix相似、以内核为基础的、完全内存保护、多任务多进程的操作系统。嵌入式Linux操作系统具有的源码开放、功能强大又易于移植等优点,使其成为嵌入式开发者的首选,众多商家纷纷转向Linux操作系统。在进入市场的头两年中,嵌入式Linux设计通过广泛应用获得了巨大的成功。随着技术的成熟,Linux提供对更小容量和更多类型的处理器的支持,并从早期的试用阶段迈入到嵌入式的主流。

8.1 嵌入式Linux概况

8.1.1 Linux简介

Linux最初是在1991年由一名芬兰学生Linus Torvalds开发的,早期的Linux不成熟、性能较低,后来一个由Linus Torvalds领导的内核开发小组对Linux内核进行了完善。这使Linux在短期内就成为一个稳定、成熟的操作系统。Linux的开发都是在GNU组织的GPL(GNU Public License)的版权控制下进行的,因此Linux内核的所有源代码都采取开放源码的方式。由于其开放性,Linux吸引了大批软件编程人员,并逐步形成了数以千万计的开发、应用群体,这使Linux很快就成长为了一个可以与微软Windows相抗衡的操作系统。Linux是开放源代码的操作系统,实现了真正的多任务、多用户环境,并且对硬件配置的要求相当低,支持多种处理器。

(1)Linux的基本特征

Linux是个人计算机和工作站上的类UNIX操作系统。它继承了UNIX的基本特征且在许多方面都超过了UNIX的性能。它具有以下基本特征:

1)符合POSIX 1003.1标准

POSIX 1003.1标准定义了一个最小的Unix操作系统接口,只有符合这一标准,才可以运行Unix程序。由于Unix具有丰富的应用程序,当今绝大多数操作系统都将满足POSIX 1003.1标准作为实现目标,Linux也不例外,它完全支持POSIX 1003.1标准。另外,Linux还增加了部分System V和BSD的系统接口,使得Unix System V和BSD上的程序能直接在Linux上运行,从而使Linux成为一个完善的Unix程序开发系统。

2)支持多用户访问和多任务编程

Linux是一个真正的多用户、多任务操作系统,它不仅允许多个用户同时访问系统且不会造成用户之间的相互干扰,而且每一个用户可以创建多个进程,并使各个进程协同工作来完成用户的需求。

3)采用页式存储管理

与大多数操作系统一样,Linux支持页式存储管理。它能使Linux能更有效地利用物理存储空间,页面的换入换出为用户提供了更大的存储空间。

4)支持动态链接

用户程序的执行往往离不开标准库的支持,运行程序前,需要将标准库与程序链接好。按照链接方式的不同有静态与动态两种。一般的系统往往采用静态链接方式,即在装配阶段就已将用户程序和标准库链接好,当多个进程运行时,可能会出现库代码在内存中有多个副本而浪费存储空间的情况;另一种链接方式是Linux支持动态链接方式,当运行时才进行库链接,如果所需要的库已被其他进程装入内存,则不必再装入,否则才从硬盘中将库调入。这样能保证内存中的库程序代码是唯一的,也节省了内存,提高了程序的运行效率。

5)支持多种文件系统

Linux能支持多种文件系统,常见的文件系统有:EXT、EXT2、XIAFS、ISOFS、HPFS、MS-DOS、UMSDOS、PROC、NFS、SYSV、MINIX、SMB、UFS、NCP、VFAT和JFFS。Linux最常用的文件系统是EXT2,它是EXT文件的改进版本,它的文件名长度可达255字符,支持最大可达4 000 GB的磁盘分区。它使用了块组的概念,一个块组就对应一个逻辑文件系统,这样使数据的读写更快、文件系统不易产生碎片且系统变得更安全可靠。

6)支持TCP/IP、SLIP和PPP

在Linux中,用户可以使用所有的网络服务,如网络文件系统、远程登录等。Linux支持Internet使用的互联网参考模型TCP/IP协议,通过配置可以使用户畅游Internet。SLIP(Serial Line Internet Protocol串行线路互联网络协议)和PPP(Point to Point Protocol点对点协议)能支持串行线上的TCP/IP协议的使用,使用户可用一个高速Modem通过电话线连入Internet网中。

(2)Linux的组成部分

Linux一般有四个主要部分:内核、Shell、文件结构和实用工具。为了对Linux的内核进行"量体裁衣"(这是嵌入式的特点),下面将介绍Linux内核编译。其原理与嵌入式Linux内核功能定制是一致的,这样做是为了使用的通用性。

1)Linux内核

内核包括内核抽象和对硬件资源的间接访问,它负责管理内存、管理磁盘上的文件,负责启动系统并运行程序,负责从网络上接收和发送数据包,接收用户的命令并去执行,等等。内核程序执行效率的高低、稳定与否直接影响到整个操作系统的运行状况,因而它是操作系统的灵魂。简而言之,内核实际上是从抽象的资源操作到具体硬件操作细节之间的接口。

2）Linux Shell

Shell 是系统的用户界面，提供了用户与内核进行交互命令接口。它接收用户输入的命令并将它送入内核去执行。

事实上 Shell 是一个命令解释器，它负责解释由用户输入的命令并且将它们送到内核，是环绕在内核外层的操作系统和用户间的接口（shell 即"外壳"），而且 Shell 有自己的编程语言来编辑命令，它允许用户编写由 shell 命令组成的程序。Shell 编程语言具有普通编程语言的很多特点，比如它也有循环结构和分支控制结构等，用这种编程语言编写的 Shell 程序和其他应用程序达到的效果是一样的。这样就方便了高级用户对 Linux 的特殊需求。

Linux 提供了像 Microsoft Windows 那样的可视化的图形用户界面（GUI）——X Window。它提供了许多窗口管理器，其操作就像 Windows 一样，有窗口、图标和菜单，所有的管理都是通过鼠标控制。现在比较流行的窗口管理器是 KDE 和 GNOME。

Linux 的用户界面或 Shell 可以自行配置，以满足不同 Linux 用户的不同需要。与 Linux 一样，Shell 也有多种版本，目前 Shell 主要有下列版本：

①Bourne Shell：由贝尔实验室开发的。

②BASH：是 GNU 的 Bourne Again Shell，是 GNU 操作系统上默认的 shell。

③Korn Shell：在大部分内容上兼容于 Bourne Shell，是对 Bourne Shell 的发展。

④C Shell：是 SUN 公司 Shell 的 BSD 版本。

3）Linux 文件结构

文件结构是文件存放在磁盘等文件存储设备上的组织方法，主要体现在对文件和目录的组织上。目录提供了管理文件的一个方便而有效的途径。用户能够从一个目录切换到另一个目录，而且可以设置目录和文件的权限，设置文件的共享程度等。在 Linux 中，一个分离的文件系统不是通过设备标识（如驱动器号或驱动器名）来访问，而是将它合到一个单一的目录树结构中，通过目录来访问，这一点与 Unix 十分相似。Linux 目录采用多级树形结构，用户可以浏览整个系统，可以进入任何一个已授权允许进入的目录，访问那里的文件。使用 Linux，用户可以设置目录和文件的权限，以便允许或拒绝其他人对其进行访问。文件结构的相互关联性使共享数据变得容易，几个用户可以访问同一个文件。Linux 是一个多用户系统，操作系统本身的驻留程序存放在以根目录开始的专用目录中，有时称为系统目录。

内核、Shell 和文件结构一起形成了基本的操作系统结构。它们使得用户可以运行程序，管理文件以及使用系统。此外，Linux 操作系统还有许多被称为实用工具的程序，辅助用户完成一些特定的任务。

4）Linux 实用工具

标准 Linux 系统都有一套称为"实用工具"的程序，它们是专门提供某种服务的程序，例如，编辑器、执行标准的计算操作等。用户也可以编程产生自己的工具。

实用工具通常有三类：

①编辑器

编辑器用于编辑文件。Linux 的编辑器主要有 Ed、Ex、Vi 和 Emacs。Ed 和 Ex 是行编辑器，Vi 和 Emacs 是全屏编辑器。

②过滤器

过滤器用于数据的接收并过滤数据。Linux 的过滤器读取从用户文件或其他地方的输入，检查和处理数据，然后输出结果，也就是对输入文件的数据进行了过滤。过滤器的输入可以是一个文件，可以是用户从键盘输入的数据，还可以是另一个过滤器的输出。Linux 有不同类型的过滤器，它们可以完成不同的功能。有的过滤器用行编辑命令输出一个被编辑的文件，有的过滤器则按模式寻找文件并以这种模式输出部分数据，还有一些执行字处理操作，检测文件的格式，输出一个格式化的文件。此外，用户可以编写自己的过滤器程序。

③交互程序

交互程序是用户与机器的通信接口，允许用户发送信息或接收来自其他用户的信息。Linux 是一个多用户系统，它可以和所有用户保持联系。信息可以由系统上的不同用户发送或接收。信息的发送有两种方式：一种方式是两个用户进行一对一地链接对话，另一种方式是一个用户与多个用户同时链接进行通信，即所谓“广播式通信”。

5）Linux 内核编译

由于源代码的开放性，在广大爱好者的支持下，Linux 内核版本不断更新。新的内核修订了旧内核的 bug，并增加了许多新的特性。用户如果想要使用这些新特性，或想根据自己的系统度身定制一个更高效，更稳定的内核，就需要重新编译内核。

更新的内核具有更好的进程管理能力，支持更多的硬件，运行速度更快、更稳定，并且一般会修复老版本中发现的许多漏洞等。因此，经常性地升级更新系统内核是使用 Linux 的必要操作内容。

1）内核编译模式

要增加对某部分功能的支持（比如网络），可以将相应部分编译到内核中，也可以将该部分编译成模块，动态加载。如果编译到内核中，在内核启动时就可以自动支持相应部分的功能，这样的优点是方便、速度快，机器一启动就可以直接使用这部分功能；但这样会使内核变得庞大，无论是否需要这部分功能，它都会存在，这就是 Windows 惯用的招数，建议经常使用的部分直接编译到内核中（比如网卡）。如果编译成模块，就会生成对应的“.o”文件，在使用时可以动态加载，优点是不会使内核过分庞大，缺点是用户自己来调用这些模块。

Linux 内核版本发布的官方网站是 http://www.kernel.org。可以通过 Intenet 下载并解压缩到指定的目录，然后进行编译工作。

2）内核编译

通常需要运行的第一个命令：

```
#cd /usr/src/linux
#make mrproper
```

该命令确保源代码目录下没有不正确的“.o”文件以及文件的互相依赖。由于使用下载的完整的源程序包进行编译，所以本步骤可以省略。而如果多次使用了这些源程序编译内核，最好要先运行一下这个命令。

确保/usr/include/目录下的 asm、linux 和 scsi 等链接是否指向了要升级的内核源代码。若没有这些链接，就需要手工创建，按照下面的步骤进行：

```
# cd /usr/include/
# rm -r asm linux scsi
# ln -s /usr/src/linux/include/asm-i386 asm
# ln -s /usr/src/linux/include/linux linux
```

ln -s /usr/src/linux/include/scsi scsi

这是配置中非常重要的一部分。删除/usr/include 下的 asm、linux 和 scsi 链接后，再创建新指向新内核源代码目录下的同名的目录的链接，这些头文件目录包含着保证内核在系统上正确编译所需要的重要的头文件。

接下来的内核配置过程比较烦琐，但是配置是否适当与日后 Linux 的运行直接相关，在此不作介绍，详细请参见配置帮助文件。

配置内核可以根据需要使用下面的命令之一：

①#make config(基于文本的最为传统的配置界面，不推荐使用)

②#make menuconfig(基于文本选项的配置界面，字符终端下推荐使用)

③#make xconfig(基于图形窗口模式的配置界面，X Window 下推荐使用)

④#make oldconfig(如果只想在原来内核配置的基础上修改一些小地方，会省去不少麻烦)

四个命令中，make xconfig 的界面最为友好，如果可以使用 X Window，就推荐使用这个命令。make menuconfig 比 make config 好一些，如果不能使用 X Window，可以使用 make menuconfig。

选择相应的配置时，有三种选择，它们各自代表的含义如下：

Y——将该功能编译进内核

N——不将该功能编译进内核

M——将该功能编译成在需要时可以动态插入到内核的模块

如果使用的是 make xconfig，可以使用鼠标选择对应的选项。如果使用的是 make menuconfig，则需要使用空格键进行选取。在每一个选项前都有个括号，但有的是中括号有的是尖括号，还有一种圆括号。用空格键选择时，中括号里要么是空，要么是“*”，而尖括号里可以是空，“*”和“M”。这表示前者对应的项要么不要，要么编译到内核里；后者则多了一种选择，可以编译成模块。而圆括号的内容是要在所提供的几个选项中选择一项。

在编译内核的过程中，最繁杂的事就是配置工作，很多新手都不清楚到底该如何选取这些选项。在配置时，大部分选项可以使用其缺省值，只有小部分需要根据用户不同的需要选择。选择的原则是将与内核其他部分关系不大且不经常使用的部分功能代码编译成为可加载模块，有利于减小内核的长度，减少内核消耗的内存，简化该功能相应的环境改变时对内核的影响；不需要的功能就不要选，与内核关心紧密而且经常使用的部分功能代码直接编译到内核中。至于选项，因为比较复杂，编译时应视具体情况，参考帮助的内容再加以选择。

8.1.2 嵌入式 Linux

随着微处理器的发展，种类繁多、价格低廉、结构小巧的 CPU 和外设连接提供了稳定可靠的硬件架构，现在限制嵌入式系统发展的瓶颈就突出表现在了软件方面，尤其是操作系统的“嵌入式”化。从 20 世纪 80 年代末开始，陆续出现了一些诸如 Vxwork、pSOS、Neculeus 和 Windows CE 的嵌入式操作系统，但这些专用操作系统都是商业化产品，其高昂的价格是许多低端产品的小公司所不能接受的，尤其是对成本敏感的嵌入式领域；而且，源代码封闭性也大大限制了嵌入式开发者的创造力与积极性。再者，对上层应用开发者而言，嵌入式系统需要的是一套高度简练、界面友善、质量可靠、应用广泛、易开发、多任务、易移植并且成本低的操作系统。这样源码开放的应用于嵌入式方向的Linux操作系统,从一开始就具有得天独厚的优越性,因而具有广阔的发展前景。因为Linux具有开放性,所以Linux非常适合多数嵌入式互联网设备。Linux不依赖于厂商而且成本极低,能够很快成为用于各种设备的操作系统。由此可见,嵌入式Linux是大势所趋,其巨大的市场潜力与酝酿的无限商机必然会吸引众多的厂商进入这一领域。

嵌入式操作系统主要有Palm OS、Windows CE、EPOC、LinuxCE、QNX、ECOS和LYNX等,高端嵌入式系统要求支持图形用户界面和网络支持等许多高级功能,很多高端RTOS供应商已经提供了这些功能,但价格不菲,一般人难以接受。微软的Windows CE也有此类功能,但不具备大多数嵌入式系统要求的实时性,而且难以移植,也曾经有人想以DOS为基础用单独的第三方工具拼凑一个系统,但这种努力将是白费。现在需要的是一个便宜、成熟并且提供高端嵌入式系统所需特性的操作系统,而嵌入式Linux操作系统恰恰符合,它的特点正是价格低廉、功能强大而且易于移植,因此,众多商家纷纷转向了嵌入式Linux。

Linux为嵌入操作系统提供了一个极有吸引力的选择,它是与Unix相似、以核心为基础的、完全内存保护、多用户多任务的操作系统。它支持广泛的计算机硬件,包括X86、Alpha、Sparc、MIPS、PPC、ARM、NEC、MOTOROLA等现有的大部分芯片。程式源码全部公开,任何人可以修改并在GNU通用公共许可证(GNU General Public License)下发行。这样,开发人员可以对操作系统进行定制,再也不必担心像Windows操作系统那样的"后门"威胁。同时由于有GPL标准的控制,大家开发的东西大都相互兼容,能更好地共享Linux免费资源且不会走向分裂之路。Linux用户遇到问题时,可以通过互联网向网上成千上万的Linux开发者求助,即使最困难的问题也有办法解决。Linux带有Unix用户熟悉、完善的开发工具,几乎所有的Unix系统的应用软件都已移植到了Linux上。Linux还提供了强大的网络功能,有多种可选择窗口管理器(X Windows),其强大的语言编译器gcc、g + +等也可以很容易得到。

使用linux作嵌入式操作系统具有如下优点:

①可应用于多种硬件平台。Linux已经被移植到多种硬件平台,这对受成本、时间限制的研究与开发项目是很有吸引力的。原型可以在标准平台上开发,然后移植到具体的硬件上,加快了软件与硬件的开发过程,并降低了开发成本。

②Linux可以随意地配置而不需要任何的许可证或商家的合作关系。

③它是免费的,源代码可以得到,这是最吸引人的。毫无疑问,这会节省大量的开发费用。

④它本身内置网络支持,具有公认的强大的网络功能。

⑤Linux的高度模块化使添加部件非常容易。

⑥Linux在台式机上的成功,呈现出linux在嵌入式系统中的辉煌前景。

8.1.3　嵌入式Linux的版本

虽然嵌入式Linux十分"年轻",但发展到现在已经形成了一个庞大的家族,从服务器到微型机再到嵌入式,到处可见Linux的身影,并形成了许多版本。其中的嵌入式Linux操作系统按照实际应用的场合及特殊的功能需求,基本上可以分为以下几类:

①将Linux改进以满足实时要求的实时操作系统,应用于一些关键的控制场合,如Fsmlabs公司的RTLinux,Monta Vista的Hard Hat Linux。

②尽可能保留 Linux 的强大功能，尽可能地减小其体积，以满足许多嵌入式系统对体积的要求，如 μClinux。

③针对特定嵌入式领域采用的整合方案，如 Lineo、TimeSys、合肥华恒等。

8.1.4 嵌入式 Linux 的应用

后 PC 时代，嵌入式系统将在未来社会中扮演更加重要的角色，越来越便宜的处理器使那些电子公司将越来越强大的计算能力加入到了更多的产品中，从医学成像设备到微小的 GPS 定位芯片。由于芯片集成的功能越来越多，嵌入式 OS 有了用武之地。分析家预测，嵌入式系统将是数以万亿计的全球电子市场的一个关键支撑。

嵌入式技术具有广阔的应用前景，它可以渗透于人们生活和工作中的诸多方面。其领域包括：

①智能公路：交通管理、车辆导航、流量控制、信息监测与汽车服务。

②数码设备支持：可以用在掌上电脑、手机、数码相机等小型设备中。

③虚拟现实机器人：交通警察、门卫、家用机器人等。

④卫星定位：通过 GPS 手机与卫星进行沟通，在电子地图中确定当前位置。

⑤虚拟现实精品店：客户可以在互联网上实时地看到存货状况。

⑥虚拟现实家政系统：水、电、煤气表的自动抄表，安全防火、防盗系统。

⑦信息家电：冰箱、空调等的网络化，使人们可以在办公室中或在路上就监测并控制家中的电器。

⑧POS 网络及电子商务：公共交通无接触智能卡发行系统，公共电话卡发行系统，自动售货机。

⑨机顶盒系统：电视前端的机顶盒能够通过电视完成初步的计算机功能，并具有良好的界面。

⑩环境工程与自然：水文资料实时监测，防洪体系及水土质量监测、堤坝安全，地震监测网，实时气象信息网，水源和空气污染监测。

⑪工业自动化：目前已经有大量的 8 位、16 位、32 位嵌入式微控制器在应用中，网络化是提高生产效率和产品质量、减少人力资源的主要途径，如制药工业过程控制、电力系统、电网安全、电网设备监测、石油化工系统。

嵌入式应用对操作系统的要求主要是功能专一高效、高度节约资源、启动速度快，有些系统需要实时性。Linux 的优势是开放源码，任何人都可以对其代码进行修改并加以优化和改进。通过开发和重复已有模块代码，可以大大缩短电子设备公司新产品进入市场的周期；Linux 的内核精简而高效，其核心部分小到一张软盘就可以装下，再加上可以裁减不需要的功能，Linux 内核完全可以小到 100 KB 以下，这对资源有限的嵌入式硬件来说具有极大的吸引力。Linux 具有非常好的网络性能，Linux 还支持多种体系结构。在 Linux 代码中，可以看到汇编部分具有若干个版本。其中，每个版本适合一种相应的体系结构。Linux 就能够支持在多种体系结构上运行，从而具有良好的移植性；在实时性方面，Linux 虽然本身不具有实时性，但出现了一些基于 Linux 的实时操作系统，其中最著名的是 RTLinux。

Linux 的特点使得它天生就是一个适合于嵌入式开发和应用的操作系统，作为一种既便宜又容易修改和定制的操作系统，Linux 正将应用的触角伸展到几百万设备中，从而成为全球经济的一个关键点。

8.2　嵌入式 Linux 的开发环境

8.2.1　交叉开发概述

嵌入式软件的开发和传统的软件开发有许多共同点,它继承了许多传统软件开发的习惯,由于嵌入式软件运行于特定的目标应用环境,CPU 平台通常与 PC 机不同,因此,首先要搭建一套基于 PC 机的开发环境。这套开发环境通常包括目标板和宿主机,前者就是嵌入式设备,运行着嵌入式操作系统和应用程序;而后者通常就是 PC 机或服务器,用于开发和调试目标板上所用到的操作系统、应用程序等所有软件,这种在宿主机上开发程序在目标板上运行程序的方式,通常称为"交叉开发"。

宿主机通过串口、网络连接或调试接口(如 JTAG 仿真器)与目标机通信。宿主机的软硬件资源比较丰富,其操作系统主要有 Windows 和 Linux 两种,其上用于开发程序的部套软件工具,通常称为"开发工具链",对于 Windows 平台,通常包括各种集成开发环境(IDE)调试工具,比如 ARM 公司的 ADS、Windriver 的 Tornado、微软公司的 Embedded Visual C + + 和 PlatformBuilder 等;对于 Linux 平台,主要是 GNU 工具链,比如 gcc、gdb 等。

目标板(又称"目标机")可以是嵌入式应用软件的实际运行环境,当然也可以是替代实际环境的仿真系统(如软件模拟器)。它的硬件资源有限,运行在它上面的软件需要精心的裁剪和配置,目标板软件需要和嵌入式操作系统打包运行,为缩短开发的费用和开发周期,可以在宿主机上仿真目标板,应用程序在主机的开发环境下编译链接生成可执行文件,再下载到目标机,通过主机上的调试软件和连接到目标板上的调试设备完成对嵌入式程序的调试。

当然,目前随着 Flash 技术,尤其是 JTAG 下载调试接口的发展,JTAG 调试工具变得越来越简单和通用。通常只要一根简单的是 JTAG 下载线和一根 JTAG 调试电缆(比如 Wiggler),就可以省去价格相对较贵的仿真器,目前的单片机、DSP、PLD 等应用开发也基本相同。

另外,如果是个人进行嵌入式开发,则可以在自己的 PC 机上以多操作系统的形式安装桌面 Linux 操作系统(比如 Redhat),或在 Windows 下利用模拟软件(比如 Cygwin)或虚拟机(比如 VMware workstation),如果是多人的项目组开发,则可以指定一台作为服务器,项目组成员通过局域网用 telnet 登录到 Linux 上编译程序,通过 ftp 进行下载到自己的 PC 机上,然后再利用串口或网络下载到目标板上。

8.2.2　桌面 Linux 的开发工具链

GNU 开发工具链主要包括 GNU Compiler Collection、GNU libc,以及用来编译、测试和分析软件的 GNU binutils 这三个大的模块。

(1) gcc 编译器

gcc 是 GNU 公司的一个项目,是一个用于编程开发的自由编译器,最初,gcc 只是一个 C 语言编译器,是"GNU C Compiler"的英文缩写,随着众多自由开发者的加入和 gcc 自身的发展,如今的 gcc 已经是一个包含众多语言的编译器了,其中包括 C、C + + 、Ada、Object C 和 Java等。因此,gcc 也由原来的"GNU C Compiler"变为"GNU Compiler Collection"。

gcc 编译器将编译过程分成四个阶段，即预处理、编译、汇编和链接。使用 gcc 编写的代码可在任意一个编译阶段暂停编译，并检查相应的输出信息。gcc 还能在生成的二进制文件中添加所需数量和种类的调试信息。编译器同时还可以带上不同的优化选项，以根据不同的需求优化可执行代码。

gcc 是一个交叉平台编译器，能够在异构体系硬件系统的 CPU 平台上开发应用程序。它兼容于 ANSI C，并且对其进行了扩展，以适合 Linux 自身的一些特点。gcc 还对普通的 C 和 C + + 进行了大量扩展，这种做法有助于方便代码的编写，有助于编译器进行代码优化，也有助于提高代码的执行效率，但以降低 gcc 的可移植性为代价。

1) gcc 使用简介

gcc 通过在命令行上输入命令完成对源文件的预处理、编译、汇编与链接等操作，它虽然没有 Windows 的窗口使用起来方便、简洁，但是它能更深入地与硬件密切结合进行文件处理。gcc 的使用格式如下：

```
gcc  [file]  [option]  [file]
```

其中的"option"是以"-"开始的各种选项。第一个"file"，表明了要处理的文件对象，它有时也可以放在"option"之后；第二个"file"，表示完成"option"之后要生成的目标文件名，它有时可以省略，这时使用系统默认的设置。在使用 gcc 时，必须要给出必要的选项和文件名。前面提到 gcc 编译过程分四个阶段，具体完成哪一步，是由 gcc 后面的开关选项和文件类型决定的。

gcc 编译器有许多选项，但对于普通用户来说，只要知道其中常用的几个就够了。以下列出几个最常用的选项：

-o 选项，表示要求编译器生成指定文件名的可执行文件。

-E 选项，表示编译器对源文件只进行预处理就停止，而不进行编译、汇编和链接。

-S 选项，表示编译器只进行编译，而不进行汇编和链接。

-c 选项，表示只要求编译器进行编译，而不进行链接，生成以源文件的文件名命名，但将其后缀由". c"或"cc"变成". o"的目标文件。

-g 选项，要求编译器在编译时提供以后对程序进行调试的信息。

-O 选项，它是编译器对程序提供的编译优化选项，在编译时使用该选项，可使生成的执行文件的执行效率提高。

-WALL 选项，指定产生全部的警告信息。

-v 选项，显示在编译过程的每一步中用到的命令。

-Static 选项，表示链接静态库，即执行静态链接。

为了加深读者对 gcc 应用的了解，举例如下：

```
/*   sample1.c   */
#include <stdio.h>
int main (   )
{   printf("ARM SoC Architecture! \n");
return  0;
}
```

在命令行上键入以下命令编译和运行这段程序：

```
#gcc sample1.c -o sample1
#./sample1
# ARM SoC Architecture!
```

第一行命令告知 gcc 对源程序 sample1.c 进行预处理、编译和链接,并使用“-o”选项指定创建名为“sample1”的可执行程序,当不用任何选项编译一个程序时,gcc 将创建默认的可执行文件 a.out(a.out 是 Linux 中使用的一种通用文件格式,现在 Linux 的标准格式为 ELF 格式)。第二行命令执行 sample1 这个程序,第三行是程序的执行结果。

注意:当使用“-o”选项时,“-o”后面必须跟一个文件名,对输出的可执行文件进行命名。

运行上述命令时,首先,gcc 运行预处理程序 cpp 来展开 sample1.c 中的宏,并在其中插入 #include 文件所包含的内容;然后,将预处理后的源代码编译成为目标代码;最后,链接程序 ld 创建一个名为“sample1”的二进制可执行文件。

如前所述,在编译过程中,可以通过手工操作重新创建这些步骤,以逐步执行编译过程。比如,gcc 的“-E”选项,可以使 gcc 在预处理后停止编译过程。

```
#gcc   -E   sample1.c -o sample1.cpp
#gcc   -x   cpp-output   -c   sample1.cpp sample1.o
#gcc   sample1.o -o sample1
```

第一个命令生成 sample1.cpp 文件,这个文件中包含了文件 stdio.h 的内容以及其他一些预处理符号信息。第二个命令是由预处理文件 sample1.cpp 生成目标代码文件 sample1.o,其中的选项“-c”表示编译器只编译不链接,“-x”选项表示编译器从指定的步骤开始编译,本例是从预处理后的源代码开始编译。第三个命令就是链接目标文件生成二进制代码文件。

由预处理文件 sample1.cpp 生成目标代码文件 sample1.o 时,可以不指定目标代码文件名,在默认情况下,gcc 会通过预处理文件名加上扩展名“.o”得到。通过文件的扩展名,gcc 能判断文件的类型并决定以何种方式对文件进行处理。gcc 可以处理扩展名为以下类型的文件:

.c	C 语言源代码文件。
.C,.cc	C++语言源代码文件。
.i	预处理后的 C 语言源代码。
.ii	预处理后的 C++语言源代码。
.a,.so	编译后的静态库和动态库代码。
.o	编译后的目标代码。
.S,.s	汇编语言源代码。

以上展示了分步获得源代码文件的可执行代码的步骤,这里分步执行只是说明在必要时可以在编译的任何阶段停止或开始编译过程。在开发应用时,并不推荐分步对源代码进行操作,只有在某些特殊情况下才控制编译过程,以实现特定的功能。

2)常用命令行选项

①函数库和包含文件

如果需要链接的函数库或包含的文件不在标准目录下,可以使用“-L{DIRNAME}和-I{DIRNAME}”选项指定文件所在的目录,以确保该目录的搜索顺序在标准目录之前。例如,如果读者将自定义头文件放置在/usr/local/include/killerapp 目录下,则为了使 gcc 能够找到

这些文件,可以使用下面的命令行:

#gcc sample1. c -I /usr/local/include/killerapp

再如,程序开发者需要测试在/home/fred/lib 目录下的新函数库 libnew. so,同时所有需要的头文件在/home/fred/include 目录下,可以使用下面的代码行链接该函数库与定制头文件:

#gcc sample2. c -L /home/fred/lib -I /home/fred/include -lnew

"-I"选项使得链接程序使用指定的函数库中的目标代码,也就是本例中的 libnew. so。

在默认情况下,gcc 只链接动态共享库,如果需要链接静态库文件,应使用"-Static"选项声明。由于静态库中的可执行程序要比动态库大很多,因此会占用更多的内存。链接静态库后,程序在任何情况下都可以运行,而链接动态共享库的程序只有在系统内包含了所需的共享库时才可以运行,也就是当程序运行时才动态地链接动态库,否则,运行就会失败。

②优化选项

用 gcc 编译 C/C + + 代码时,它会试着用最少的时间完成编译,并且使编译后的代码易于调试。易于调试,意味着编译后的代码与源代码有同样的控制流程,编译后的代码没有经过优化。

通过更长的编译时间和在编译期间使用更多的内存,gcc 的代码优化可以提高程序的执行效率。gcc 提供了许多优化选项,最典型的是"-O"(即 optimize,优化之意)和"-O2"选项。

"-O"选项告诉 gcc 对源代码的代码长度和执行时间进行优化。"-O"选项同"-O1",一般包括线程直接跳转和这两种优化。线程直接跳转优化可以减少跳转的次数,针对每次函数调用完成后,都需要弹出栈中的函数参数,延迟退栈是通过在嵌套调用时推迟退栈的时间而优化运行效率,优化后在栈中保留了参数,直到完成所有递归调用后才同时弹出栈中累积的函数参数。"-O2"选项告知 gcc 产生尽可能小而快的代码。gcc 执行这个选项时,编译器保证处理器在等待其他指令的结果或来自高速缓存或主内存的数据延迟时,仍然有可执行的指令,其实现与处理器密切相关。"-O2"选项将使编译的速度比使用"-O"时慢,但通常产生的代码执行速度更快。"-O3"包括所有"O2"级优化,循环展开,涉及其他的与处理器有关的优化。

除了"-O"和"-O2"选项外,还有一些其他选项用于产生更快的代码。这些选项非常特殊,而且只有完全理解这些选项将会对编译后的代码产生什么样的效果时再去使用。这些选项的详细描述,参考 gcc 的指南页,在命令行上键入"man gcc"命令,可以得到 gcc 的帮助。

③调试选项

在程序执行过程中,或多或少的错误是不可避免的,为了在遇到问题时 gcc 能够自动地调试代码,在执行文件中可以包含标准调试符号(使用"-g"选项)。在编译后的程序中插入调试信息,可以更方便地调试程序。

可以通过在"-g"选项后附加 1、2 或 3 来指定在代码中加入调试信息的数量级别,1 级选项仅生成必要的信息,以创建回退和堆栈转储;缺省的级别是 2("-g2"),此时调试信息应该包括扩展的符号表、行号和局部或外部变量信息。3 级选项包含所有 2 级的调试信息及所有的宏定义。命令如下:

#gcc -g sample1. c -o sample1 -g

#ls -I sample1 -g

-rwxr -xr -x 1 kwall users 7206 api 10 09:00 sample1 -g

如果所使用的调试器是 GNU Debugger,gdb,需要用-ggdb 选项来创建额外调试信息,以方便 gdb 的使用。但是,这样做也使得程序不能被其他调试器调试。

注意:程序调试和代码优化是不相容的两个过程,代码优化会破坏程序的控制流,使程序无法调试,因此,应在完成程序调试后再进行代码的优化工作。这里所说的"优化",仅指利用编译器 gcc 所做的优化,在程序设计过程中的设计优化不算在此列。实际上,如果有了简洁的设计和快速的算法,也就不需要再由编译器来优化代码。

(2)gcc 扩展

gcc 是 Linux 专用的 C 语言编译工具,它兼容于 ANSI C 并在很多方面对 ANSI C 进行了扩展。本节将简单介绍 Linux 的系统头文件和源代码中经常出现的扩展语法,而这些语法往往是常用的。如果要了解 gcc 的详细扩展语法,可以参考它的信息页。

gcc 使用 long long 数据类型来创建 64 位存储单元。在 x86 平台上利用 long long 定义一个变量,就可以为它分配 64 位存储空间。

linux 头文件中提供了内联函数。内联函数会像宏一样在预处理阶段展开,这样就减少了调用的开销且提高了代码的执行速度。另外,由于编译器在编译时能够对内联函数进行类型检查,因此使用内联函数比使用宏更安全。不过,在编译时至少要使用"-O",这样的优化选项才能使用内联函数。

gcc 扩展了关键字 Attribute。关键字 Attribute 通过指明代码信息来帮助 gcc 完成优化。许多标准的库函数没有返回值,比如:exit()和 abort(),编译器会为没有返回值的函数生成较为优化的代码。如果用户编写了没有返回值的函数,可以通过 Attribute 来指明这一点,以生成较优化的代码,gcc 提供了 noreturn 属性来标识这些函数,如果有了个名为"function_without_return()"且无返回值的函数,则可以使用如下关键字和属性来定义此函数,这样可告知 gcc 对此函数进行优化:

```
void function_without_return(void)__Attribute__((noreturn));
```

这个关键字还可以用于指定变量的属性。例如,可以使用属性 aligned 指定编译器在分配内存空间时按规定的边界对齐。例如,

```
int int_v  _ _attribute_ _((aligned 16)) =0;
```

gcc 对 case 语句也作了扩展。在 ANSI C 中,case 语句只能对应单个值的情形。gcc 中的 case 语句可以对应于一个范围。边界值之间可以用空格或省略号分开,表示对应于一个范围。例如:如果要对整型变量 i 使用 case 语句,则可以写成:

```
switch  (i)  {

case 0...10:
    /* code for the first case */
    break ;
case 11...100:
      /* code for the second case */
      break;
default:
      /* code for the default case */
}
```

这段代码相当于 ANSI C 中的如下代码：

```
Switch (i) {
case 0:
…
case10:
        /* code for the first case */
    break;
case 11:
…
case 100:
        /* code for the Second case */
        break;
default:

        /* code for the default case */
}
```

由此可以看出，gcc 的 case 区间的这种用法只是传统语法 switch 语句的一种简写方式而已。

(2) Glibc

任何一个 Unix 体系的操作系统都需要一个 C 库，用于定义系统调用和其他一些基本的函数调用，例如 open、malloc、printf 和 exit 等，GNU Glibc 就是要提供这样一个用于 GNU 系统，特别是 GNU/ Linux 系统的 C 库，glibc 最初设计就是可移植的，尽管它的源码体系非常复杂，但是仍然可以通过简单的 configure/ make 来生成对应平台的 C 函数库

(3) GNU binutils

GNU binutils 是一套用来构造和使用二进制文件所需要的工具，其中两个最为关键的 binutils 是 GNU 链接器和 GNU 汇编程序，这两个工具是 GNU 工具链中的两个完整部分，通常是由 gcc 前端进行驱动的。binutils 包含的程序通常有：

addr2line：将程序地址转换为文件名和行号，在命令行中给它一个地址和一个可执行文件名，它就会使用这个可执行文件的调试信息，指出在给出的地址上是哪个文件以及行号。

ar：建立、修改、提取归档文件，归档文件是包含多个文件内容的一个大文件，其结构保证了可以恢复原始文件内容。

As：主要用来编译 GNU C 编译器 gcc 输出的汇编文件，产生的输出文件由链接器 ld 链接。

gasp：它是一个汇编语言宏预处理器。

gprof：显示程序调用段各种数据。

ld：将一些目标和归档文件结合在一起，重新定位数据，并链接符号引用。通常，建立一个新编译程序的最后一步就是调用 ld。

nm：列出目标文件中的符号。

biopy：将一个目标文件中的内容复制到另一个目标文件，objcopy 使用 GNU BFD 库来读

写目标文件,源文件和目的文件可以是不同的格式。

objdump:显示一个或更多目标文件的信息。使用选项来控制其显示的信息。

ranlib:产生归档文件索引,并将其保存到这个归档文件中。

readelf:显示 elf 格式的可执行文件的信息。

size:列出目标文件每一段的大小以及总体的大小,在默认情况下,对于每个目标文件或者一个归档文件中的每个模块只产生一行输出。

Strings:打印某个文件的可打印字符串,这些字符串最少 4 个字符长,也可以使用选项“-n”设置字符串的最小长度。在默认情况下,它只打印目标文件初始化和可加载段中的可打印字符:对于其他类型的文件,它打印整个文件的可打印字符,这个程序对了解非文本文件的内容很有帮助。

Strip:丢弃某些目标文件中的全部或特定符号,这些目标文件中可以包括归档文件,它至少需要一个目标文件名作为参数,它直接修改参数指定的文件,不为修改后的文件重新命名。

8.2.3　嵌入式 Linux 的交叉开发工具链

在 GNU 系统中,每个目标平台都有一个明确的格式,这些信息用于在构建过程中识别要用的不同工具的正确版本,因此,在一个特定目标机下运行 gcc 时,gcc 便在目录路径中查找包含目标规范的应用程序路径,GNU 的目标规范格式为 CPU-PLATFORM-OS。例如 x86/i386 目标机名为“i686-pc-linux-gnu”,通常 gcc、gdb 所编译链接生成的可执行文件只能在 PC 机上运行,而要想编译生成可在 ARM 处理器的嵌入式目标中运行,则要用基于 ARM 平台的交叉工具链。这里将其目标平台名改为“arm-linux-gnu”,比如 arrn-linux-gcc、arm-linux-gdb 等。

以前,arm-linux-gcc 这样的交叉编译工具需要每个项目组自己编译建立,能成功地编译一套交叉开发工具链(即建立起交叉开发环境)很不容易。而现在随着开源思路的发展,网上有着很多针对 ARM、MIPS、PowerPc 等各种处理器的交叉开发工具链下载。这里,为了让读者对交叉开发工具链能更好地理解,下面分步详细介绍构建交叉开发工具链的整个过程。

(1)下载源代码

到相关的网站下载包括 binutils、gcc、glibc(如 ftb. gnu. org)和 Linux(如 ftb. kernel. org)内核的源代码。注意: glibc 和内核源代码的版本必须与目标机上实际使用的版本保持一致。

(2)建立环境变量

声明以下环境变量的目的是在之后的编译工具库时用到,方便输入,尤其是可以降低输错路径的风险。其代码如下:

```
#export   PRJROOT = /home/mike/armlinux
#export   TARGET = arm-linux
#export   PREFIX = $  PRJROOT/tools
#export   TARGET_PREFIX = $  PREFIX/ $  TARGET
#export   path = $  PREFIX/bin: $  PATH
```

(3)配置、安装 binutils

binutils 是 GNU 工具之一,它包括链接器、汇编器和其他用于目标文件和档案的工具。它是二进制代码的维护工具。安装 binutils 工具包含的程序有 addr2line、ar、as、c + + filt、gprof、ld、mm、objcopy、ranlib、readelf、size、strings、strip、libiberty、libbfd 和 lib opcodes。

首先,运行 configure 文件,对 binutils 进行配置:

#.../binutils - *. * */configure-target = $ TARGET-prefix = $ PREFIX

其中,-target = arm-linux 参数指定目标机类型; -prefix = $ PREFIX 参数指定可执行文件的安装路径。

然后,执行 make install:

#make

#make install

(4)配置 Linux 内核头文件

编译器需要通过系统内核的头文件来获得目标平台所支持的系统函数调用所需要的信息。对于 Linux 内核,最好的方法是下载一个合适的内核,然后复制获得头文件。

首先,执行 make mrproper 进行清理工作。接下来执行 make config ARCH = arm(或 Make menuconfig/xconfig ARCH = arm)进行配置:

#make ARCH = arm CROSS_COMPILE = arm-linux-menuconfig

其中,ARCH = arm 表示是以 ARM 为体系结构;CROSS_COMPILE = arm-linux-表示是以 arm-linux 为前缀的交叉编译器。

注意:一定要在命令行中使用 ARCH = arm 指定 CPU 架构,因为缺省架构为主机 CPU 架构,这一步需要根据目标机的实际情况进行详细的配置。

配置完成之后,需要将内核头文件复制到安装目录:

Cp-dR include/asm-arm $ PREFIX/arm-linux/include/asm

Cp-dR include/linux $ PREFIX/arm-linux/include/linux

(5)第一次编译 gcc

完成此过程需要执行三个步骤。

1)修改 t-linux 下的内容

由于是第一次安装 ARM 交叉编译工具,没有支持 libc 库头文件,所以在 gcc/config/arm/t-linux 文件中给变量 TARGET_LiBgcc2_CFLAGS 添加操作参数选项-Dinhibit_libc 和 D_gthr-posix_h 来屏蔽使用头文件,否则一般默认会使用/usr/include 头文件。

#gedit gcc/config/arm/t-linux

将 TARGET_LIBgcc2_CFLAGS = -fomit-frame-pointer-fPIC 改为 TARGET_LIBgcc2_CFLAGS = - fomit-frame-pointer-fPIC-Dinhibit_libc - D_gthr_posix_h。

2)配置 gcc

使用如下命令对 gcc 进行配置:

#.../gcc/configure-target = $ TARGET-prefix = $ PREFIX-enable-languages = c-disable-threads-disable-shared

其中,-prefix = $ PREFIX 参数,指定安装路径;-target = arm-linux 参数,指定目标机类型;-disable-threads 参数,表示去掉 threads 功能,该功能需要 glibc 的支持;-disable-shared 参数,表示只进行静态库编译,不支持共享库编译;-enable-languages = c 参数,表示只支持 C 语言。

3)编译、安装 gcc

使用如下命令安装 gcc:

#make

#make install

执行完这一步后，将生成一个最简的 gcc。由于编译整个 gcc 是需要目标机的 glibc 库的，它现在还不存在，因此，需要首先生成一个最简的 gcc，它只需要具备编译目标机 glbc 库的能力即可。

(6) 交叉编译 glib

这一步骤生成的代码是针对目标机 CPU 的，因此，它属于一个交叉编译过程，该过程要用到 Linux 内核头文件，默认路径为 $ PREFIX/arm/linux/sys-linux，因而需要在 $ PREFIX/arm-linux 中建立一个名为“sys-linux”的软链接，使其内核头文件所在的 include 目录，或者也可以在接下来要执行的 configure 命令中使用-with-headers 参数指定 Linux 内核头文件的实际路径。具体操作如下：

首先，设置 configure 的运行参数（因为是交叉编译，所以要将编译器变量 CC 设为 arm-linux gcc）；CC = arm-linux-gcc. /configure-prefix = $ PREFIX/arm-linux-host = $ TARGET-enable-add-ons-with-headers = $ TARGET_PREFIX/include

其中，CC = arm-linux-gcc 是将 CC 变量设成刚编译完的 gcc，用它来编译 glibc；$ PREFIX/arm-linux 定义了一个目录，用于安装一些与目标机器无关的数据文件：-enable-add-ons 告知 glibc 用 linuxthreads 包：-with-headers 告知 glibc linux 内核头文件的目录位置。

接下来就是编译、安装 glibc。使用的命令为：

#make

#make install

(7) 第二次编译 gcc

由于第一次安装的 gcc 没有交叉 glibc 支持，现在已经安装了 glibc，所以需要重新编译来支持 glibc。具体操作如下：

#. /configure-prefix = $ PREFIX-target = arm-linux-enable-languages = c, c + +

#make

#make install

到此为止，整个交叉开发工具链就完全生成了。

注意事项：

①在第一次编译 gcc 时，可能会出现找不到 stdio. h 的错误，解决办法是修改 gcc/config/arm/t-linux 文件，在 TARGET_LIBgcc2_CFLAGS 变量的设定中增加-Dinhibit-libc 和 D_ gthr_posix_h。

②对与 2. 3. 2 版本的 glibc 库，编译 linuxthread/sysdeps/pthread/sigaction. c 时可能出错，需要通过补丁 glibc-2. 3. 2-arm. patch 解决，执行 patch-pl < gibc2. 3. 2arm. patch。

③第二次编译 gcc 时，可能会出现 libc. so 的错误，这时需要利用文本编辑器手动修改 libc. so。

8.3 桌面 Linux 的安装

8.3.1 双操作系统环境

对于嵌入式 Linux 开发人员来说,一般会用到两个桌面操作系统,即 Linux 和 Windows 操作系统,其中 Linux 主要有 Redhat/Fedora、Suse 和 Mandrake 等发行版本,这里默认的 Redhat 9.0。

Windows 操作方便、简单,但其开发能力比较有限: Linux 开发功能强大,但其操作较复杂、陌生;因此,对于嵌入式 Linux 开发来说,通常是在 Windows 下编译源代码、下载目标代码;在 Linx 下编译源代码,链接生成目标代码。这里先介绍单独安装两个操作系统到硬盘,即双操作系统时的 Linux 安装方法,Linux 的安装方法有好几种,比如从硬盘安装、从光盘安装、从网络安装等。

从硬盘安装比较方便,同时可以省下很多资源,安装速度快,但是,这样不可以完全格式化硬盘;从光盘安装是最原始的安装方法,同时也是最方便的方法,但是,其安装速度不如从硬盘安装的方法快;从网络安装的方法一般不值得推荐,除非源文件服务器处于局域网中,否则安装时间会特别长,而且要看网络是否稳定,如果网络不稳定,很有可能安装失败。

安装双操作系统的 Linux,有以下两点需要注意:

(1) Windows 与 Linux 的双重启动

在已存在 Windows 系统的情况下安装 Linux,Linux 就会自动将 Windows 系统的启动选项添加到启动菜单中以供选择,双重启动问题自动解决。

如果计算机上先安装了 Linux,后来又要安装 Windows,由于 Windows 安装时会重写 MBR 区,在重写硬盘 MBR 区时只会搜索系统中是否原来安装了其他版本的 Windows,而不管其他公司的产品,这样就将覆盖主引导,但不会自动将 Linux 的启动项加入到启动菜单。这时,必须手工解决 Windows 和 Linux 的双重启动问题,因此,通常先安装 Windows,后安装 Linux。

(2) 为 Linux 操作系统准备硬盘空间

要为 Linux 准备专门的分区,即不能与其他操作系统合用一个分区,一般要先在 Windows 中用 Pamgic 等工具软件从硬盘中格出 2 ~ 10 GB 不等的未分区的空白空间,即将其分区格式删除,这样在 Windows 中会看不到这块空间;然后用 Linux 的安装光盘来启动电脑并进行安装,安装过程中,要先对这块空白空间格式化,Linux 操作系统需要一个 EXT2 或 ENT3 格式的硬盘分区作为根分区,大小为 2 ~ 5 GB 即可。另外,还需要一个 SWAP 格式的交换分区,大小与内存有关: 如果内存在 256 MB 以下,交换分区的大小应该是内存的 2 倍: 如果内存在 256 MB以上,交换分区的大小等于内存大小即可。

8.3.2 Cygwin 模拟环境

Cygwin 是 GNU 的开发人员为了能将 Linux 系统下一些应用移植到 Windows 环境下而开发的一套中间移植工具,即模拟环境,安装完成后,就是 Windows 下的一个目录,而里面又提供了 Linux 操作系统环境。

对开发人员来说,Cygwin 为开发者提供了一个全 32 位应用的开发工具。首先,可以将 Cygwin 看作一组工具集,它是从目前被开发人员广泛使用的 GNU 开发工具移植而来的,可以在 Windows 9x/NT 上运行,利用 Cygwin 工具集,开发人员可以直接使用 Linux 的系统功能调用及程序所需的一些运行环境,程序员可以直接在 Windows 环境下调用标准的 Microsoft Win32API,同时也可以使用 CygwinAPI 来编写 Win32 的控制台应用、GU1 应用。使用 Cygwin 可以很容易地将一些重要的 Linux 应用移植到 Win32 环境下,这些应用的源码不需要大改动就可以在 Windows 环境下运行,熟悉 Windows 环境的用户,可以将 Cygwin 理解为 Dynamic-Linked Library(DLL),它提供大量 Unix 系统调用。

对普通用户而言,CygwIn 提供了一组 Linux 工具,运行它就相当于使 Windows 系统变成一部 Linux 主机,这组工具中包括 bash shell,可以在一个模拟的 Linux 环境下使用各种 Linux 命令。

8.3.3　VMware 虚拟机环境

VMware workstation 是 VMware 公司设计的专业虚拟机,可以在 Windows 平台上为几乎任何的其他操作系统提供虚拟运行环境。顾名思义,只要物理主机的内存、CPU 等配置足够,就可以在 Windows 平台上再虚拟出一台或多台 PC 机,而且使用简单,容易上手,是目前用得非常广泛的工具软件。

Linux 在虚拟机中的安装过程,就与在物理主机上的安装过程一样,只是要先安装好 VMware 工具软件,这个软件大约为 50 MB;然后设置好硬盘,内存等大小;接下来就可以用 Linux 操作系统物理光盘或者 ISO 映像文件进行安装。

8.4　Linux 的使用

8.4.1　Linux 基本命令

Linux 在控制台下提供了很多命令,这些命令对应的二进制文件基本上都在根文件系统的/bin 和/sbin 目录下。下面介绍一些常用的命令。

(1) adduser

功能说明:新增用户账号。

使用权限:管理员。

语法:adduser。

补充说明:在 Slackware 中,adduser 指令是一个 script 程序,利用交谈的方式取得输入的用户账号资料,然后再交由真正建立账号的 useradd 指令建立新用户,如此可方便管理员建立用户账号。在 Red hat Linux 中,adduser 指令则是 useradd 指令的符号链接,两者实际上是同一个指令。

示例:创建 pdr 账户

adduser pdr

(2) cat

功能说明:将文件链接后传到基本输出,比如屏幕、另外一个文件、打印机等。

使用权限:所有使用者。

语法:cat[-AbeEnstTuv][-help][-version] fileName。

参数:

-n 或-number,由 1 开始对所有输出的行数编号。

-b 或-number-nonblank,与 n 相似,只不过对空白行不编号。

-s 或-geeze-blank,当遇到有连续两行以上的空白行,就代换为一行的空白行。

示例:

cat text 在屏幕上显示文件 text 的内容。

cat -n textfile > textfile2,将 textfile 的文件内容加上行号后输入 textfile2 这个文件里。

cat -b textfile textfile2 ≫ textfile3,将 textfile 和 textfile2 的文件内容加上行号(空白行不加)之后将内容附加到 textfile3。

(3) cd

功能说明:切换目录。

语法:cd[目的目录]。

补充说明:cd 指令可让用户在不同的目录间切换,但该用户必须拥有足够的权限进入目的目录。

示例:假设用户当前目录是/home/xu,现需要更换到/home/xu/pro 目录中。

$ cd pro

(4) cp

功能说明:复制文件或目录。

语法:cp[-abdfilpPrRsuvx][-S <备份字尾字符串>][-V <备份方式>][-help][-sparse=<使用时机>][-version][源文件或目录][目标文件或目录][目的目录]。

参数:

-a 或-archive,此参数的效果和同时指定"-dpR"参数相同。

-b 或-backup,删除覆盖目标文件之前的备份,备份文件会在字尾加上一个备份字符串。

-d 或-no-dereference,当复制符号链接时,将目标文件或目录也建立为符号链接,并指向与源文件或目录链接的原始文件或目录。

-f 或-force,强行复制文件或目录,无论目标文件或目录是否已存在。

-i 或-interactive,覆盖既有文件之前先询问用户。

-l 或-ink,对源文件建立硬链接,而非复制文件。

-p 或-preserve,保留源文件或目录的属性。

-P 或-parents,保留源文件或目录的路径。

-r,递归处理,将指定目录下的文件与子目录一并处理。

-R 或-cursive,递归处理,将指定目录下的所有文件与子目录一并处理。

-s 或-symbolic-link,对源文件建立符号链接,而非复制文件。

-S <备份字尾字符串>或-suffix=<备份字尾字符串>用"-b",参数备份目标文件后,备份文件的字尾会被加上一个备份字符串,预设的备份字尾字符串是符号"~"。

-u 或-update，使用这项参数后只会在源文件的更改时间较目标文件更新时或是名称相互对应的目标文件并不存在，才复制文件。

-v 或-verbosde，显示指令执行过程。

-V < 备份方式 > 或-version-control = < 备份方式 > 用“-b”，参数备份目标文件后，备份文件的字尾会被加上一个备份字符串，该字符串不仅可用“-S”参数变更，当使用“-V”参数指定不同备份方式时，也会产生不同字尾的备份字串。

-x 或-one-file-system，复制的文件或目录存放的文件系统，必须与 cp 令执行时所处文件系统相同，否则不予复制。

-help，在线帮助。

-sparse = < 使用时机 >，设置保存稀疏文件的时机。

-version，显示版本信息。

示例：$ cp-t/usr/xu//usr/liu/表示将/usr/xu 目录中的所有文件及其子目录复制到目录 usr/liu 中。

(5) df

功能说明：检查文件系统的磁盘空间占用情况，利用该命令可以获取硬盘被占用了多少、目前还剩下多少空间等信息。

语法：df[– akitxT][目录或文件]。

参数：

-a 显示所有文件系统的磁盘使用情况，包括 0 块的文件系统，如/proc 文件系统。

-k 以 k 字节为单位显示。

-i 显示 i 节点信息，而不是磁盘块。

-K 显示各指定类型的文件系统的磁盘空间使用情况。

-x 列出不是某一指定类型文件系统的磁盘空间使用情况（与 t 选项相反）。

-T 显示文件系统类型。

示例：列出各文件系统的磁盘空间使用情况。

#df

(6) du

功能说明：显示目录或文件的大小。

语法：du[-abcDhHklmsSx[-L < 符号链接 >]-[X < 文件 >][-block-size-][-exclude =] < 目录或文件 >][-max-depth = < 目录层数 >][-help][-version][目录或文件]。

补充说明：du 会显示指定的目录或文件所占用的磁盘空间。

参数：

-a 或-all，显示目录中个别文件的大小。

-b 或-bytes，显示目录或文件大小时，以 B 为单位。

-c 或-tota，除了显示个别目录或文件的大小外，同时也显示所有目录或文件的总和。

-D 或-dereference-args，显示指定符号链接的源文件大小。

-h 或-human-readable，以 K、M、G 为单位，提高信息的可读性。

-H 或-si，与-h 参数相同，但是 K、M、G 是以 1 000 为换算单位。

-k 或-kilobytes，以 1 024 字节为单位。

-l 或-count-links，重复计算硬件链接的文件。

-L < 符号链接 > 或-dereference < 符号链接 >，显示选项中所指定符号链接的源文件大小。

-m 或-megabytes，以 1MB 为单位。

-s 或-summarize，仅显示总计。

-S 或-separate-dirs，显示个别目录的大小时，并不包含其子目录的大小。

-x 或-one-file-system，以开始处理时的文件系统为准，若遇上其他不同的文件系统目录则略过。

-X < 文件 > 或-exclude-from = < 文件 >，在 < 文件 > 指定目录或文件。

-exclude = < 目录或文件 >，略过指定的目录或文件。

-max-depth = < 目录层数 >，超过指定层数的目录后，予以忽略。

-help，显示帮助。

-version，显示版本信息。

示例：显示包含在每个文件以及目录/home/fran 的子目录中的磁盘块数。

du-a/home/fran

(7) export

功能说明：设置或显示环境变量，在 shell 中执行程序时，shell 会提供一组环境变量 export 可新增、修改或删除环境变量，供后续执行的程序使用，export 的效力仅限于该此登录操作。

语法：export[-fnp][变量名称]=[变量重设值]

参数：

-f，代表[变量名称]中为函数名称。

-n，删除指定的变量，变量实际上并未删除，只是不会输出到后续指令的执行环境中。

-p 列出所有的 shell 赋予程序的环境变量。

示例：显示当前所有环境变量的设置情况。

#export

(8) fdisk

功能说明：磁盘分区。

语法：fdisk[-b〈分区大小〉][-uv][外围设备代号]或 fdisk[-l][b < 分区大小][-uv][外围设备代号...]或 fdisk[-s〈分区编号〉]。

补充说明：fdisk 是用于磁盘分区的程序，它采用传统的问答式界面，而非类似 DOS fdisk 的 cfdisk 互动式操作界面，因此，在使用上较为不便，但功能却丝毫不打折扣。

参数：

-b < 水分区大小 >，指定每个分区的大小。

-l，列出指定的外围设备的分区表状况。

-s < 分区编号 >，将指定的分区大小输出到标准输出上，单位为区块。

-u，搭配"-l"参数列表，会用分区数目取代柱面数目，以表示每一个分区的起始地址。

-v，显示版本信息。

示例：查看当前系统中磁盘的分区状况，包括硬盘、U 盘等。

fdish-l

(9) ln

功能说明:建立链接文件。

语法:ln[选项]源文件或目录链接名或目录。

参数:

-s,建立符号链接。

-f,强行建立链接。

-i,交互式建立链接。

示例:要为当前目录下的 file 文件建立一个硬链接,名为"/home/lbt/doc",可用如下命令

ln file/home/lbt/doc/file

建立名为"/home/lbt/doc/filel"的符号链接,可用如下命令:

ln-s file/home/lbt/doc/filel

(10) locate

功能说明:快速地搜寻整个文件系统内是否有指定的文件。

语法: locate[-q][-d][-database=]

locate[-r][-regexp=]

locate[-qv][-o][-o][-output=]

locate[-e][-f] <[-l][-c] <[-U][-u] >

locate[-Vh][-version][-help]

示例:

locate　filename 寻找系统中所有名为"filename"的文件。

locate—n 100 a. out 寻找所有名为"a. out"的档案,但最多只显示 100 个。

(11) ls

功能说明:列出目录内容。

语法:ls[-1aAbBcCdDfFgGhHiklLmnNopgQrRsStuUvxX][-I <范本样式>][-T <跳格字数>][-w <每列字符数>][-block-size = <区块大小>][-color = <使用时机>][-format = <列表格式>][-full-time][-help][-indicator-style = <标注样式>][-quoting-style = <引号样式>][-show-control-chars][-sort = <排序方式>][-time = <时间戳记>][-version][文件或目录...]

补充说明:执行 ls 指令可列出目录的内容,包括文件和子目录的名称。

参数

-1,每列仅显示一个文件或目录名称。

-a 或-all,显示所有文件和目录。

-A 或-almost-all,显示所有文件和目录,但不显示现行目录和上层目录。

-b 或-escape,显示脱离字符。

-B 或-ignore-backups,忽略备份文件和目录。

-c,以更改时间排序,显示文件和目录。

-C,以由上至下、从左至右的直行方式显示文件和目录名称。

-d 或-directory,显示目录名称而非其内容。

-D 或 dired,用 Emacs 的模式产生文件和目录列表。

-f,此参数的效果与同时指定“aU”参数相同,并关闭“lst”参数的效果。

-F 或-classify,在执行文件、目录、Socket、符号链接、管道名称后面,各自加上“·”“/”“=”“@”和“|”号。

-g,次参数将忽略不予处理。

-G 或-no-group,不显示群组名称。

-h 或-human-readable,用“K”“M”“G”来显示文件和目录的大小。

-H 或-si,此参数的效果与指定“h”参数类似,但计算单位是 100 B 而非 1 024 B。

-i 或-inode,显示文件和目录的 inode 编号。

-I <范本样式>或-Ignore = <范本样式>,不显示符合范本样式的文件或目录名称。

-k 或-kilobytes,此参数的效果与指定“ block-size = 1 024”参数相同。

-1,使用详细格式列表。

-L 或-dereference,如遇到性质为符号链接的文件或目录,直接列出该链接所指向的原文件或目录。

-m,用“,”号区分隔离每个文件和目录的名称。

-n 或-numeric-uid-gid,以用户识别码和群组识别码替代其名称。

-N 或-literal,直接列出文件和目录名称,包括控制字符。

-o,此参数的效果与指定“-l”参数类似,但不列出群组名称或识别码。

-p 或-file-type,此参数的效果与指定“-F”参数类似,但不会在执行文件名称后面加上“*”号。

-g 或-hide-control-chars,用“?”号取代控制字符,列出文件和目录名称。

-Q 或-quote-name,将文件和目录名称以直引号(“”)标示。

-r 或-reverse,反向排序。

-R 或-recursive,递归处理,将指定目录下的所有文件及子目录一并处理。

-s 或-size,显示文件和目录的大小,以区块为单位。

-S,用文件和目录的大小排序。

-t,用文件和目录的更改时间排序。

-T <跳格字符>或-assize = <跳格字数>,设置跳格字符所对应的空白字符数。

-u,以最后存取时间排序,显示文件和目录。

-U,列出文件和目录名称时不予排序。

-v,文件和目录的名称列表以版本进行排序。

-W <每列字符数>或-width = <每列字符数>,设置每列的最大字符数。

-x,以从左至右,由上至下的横列方式显示文件和目录名称。

-X,以文件和目录的最后一个扩展名排序。

-block size = <区块大小>,指定存放文件的区块大小。

-color = <列表格式>,配置文件和目录的列表格式。

-full-time,列出完整的日期与时间。

-help,在线帮助。

-indicator-style = <标注样式>,在文件和目录等名称后面加上标注,易于辨识该名称所属的类型。

-quoting-syle = <引号样式>,将文件和目录名称以指定的引号样式标示。

-show-control-chars,在文件和目录列表时,使用控制字符。

-sort = <排序方式>,配置文件和目录列表的排序方式。

-time = <时间戳记>,用指定的时间戳记取代更改时间。

-version,显示版本信息。

示例:将/bin 目录下所有目录及文件详细资料列出。

Is-lR/bin

(12) minicom

功能说明:调制解调器通信程序,相当于 Linux 下的“超级终端”。

语法:minicom[-8lmMostz][-a <on 或 off>][-c <on 或 of>][-C <取文件>][-d <编号>][-p <模拟终端机>][-S < script 文件>][配置文件]。

补充说明:minicom 是一个相当受欢迎的 PPP 拨号连线程序。

参数:

-8,不要修改任何 8 位编码的字符。

-a,设置终端机属性。

-c,设置彩色模式。

-C <取文件>,指定取文件,并在启动时开启取功能。

-d <编号>,启动或直接拨号。

-l,不会将所有的字符都转成 ASCII 码。

-m,以“Alt”或“Meta”键作为指令键。

-M,与 m 参数类似。

-o,不要初始化调制解调器。

-p <模拟终端机>,使用模拟终端机。

-s,开启程序设置画面。

-S,在启动时,执行指定的 script 文件。

-t,设置终端机的类型。

-z,在终端机上显示状态列。

[配置文件],指定 minicom 配置文件。

示例:开启 minicom 的配置界面。

minicom-s

(13) mkdir

功能说明:建立目录。

语法:mkdir[-p][-help][-version][-m <目录属性>][目录名称]。

补充说明:mkdir 可建立目录并同时设置目录的权限。

参数:

-m <目录属性>或-mode <目录属性>,建立目录的同时设置目录的权限。

-p 或-parents,若所要建立目录的上层目录目前尚未建立,则会一并建立上层目录。

-help,显示帮助。

-verbose,执行时显示详细的信息。

-version,显示版本信息。

示例:在当前目录中创建嵌套的目录层次 inin 和 inin 下的 mail 目录,权限设置为只有文件拥有者才有读、写和执行权限。

mkdir-p-m 700. /inin/mail/

(14) mount

功能说明:加载指定的文件系统。

语法:mount[-afFhnrvVw][-L <标签>][-o <选项>][-t <文件系统类型>][设备名][加载点]。

补充说明:mount 可将指定设备中指定的文件系统加载到 Linux 目录下(也就是装载点)。可将经常使用的设备写入文件/etc/ fstab 中,以使系统在每次启动时自动加载。mount 加载设备的信息记录在/etc/mtab 文件中。使用 umount 命令卸载设备时,记录将被清除。

参数:

-a,加载文件/etc/fstab 中设置的所有设备。

-f,不实际加载设备。可与-v 等参数同时使用,以查看 mount 的执行过程。

-F,需与-a 参数同时使用。所有在/etc/fstab 中设置的设备会被同时加载,可加快执行速度。

-h,显示在线帮助信息。

-L <标签>,加载文件系统标签为<标签>的设备。

-n,不将加载信息记录在/etc/mtab 文件中。

-o <选项>,指定加载文件系统时的选项。有些选项也可在/etc/fstab 中使用。这些选项包括:

· async 以非同步的方式执行文件系统的输入/输出动作。

· atime 每次存取都更新 inode 的存取时间,默认设置,取消选项为 noatime。

· auto 必须在/etc/fstab 文件中指定该选项,执行 a 参数时,会加载设置为 auto 的设备,取消选取 noauto。

· defaults 使用默认的选项,默认选项为 rw、suid、dev、exec、anto houser 和 async。

· dev 可读文件系统上的字符或块设备,取消选项为 nodev。

· exec 可执行二进制文件,取消选项为 noexec。

· noatime 每次存取时不更新 inode 的存取时间。

· nosuto 无法使用-a 参数来加载。

· nodev 不读文件系统上的字符或块设备。

· noexec 无法执行二进制文件。

· nosuid 关闭 set-user-identifier(设置用户 ID)与 set-group-identifer(设置组 ID)设置位。

· nouser 使一位用户无法执行加载操作,默认设置。

· remount 重新加载设备,通常用于改变设备的设置状态。

· ro 以只读模式加载。

· rw 以可读/写模式加载。

· suid 启动 set-user-identifier(设置用户 ID)与 set-group-identifer(设置组 ID)设置位,取消选项为 nosuid。

·sync 以同步方式执行文件系统的输入/输出动作。

·user 可以让一般用户加载设备。

-r,以只读方式加载设备。

-t <文件系统类型>,指定设备的文件系统类型。常用的选项说明有:

·minix Linux 最早使用的文件系统。

·Ext3 Linux 目前的常用文件系统。

·msdos MS-DOS 的 FAT。

·vfat Win 95/98 的 VFAT。

·nfs 网络文件系统。

·iso9660 CD-ROM 光盘的标准文件系统。

·ntfs Windows NT 的文件系统。

·hpfs OS/2 文件系统,Windows NT 3.51 之前版本的文件系统。

·auto 自动检测文件系统。

-v,执行时显示详细的信息。

-V,显示版本信息。

-w,以可读/写模式加载设备,默认设置。

Mount[-t vmistype] [-o options] device

例如:#mount-t vfat-o iocharset = cp936/dev/hdal/mnt/winc,现在就可以加载一个 FAT 系统,并且正常显示中文。

示例:挂载 ntfs 格式的 hda7 分区到/mnt/cdrom 文件夹 mount-o。iocharset = cp936/dev/hda7/mnt/cdrom。

将 U 盘挂载到/mnt/udisk,假设 U 盘已经用“fdisk-l”命令查看到设备文件名为“/dev/sdbl mount/dev/sdbl/mnt/udisk”。

(15)mv

功能说明:移动或更名现有的文件或目录。

语法:mv[-bfiuv][-help][-version][-S <附加字尾>][-V <方法>][源文件或目录][目标文件或目录]

补充说明:mv 可移动文件或目录,或更改文件(或目录)的名称参数。

参数:

-b 或-backup,若需覆盖文件,则覆盖前先备份。

-f 或-force,若目标文件或目录与现有的文件或目录重复,则直接覆盖现有的文件或目录。

-i 或-interactive,覆盖前先询问用户。

-S <附加字尾>或-suffix = <附加字尾>,与-b 参数一并使用,可指定备份文件的所要附加的字尾。

-u 或-update,在移动或更改文件名时,若目标文件已存在,且其文件日期比源文件新,则不覆盖目标文件。

-v 或-verbose,执行时显示详细的信息。

-V = <方法>或-version-control = <方法>,与-b 参数一并使用,可指定备份的方法。

-help,显示帮助。

-version,显示版本信息。

示例:

$ mv/usr/xu/ *. 表示将/usr/xu 中的所有文件移到当前目录,用“.”表示。

(16) passwd

功能说明:使用 passwd 命令来设置新用户的口令。在设置口令之后,账号就能正常工作。

使用权限:所有使用者。

语法:passwd[-k][-l][-u][-f][-d][-S][username]。

说明:用来更改使用者的密码。

参数:

-d,关闭使用者的密码认证功能,使用者在登录时将可以不用输入密码,只有具备 ton 权限的使用者方可使用。

-S,显示指定使用者的密码认证种类,只有具备 root 权限的使用者方可使用。

[username],指定账号名称。

示例:

passwd pengdr

old password:123456

new password:19860301

retype new password:19860301

将用户 pengdr 的旧密码 123456 修改为 19860301。

(17) ping

功能说明:检测主机。

语法: ping[-dingrRv][-c <完成次数>][-i <间隔秒数>][-I <网络界面>][-l <前置载入>][-p <范本样式>][-s <数据包大小>][-t <存活数值>][主机名称或 IP 地址]

补充说明:执行 ping 指令会使用 ICMP 传输协议,发出要求回应的信息,若远端主机的网络功能没有问题,就会回应该信息,因而得知该主机运作正常。

参数:

-d,使用 Socket 的 SO_DEBUG 功能。

-c <完成次数>,设置完成要求回应的次数。

-f,极限检测。

-i <间隔秒数>,指定收发信息的间隔时间。

-I <网络界面>,使用指定的网络界面送出数据包。

-l <前置载入>,设置在送出要求信息之前,先行发出的数据包。

-n,只输出数值。

-p <范本样式>,设置填满数据包的范本样式。

-g,不显示指令执行过程,开头和结尾的相关信息除外。

-r,忽略普通的 Routing table,直接将数据包传送到远端主机上。

-R,记录路由过程。

-s <数据包大小>,设置数据包的大小。

-t <存活数值>,设置存活数值 TTL 的大小。

-v,详细显示指令的执行过程。

示例:

ping www. ndkj. com. cn

(18) pwd

功能说明:显示工作目录。

语法:pwd[-help][-version]。

补充说明:执行 pwd 指令可立刻得知用户目前所在的工作目录的绝对路径名称。

参数:

-help,在线帮助。

-version,显示版本信息。

示例:查看当前工作。

Pwd

(19) reboot

功能说明:重新开机。

语法: reboot [-dfinw]。

补充说明:执行 reboot 指令可让系统停止运作,并重新开机。

参数:

-d,重新开机时不将数据写入记录文件/var/tmp/wtmp 中,本参数具有“n”参数的效果。

-f,强制重新开机,不调用 shutdown 指令的功能。

-i,在重开机之前,先关闭所有网络界面。

-n,重开机之前,不检查是否有未结束的程序。

-w,仅作测试,并不真的将系统重新开机,只会将重开机的数据写入/var/og 目录下的 wtmp 记录文件。

示例:进行重开机的模拟(只有记录并不会真的重开机)。

reboot-w

(20) rmdir

功能说明:删除目录。

语法:rmdir[-p][-help][-ignore-fail-on-non-empty][-verbose][-version][目录..]。

补充说明:当有空目录要删除时,可使用 rmdir 指令。

参数:

-p 或-parents,删除指定目录后,若该目录的上层目录已变成空目录,则将其一并删除。

-help,在线帮助。

-ignore-fail-on-non-empty,忽略非空目录的错误信息。

-verbose,显示指令执行过程。

-version,显示版本信息。

示例,在工作目录下的 BBB 目录中,删除名为“Test”的子目录,若 Test 删除后,BBB 目录成为空目录,则 BBB 也予以删除。

rmdir-p BBB/Test

(21) setup

功能说明:设置程序。

语法:setup。

补充说明:setup 是一个设置公用程序,提供图形界面的操作方式,在 setup 中可设置防火墙、网络、键盘组态设置、鼠标组态设置、开机时所要启动的系统服务、声卡组态设置,时区设置等。

(22) su

功能说明:变更用户身份。

语法:su[-flmp][-help][-version][-][-c <指令>][-s <shell>][用户账号]。

补充说明:su 可让用户暂时变更登记的身份,变更时须输入所要变更的用户账号与密码。

参数:

-c <指令>或-command = <指令>,执行完指定的指令后,即恢复原来的身份。

-f 或-fast,适用于 csh 与 tsch,使 shell 不用去读取启动文件。

-l 或-ogin,改变身份时,也同时变更工作目录,以及 HOME、SHEL、USER 和 LO - GNAME. 此外,也会变更 PATH 变量。

-m. -p 或-preserve-environment,变更身份时,不要变更环境变量。

-s <shell>或-shell = = <shell>,指定要执行的 shell。

-help,显示帮助。

-version,显示版本信息。

[用户账号],指定要变更的用户,若不指定此参数,则预设变更为 root。

示例:变更账号为超级用户,并在执行 df 命令后还原使用者。

su-c df root

(23) tar

功能说明:备份或解压文件。

语法:tar[-cxtzjvIpPN]文件与目录...。

参数:

-c,建立一个压缩文件的参数指令(create 的意思)。

-x,解开一个压缩文件的参数指令。

-t,查看 tarfile 里面的文件。

注意:在参数的下达中,c/x/t 仅能存在一个,不可能同时存在。因为不可能同时压缩与解压缩。

-z,是否同时具有 gip 的属性,也即是否需要用 gzip 压缩。

-j,是否同时具有 bzip2 的属性,也即是否需要用 bzip2 压缩。

-v,压缩的过程中显示文件,这个常用,但不建议用在背景执行过程。

-f,使用档名,请留意,在"f"之后要立即接文件名,不要再加参数。例如,使用"tar-zcvPf tfile sfile"就是错误的写法,要写成"tar-zcvfP tfile sfile"才对。

-p,使用原文件的原来属性(属性不会依据使用者而变)。

-P,可以使用绝对路径来压缩。

-N,比后面接的日期(yyyy/mm/dd)还要新的才会被打包进新建的文件中。

-exclude,FILE 在压缩的过程中,不要将 FILE 打包。

示例:压缩目录/etc 为 tar. gz 后缀。

tar cvf backup. tar/etc

解压#tar-zxvf file. tar. gz

#tar-jxvf file. tar. bz2

(24) umount

功能说明:卸载文件系统。

语法:umount[-ahnrv\][-t <文件系统类型>][文件系统]。

参数:

-a,卸载/etc/mtab 中记录的所有文件系统。

-h,显示帮助。

-n,卸载时不要将信息存入/etc/mtab 文件中。

-r,若无法成功卸载,则尝试以只读的方式重新挂入文件系统。

-t <文件系统类型>,仅卸载选项中所指定的文件系统。

-v,执行时显示详细的信息。

-V,显示版本信息。

[文件系统]除了直接指定文件系统外,也可以用设备名称或挂入点来表示文件系统。

示例:卸载/mnt 区。

umount /mnt/cdrom

(25) whereis

功能说明:查询某个二进制命令文件、帮助文件等所在目录。

语法: whereis [-bfmsuL] [-B <目录>...] [-M <目录>...] [-S <目录>...] [文件...]。

参数:

-b,只查找二进制文件。

-B <目录>,只在设置的目录下查找二进制文件。

-f,不显示文件名前的路径名称。

-m,只查找说明文件。

-M <目录>,只在设置的目录下查找说明文件。

-s,只查找原始代码文件。

-S <目录>,只在设置的目录下查找原始代码文件。

-u,查找不包含指定类型的文件。

示例:查找"ls"这个二进制命令文件所在的目录。

whereis ls

8.4.2　vi 编辑器的使用

vi 是"visual interface"的简称,它在 Linux 上的地位就同 Edit 程序在 DOS 上一样,可以执行输出、删除、查找、替换和块操作等众多文本操作,而且用户可以根据需要对其进行定制,这是其他编辑程序所没有的。它不是一个排版程序,不像 Word 或 WPS 那样可以对字体格式、段落等其他属性进行编排,它只是一个文本编辑序。当然,Linux 下也提供了 gedit、enmacs 等图形化的编辑排版软件。

(1) vi 的基本模式及模式间转换

vi编辑器按不同的使用方式可以分为三种状态:命令模式、输入模式和末行模式。各模式区分如下:

①命令模式。在该模式下用户可以输入命令来控制屏幕光标的移动,字符、字或行的删除,移动复制某区域段,也可以进入到底层模式或插入模式下。

②输入模式。用户只有在插入模式下可以进行文字输入,用户按“Esc”键,可以到命令行模式下。

③末行模式。末行模式也称“ex 转义”模式,在命令模式下,用户按“:”键,即可进入末行模式。此时,vi 会在显示窗口的最后一行显示一个“:”,作为末行模式的提示符,等待用户输入命令,多数文件管理命令都是在此模式下执行的。例如,将编辑缓冲区的内容写到文件中,等末行命令执行完后,vi自动回到命令模式。

例如:“:1 $ s/A/a/g”表示从文件第一行至文件尾将大写“A”全部替换成小写“a”。若在末行模式下输入命令过程中改变了主意,可按“Esc”键或用退格键将输入的命令全部删除,再按一下退格键,即可使vi回到命令模式下。

如果要从命令模式转换到编辑模式,可以键入命令“a”或者“i:”;如果需要从文本模式返回,则按“Esc”键即可。在命令模式下,输入“:”,即可切换到末行模式,然后等待输入命令。

(2) vi 的基本操作

1)进入与离开 vi

要进入 vi,可以直接在系统提示字符下键入“v <档案名称>”,vi 可以自动载入所要编辑的档案或是开启一个新文档。进入 vi 后屏幕左方,会出现波浪符号,凡是列首有该符号,就代表此列表目前是空的。

要离开 vi,可以在指令模式下键入“:q”(不保存离开);“:wq”(保存离开)指令,则是存档后再离开,注意冒号。

2) vi 的删除、修改与复制

表 8.1 所列为 vi 的删除、修改、复制与粘贴命令。

表 8.1 vi 的删除、修改、复制与粘贴命令

特　征	ARM	作　用
删除	x	删除光标所在字符
	dd	删除光标所在的行
	s	删除光标所在字符,并进入输入模式
	S	删除光标所在的行,并进入输入模式
修改	r	进入取代状态,新增资料会覆盖原先资料,直接按“Esc”键回到指令模式下为止
	R	修改光标所在字符,r 后接要修正的字符

续表

特　征	ARM	作　用
复制	yy	复制光标所在的行
	nyy	复制光标所在的行向 n 行
粘贴	p	将缓冲区的字符粘贴到光标所在的位置

3) vi 的光标移动

由于许多编辑工作都是由光标来定位的,所以 v 提供许多移动光标的方式。表 8.2 为移动光标的基本命令。

4) v 的查找与替换

在 vi 中的查找与替换也非常简单,其操作有些类似在 Telnet 中的使用。其中,查找的命令在命令行模式下,而替换的命令则在底行模式下(以":"开头),其命令见表 8.3。

表 8.2　vi 光标移动命令

指　令	作　用	指　令	作　用
0	移动到光标所在行的最前面	w	移动到下个字的第一个字母
$	移动到光标所在行的最后面	e	移动到下个字的最后一个字母
[Ctrl]d	光标向下移动半页	n -	向上移动 n 行
[Ctrl]d	光标向下移动一页	n +	向下移动 n 行
[Ctrl]y	光标向上移动半页	nG	移动到第 n 行
[Ctrl]f	光标向上移动一页	Enter	光标下移一行
H	移动到视窗的第一行第一列	)	光标移至句尾
M	移动到视窗的中间行第一列	(	光标移至句首
L	移动到视窗的最后一行第一列	}	光标移至段落开头
b	移动到上一个字的第一个字母	{	光标移至段落结尾

表 8.3　vi 的查找与替换命令

特　征	ARM	作　用
查找	/pattern	从光标开始处向文件尾搜索 pattern
	? pattern	从光标开始处向文件首搜索 pattern
	n	在同一方向重复上一次搜索
	N	在反方向上重复上一次搜索
替换	:0, $/p1/p2/g	:0, $ 替换范围从 0 行到最后一行
		s 转入替换模式
		p1/p2 将所有的 p1 替换为 p2
		g 强制替换而不提示

5)vi 的文件操作

vi 中的文件操作指令都是在底行模式下进行的,所有的指令都是以":"开头,其指令见表 8.4。

表 8.4 vi 的文件操作指令

特 征	作 用	特 征	作 用
:x	保存文档并退出	:wq	保存文档并退出
:zz	保存文档并退出	:q	编辑结束,退出 vi
:w	保存文档	:q!	不保存编辑过的文档,强制退出

8.4.3 gcc 编译器

编译器的作用是将用高级语言或汇编语言编写的源代码翻译成处理器上等效的一系列操作命令。针对嵌入式系统来说,其编译器数不胜数,其中 gcc 和汇编器 as 是非常优秀而且免费的编译工具。

编译器的输出被称为目标文件。对于任何嵌入式系统而言,有一个高效的编译器、链接器和调试器是非常重要的,gcc 不仅在桌面领域中表现出色,还可以为嵌入式系统编译出高质量的代码。

使用语法:

gcc [option] filename...

其中,option 为 gcc 使用时的选项,必须以" - "开始,而 filename 为欲以 gcc 处理的文件,在使用 gcc 时,必须给出必要的选项和文件名。gcc 的整个编译过程,实质是分四步进行的,每步完成一个特定的工作,这四步分别为:预处理、编译、汇编和链接。具体完成哪一步,由 gcc 后面的开关选项和文件类型决定。

gcc 有超过 100 个的编译选项可用,这些选项中的许多用户可能永远都不会用到,但一些主要的选项将会频繁用到。以下为读者列出几种最常用的选项:

-c,编译或汇编源文件,但是不作链接,编译器输出对应于源文件的目标文件。

-S,编译选项告知 gcc,在为 C 代码产生了汇编语言文件后停止编译。gcc 产生的汇编语言文件的缺省扩展名是".s"。

-E,预处理后即停止,不进行编译。预处理后的代码送往标准输出。

-o,要求编译器生成指定文件名的可执行文件。

-g,告知 gcc 产生能被 GNU 调试器使用的调试信息,以便调试程序。

-O,告知 gcc 对源代码进行基本优化,这些优化在大多数情况下都会使程序执行得更快。

-O2,告知 gcc 产生尽可能小和尽可能快的代码。"-O2"选项将使编译的速度比使用"O"时慢,但通常产生的代码执行速度会更快。

-Wall,指定产生全部的警告信息。

-pipe,在编译过程的不同阶段间使用管道而非临时文件进行通信,这个选项在某些系统上无法工作,因为那些系统的汇编器不能从管道读取数据。

下面通过一个具体的例子来介绍 vi 编译器和 gcc 编译器的使用。

任务:新建一个 hello. c,并用 gcc 编译,执行。

步骤:

①在当前目录下输入: vi hello. c,即可进入到 vi 空文档命令模式。

②按“i”键,进入编辑状态,这时就可以输入程序了。

```
# include <stdio. h>
Int main( void)
{
    printf( " \nhello! \n" ) ;
    return 0
}
```

③由于在编辑态下,任何时候都可以按“Esc”键退到命令模式。在命令模式下按“shift + :”组合键进入到末行模式,这时左下角有冒号(:)提示符,就可以输入命令了。常用的命令有:存盘退出(为“:wq”),若不想存盘退出,则为“:q!”。

④在命令行状态下输入:# gcc hello. c - o halo,利用 gcc 进入编译和链接程序,就可以生成 hello 可执行文件。

⑤执行“#. / hello”然后回车,就可以输出“ hello!”。

8.4.4　make 工具和 Makefile 文件

无论是在 Linux 还是在 Unix 环境中,make 都是一个非常重要的编译命令。无论是用户进行项目开发还是安装应用软件,都经常要用到 make 或 make install。利用 make 工具,可以将大型的开发项目分解成为多个更易于管理的模块,对于一个包括几百个源文件的应用程序,使用 make 和 makefile 工具就可以简洁明快地理顺各个源文件之间纷繁复杂的相互关系,而且如此多的源文件,如果每次都要键入 gcc 命令进行编译,对程序员来说简直就是一场灾难。而 make 工具则可自动完成编译工作,并且可以只对程序员在上次编译后修改过的部分进行编译。因此,有效地利用 make 和 makefile 工具,可以大大提高项目开发的效率。

make 工具最主要也最基本的功能就是通过 makefile 文件来描述源程序之间的相互关系,并自动维护编译工作。而 makefile 文件需要按照某种语法进行编写,文件中需要说明如何编译各个源文件并链接生成可执行文件,并要求定义源文件之间的依赖关系。makefile 文件是许多编译器(包括 Windows NT 下的编译器)维护编译信息的常用方法。

以下将以一个示例的方式来说明 makefile 文件的编写规则。在这个示例中有两个 C 文件和一个头文件,要写一个 makefile 来告知 make 命令如何编译和链接这几个文件。实现的规则如下:

①如果这个工程没有编译过,所有 C 文件都要编译并被链接。

②如果这个工程的某几个 C 文件被修改,则只编译被修改的 C 文件,并链接目标程序。

③如果这个工程的头文件被改变了,那么需要编译引用了这几个头文件的 C 文件,并链接目标程序。

只要 makefile 写得够好,所有的这一切只用一个 make 命令就可以完成,make 命令会自动根据当前的文件修改情况来确定哪些文件需要重新编译,从而自己编译所需要的文件和链接目标程序。

(1) Makefile 的规则

Makefile 的规则：

```
target. . . :prerequisites. . .
    command
```

其中，target 为一个目标文件，可以是 Object File，也可以是执行文件；prerequisites 为要生成那个 target 所需要的文件或是目标；command 为 make 需要执行的命令。这是一个文件的依赖关系，也就是说，target 这一个或多个的目标文件依赖于 prerequisites 中的文件，其生成规则定义在 command 中。

(2) 示例说明

工程中的两个 C 文件和一个头文件如下：

```
filel. c： # include  <stdio.  h >
           # include “file2. h”
           Int main( )
           {… …}
file2. h： int function( )
           {… …}
file2. c： # include “file2. h”
           void File2Print( )
           {… …}
```

对应的 Makefile 文件如下：

```
helloworld： filel. o file2. o
            arm-linux-gcc filel. o file2. o-o helloworld
filel. o： filel. c file2. h
            arm-linux-gcc-c file1. c-o file1. o
file2. o： file2. c file2,h
            arm-linux-gcc-c file2. c-o file2. o
clean：
            rm-rf filel. o file2. o helloworld
```

在这个 Makefile 中，目标文件包含：执行文件 helloworld 和中间目标文件(*. o)，依赖文件就是冒号后面的那些. c 文件和 h 文件。每一个. o 文件都有一组依赖文件，而这些. o 文件又是执行文件 helloworld 的依赖文件，依赖关系实质上就是说明了目标文件是由哪些文件生成的，换言之，目标文件是哪些文件更新的。在定义好依赖关系后，后续的那一行定义了如何生成目标文件的操作系统命令，一定要以一个“Tab”键作为开头，make 并不管命令是怎么工作的，它只管执行所定义的命令。make 会比较 targets 文件和 prerequisites 文件的修改日期，如果 prerequisites 文件的日期要比 targets 文件的日期新，或者 targets 不存在，make 就会执行后续定义的命令。clean 不是一个文件，它只不过是一个动作名字，有点像 C 语言中的 lable 一样，其冒号后什么也没有，make 就不会自动去找文件的依赖性，也就不会自动执行其后所定义的命令。要执行其后的命令，就要在 make 命令后明显地指出这个“lable”的名字。

(3)make 的工作原理

在默认的方式下,也就是只输入 make 命令,make 将根据以下规则工作:

①make 会在当前目录下找名字叫“Makefile”或“makefile”的文件。

②如果找到,make 会找文件中的第一个目标文件,在前面的例子中,它会找到“helloworld”这个文件,并将这个文件作为最终的目标文件。

③如果 helloworld 文件不存在,或是 helloworld 所依赖的后面的 *.o 文件修改时间要比 helloworld 文件新,它就会执行后面所定义的命令来生成 helloworld 这个文件。

④如果 helloworld 所依赖的.o 文件也存在,make 就会在当前文件中寻找目标为 o 文件的依赖性。如果找到,则再根据那一个规则生成 *.o 文件。

⑤make 用 *.o 文件生成可执行文件 helloworld。

这就是 make 工作的整个过程,make 会一层又一层地去找文件的依赖关系,直到最终编译出第一个目标文件。在找寻的过程中,如果出现错误,比如最后被依赖的文件找不到,make 就会直接退出并报错,而对于所定义的命令的错误或是编译不成功的,make 根本不理会,make 只管文件的依赖性。

(4)Makefile 中使用变量

在前面的例子中,可以看到 file.o file2.o 文件的字符串被重复了三次,如果需要在以上工程中加入一个新的 *.o 文件,则需要更改三个地方,这将使 Makefile 文件的编写和维护变得很复杂,甚至可能会忘掉一些需要更改的地方而导致编译失败。因此,为了使 Makefile 文件更容易维护,在 Makefile 文件中可以使用变量。

比如,声明一个变量 objects,在 Makefile 文件一开始可以这样定义:

objects = filel.o file2.o

于是,就可以很方便地在 Makefile 文件中以“$(objects)”的方式来使用这个变量了。改版后的 Makefile 文件如下:

```
objects = file1.o file2.o
helloworld: $(objects)
        arm-linux-gcc $(objects)-o helloworld
filel.o: filel.c file2.h
        arm-linux-gcc-c file1.c-o file1.o
file2.o: file2.c file2,h
        arm-linux-gcc-c file2.c-o file2.o
clean:
        rm-rf $(objects) helloworld
```

(5)Makefile 文件中宏的使用

Makefile 中允许使用简单的宏指代源文件及其相关编译信息,在 Linux 中也称宏为变量,在引用宏时只需在变量前加“$”符号,但值得注意的是,如果变量名的长度超过 1 个字符,在引用时就必须加圆括号“()”。

使用宏后,示例中的 Makefile 文件为:

```
CC =/opt/host/arm/bin/arm-linux-objects = file1.o file2.o
helloworld:  $(objects)
```

```
        $(CC)gcc  $(objects)-o helloworld
filel.o:filel.c file2.h
        $(CC)-gcc-c file1.c-o file1.o
file2.o:file2.c file2,h
        $(CC)-gcc-c file2.c-o file2.o
clean:
        rm-rf $(objects) helloworld
```

(6)Makefile 文件中通配符的使用

Makefile 中表示文件名时可使用通配符,可使用的通配符有:“ * ”“?”和“[…]”,在 Makefile 中通配符的用法和含义与 Linux(Unix)的 Bourne shel 完全相同。例如,“ *.c”代表了当前工作目录下所有的以“.c”结尾的文件等,但是在 Makefile 中,这些统配符并不是可以用在任何地方,Makefile 中通配符可以出现在以下两种场合:

①可以用在规则的目标、依赖中,make 在读取 Makefile 时,会自动对其进行匹配处理(通配符展开)。

②可出现在规则的命令中,通配符的通配处理是在 shell 执行此命令时完成的。

除以上两种情况之外的其他上下文中,不能直接使用通配符,而是需要通过函数 wildcard 来实现。

如果规则的一个文件名包含通配字符(“ * ”“.”等字符),在使用这样的文件时,需要对文件名中的通配字符使用反斜线“\”进行转义处理。例如“ foo\ * bar”,在 Makefile 中它表示了文件“ foo.* bar”。

8.5 Linux 内核结构

从结构上来讲,操作系统有微内核结构和单体结构之分,Windows NT 和 Minix 是典型的微内核操作系统,而 Linux 则是单体结构的操作系统。微内核结构只提供内存管理、中断管理等最基本的服务,服务之间通过进程间通信来进行交互,因此,效率相对较低,但它可方便地在内核中添加新的组件,结构清晰;单体内核的访问是通过系统调用来实现,其效率高,但结构相对复杂,且既不容易又不方便向内核中添加新的组件。为此,后来 Linux 综合了微内核的优点,提供了动态装载和卸载的模块的功能,比如最常用的设备驱动模块,利用模块就可方便地在内核中添加新的组件或卸载不再需要的内核组件。

8.5.1 Linux 内核核心子系统

Linux 是一个多任务、多用户、支持内核级多线程和多 CPU 的操作系统,它符合 POSIX(可移植操作系统)接口定义,支持 EXT2、FAT、VFAT、FAT32、NFS、MINIX、XENIX 等多种文件系统。Linux 通常包含四个主要部分:内核、shell、文件结构和实用工具。内核、shell 和文件结构一起形成了基本的操作系统结构。其中 Linux 内核核心子系统是整个操作系统的重要组成部分,是运行程序和管理硬件设备的核心。Linux 内核采用的单一内核结构,这种内核结构的重要特点是模块化,每个模块都是一个目标文件,它的代码可以在运行时被链接到内核。目标代码则往往由函数集组成，该集合实现了文件系统、设备驱动器以及其他一些内核的上层特征。Linux 内核为非抢占式的，它不能通过改变优先权来影响当前的执行流程。

简而言之，Linux 内核包括进程调度、内存管理、文件系统、进程间通信、网络及资源管理。Linux 内核的体系结构如图 8.1 所示。

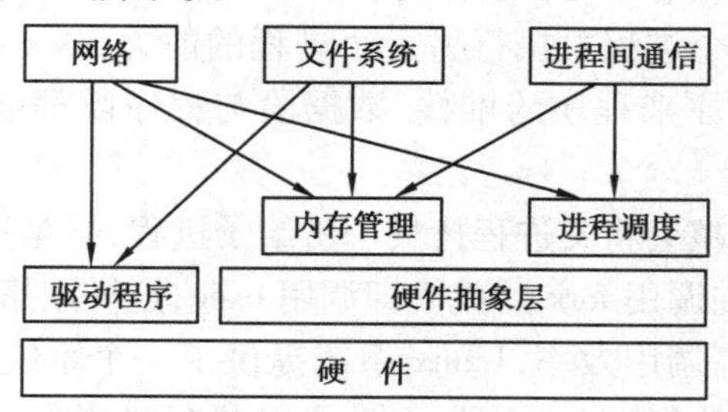

图 8.1　Linux 内核的体系结构

进程管理是包括对进程调度和进程间通信在内的管理。进程调度控制着进程对 CPU 的访问，通过进程调度算法来确定哪一个进程将首先获得 CPU；进程间通信支持进程间的各种通信机制；内存管理允许多个进程安全地共享主内存区域，并支持虚拟内存技术。虚拟文件系统可分为实际文件系统和设备驱动程序两部分。实际文件系统是指 Linux 所支持的如 EXT2、FAT、NFS 等文件系统，而设备驱动程序指为每一种硬件控制器所编写的驱动程序模块。网络管理部分提供了对各种网络设备的存取和对各种网络硬件的支持。网络接口分为网络协议和网络驱动程序两部分。网络协议部分，负责实现每一种可能的网络传输协议；网络设备驱动程序，负责与硬件设备进行通信，每一种可能的硬件设备都有相应的设备驱动程序。

8.5.2　进程管理

(1)进程

进程是程序在某个数据集上的执行过程，它包括一个地址空间和至少一个控制点，进程在这个地址空间上执行单一的指令序列。进程地址空间是指包括可以访问或引用的内存单元的集合，进程控制点通过一个称为程序计数器(PC，program counter)的硬件寄存器控制和跟踪进程指令序列。

在 Linux 中，每个进程都由一个 task_struct 数据结构来描述，它占据一定的内存空间。当系统创建一个进程时，Linux 为新的进程分配一个 task_struct 结构。同时指向该结构的指针将被加入到 task 数组中，用来记录系统中进程数目的全局变量会自加“1”；进程结束时又回收 task_struct 结构，进程也随之消失，全局变量自减“1”。

进程的创建有两种方式：一种是系统创建，另一种是由父进程创建。Linux 系统提供了系统调用 fork，可拷贝现行进程的内容，以产生新的进程，调用 fork 的进程称为父进程，而调用后所产生的新进程称为子进程。子进程会承袭父进程的一切特性，但是它有自己的数据段；也就是说，尽管子进程改变了所属的变量，却不会影响到父进程的变量值。父进程和子进程共享一个程序段，但是各自拥有自己的堆栈、数据段、用户空间以及进程控制块。换言之，两个进程执行的程序代码是一样的，但是各有各的程序计数器与自己的私人数据。

当内核收到 fork 请求时，它首先检查存储器是不是够用，其次检查进程表是否仍有空缺，最后检查用户是否建立了太多的子进程。如果满足上述三个条件，则操作系统为子进程分配一个进程识别码，并且设定 CPU 时间，接着设定与父进程共享的程序段，同时将父进程的 inode 拷贝一份给子进程使用，最终子进程会返回，数值“0”表示它是子进程，至于父进程，它可能等待子进程的执行结束，或与子进程各做各的。

exec 系统调用，提供一个进程去执行另一个进程的能力，exec 系统调用的是采用覆盖旧有进程存储器内容的方式，原来程序的堆栈、数据段与程序段都会被修改，只有用户区维持不变。

由于在使用 fork 时，内核会将父进程拷贝一份给子进程，但是这样的做法相当浪费时间，因为大多数情形都是程序在调用 fork 后就立即调用 exec，这样刚拷贝来的进程区域又立即被新的数据覆盖掉。为了提高调用效率，Linux 系统提供了一个系统调用 vfork，vfork 假定系统在调用完成 vfork 后会马上执行 exec，因此 vfork 不拷贝父进程的页面，只是初始化的数据结构与准备足够的分页表。这样实际在 vfork 调用完成后父子进程事实上共享同一块存储器（在子进程调用 exec 或是 exit 之前），子进程可以更改父进程的数据及堆栈信息。因此，vfork 系统调用完成后，父进程进入睡眠状态，直到子进程执行 exec。当子进程执行 exec 时，由于 exec 要使用被执行程序的数据，代码覆盖子进程的存储区域，这样将产生写保护错误（do_wp_page）（这时子进程写的实际上是父进程的存储区域），这个错误将导致内核为子进程重新分配存储空间。当子进程开始正确执行后，将唤醒父进程，使得父进程继续往后执行。

（2）进程状态

①运行：进程或者正在运行（是系统中的当前进程）或者已经准备好运行（等待被分配系统的 CPU）。处于该状态的进程实际参与了进程调度。

②等待：进程正在等待一个事件或一个资源。等待进程又分为可中断的和不可中断的。可中断等待进程可以由其他进程通过信号中断和唤醒，而不可中断等待进程直接等待硬件条件，并且在任何环境下都不会被中断。

③停止：进程被暂停执行，通过接收一个信号才能被唤醒。一个正在被调试的进程可以处于停止状态。

④死亡：进程已终止，是进程结束运行前的一个过渡状态（僵死状态），等待父进程将它彻底释放。

⑤交换：进程页面被交换出内存的进程。

（3）进程调度

进程实际是某特定应用程序的一个运行实体。在 Linux 系统中，能够同时运行多个进程，Linux 通过在短的时间间隔内轮流运行这些进程而实现“多任务”。这一短的时间间隔称为“时间片”，让进程轮流运行的方法称为“调度”，完成调度的程序称为“调度程序”。通过多务机制，每个进程可认为只有自己独占计算机，从而简化程序的编写。每个进程有自己单独的地址空间，并且只能由这一进程访问，这样，操作系统避免了进程之间的互相干扰以及“坏”程序对系统可能造成的危害。

常用的进程调度算法有：先来先服务（FIFO）、时间片轮转（RR）、优先权调度算法、多级反馈队列调度算法等。Linux 进程调度大致可分为两种情况：一种是通过 schedule（）启动一次调度，另一种是强制性调度。当进程运行于用户空间时，可能产生强制性调度，运行于内核空间则不会发生。对于普通进程，Linux 采用动态优先级调度。对于实时进程，Linux 采用

FIFO 和 RR 两种调度策略。

(4)进程通信

为了完成某特定任务,有时需要综合两个程序的功能。例如,一个程序输出文本,而另一程序对文本进行排序。为此,操作系统还提供进程间的通信机制来帮助完成这样的任务。Linux 中常见的进程间通信机制有信号、消息、管道、共享内存、信号量和套接字等。

信号是 UNIX 系统使用最早的进程间通信机制,主要用于向一个或多个进程发异步事件信号。Linux 使用存储在每个进程 task struct 结构中的信息实现信号机制。它支持的信号数量受限于处理器的字长,32 位字长的处理器有 32 种信号,64 位字长的处理器有 64 种信号。

管道用于连接一个读进程和一个写进程,以实现它们之间通信的共享文件,又称"pipe 文件"。在 Linux 系统中,将两个 file 结构指向同一个临时 VFS 索引节点,并且此 VFS 索引节点又指向内存中的一个物理页,这样管道就实现了。这两个 file 数据结构所定义的文件操作例程地址不同:一个是向管道中写入数据的例程地址,另一个是从管道中读出数据的例程地址。管道的写过程是将字节拷贝到共享数据页面中,而读过程则是将数据从共享数据页面中读出来。由于任意的两个进程无法共享同一个管道,除非是同一"祖先"创建的管理。因此,Linux 提供了命名管道(又名 FIFO 管道),FIFO 可被任何进程存取。

Linux 支持 UNIX 系统 V 版本中的三种进程间通信机制(PC):消息队列、信号量和共享内存。系统将消息队列、信号量和共享内存定义为 system V 的 PC 对象,每个 PC 对象都有一个唯一的标识号。这些 System V 的进程间通信机制使用相同的认证方法,即通过系统调用向内核传递这些资源的全局唯一标识来访问它们,Linux 用 ipc_perm 数据结构描述 system V 对象,定义在 include/linux/ipc. h 中。

8.5.3　内存管理

对任何一台计算机而言,其内存及其他资源都是有限的。为了让有限的物理内存满足应用程序对内存的大需量求,Linux 采用了称为"虚拟内存"的内存管理方式。Linux 将内存划分为容易处理的"内存页",在系统运行过程中,应用程序对内存的需求大于物理内存时,Linux 可将暂时不用的内存页交换到硬盘上。这样,空闲的内存页可以满足应用程序的内存需求,而应用程序却不会注意到内存交换的发生。

Linux 系统使用虚拟内存技术来管理内存,以提供比实际物理内存大得多的内存空间,使用者感觉好像程序可以直接使用的存储空间是整个内存和外存空间之和,从而使得编程人员在写程序时不用考虑计算机中的物理内存的实际容量。同时,采用 MMU 来完成内存管理的地址映射,并采用 TLB(translation lookaside buffers,转换后缓存储器)来加快映射的速度。

为了支持虚拟存储管理技术,Linux 系统采用分页的方式来调入进程。所谓分页,即是将实际的存储器分割为大小相等的页,称为页面。例如每个页 1 024 B。

虚拟存储器由存储器管理机制及一个大容量的快速硬盘存储器支持,它是通过基于局部性原理实现的。当一个程序在运行之前,没有必要全部将之装入内存,而是仅将那些当前要运行的部分页装入内存运行,其余暂时留在硬盘上。程序运行时,如果它所要访问的页已存在,则程序继续运行;如果发现不存在,操作系统将产生一个缺页错误。这个错误导致操作系统将需要运行的部分加载到内存中,必要时操作系统还可以将不需要的内存页(段)交换到磁盘上。利用这样的方式管理存储器,便可将一个进程所要用到的存储器以化整为零的方式视需求分批载入，而核心程序则凭借属于每个页面的页码来完成寻址各个存储器区段的工作。

标准 Linux 是针对有内存管理单元的处理器设计的。在这种处理器上，虚拟地址被送到内存管理单元（MMU），将虚拟地址映射成物理地址。

通过赋予每个任务不同的虚拟——物理地址转换映射，支持不同任务之间的保护。地址转换函数在每一个任务中定义，在一个任务中的虚拟地址空间映射为物理内存的一个部分，而另一个任务的虚拟地址空间映射到物理存储器中的其余区域。计算机的存储管理单元（MMU）一般用一组寄存器来存储当前运行的进程的转换表。当前进程将 CPU 放弃给另一个进程时（一次上下文切换）时，内核通过指向新进程地址转换表的指针加载这些寄存器。MMU 寄存器是有特权的，只能在内核态才能访问。这就保证了一个进程只能访问自己用户空间内的地址，而不会访问和修改其他进程的空间。当可执行文件被加载时，加载器根据缺省的 ld 文件，将程序加载到虚拟内存的一个空间，基于这个原因实际上很多程序的虚拟地址空间是相同的，但是由于转换函数不同，所以实际所处的内存区域也不同。而对于多进程管理，当处理器进行进程切换并执行一个新任务时，一个重要的部分就是为新任务切换任务转换表。可以看到 Linux 系统的内存管理至少实现了以下功能：

①可以运行比内存还要大的程序，理想情况下应该还可以运行任意大小的程序。

②可以运行只加载了部分的程序，缩短了程序启动的时间。

③可以使多个程序同时驻留在内存中，提高 CPU 的利用率。

④可以运行重定位程序，即程序可以放于内存中的任何一处，而且可以在执行过程中移动。

⑤写与机器无关的代码，程序不必事先约定机器的配置情况。

⑥减轻程序员分配和管理内存资源的负担。

⑦可以进行共享。例如，如果两个进程运行同一个程序，它们应该可以共享程序代码的同一个副本。

⑧提供内存保护。进程不能以非授权方式访问或修改页面，内核保护单个进程的数据和代码，以防止其他进程修改它们；否则，用户程序可能会偶然（或恶意）地破坏内核或其他用户程序。

虚存系统的实现并不是没有代价的，内存管理需要地址转换表和其他一些数据结构，留给程序的内存减少了，地址转换增加了每一条指令的执行时间，而且对于有额外内存操作的指令会更严重。当进程访问不在内存的页面时，系统发生缺页中断。系统处理中断，并将页面加载到内存中，这需要占用磁盘 I/O 操作时间。总之，内存管理活动占用了相当一部分 CPU 时间（在较忙的系统中大约占 10%）。

8.5.4 文件系统管理

(1) Linux 文件系统结构

Linux 像 UNIX 一样，系统可用的独立文件系统不是通过设备标识来访问的，而是将它们链接到一个单独的树形层次结构中，该树形层次结构将文件系统表示成了一个独立实体。Linux 以装配的形式将每个新的文件系统加入到这个单独的文件系统树中，无论什么类型的文件系统，都被装配到某个目录上，由被装配的文件系统的文件覆盖了该目录原有的内容，该目录被称为装配目录或装配点。在文件系统卸载时，装配目录中原有的文件才会显露出来。

观察 task struct 数据结构的定义：

struct task－struct

{struct fs struct ＊ fs：//文件系统的结构

struct files struct ＊ files：//已打开的文件信息

}

每个文件系统都有一个目录项-dentry 数据结构，还有一个索引节点-inode 数据结构。inode 数据结构记录文件在存储介质上的位置与分布信息，记录其物理属性等；dentry 数据结构代表逻辑意义上的文件，记录其逻辑属性。一个文件可能有几个 dentry 数据结构，而 inode 数据结构却是唯一的。

(2)虚拟文件系统(VFS)

虚拟文件系统与 Linux 操作系统一样，将独立的文件系统组合成了一个层次化的树形结构，并且由一个单独的实体代表这一文件系统。Linux 将新的文件系统通过一个称为“挂装”或“挂上”的操作将其挂装到某个目录上，从而让不同的文件系统组合成为一个整体。Linux 操作系统的一个重要特点是，它支持许多不同类型的文件系统。

由于 Linux 支持许多不同的文件系统，并且将它们组织成了一个统一的虚拟文件系统，因此，用户和进程不需要知道文件所在的文件系统类型，而只需要像使用 Ext3 文件系统中的文件一样使用它们。实际上，Linux 利用虚拟文件系统，将文件系统操作和不同文件系统的具体实现细节分离了开来。

VFS 对逻辑文件系统进行抽象，用统一的数据结构进行管理，并且支持各种逻辑文件系统及其相互间访问。所有的 Linux 文件系统使用共同的缓冲区缓存从下层物理设备来的数据，通过这种方式来加速文件系统对它们对应的物理设备的访问。Buffer Cache 是独立于文件系统的，并成为 Linux 内核用于分配、读写数据缓冲区的一种机制，它的显著优势是使得 Linux 文件系统从下层物理介质和支持物理介质的设备驱动程序中独立出来。VFS 通过维护一个索引节点缓存来加速对所有已安装文件系统的访问。同时，为了加速对常用目录的访问，VFS 维护了一个目录缓存。

VFS 使用超级块和索引节点来描述文件系统，每个装配的文件系统由一个 VFS 超级块表示。VFS 超级块是在各种逻辑文件系统安装时建立的，并在这些文件系统卸载时自动删除，它只存在于内存中。其数据结构定义于 include/linux/fs. h。VFS 文件系统的每个文件、目录等对象都是由 VFS 索引节点表示的，每个 VFS 索引节点的信息都是由文件系统的专门例程从下层文件系统的信息中获得的。VFS 索引节点只存在于内核的存储空间中，只要它们对系统有用就一直被记录在 VFS 索引节点的缓存中。其数据结构定义于 include/linux/fs. h 中。

(3)/proc 文件系统

反映内核运行情况的虚文件系统，并不实际存在于磁盘上。/proc 文件系统才真正显示出了 Linux VFS 文件系统的能力。它像真实的文件系统一样向 VFS 文件系统自行注册。在 VFS 文件系统打开它的文件或目录，请求它的 node 节点时，/proc 文件系统利用来自内核的信息创建这些文件、目录。内核的/proc/devices 文件就是从内核描述设备的数据结构创建出来的。

/proc 文件系统为用户提供了一个查看内核内部工作的只读窗口。像 Linux 内核模式这样的 Linux 子系统，都在/proc 文件系统中创建实体。

(4)设备驱动管理

CPU 并不是系统中唯一的智能设备,其他物理设备也都有自己的控制器,如键盘、鼠标、串口的控制器是 SuperIO 芯片,IDE 磁盘的控制器是 IDE 控制器,SCSI 磁盘的控制器是 SCSI 控制器。每个硬件控制器都有自己的控制和状态寄存器组(CSR),并随设备的不同而不同。CSR 主要用于启停设备、初始化设备以及诊断设备的故障,Linux 并不是将系统中的硬件控制器的管理程序放在应用程序中,而是将这些程序全放在内核里。设备驱动程序是指用于处理、管理硬件控制器的软件。Linux 内核中的设备驱动程序是一组长驻内存具有特权的共享库,也是一组低级的硬件处理例程。系统正是用 Linux 的设备驱动程序处理它所管理设备的特殊性问题。

8.5.5 设备管理

Linux 的一个基本特征就是它抽象了设备的处理。所有的硬件设备都与常规的文件十分相似,它们可以通过与操纵文件完全一样的标准,调用来打开、关闭、读和写,系统中的每个设备由一个特殊设备文件来表示。

Linux 支持三种硬件设备类型:字符设备、块设备和网络设备。字符设备是支持无缓存读写的设备,块设备只能按块的大小进行读写,典型的块大小是 512 B 或 1 024 B。块设备是通过缓冲区缓存来访问的,并支持随机访问,即无论该块在设备的何处,都能够直接读写,块设备能通过特殊设备文件来访问,但大多数情况下是通过文件系统来访问的,只有块设备才支持安装文件系统。网络设备是通过 BSD 套接字接口来访问的。

Linux 通过用主设备号和一组系统表格(如字符设备表),在系统调用中将特殊设备文件(假定在块设备的装配文件系统中)映射到设备的设备驱动程序上。

(1)设备驱动程序与内核的接口

Linux 内核可以按照一种标准的方式与驱动程序进行交互。每类设备驱动程序、字符设备、块设备和网络设备,都为内核在使用它们的服务时提供相同的使用接口,这些相同的接口使得内核可以对完全不同的设备和专门的驱动程序按照完全相同的方式进行处理。

Linux 具有很高的动态性,每次 Linux 内核启动时,会遇到不同的物理设备,需要不同的设备驱动程序。Linux 允许在编译内核时,通过配置脚本将设备驱动程序加入到内核中,而这些驱动程序在启动初始化时,允许出现找不到要控制的硬件的情况。其他的驱动程序可以在需要时作为内核的模块被载入。为了实现设备驱动程序的动态性,设备驱动程序在初始化时要向内核注册,Linux 维护一个设备驱动程序表,并将它作为与驱动程序接口的一部分,这些表包括支持该类设备接口的例程和其他信息。

(2)设备驱动程序

设备驱动程序也是内核的一部分,它由一组数据结构和函数组成,其中的大部分函数是对驱动程序接口的实现,驱动程序通过这组数据结构和函数控制一个或多个设备,并通过驱动程序接口与内核的其他部分交互;然而,从很多方面来说,驱动程序不同于内核的其他部件并且独立于内核的其他部件。驱动程序是与设备交互的唯一模块,通常由第三方厂商开发驱动程序,不与其他驱动程序交互;内核与驱动程序之间也仅通过一个严格定义的接口进行交互。这种做法有许多好处:可以将设备专用代码分离到一个独立的模块中,便于添加新设备,用户或厂商可以在没有内核源码的情况下添加设备内核,可以对所有的设备一视同仁,通过相同的接口访问所有的设备。

Linux 有许多不同的设备驱动程序,这也是 Linux 在嵌入式系统开发中广泛应用的原因之一,而且驱动程序还在不断增长。虽然这些驱动程序驱动的设备不同和完成的工作各异,但它们都具有一些一般的属性。

1) Kernel code

设备驱动程序与内核中的其他代码相似,是 Kene 的一部分,如果发生错误,可能严重害系统。一个粗劣的驱动程序甚至可能摧毁系统,可能破坏文件系统,丢失数据。

2) Kenel interfaces

设备驱动程序必须向 Linux 内核或它所在的子系统提供一个标准的接口,例如,终端。驱动程序向 Lnux 内核提供了一个文件 I/O 接口,而 SCSI 设备驱动程序向 SCSI 子系统提供了 SCSI 设备接口,接着,向内核提供了文件 I/O 和 buffer2cache 的接口。

3) Kernel mechanisms and services

设备驱动程序使用标准的内核服务,例如内存分配、中断转发和等待队列来完成工作。Unix SVR4 提供了设备——驱动程序接口/驱动程序/内核接口规范(DDI/DKI),由它来规范内核与驱动程序之间的接口。该接口分为五个部分:①说明驱动程序应该包括的数据定义;②定义驱动程序入口点例程,包括接口函数、初始化、中断处理程序等;③说明可由驱动程序调用的内核例程;④说明驱动程序可能用到的内核数据结构;⑤包含驱动程序可能用到的内核# define 语句。

4) Loadable

大多数的 Linux 设备驱动程序可以在需要时作为内核模块加载,当不再需要时就可卸载,这使得内核对于系统资源非常具有适应性和效率。

5) Configurable

Linux 设备驱动程序可以建立在内核,至于哪些设备建立到内核,可以在内核编译时配置。

6) Dynamic

系统启动时,每一个设备启动程序初始化时,它会查找它管理的硬件设备,并且一个设备驱动程序所控制的设备不存在并没有关系。这时,这个设备驱动程序只是多余的,占用很少的系统内存,而不会产生危害。

内核在下面几种情况下调用设备驱动程序:

①配置:内核在初始化时,调用驱动程序检查并初始化设备。

②I/O:内核调用设备驱动程序从设备读数据或向设备写数据。

③控制:向设备发出控制请求,让设备完成读/写以外的动作,例如打开或关闭设备。

④中断:当设备完成某个 I/O 请求、设备接收到数据和设备状态改变时,它都会通过中断引起 CPU 的注意,此时,内核使用驱动程序中的设备中断处理程序完成相应的中断处理。

一个设备驱动程序一般由下面几部分组成:

①对驱动程序接口函数的实现。对于字符和块设备,要实现的接口函数定义在数据结构 file_operations 中;对于网络设备,要实现的接口函数定义在数据结构 device 中。当然,一个动程序并不一定要实现接口中的所有函数。

②设备专有部分。为了实现接口函数和对设备进行合理的管理,设备驱动程序还定义一

些自己的数据结构和管理函数。

③中断处理程序。一般的外设都要产生中断,而这些中断都要在设备驱动程序中处理。因此,驱动程序中要有中断处理程序。

④初始化函数。在系统初始化时,它轮流调用各个设备驱动程序的初始化函数。初始化函数向系统注册自身,并要完成对设备的初始化。

Linux 支持三种类型的硬件设备:字符、块和网络。

①字符设备能够存储或传输不定长数据,某些字符设备可以每次传递 1 字节,传完每个字节后产生一个中断;另一些字符设备可以在内部缓存一些数据。内核将字符设备看成可顺序访问的连续字节流,它在单个字符的基础上接收和发送数据。字符设备不能以任意地址访问,也不允许查找操作。字符设备有终端(键盘、显示器)、打印机、鼠标、声卡、系统的串行端口/dev/cua 0 和/dev/cua 1 等。

②块设备中存储的是定长且可任意访问的数据块,对块设备的 I/O 操作只能以块为单位(一般是 512 B 或者 1 024 B)进行。块设备有硬盘、软盘、光盘、磁带等。块设备通过 buffer cache 访问,可以随机存取;就是说,任何块都可以读/写,不必考虑它在设备的什么地方。块设备可以通过它们的设备特殊文件访问,但是更常见的是通过文件系统进行访问。只有一个块设备可以支持一个安装的文件系统。Linux 文件系统只能建立在块设备上。

③网络设备是通过 BSD socket 接口访问的设备。

8.5.6 网络管理

Linux 和网络几乎是同义词。实际上,Linux 就是 Internet 或 WWW 的产物,Linux 的网络接口分为四部分:网络设备接口部分、网络接口核心部分、网络协议族部分以及网络接口 socket 层。网络设备接口部分,主要负责从物理介质接收和发送数据,实现的文件在 Linux /driver/net 目录下面;网络接口核心部分,是整个网络接口的关键部位,它为网络协议提供统一的接口,屏蔽各种各样的物理介质,同时负责将来自下层的包向合适的协议配送,它是网络接口的中枢部分,它的主要实现文件在 Linux/net/core 目录下,其中 linux/net/core/dev. c 为主要管理文件;网络协议族部分,是各种具体协议实现的源码,Linux 支持 TCP/IP、IPX、X. 25,AppleTalk 等的协议,各种具体协议实现的源码对应 linux/net 目录下相应的名称,比如 TCP/IP(IPv4)协议,实现的源码在 Linux/net/ipv4,其中 linux/net/ipv4/af_inet. c 是主要的管理文件;网络口 Socket 层,为用户提供的网络服务的编程接口,主要的源码在 linux/net/socket. c 中。

Linux 的网络实现是以 4. 3BSD 为模型的。BSD(Berkeley Software Distribution)是 Unix 现有技术的一个重要来源,具有优秀的稳定性、网络通信性能,代码结构严谨。它是伴随 UNIX 的版本的发展而形成的一项技术,最初由美国加州大学伯克利分校发布了 UNIX 的 4. 2BSD 版本,这个版本的系统支持 TCP/IP 协议及很多新的信号。4. 3BSD 也是 UNIX 发展历史中的一个版本。

如同网络协议自身一样,Linux 也是通过视其为一组相连的软件层来实现的。其中 BSD 套接字由通用软件所支持,该软件是 INET 套接字层,它来管理基于 IP 的 TCP 与 UDP 的端到端互联问题。TCP 是一个面向连接协议,而 UDP 则是一个非面向连接协议,当一个 UDP 报文发送出去后,Linux 并不知道也不去关心它是否成功地到达了目的主机。对于 TCP 传输,传输节点间先要建立连接,然后通过该连接传输已排好序的报文,以保证传输的正确性。用 IP 层中的代码来实现网际协议,这些代码将 IP 头增加到传输数据中,同时也将收到的 IP 报文正确地转送到 TCP 层或 UDP 层。IP 层之下,是支持所有 Linux 网络应用的网络设备层。例如,点到点协议(PPP,Point to Point Protocol)和以太网层。网络设备并非总代表物理设备,其中有些设备(例如回送设备)则是纯粹的软件设备。网络设备与标准的 Linux 设备不同,它们不是通过 mknod 命令创建的,必须由底层软件找到并进行了初始化之后,这些设备才被创建并可用。因此,只有当启动正确设置了以太网设备驱动程序的内核后,才会有/dev/eth0 文件。ARP 协议位于 IP 层和支持地址解析的协议层之间。

socket(套接字)在所有的网络操作系统中必不可少,而且在所有的网络应用程序中也是必不可少的。它是网络通信中应用进程和网络协议之间的接口。

套接字在应用程序中的作用如下:

①套接字位于协议之上,屏蔽了不同网络协议之间的差异。

②套接字是网络编程的入口,它提供了大量的系统调用,构成了网络程序主体。

③在 Linux 系统中,套接字属于文件系统的一部分,网络通信可以看作是对文件的读取,使得对网络的控制和对文件的控制一样方便。

Linux 使用的 BSD socket. 是一个通用的系统接口,它不仅支持各种网络工作形式,而且是一种进程间的通信机制。

8.6　Linux 目录结构

8.6.1　Linux 源文件的目录结构

一般桌面 Linux 安装后,在/usr/src/Linux - *. *. *(版本号,比如 2.4.18)目录下有内核源代码,内核代码非常庞大,包括驱动程序在内有几百兆字节。下面介绍内核的目录结构。

①arch 目录包括了所有与体系结构相关的核心代码。它下面的每一个子目录都代表一种 Linux 支持的体系结构:

- i386:IBM 的 PC 体系结构。
- arm:基于 ARM 处理器的体系结构。
- alpha:康柏的 Alpha 体系结构。
- s390:IBM 的 System/390 体系结构。
- sparc:Sun 的 SPARC 体系结构。
- sparc64:Sun 的 Ultra-SPARC 体系结构。
- mips:SGI 的 MIPS 体系结构。
- ppc:Freescale-IBM 的基于 PowerPC 的体系结构。
- m68k:Freescale 的基于 MC680x0 的体系结构。
- kernel:内核核心部分。
- mm:内存管理。
- boot:引导程序。
- compressed:压缩内核处理。

- tools：生成压缩内核映像的程序。
- math-emu：浮点单元软件仿真。
- lib：硬件相关工具函数。

②include 目录包括编译核心所需要的大部分头文件，例如与平台无关的头文件在 include/linux子目录下。

③init 目录包含核心的初始化代码（不是系统的引导代码），有 main. c 和 version. c 两个文件。

④drivers 目录中是系统中所有的设备驱动程序。它又进一步划分成几类设备驱动，每种有对应的子目录，如声卡的驱动对应于 drivers/sound。

⑤ipc 目录包含了核心进程间的通信代码。

⑥modules 目录存放了已建好的、可动态加载的模块。

⑦fs 目录存放 Linux 支持的文件系统代码。不同的文件系统有不同的子目录对应，如 eX13 文件系统对应的就是 ext3 子目录。

- proc/proc：虚拟文件系统。
- devpts /dev/pts：虚拟文件系统。
- ext2 Linux：本地的 Ext2 文件系统。
- isofs：ISO 9660 文件系统（CD-ROM）。
- nfs：网络文件系统（NFS）。
- nfsd：集成的网络文件系统服务器。
- fat：基于 FAT 的文件系统的通用代码。
- msdos：微软的 MS-DOS 文件系统。
- vfat：微软的 Windows 文件系统（VFAT）。
- nls：本地语言支持。
- ntfs：微软的 Windows NT 文件系统。
- smbfs：微软的 Windows 服务器消息块（SMB）文件系统。
- umsdos：UMSDOS 文件系统。
- minix：MINIX 文件系统。
- hpfs：IBM 的 OS/2 文件系统。
- sysv：System V、SCO、Xenix、Coherent 和 Version7 文件系统。
- ncpfs：Novell 的 Netware 核心协议（NCP0）。
- ufs：UnixBSD、SunOs、FreeBSD、NetBSD、OpenBSD 和 NeXTStep 文件系统。
- affs：Amiga 的快速文件系统（FFS）。
- coda：Coda 网络文件系统。
- hfs：苹果的 Macintosh 文件系统。
- adfs：Acorn 磁盘填充文件系统。
- efs：SGI IRIX 的 EFS 文件系统。
- qnx4：QNX4 OS 使用的文件系统。
- romfs：只读小文件系统。
- autofs：目录自动装载程序的支持。

• lockd:远程文件锁定的支持。

⑧Kernel 内核管理的核心代码放在这里,同时与处理器结构相关代码都放在 arch/ * / kernel 目录下。

⑨net 目录里是核心的网络部分代码,其每个子目录对应于网络的一个方面。

⑩lib 目录包含了核心的库代码,不过与处理器结构相关的库代码被放在 arch/ * /lib/目录下。

⑪scripts 目录包含用于配置核心的脚本文件。

⑫documentation 目录下是一些文档,是对每个目录作用的具体说明。

另外,一般在每个目录下都有一个. depend 文件和一个 Makefile 文件,这两个文件都是编译时使用的辅助文件。仔细阅读这两个文件对弄清各个文件之间的联系和依托关系很有帮助,目录下还可能有 Readme 文件,它是对该目录下文件的一些说明。

8.6.2　Linux 运行系统的目录结构

Linux 运行后,它的目录结构与源文件目录结构有所不同。运行系统目录树的主要部分有/root、/usr、/var、/home 等。

①/root 目录中包括引导系统的必备文件、文件系统的挂装信息以及系统修复工具和备份工具等。

②/usr 目录中包含通常操作中不需要进行修改的命令程序文件、程序库、手册和其他文档等,它并不和特定的 CPU 相关,也不会在通常的使用中修改。因此,将/usr 目录挂装为只读性质的。

③/var 目录中包含经常变化的文件。例如,打印机、邮件、新闻等的假脱机目录、日志文件格式化后的手册页以及临时文件等。

④/home 中包含用户的主目录,用户的数据保存在其主目录中,如果有必要,也可将/home划分为不同的文件系统,例如/home/students 和/home/teachers 等。

⑤/proc 目录下的内容并不是 ROM 中的,而是系统启动后在内存中创建的,它包含内核虚拟文件系统和进程信息,例如 CPU、DMA 通道以及中断的使用信息等。

⑥/etc 包含了系统相关的配置文件,比如开机启动选项等。

⑦/bin 包含了引导过程必需的命令,也可由普通用户使用。

⑧/sbin 和/bin 类似,尽管其中的命令可由普通用户使用,但由于这些命令属于系统级命令,因此无特殊需求不使用其中的命令。

⑨/dev 包含各类设备文件。

⑩/tmp 包含临时文件。引导后运行的程序应当在/var/tmp 中保存文件,因为其中的可用空间大一些。

⑪/boot 包含引导装载程序要使用的文件,内核映像通常保存在这个目录中。

⑫/mnt 是临时文件系统的挂装目录。比如 U 盘、光盘、软盘等都可以在这个目录下建立挂载点。

8.7 Linux 文件系统

Linux 利用虚拟文件系统将文件系统操作和不同文件系统的具体实现细节分离很长时期以来，文件系统的接口保持了一定的稳定性，即使变化也是向下兼容的，但是文件系统的框架结构发生了彻底的变化。起初的框架只支持一种文件系统，并且所有的文件都必须存放在与系统有物理连接的本地磁盘上，对一般的分时应用来说，这种结构已经足够，但对有些特殊要求，该结构却无法满足，如读取别的文件系统（如 DOS 的文件）；增加一种特制的文件系统（如数据库厂商需要支持事务处理的文件系统）在网络上各计算机之间共享文件（如网络文件系统）等，为满足这种要求，人们提出了多种解决方案，如 AT&T 的文件系统开关，DEC 的 gnode 体系结构、SUN 的 vnode/vfs 体系结构等，最后因为 AT&T 将 SUN 的 vnode/vs 体系结构和 NFS 集成到 SVR4，而使得 vnode/vs 成为事实上的标准，在目前的各 Unix 和 Linux 系统中，原来的文系统结构已经被彻底抛弃了，取而代之的是 vnode/vfs 接口，该接口可以使多种本地的或者远程的文件系统共存于同一台机器上。

8.7.1 文件系统与内核的关系

任何一个操作系统都必须要提供持久性存储和管理数据的手段。在 Linux 系统中，“文件”用来保存数据，而“文件系统”可以让用户组织、操纵以及存取不同的文件，文件系统的基本组成单位是文件，文件系统中的所有文件通过目录、链接等组织成一个完整的树形结构，其“根”为“/”，文件在“叶子”位置，各子目录处在中间节点的位置。

Linux 的一个最重要的特点是它可以支持许多不同的文件系统。这让它非常灵活，可以和许多其他操作系统共存。目前，Linux 已经可以支持 20 种以上的文件系统。例如：ext、ext2、xia、minix、umsdos、msdos、fat、vfat，autofs、romfs、proc，smb、ncp、iso9660、sysv、hpfs、affs、qnx4、nfs、ntfs 和 ufs 等。

文件系统建立在块设备上（如硬盘、软盘、光盘等）。块设备上存储的是定长且可任意访问的数据块，对块设备的访问以块为单位，因此，对块设备的访问都需要经过缓冲区。每个块设备都有一个编号对应一个设备特殊文件，如系统中的第一个 IDE 磁盘驱动器的第一个分区，即 IDE 磁盘分区/dev/hdal，是一个块设备。Linux 文件系统将这些块设备看成简单的线性块的组合，无须去关心底层物理磁盘的尺寸。块设备驱动程序负责将对设备特定块的读/写请求映射到设备能理解的术语，这个块保存在硬盘上的磁道、扇区和柱面等。一个文件系统，无论它保存在什么设备上，都应该用同样的方式工作，有同样的观感。

当磁盘初始化时（比如用 fdisk），利用分区结构可以将物理磁盘划分成一组逻辑分区。每一个分区都可以放一个文件系统，如在一个 Linux 和 Win 95 共存的磁盘上，至少要有两个分区，分别用于建立 fat 和 exit2 文件系统。在同一个文件系统中，一个文件是物理设备的一组数据块，用该文件系统的一个数据结构-inode 节点描述。一个 inode 节点集中描述了个文件的所有信息，如文件名、文件大小、文件属性、文件在磁盘上的位置等。一个文件系统的所有文件通过磁盘上的目录、符号链接等组织成一个树形结构，文件系统的所有信息由它的管理结构描述。

不同的文件系统中这些信息的内容以及组织形式都不尽相同,这直接导致文件系统的实现算法也各不相同,互不兼容。文件系统的互不兼容性给用户带来许多不便。

当 EXT 文件系统增加到 Linux 时,进行了一个重要的改进。引入了一个接口层,通过它将真实的文件系统与操作系统内核的其余部分(如文件系统服务等)分离开来,这个接口称为虚拟文件系统或 VFS。VFS 是一个由内核实现的虚拟文件系统,它是操作系统内核和真实文件系统之间的一个软件层。VFS 提供了两个接口,其下层提供了一个与具体的文件系统的接口,它规定了一个具体文件系统的实现必须提供的服务以及服务的格式。Linux 支持的每一个真实文件系统,都必须向 VFS 提供这些接口函数的一个具体的实现方式。换句话说,只要一个文件系统的实现提供了这些函数,Linux 就可以通过 VFS 支持这种(通常是不同的)文件系统。VFS 提供的另外一个接口是其上层对用户的接口,这是一个由一组标准的系统函数组成的接口,用户可以通过这组标准的函数操纵文件系统,而不用理会其类型和实现细节。Linux 文件系统的所有细节都通过软件进行转换,对于 Linux 内核的其余部分和系统中运行的程序来说,所有的文件系统显得都一样,Linux 用户看见的只有 VFS。正是虚拟文件系统层使得 Linux 能够同时透明地安装许多不同的文件系统。

Linux 虚拟文件系统的实现,使得对于它的文件的访问尽可能地快速和有效。当然,VFS 也必须保证文件和文件数据的正确性,这两个要求相互可能不一致。Linux VFS 在安装和使用每一个文件系统时,都在内存中高速缓存它的有关信息(快速、有效)。在文件和目录被创建、写和删除时,这些高速缓存中的数据会被改动,因此,必须非常小心,以保证正确更新文件系统(保证 cache 中数据和磁盘上数据的一致性)。如果能看到运行着的内核中有关文件系统的数据结构,就能够看到正在被文件系统读/写的数据块。描述正在被访问的文件和目录的数据结构会被创建和撤销,设备驱动程序会不停地运转来获取和保存数据。在这些高速缓存中,最重要的是 Buffer cache,因为它被组合在文件系统中,访问它们底层块设备,当块被访问时,它们被放到 Buffer cache 中,并根据它们的三种状态,在不同的队列中排队,Buffer cache 不仅缓存数据,它也帮助管理块设备驱动程序的异步接口。

8.7.2　常见通用 Linux 文件系统

(1) ext2 文件系统

ext2 是由 Remy card 创建的,它是 Linux 的一个可扩展的、功能强大的文件系统。至少在 Linux 社区中,ext2 是最成功的文件系统,是所有当前的 Linux 发布版的基础。与大多数文件系统一样,ext2 文件系统建立在这样的前提下:文件的数据存放在数据块中,这些数据块的长度都相同。虽然不同的 ex12 文件系统的块长度可以不同,但是对于一个特定的 ext2 文件系统,在它创建时,其块长度就确定了(使用 mke2fs)。每一个文件的长度都按块取整。如果块大小是 1 024 B,一个 1 025 B 的文件会占用两个 1 024 B 的块。不幸的是,这意味着平均每一个文件要浪费半个块。在通常的计算中,会用内存和磁盘的使用来交换对 CPU 的使用(空间交换时间),这种情况下,Linux 像大多数操作系统一样,会为了较少 CPU 负载,而使用相对低效的磁盘利用率。

ext2 文件系统占用块设备上的一系列的块。从文件系统所关心的角度来看,块设备都可以被当作一系列能够读/写的块。文件系统无须关心一个块应该放在物理介质的哪个位置,它保存的是逻辑块的编号,由块设备驱动程序完成逻辑块编号到物理存储位置的转换,当一个文件系统需要从包括它的块设备上读取信息或数据时,它只是请求支撑它的设备驱动程序来读取整数数目的块。

不是文件系统中所有的块都用来存储数据,必须用一些块放置描述文件系统结构的信息,ext2 用一个 inode 数据结构描述系统中的每一个文件,其中包括一个文件中的数据占用了哪些块以及文件的访问权限、文件的修改时间和文件的类型等信息。ext2 文件系统中的每一个文件都用一个 inode 描述,而每一个 inode 都用一个独一无二的数字标识。文件系统的所有 inode 都放在 inode 表中。ext2 的目录是简单的特殊文件,它们也使用 inode 描述,只是目录文件的内容是一组指针,每一个指针都指向一个 inode,该 inode 描述了目录中的一个文件或一个子目录。

(2) ext3 文件系统

ext3 文件系统是直接从 ext2 文件系统发展而来,它很大程度上是基于 ext2 的。因此,它在磁盘上的数据结构,从本质上而言与 ext2 文件系统的数据结构是相同的。事实上,如果 ext3 文件系统已经被彻底卸载,就可以将它作为 ext2 文件系统来重新安装;反之,创建文件系统的日志,并将它作为 ext3 文件系统来重新安装也是一种简单和快速的操作。目前,ext3 文件系统已经非常稳定可靠,完全兼容 ext2 文件系统。ext2 文件系统的一个最大缺点是日志文件系统设计不合适,ext3 可以使用户平滑地过渡到一个日志功能健全的文件系统中来,这实际上了也是 ext3 日志文件系统初始设计的初衷。

8.7.3 常见嵌入式 Linux 文件系统

在嵌入式 Linux 应用中,主要的存储设备为 RAM(DRAM、SDRAM)和 ROM(常采用 Flash 存储器),常用的基于存储设备的文件系统类型包括:jffs2、yaffs、cramfs、romfs, ramdisk 和 ramfs/tmpfs 等。

(1) 基于 Flash 的文件系统

Flash(闪存)作为嵌入式系统的主要存储媒介,有其自身的特性。Flash 的写入操作只能将对应位置的“1”修改为“0”,而不能将“0”修改为“1”(擦除 Flash 就是将对应存储块的内容恢复为“1”)。一般情况下,向 Flash 写入内容时,需要先擦除对应的存储区间。这种擦除是以块为单位进行的。Flash 存储器的擦写次数是有限的,NAND 闪存还有特殊的硬件接口和读/写时序。因此,必须针对 Fash 的硬件特性设计符合应用要求的文件系统;传统的文件系统如 ext2 等,用作 Flash 的文件系统会有诸多弊端。

在嵌入式 Linux 下,MTD(Memory Technology Device,存储技术设备)为底层硬件(闪存)和上层(文件系统)之间提供一个统一的抽象接口,即 Flash 的文件系统都是基于 MTD 驱动层的。使用 MTD 驱动程序的主要优点在于,它是专门针对各种非易失性存储器(以闪存为主)而设计的,因而它对 Flash 有更好的支持管理和基于扇区的擦除、读/写操作接口。

一块 Flash 芯片可以被划分为多个分区,各分区可以采用不同的文件系统;两块 Flash 芯片也可以合并为一个分区使用,采用一个文件系统,即文件系统是针对于存储器分区而言的,而非存储芯片。

1) jffs2

jffs2 文件系统最早是由瑞典 Axis Communications 公司基于 Linux2.0 的内核为嵌入式系统开发的文件系统。jffs2(journalling flash file system v2,日志闪存文件系统版本 2)是 Redhat

公司基于JFFS开发的闪存文件系统,最初是针对Redhat公司的嵌入式产品eCos开发的嵌入式文件系统,jffs2也可以用在Lnux和μClinux中。

jffs2主要用于NOR Flash存储器,基于MTD驱动层,其特点是:可读/写的、支持数据压缩的、基于哈希表的日志型文件系统,并提供了崩溃/掉电安全保护,提供“写平衡”支持等。缺点主要是当文件系统已满或接近满时,因为垃圾收集的关系而使jffs2的运行速度大大放慢。

目前jffs3正在开发中。关于jffs系列文件系统的使用详细文档,可参考MTD补丁包中mtd-jffs-HOWTO.txt。

jffsx不适合用于NAND闪存,主要是因为NAND闪存的容量一般较大,这样将会导致jffs维护日志节点所占用的内存空间迅速增大;另外,jffsx文件系统在挂载时需要扫描整个Flash的内容,以找出所有的日志节点,建立文件结构,对于大容量的NAND闪存会耗费大量时间。

2)yaffs

yaffs(yet another flash file systen)/yaffs2是专为嵌入式系统使用NAND型闪存而设计的一种日志型文件系统,与jffs2相比,由于它减少了一些功能(例如不支持数据压缩),所以,速度更快,挂载时间很短,对内存的占用较小。另外,它还是跨平台的文件系统,除了Linux和eCos,还支持WinCE、pSOS和Threadx等。

yaffs/yaffs2自带NAND芯片的驱动,并且为嵌入式系统提供了直接访问文件系统的API,用户可以不使用Linux中的MTD与VFS,直接对文件系统操作。当然,yaffs也可与MTD驱动程序配合使用。

yaffs与yaffs2的主要区别在于,前者仅支持小页(512 B)NAND闪存,后者则可支持大页(2 KB)NAND闪存;同时,yaffs2在内存空间占用、垃圾回收速度、读/写速度等方面均有大幅提升。

3)cramfs

cramfs(compressed ROM file systen)是Linux的创始人Linus Torvalds参与开发的一种只读的压缩文件系统,它也基于MTD驱动程序。

在cramfs文件系统中,每一页(4 KB)被单独压缩,可以随机页访问,其压缩比高达2∶1,为嵌入式系统节省大量的Fash存储空间,使系统可通过更低容量的F存储相同的文件,从而降低系统成本。

caramfs文件系统以压缩方式存储,在运行时解压缩,不支持应用程序以XIP方式运行,所有的应用程序要求被复制到RAM里去运行,但这并不代表比ramfs需求的RAM空间要大一点,因为cramfs是采用分页压缩的方式存放档案。当读取档案时,不会一下子就耗用过多的内存空间,只针对目前实际读取的部分分配内存,尚没有读取的部分不分配内存空间,当读取的档案不在内存时,cramfs文件系统自动计算压缩后的资料所存的位置,再即时解压到RAM中。

另外,cramfs的速度快,效率高,其只读的特点有利于保护文件系统免受破坏,提高了系统的可靠性。由于这些特性,cramfs在嵌入式系统中应用广泛,但是它的只读属性同时又是它的一大缺陷,使得用户无法对其内容进行扩充。

cramfs映像通常是放在Flash中,也可以放在别的文件系统里。使用loopback设备可以将它安装到别的文件系统里。

4)romfs

传统型的 romfs 文件系统是一种简单的、紧凑的、只读的文件系统,不支持动态擦写保存按顺序存放数据,因而支持应用程序 XIP(execute In Place,片内运行)方式运行。在系统运行时,节省 RAM 空间。μClinux 系统通常采用 romfs 文件系统。

5)其他文件系统

fat/fat32 也可用于实际嵌入式系统的扩展存储器(例如 PDA、Smartphone、数码相机等的 SD 卡),这主要是为了更好地与最流行的 Windows 桌面操作系统相兼容。ext2 也可以作为嵌入式 Linux 的文件系统,不过将它用于 Flash 闪存会有诸多弊端。

(2)基于 RAM 的文件系统

1)ramdisk

ramdisk 是将一部分固定大小的内存当作分区来使用。它并非一个实际的文件系统,而是种将实际的文件系统装入内存的机制,并且可以作为根文件系统。将一些经常被访问而又不会更改的文件(如只读的根文件系统)通过 ramdisk 放在内存中,可以明显地提高系统的性能在 Linux 的启动阶段,initrd 提供了一套机制,可以将内核映像和根文件系统一起载入内存。

2)ramfs/tmpfs

ramfs 是 Linus Torvalds 开发的一种基于内存的文件系统,工作于虚拟文件系统(VFS)层,不能格式化,可以创建多个,在创建时可以指定其最大能使用的内存大小。实际上,VFS 本质上可看成一种内存文件系统,它统一了文件在内核中的表示方式,并对磁盘文件系统进行缓冲。

ramfs/tmpfs 文件系统将所有的文件都放在 RAM 中,所以读/写操作发生在 RAM 中,可以用 ramfs/tmpfs 来存储一些临时性或经常要修改的数据,例如/tmp 和/var 目录,这样既避免了对 Flash 存储器的读/写损耗,也提高了数据读/写速度。

ramfs/tmpfs 相对于传统的 ramdisk 的不同之处主要在于:不能格式化,文件系统大小可随所含文件内容大小变化。

tmpfs 的一个缺点是:当系统重新引导时,会丢失所有数据。

(3)网络文件系统

网络文件系统(NFS,Network File System)是 FreeBSD 支持的文件系统中的一种,它允许一个系统在网络上共享目录和文件。通过使用 NFS,用户和程序可以像访问本地文件一样访问远端系统上的文件。NFS 是由 SUN 公司于 1984 年推出,它的通信协议设计与主机及嵌式终端系统无关,用户只要在主机中用 mount 就可将某个文件夹挂到终端系统上。在嵌入式 Linux 系统的开发调试阶段,可以利用该技术在主机上建立基于 NFS 的根文件系统,挂载到嵌入式设备,可以很方便地修改根文件系统的内容。

以上讨论的都是基于存储设备的文件系统(memory-based file system),它们都可用作 Liux 的根文件系统。实际上,Linux 还支持逻辑的或伪文件系统(logical or pseudo file system),例如 procfs(proc 文件系统),用于获取系统信息;devfs(设备文件系统)和 sysfs,用于维护设备文件。

8.7.4 根文件系统的选择

选择一个文件系统用于根文件系统是一个取舍的过程,最后的决定往往是对一个文件系统性能和目标用途的折中。通常选择一个文件系统需要注意以下几个特点：

①可写：是否该文件系统能被写数据。

②可保存：是否该文件系统在重启后能够保存修改后的内容，一般是在有可写的基础上才会有该功能。

③可压缩：是否挂载的文件系统内容可被压缩，这对一个嵌入式系统非常有用，可以节约宝贵的存储空间。

④存在 RAM：是否可以在挂载之前将该文件系统的内容第一次从存储设备压缩到 RAM 中，通常许多文件系统被直接从存储设备挂载。

⑤可恢复：当突然断电后能否恢复对文件系统的修改。

最常见的几种文件系统的特点见表 8.5，可以比较，以选择最佳的文件系统。

总之，在选择根文件系统时，如果系统的 Flash 非常小，但是有相对比较大的 RAM，则建议选择 ramdisk 作为根文件系统；如果系统有稍微多的 Flash 或者希望在应用程序运行时保存尽可能多的 RAM，cramfs 根文件系统是一个不错的选择；如果需要一个能够经常改变的文件系统，则通常选用 jffs2 文件系统。

表 8.5　常见文件系统的特点

文件系统	可　写	可保存	可恢复	可压缩	可存 RAN
cramfs	No	NA	NA	Yes	No
jffs2	Yes	Yes	Yes	Yes	No
jffs	Yes	Yes	Yes	No	No
ext2 over NFTL	Yes	Yes	No	No	No
ext3 over NFTL	Yes	Yes	Yes	No	No
ext2 over RAM disk	Yes	No	No	No	Yes

8.8　构造嵌入式 Linux 系统

8.8.1　构造嵌入式 Linux 系统的几个关键问题

一个小型的嵌入式 Linux 系统需要三个基本元素：

①引导工具；

②Linux 微内核（由内存管理、进程管理和事务处理构成）；

③初始化进程。

若想让它干点什么且继续保持小型化，还得加上：

①硬件驱动程序；

②提供所需功能的一个或多个应用程序。

若再增加功能，或许需要这些：

①一个文件系统（也许在 ROM 或 RAM 中）；

②TCP/IP 网络协议栈;

③一个磁盘用来存放半易失性数据和提供交换能力。

由此可见,构造一个嵌入式 Linux 系统,关键是解决以下几个问题。

(1)如何引导

当一个微处理器第一次启动时,它开始在预先设置的地址上执行指令。通常在那里有一些只读内存,包括初始化或引导代码。在 PC 上,这就是 BIOS。BIOS 首先执行一些低水平的 CPU 初始化其他硬件的配置,接着辨认哪个磁盘里有操作系统,将操作系统复制到 RAM 并且转向它。在 PC 上运行的 Linux 就是依靠 PC 的 BIOS 来提供相关配置和加载 OS 功能的。

在一个嵌入式系统里,出于经济性、价格方面考虑,通常没有 BIOS,这就需要开发者自行提供完成这些工作所需要的程序,这就是所需要的开机启动代码。幸运的是,嵌入式系统的启动代码并不需要像 PC BIOS 引导程序那样灵活,因为它通常只需处理一些硬件的配置,所以启动代码只是一个指令清单,将固定的数字塞到硬件寄存器中去。这个代码很简单也很枯燥,然而却非常关键,因为这些数值要与硬件相符而且要按照特定的顺序进行。在大多数情况下,一个最小的通电自检模块可以检查内存的正常运行、让 LED 闪烁,并且驱动其他的硬件以使主 Linux OS 启动和运行。

嵌入式系统中启动代码通常放在 Flash 或 EPROM 芯片上,具体如何实现,要根据目标硬件和工具来定。一种常用的方法是将 Flash 或 EPROM 芯片插入 EPROM 或 Flash 烧制器,将启动代码烧入芯片,然后再将芯片插入目标板插座,这种方法要求目标板上配有插座;另一种方法是通过一个 JTAG 界面,一些芯片有 JTAG 界面可以用来对芯片进行编程,这样芯片就可以被焊在主板上。

(2)是否需要虚拟内存

标准 Linux 采用虚拟存储器技术来管理内存,其优点是提供了比计算机系统实际物理内存大得多的内存空间,这样编程人员在编程时无须考虑计算机中物理内存的实际容量。当然它也存在缺点,虚拟内存管理需要通过内存管理单元(MMU)将虚拟地址转换为物理地址,其中的地址转换表和其他一些数据结构占据了内存空间,这样留给程序员的内存空间就减少了,同时地址转换增加了每一条指令的执行时间。

在嵌入式系统中,虚拟内存管理并无用武之地,同时在嵌入式实时系统中,它可能会带来无法控制的时间因素。但明智的做法并不是清除内核中的虚拟内存代码,有两个原因:一是清楚它很费事,二是它支持共享代码,多个进程可以共享某一软件的同一拷贝。因此,可保留这段代码,同时只需将交换空间的大小简单地设置为零,就可以关掉虚拟内存的调入功能。此后,如果用户写的程序比实际内存大,系统就会当作是用尽了交换空间来处理,这个程序将不会运行,或者 malloc 将会失灵。

(3)文件系统选择

许多嵌入式系统没有磁盘或者文件系统,Linux 不需要它们也能运行。这种情况下,应用程序任务可以和内核一起编写,并且在引导时作为一个映像加载。对于简单的系统来说,这足够了,但是缺乏灵活性。实际上,许多商业性嵌入式操作系统,提供文件系统作为选项。Linux 提供 MS-DOS-Compatible 以及其他功能更强大的文件系统。

文件系统可以被放在传统的磁盘驱动器、Flash Memory 或其他这类的介质上,如果用于暂时保存文件,一个小 RAM 盘就足够了。Flash Memory 通常是这样保存文件系统的,Flash

Memory 被分割成块,其中有一块是当 CPU 启动运行时的引导块,里面存放 Linux 引导代码剩余的 Flash 可以用作文件系统。Linux 内核有两种加载方式:一是将内核的可执行映像存储到 Flash 的一个独立部分,系统启动时,从 Flash 的某个地址开始逐句执行;另一种方式是将内核的压缩文件放在 Flash 上,系统启动时通过引导代码将内核压缩文件从 Flash 复制到 RAM 里解压执行。因为 RAM 的存取速度快于 Flash,所以后一种方式的运行速度更快一些,标准 Linux 就是采用这种方式。

(4)消除嵌入式 Linux 系统对磁盘的依赖

标准 Linux 内核通常驻留在内存中,每一个应用程序都是从磁盘运到内存上执行,当程序结束后,它所占用的内存被释放,程序就被下载了。在一个嵌入式系统里,可能没有磁盘,有两种途径可以消除对磁盘的依赖,这要看系统的复杂性和硬件的设计。

在一个简单的系统里,当系统启动后,内核和所有的应用程序都在内存里。这是大多数传统的嵌入式系统的工作模式,它同样可以被 Linux 支持。

有了 Linux,就有了第二种可能性。因为 Linux 有能力加载和卸载程序,一个嵌入式系统可以利用它来节省内存。在一个典型的具有 Flash Memory 的嵌入式系统中,Flash Memory 上装有文件系统,所有的程序都以文件的形式存储在 Flash 文件中,需要时可以装入内存。这种动态的"根据需要加载"的能力是支持其他一系列功能的重要特征。它使初始化代码在系统引导后被释放。Linux 有很多内核外运行的公用程序,这些程序通常在初始化时运行一次,以后不再运行,而且这些公用程序可以它们共有的方式一个接一个按顺序运行。这样,相同内存空间可以被反复使用,以"召入"每一个程序,达到节省内存空间的目的。

如果 Linux 可加载模块的功能包括在内核里,驱动程序和应用程序就都可以被加载。它可以检查硬件环境并且为硬件装上相应的软件,这就消除了用一个程序占用许多 Flash Memory来处理多种硬件的复杂性。

软件的升级更加模块化。可以在系统运行时,在 Flash 上升级应用程序和可加载的驱动程序。配置信息和运行时间参数可以作为数据文件存储在 Flash 上。

(5)嵌入式 Linux 的实时性

实时系统并非是指快速的系统,所谓"实时系统",是指在规定的时限内能够传递正确的结果,迟到的结果就是错误。也就是说,系统操作的正确性不仅依赖于操作的结果,而且依赖于执行操作的时间。实时系统又可分为硬实时系统和软实时系统。二者的区别在于:前者如果在不满足响应时限、响应不及时或反应过早的情况下,都会导致灾难性的后果;而后者在不满足响应时限时,不会导致灾难性的后果,但是系统性能会退化。

尽管多数嵌入式系统一般并不要求实时功能,但嵌入式系统往往被划分为实时系统。其实,对于大多数的系统,1 ~5 ms 的近似实时响应已经足够。通用的可接受的"实时"概念的定义是:来自外界的事件必须在可预测的、相对短的时间段内得到响应。

Linux 是一个通用的操作系统,标准 linux 内核采用 Monolithic 体系,模块之间可以任意高效切换,直接沟通,系统响应速度快,执行效率高。Linux 不支持事件优先级和强占实时性,是不可抢占式系统,因此,Linux 不是一个真正的实时操作系统;但是,可以通过一些方法给基于 Linux 的系统加上实时特性。其中,最常用的办法是双内核相结合,将一个实时内核嵌入到 Linux 通用操作系统中,这样,通用操作系统作为一个任务运行在一个实时内核上。通用操作系统提供磁盘读写、网络及通信、串/并口读写、系统初始化、内存管理等功能,而实时内核则处理实时事件的响应。在实时内核没有任务运行时，通用操作系统运行。双内核策略充分兼容标准的 Linux，而又采用一种不干扰源 Linux 的方式来增加了实时功能。其中最著名的便是墨西哥科技大学(NMT)开发的 RT-Linux。

8.8.2 构造嵌入式 Linux 系统的关键步骤

嵌入式应用开发环境一般是由目标系统(硬件开发板)和宿主 PC 机构成，硬件开发板用于操作系统和目标系统应用软件的运行，而操作系统内核的编译、应用软件的开发和调试，则需要借助宿主 PC 机来完成，双方之间一般通过串口建立连接关系。

(1)建立交叉开发环境

在软件开发环境建立方面，由于 μCLinux 及相关工具集都是开放源码的项目，所以大多数软件都可以从网络上下载获得。首先要在宿主机上安装标准 Linux 发行版，比如 Red-Hat Linux，接下来就可以建立交叉开发环境。

(2)安装交叉编译工具

μClinux 的编译工具中的交叉编译器，可以对源代码包括内核进行编译以适应不同的嵌入式应用场合。编译工具包中除了交叉编译器以外，还有链接器(ld)、汇编器(as)以及一些为了方便开发的二进制处理工具，包括生成静态库工具(ar、ranlib)、二进制码查看工具(nm、size)、二进制格式转换工具(objcopy)。这些都要安装在宿主机上。

支持一种新的处理器，必须具备一些编译、汇编工具，使用这些工具可以形成处理器的二进制文件。对于内核使用的编译工具同应用程序使用的有所不同。在解释不同点之前，需要对 gcc 链接做一些说明：

①. ld(link description)：ld 文件是指出链接时内存映象格式的文件。

②crt0. s：应用程序编译链接时需要的启动文件，主要是初始化应用程序栈。

③pic：position independence code，与位置无关的二进制格式文件，在程序段中必须包括 reloc 段，从而使代码加载时可以进行重新定位。

内核编译链接时，使用 ucsimm. ld 文件，形成可执行文件映象，所形成的代码段既可以使用间接寻址方式(即使用 reloc 段进行寻址)，也可以使用绝对寻址方式。这样，可以给编译器更多的优化空间，因为内核可能使用绝对寻址，所以内核加载到的内存地址空间必须与 ld 文件中给定的内存空间完全相同。

应用程序的链接与内核链接方式不同。应用程序由内核加载，由于应用程序的 ld 文件给出的内存空间与应用程序实际被加载的内存位置可能不同，这样在应用程序加载的过程中需要一个重新定位的过程，即对 reloc 段进行修正，使得程序进行间接寻址时不至于出错。

(3)安装 μClinux 内核

利用已安装的交叉编译器编译生成运行于目标机上的 μClinux 内核。与标准 Linux 相同的是，μClinux 内核可以配置的方式选择需要安装的模块，而增加系统的灵活性。

(4)安装应用程序库

用交叉编译器编译 uC-libc 和 uC-libm 源码，生成 libc. a 应用程序库和 libm. a 数学库。

(5)安装其他工具

用 gcc 编译 elf2flt 源码，生成格式转换工具 elf2flt。用 gcc 编译 genromfs 源码，得到生成 romfs 的工具 genromfs。

经过以上的准备工作之后,下面要针对特定应用所需要的设备编写或改造设备驱动程序。有一些设备驱动,μCLinux 本身就已经具有。即便没有,因为 μCLinux 开放源码的特性,用户也可以很方便地将自己的驱动程序加入内核。如果用户对系统实时性,特别是硬实时有特殊的要求,μCLinux 可以加入 RT-Linux 的实时模块。完成这些工作,一个嵌入式应用开发平台就已经搭建好了,在此之上,根据不同需要可以开发不同的嵌入式应用。

8.9　μClinux 应用程序开发

与过去基于简单 RTOS 甚至没有使用任何操作系统的嵌入式程序设计相比,基于 Linux 这样成熟、高效、健壮、可靠、模块化、易于配置的操作系统来开发自己的应用程序,无疑能进一步提高效率,并具有很好的可移植性,从而博得了众多嵌入式开发者的青睐。

对于一个嵌入式应用系统来说,如果仅仅有 Hardware 和 OS,这个系统所能做的事情还非常有限。对于一个实际的嵌入式产品而言,所提供的功能和应用是关系到产品成败的重要因素,这也是嵌入式系统应用广泛的原因之一。

8.9.1　μClinux 程序设计要点

(1)软件开发工具

GCC(GNU C Compiler)可以免费获得,它无疑是在 μClinux 开发应用程序的最佳工具。

μClinux 系统的软件开发需要在标准 Linux 平台上用交叉编译工具来完成。除了前面所提到的一些涉及内存和系统调用的程序之外,在 x86 版本的 gcc 编译器下编译通过的软件通常不需要做大的改动就可以用交叉编译工具编译到 μClinux 上运行。

(2)可执行文件格式

先解释以下几种可执行文件格式:

①coff(common object file format)为一种通用的对象文件格式,已被 elf 格式所取代。

②elf(excutive linked file)为 Linux 系统所采用的通用文件格式,支持动态链接和重定位。

③flat 即扁平格式。elf 格式有很大的文件头,flat 格式对文件头和一些段信息作了简化,可执行程序小。

④μClinux 系统目前支持 flat 和 elf 两种可执行文件格式。

(3)μClinux 的应用程序库

μClinux 小型化的一个做法是重写了应用程序库,相对于越来越大且越来越全的 glibc 库,μClinux 对 libc 作了精简。最新版本的程序库可以从这个网址获得:

http://uclibc.org/download/uClibc-0.9.10.tar.gz

μClinux 对用户程序采用静态链接的形式,这种做法会使应用程序变大,由于内存管理没有 MMU 的特性,只能采取这种方式,同时这种做法也更接近于通常嵌入式系统的做法。μClinux 的应用程序库 μClibc 提供大多数的类 UNIX 的 C 语言程序调用。如果应用程序需要用到 μClibc 中没有提供的函数,这些函数可以加到 μClibc 中作为一个独立的库或者加到应用程序上进行链接。

(4) μClinux 的裁减

不同的嵌入式系统之间的根文件系统内容差异很大。μClinux 的发布包括一个根文件系统，实现了一个小型的类 UNIX 服务器，在串口上有控制台，telnet daemon、web server、NFS 客户端支持和一些可选的常用工具。但是，有的系统设计可能不需要控制台，例如，如果设计一个可以播放 MP3 的随身 CD 机，内核只需要支持 CD 驱动、并行 I/O 和音频 DAC。而在用户空间可能只包括一个接口程序来驱动按钮、LED、来控制 CD 播放，并调用 MP3 的解码程序，这就需要按照不同的应用需要对 μClinux 进行裁减。

Linux 内核采用模块化的设计，即很多功能块可以独立地安装或卸载，开发人员在设计内核时将这些内核模块作为可选的选项，可以在编译系统内核时指定。因此，一种较通用的做法是对 Linux 内核重新编译，在编译时仔细地选择嵌入式设备所需要的功能支持模块，同时删除不需要的功能。通过对内核的重新配置，可以使系统运行所需要的内核显著减小，从而缩减资源使用量，实现了 μClinux 的"量身定制"。

8.9.2 高效的程序开发

在 μClinux 上进行应用程序的开发和标准 Linux 是很类似的，通常可以按照下面的步骤去设计和调试：

①建立基于 GNU 的开发环境。

②若所设计的程序和硬件的关联不大，则一定要在标准 Linux 上先编译和调试通过。灵活地使用 gcc 和 gdb 将大大节省时间。

③将 x86 上用 gcc 编译好的应用程序用交叉编译工具来编译，如果编译时发现错误，就很可能存在以下问题：

a. 交叉编译器或库文件的路径不正确，可以重新安装一次编译器。

b. 高级语言的一些写法不太标准，需要修改。

c. 遇到库不支持的函数，可以将函数的实现做成另外一个库供应用程序使用。若是 μClinux 本身不支持调用，就需要改写代码。

④运行交叉编译成功的应用程序。

⑤如果程序运行初步正常，就可以进一步在板子上测试了；否则，需进行修改然后重新编译，尤其要检查与 μClinux 的内存特性有关的代码。

如果程序不大，设计时就比较灵活。但对于一个较庞大的工程，建立一个好的编译环境是非常重要的。世界范围内的技术专家在使用 μClinux 来构造更好的应用程序，他们的工作反过来对源代码开放的 μClinux 作出了贡献。这样会使这个开发团队越来越有活力和激情，并能激励更多的 Linux 爱好者为这个自由软件的发展作出自己的创造性贡献。

8.10 μClinux 在 S3C44B0X 上的移植

μClinux 是专为无存储器管理单元(MMU)的微控制器打造的嵌入式 Linux 操作系统。

嵌入式系统开发时需要一个交叉开发环境。交叉开发是指在一台通用计算机上进行软件的编辑编译，然后下载到嵌入式设备中运行调试的开发方式。移植前首先要准备好建立交叉开发环境的软硬件资源。

由于 linux 和 μClinux 操作系统提供的应用程序接口几乎是一样的，linux 下的程序几乎不用修改就可放到 μClinux 下运行，所以，要移植的程序可以先在主机上调通，然后用交叉编译工具为目标系统重新编译一遍，这样可以加快开发进度。一般在开发主机上要安装 linux 操作系统。

(1) μClinux 内核的移植分类

①板级移植：对于 μClinux 发行版本中已经支持的嵌入式处理器，通常只需要针对板级硬件进行适当的修改即可。

②片级移植：对于 μClinux 发行版本中没有支持的处理器，则需要添加相应处理器的内核移植。

片级移植相对板级移植来说要复杂许多，μClinux 发行版本中已经包含 S3C44B0X ARM7TDMI 处理器的移植包，因此，只需进行 μClinux 板级移植。

(2) μClinux 内核移植方法

1) 配置内核

在编译内核的过程中，最烦杂的事就是配置工作。实际上，在配置时大部分选项可以使用其缺省值，只有小部分需要根据用户不同的需要选择。选择的原则是将与内核其他部分关系不大且不经常使用的部分功能代码编译成为可加载模块，有利于减小内核的长度，减小内核消耗的内存，减少该功能相应的环境改变时对内核的影响；不需要的功能就不要选；与内核关系紧密而且经常使用的部分功能代码直接编译到内核中。至于选项，因为比较复杂，编译时应视具体情况，参考有帮助的内容再加以选择。

2) 编译内核

配置完成后开始编译 μClinux，在工作目录下执行以下命令：

make dep：命令搜索 μClinux 编译输出与源代码之间的依赖关系，并以此生成依赖文件。

make lib_only：编译 μC-libc 函数库，生成 libc. a、libm. a 等函数库。

make user_only：编译用户应用程序。

make romfs：将编译好的用户程序生成 Romfs 文件系统（romfs 目录）。

make image：根据 romfs 目录生成文件系统映像文件，然后编译内核，生成内核映像文件。

最终在 images 目录下生成两个文件：

zImage uClinux：内核 2.4. x 的压缩方式可执行映像文件。

romfs. img：文件系统的映像文件。

3) 下载、运行、调试内核

通过调试器下载内核并运行或通过 BootLoader 将内核烧写到 FLASH 中，然后运行 μClinux。

(3) μClinux 调试手段

通过串口将显示信息发送到主机，由主机端超级终端工具接收；实时在超级终端输入数据，然后由 μClinux 接收。

通过串口将调试信息打印到超级终端。这是调试 μClinux 的最有效和最简单的方法。

(4) μClinux 内核移植主要过程

1) 内核配置

内核配置包括板级包配置，如选用 S3C44B0X 作为 CPU 时，可配置 S3C44B0X-MBA44 板级包。

2）体系结构相关代码修改

应根据板级包的配置，修改相应的体系结构相关代码，包括压缩核心启动代码、内核启动代码及板级相关代码。其中压缩核心启动代码位于 linux2.4.x/armnommu/boot/目录下，内核启动代码位于 linux2.4.x/armnommu/mach-S3C44B0X 目录下。

3）链接脚本

μClinux 的核心链接脚本位于 linux2.4.x/armnommu/vmlinux.lds 文件，压缩核心链接脚本位于 inux2.4.x/armnommu/boot/compressed/linux.lds 文件。

4）中断处理

在嵌入式系统中，μClinux 内核一般在 SDRAM 中运行，因此，在 BootLoader 中必须将中断向量表正确导入到该处的地址。

5）加载文件系统

目前所有的 μClinux 内核（如 2.4 和 2.5）都支持 Romfs 文件系统，但是，在一些 linux 发布中可能没有将其编译进来。尽管如此，在嵌入式的特殊需求中，Romfs 文件系统仍然被广泛采用。

6）编写驱动程序

μClinux 的驱动程序目录为：linux2.4.x/drivers/。

网卡驱动程序是位于 linux2.4.x//drivers/net/cirrus 的文件。

LCD 驱动程序是位于 linux2.4.x//drivers/video/s3c44b0xfb.c 的文件。

7）编译 μClinux 文件系统

编译 μClinux 文件系统包括：配置文件系统；编译文件系统源代码，生成 μClinux 文件系统；生成 Romfs 文件系统，映像及编译 Romfs 文件系统，映像到内核中或写到固定位置，并由内核从该位置加载。

8.11 开发工具 GNU 的使用

GNU 软件包括 C 编译器 gcc，C++编译器 G++，汇编器 AS，链接器 LD，二进制转换工具（OBJCOPY，OBJDUMP），调试工具（GDB，GDBSERVER，KGDB）和基于不同硬件平台的开发库。

GNU 开发工具都是采用命令行的方式，虽然复杂，但提供了更大的灵活性。

（1）gcc 编译器

gcc 是 GNU 组织的免费 C 语言编译器，在 Linux 操作系统中，对一个用标准 C 语言写的源程序进行编译，要使用 GNU 的 gcc 编译器。

例如，下面一个非常简单的 Hello 源程序（hello.c）：

```
void main( )
{
printf("Hello the world\n");
}
```

要编译此程序，只要在 Linux 的 bash 提示符下输入命令：

```
$ gcc-o hello hello.c
```

gcc 就会生成一个 hello 的可执行文件。在 hello.c 的当前目录下执行该文件，就可以看到程序的输出结果，在屏幕上打印出"Hello the world"的字符串来。

gcc 最基本的用法是：gcc [options] file...，其整个编译过程分四步：预处理、编译、汇编和链接。

GNU 编译器生成的目标文件缺省格式为 elf(executive linked file)，elf 格式由若干段组成：

.text(正文段)：包含程序的指令代码。

.data(数据段)：包含固定的数据，如常量、字符串等。

.bss(未初始化数据段)：包含未初始化的变量和数组等。

(2) GNU Make

1) GNU Make 的作用

当源文件发生改变后，需要重新编译，然后重新链接生成。当只有一个源文件时，重新编译链接的过程显得并不是太烦琐，但是，如果在一个工程中包含了若干个源码文件，而这些源码文件中的某个或几个又被其他源码文件包含，如果一个文件改动，则包含它的那些源文件都要进行重新编译链接，工作量是可想而知的。GNU Make 工具能很好地解决这个问题。GNU Make 负责将源代码生成最终可执行文件和其他非源代码文件。

make 命令本身带有四种参数：标志、宏定义、描述文件名和目标文件名。

其标准形式为：

make [flags] [macro definitions] [targets]

2) makefile 文件及其结构

make 通过被称为 makefile 的文件来实现对源代码的操作，该文件是用 bash 语言编写的。Makefile 的基本结构如下：

```
目标文件名 : 依赖文件名
        (tab 键)  命令
```

一个简单的 makefile 文件如下：

```
executable : main.o io.o
gcc main.o   io.o   -o executable
    main.o : main.c
    gcc -Wall -O -g   -c main.c -o main.o
    io.o : io.c
gcc -Wall -O -g   -c io.c -o io.o
```

(3) 使用 GDB 调试程序

GDB (GNU Degugger)是 GNU 自带的调试工具。它能够进入到程序源码中，允许逐行单步运行，了解程序代码执行顺序等，可提供程序运行时的详细细节。

GDB 常用命令：

```
-g                  ;编译选项开关
gdb filename        ;编译名称为 filename 的文件
watch variablename  ;观察变量
print expressionname;显示的表达式值
```

8.12 建立 μCLinux 开发环境

(1)建立交叉编译器

基于 μCLinux 操作系统的应用开发环境一般是由目标系统硬件开发板和宿主 PC 机所构成。

(2)μCLinux 针对硬件的改动

主时钟频率,ROM/SRAM/FLASH Bank0 控制寄存器的设置、Flash 容量的设置、DRAM/SDRAM Bank0 控制寄存器的设置和 SDRAM 容量的设置等,这些设置均应该与用户系统对应。

(3)CLinux 内核编译

根据自己的系统量身定制更高效、更稳定可靠的内核,需要重新编译内核。减少内核中不必要的功能模块,可以减少系统的漏洞。更短小的内核会获得更多的用户内存空间。

在 Cygwin 中依次执行以下命令完成 μClinux 的编译过程:

```
cd /usr/local/src/μclinux-s3cev40
make dep
make clean
PATH =“/usr/local/armtools/bin: $ PATH”
make lib_only
make user_only
make romfs
make image
```

(4)μCLinux 内核加载运行

当内核的编译工作完成之后,会在/ μCLinux-Samsung/images 目录下看到两个内核文件:image. ram 和 image. rom;将 image. rom 烧写入 ROM/SRAM/FLASH Bank0 对应的 Flash 存储器中,并运行;对于 image. ram 可直接在系统的 SDRAM 中运行。

习　题

8.1　简述交叉开发的含义。

8.2　简述构建交叉开发工具链的过程。

8.3　简述 gcc 交叉编译器的生成的一般流程。

8.4　简述安装双操作系统的 Linux 应注意的几个问题。

8.5　详细说明 VMware 安装过程和在其中安装 Linux 系统的过程。

8.6　对下列命令进行详细解释:

(1)ls-l

(2)rm-if hello

(3)cat hspl. txt　hsp2. txt > hsp3. txt

(4)cp -p /etc/inittab /home/

(5)mkdir -m 755 jacky

(6)pwd

(7)mount -o iocharset = cp936 /dev/sdbl/mnt/usb

8.7　在 home 目录下创建一个 example 目录,用 tar 命令分别打包成 example. tar. gz 和 example. tar,bz2,然后复制到另外两个目录下分别解压。

8.8　编辑器 vi 的三种模式是什么? 怎样互相切换?

8.9　简述 make 常用参数及其功能。

8.10　简述 Linux 内核的核心子系统的组成和功能。

8.11　一个设备驱动程序一般由哪几部分组成?

8.12　列出 Linux 的源文件的目录结构和运行系统的目录结构,并指出它们的关系与区别。

8.13　简述 Linux 下的文件系统结构和功能。

8.14　简述常见嵌入式 Linux 文件系统的功能。

第 9 章 嵌入式系统基础实验

要深入了解嵌入式系统的工作原理,掌握其开发方法,除了嵌入式系统基础理论的学习外,还要进行大量的实践。

嵌入式系统主要由嵌入式微处理器、外围硬件设备、嵌入式操作系统以及用户应用程序组成。它是集软硬件于一体的可独立工作的“器件”,因此,嵌入式应用系统的开发包括两部分:硬件开发和软件开发。

嵌入式系统的硬件除了核心部件——嵌入式处理器外,还包括存储器系统、基本外围电路和与应用相关的其他外围设备,因此,嵌入式系统的硬件开发主要围绕着这四个部分进行。

随着嵌入式应用的日益深入,嵌入式系统的软件设计也越来越复杂,这就需要引入操作系统对其进行管理和控制,嵌入式操作系统成为应用软件设计的基础和开发平台。在众多的嵌入式操作系统中,嵌入式实时操作系统 μC/OS-Ⅱ、μCLinux 因其开源性和优良的性能得到广泛的应用。由于嵌入式目标系统的资源限制,无法建立复杂的开发平台,所以,在嵌入式系统的开发过程中,一般采用交叉开发方式。

本章将从嵌入式系统开发的角度,结合具体实验介绍嵌入式系统开发工具、编程语言的使用和基于嵌入式实时操作系统的软件开发的基础知识。

9.1 嵌入式教学实验系统简介

本章的实验是基于北京精仪达盛科技有限公司 EL-ARM-830 型教学实验系统上验证完成。

此教学实验系统属于一种综合的教学实验系统,该系统采用了国内外应用广泛的、经典的、适合学习型的基础 ARM7TDMI 核(32 位微处理器),实现了多模块的应用实验。它是集学习、应用编程、开发研究于一体 ARM 实验教学系统。用户可根据自己的需求选用不同类型的 CPU 适配板,在不需要改变任何配置情况下,完成从 ARM7 到 ARM9 的升级;同时,实验系统上的 Tech_V 总线能够拓展较为丰富的实验接口板。用户在了解 Tech_V 标准后,更能研发出不同用途的实验接口板。除此之外,在实验板上有丰富的外围扩展资源(数字、模拟信号发生器、数字量 IO 输入输出、语音编解码、人机接口等单元),可以完成 ARM 的基础实验、算法实验和数据通信实验和以太网实验。

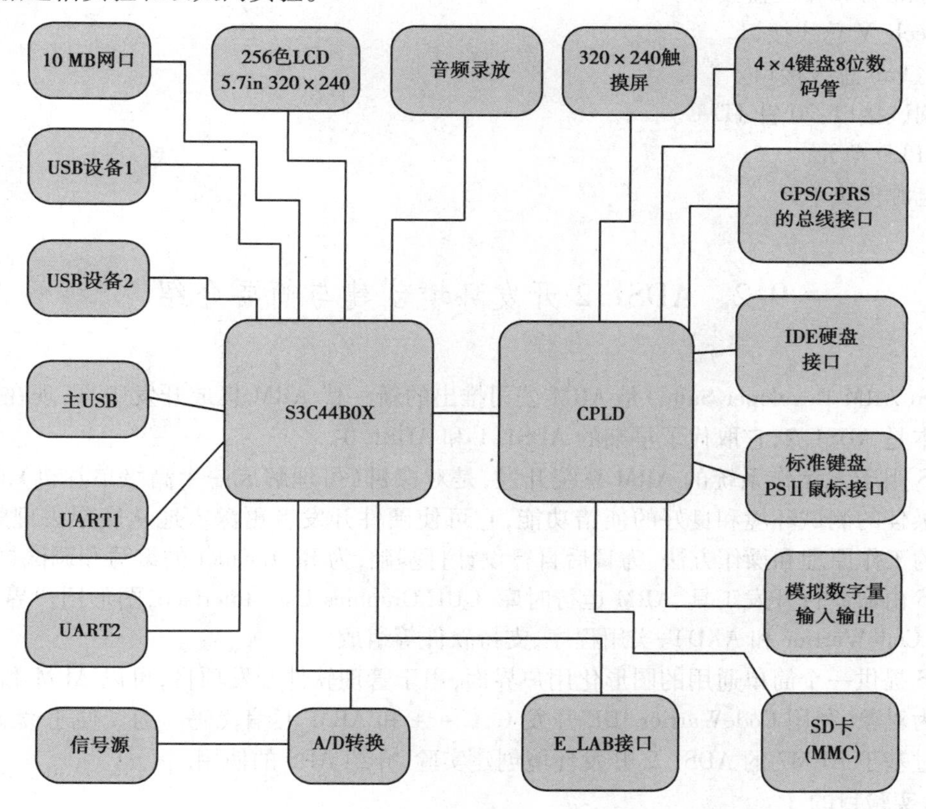

图9.1　基于S3C44B0X的EL-ARM-830实验教学系统的功能框图

如图9.1所示，基于S3C44B0X的EL-ARM-830实验教学系统的硬件资源如下所示：

①CPU单元：内核为ARM7TDMI，芯片为三星的S3C44B0X，工作频率最高66 MHz。

②线性存储器：2 MB，芯片SST39VF160。

③动态存储器：16 MB，芯片HY57V641620。

④海量存储器：16 MB，芯片K9F2808。

⑤USB单元：1个主接口，2个设备接口，芯片SL811H/S、PDIUSBD12。

⑥网络单元：10 MB以太网，芯片RTL8019AS。

⑦UART单元：2个，最高通信波特率115 200 Bd。

⑧语音单元：IIS格式，芯片UDA1341TS，采样频率最高48 kHz。

⑨LCD单元：5.7 in，256色，320×240 px。

⑩触摸屏单元：四线电阻屏，320×240，5.7 in。

⑪SD卡单元：通信频率最高25 MHz，芯片W86L388D，兼容MMC卡。

⑫键盘单元：4×4键盘，带8位LED数码管，芯片HD7279A。

⑬模拟输入输出单元：8个带自锁的按键，8个LED发光管。

⑭A/D转换单元：芯片自带的8路10位A/D，满量程2.5 V。

⑮信号源单元：方波输出。

⑯标准键盘及PS2鼠标接口。

⑰标准的 IDE 硬盘接口。

⑱Tech_V 总线接口。

⑲E_Lab 总线接口。

⑳调试接口:20 针 JTAG。

㉑CPLD 单元。

㉒电源模块单元。

9.2 ADS1.2 开发环境创建与简要介绍

ADS(ARM Developer Suite)是 ARM 公司推出的新一代 ARM 集成开发工具,现在常用的 ADS 版本是 ADS1.2,它取代了早期的 ADS1.1 和 ADS1.0。

ADS 用于无操作系统的 ARM 系统开发,是对裸机(可理解成一个高级单片机)的开发。ADS 有极佳的测试环境和良好的侦错功能,它可使硬件开发者更深入地从底层去理解 ARM 处理器的工作原理和操作方法,为日后自行设计打基础,为 BootLoader 的编写和调试打基础。

ADS 由命令行开发工具、ARM 运行时库、GUI(Graphics User Interface,图形用户界面)、开发环境(CodeWarrior 和 AXD)、实用程序、支持软件等组成。

ADS 提供一个简单通用的图形化用户界面,用于管理软件开发项目,可以 ARM 和 Thumb 处理器为对象,利用 CodeWarrior IDE 开发 C、C + + 和 ARM 汇编代码。为了便于读者理解,下面通过基于 ARM7 的 ADS1.2 开发环境创建实验,介绍 ADS 的使用。

(1)实验目的

熟悉 ADS1.2 开发环境,正确应用并口仿真器进行编译、下载和调试。

(2)实验内容

学习 ADS1.2 集成开发环境。

(3)实验设备

①EL-ARM-830 教学实验箱,Pentium Ⅱ以上的 PC 机,硬件多功能仿真器。

②PC 操作系统 Win98 或 Win2000 或 WinXP,ADS1.2 集成开发环境,仿真器驱动程序。

(4)实验步骤

1)ADS1.2 下建立工程

①运行 ADS1.2 集成开发环境,点击“File|New”,在 New 对话框中,选择 Project 栏,其中共有 7 项,ARM Executable Image 是 ARM 的通用模板。选中它即可生成 ARM 的执行文件。同时,还要在 Project name 栏中输入项目的名称,以及在 Location 中输入其存放的位置。点击确定保存项目,如图 9.2 所示。

②在新建的工程中,选择 Debug 版本,如图 9.3 所示,使用 Edit|Debug Settings 菜单对 Debug 版本进行参数设置。

③在如图 9.4 所示中,点击“Debug Settings”按钮,弹出图 9.5,选中 Target Settings 项,在 Post-linker 栏中选中 ARM fromELF 项,按“OK”确定按钮,这是为生成可执行的代码的初始开关。

④在如图 9.6 所示中,点击“ARM Assembler”,在 Architecture or Processer 栏中选

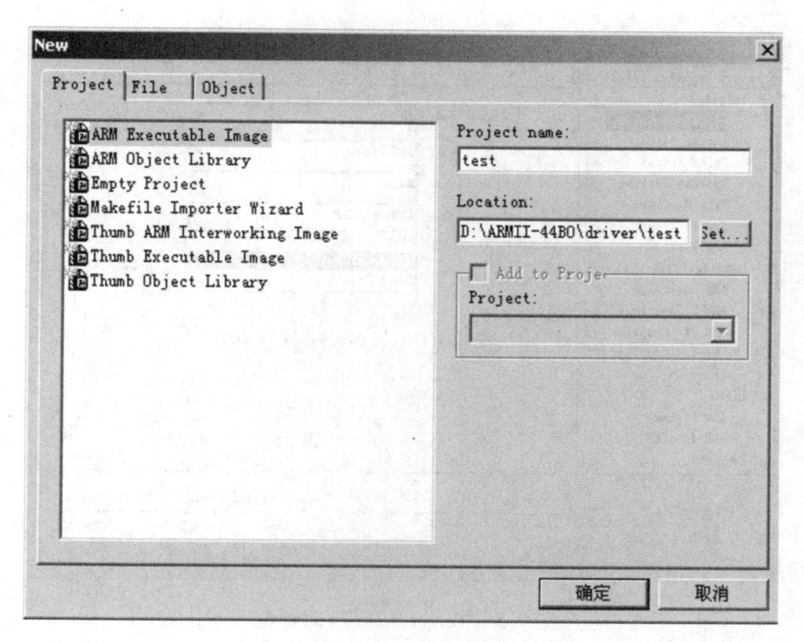

图9.2　新建对话框

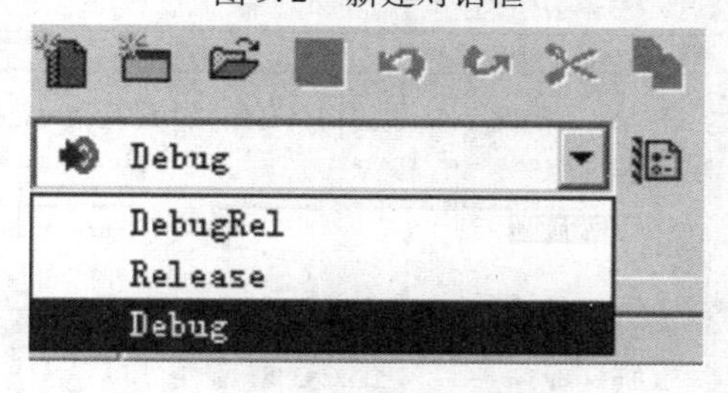

图9.3　调试发布模式选择对话框

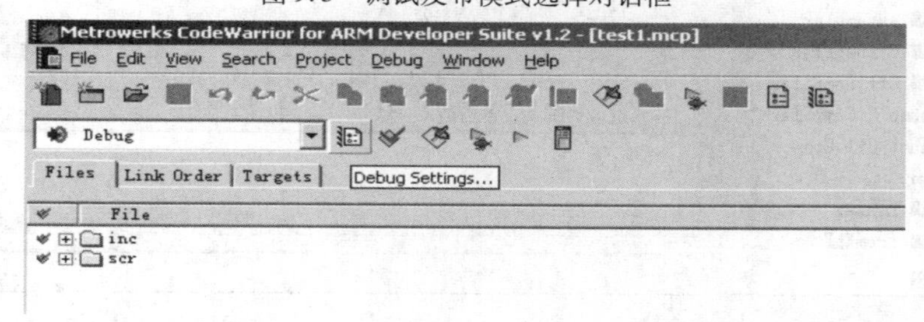

图9.4　点击“Debug Settings”按钮

ARM7TDMI,这是要编译的CPU核。

⑤在如图9.7所示中,点击“ARM C Compliler”,在Architecture or Processer栏中选ARM7TDMI,这是要编译的CPU核。

⑥在如图9.8所示中,点击“ARM linker”,在Output栏中设定程序的代码段地址,以及数据使用的地址。图9.8中的RO Base栏中填写程序代码存放的起始地址,RW Base栏中填写程序数据存放的起始地址,该地址是属于SDRAM的地址。

在Options栏中,如图9.9所示,Image entry point项中要填写程序代码的入口地址,其他保持不变。如果是在SDRAM中运行,则可在0x0c000000—0x0cffffff中选值,这是16 MB

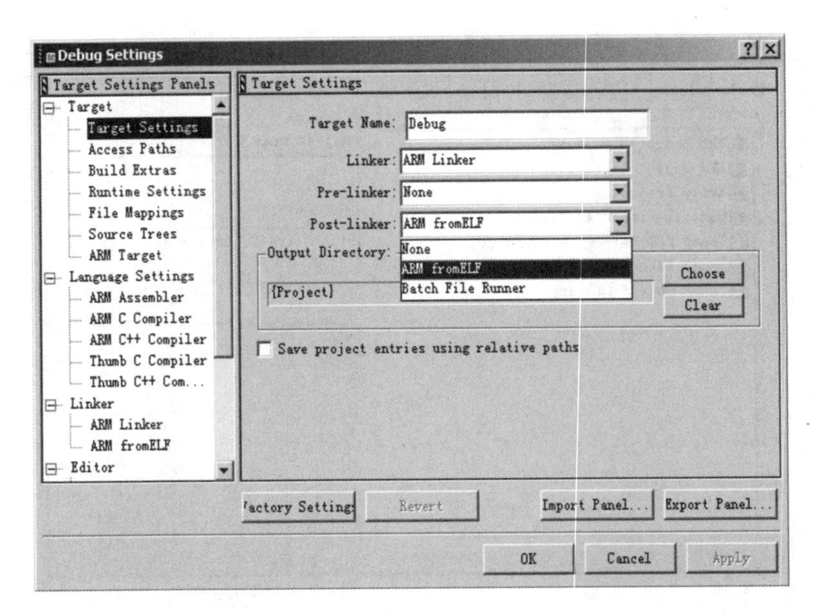

图 9.5　Target Settings 对话框

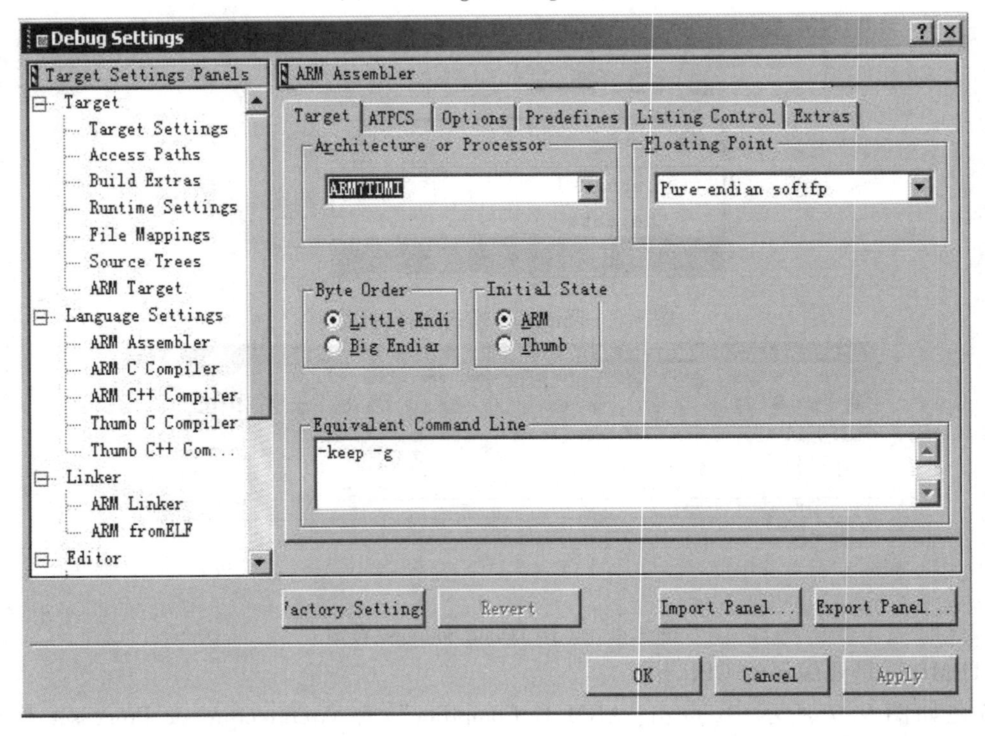

图 9.6　ARM Assembler 对话框

SDRAM 的地址，但是这里用的是起始地址，所以必须将自己的程序空间给留出来，并且还要留出足够的程序使用的数据空间，而且还必须是 4 字节对齐的地址（ARM 状态）。通常入口点 Image entry point 为 0xc100000，ro_base 也为 0xc100000。

在 Layout 栏中，如图 9.10 所示，在 Place at beginning of image 框内，需要填写项目的入口程序的目标文件名，比如整个工程项目的入口程序是 44binit.o，则应在 Object/Symbol 处填写

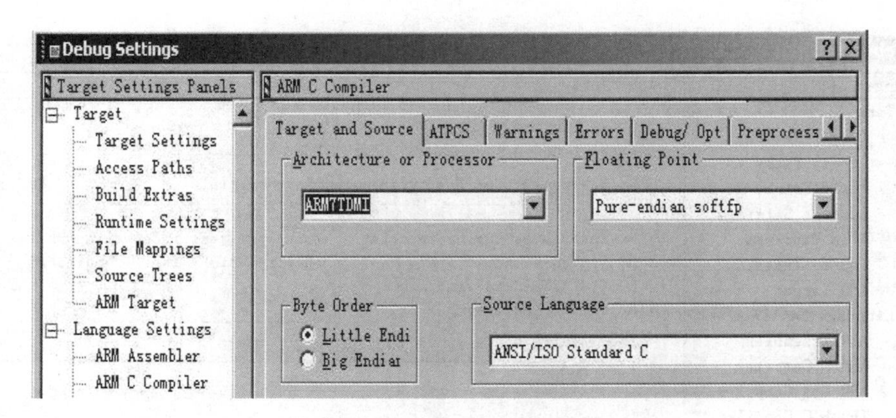

图 9.7　ARM C Compliler 对话框

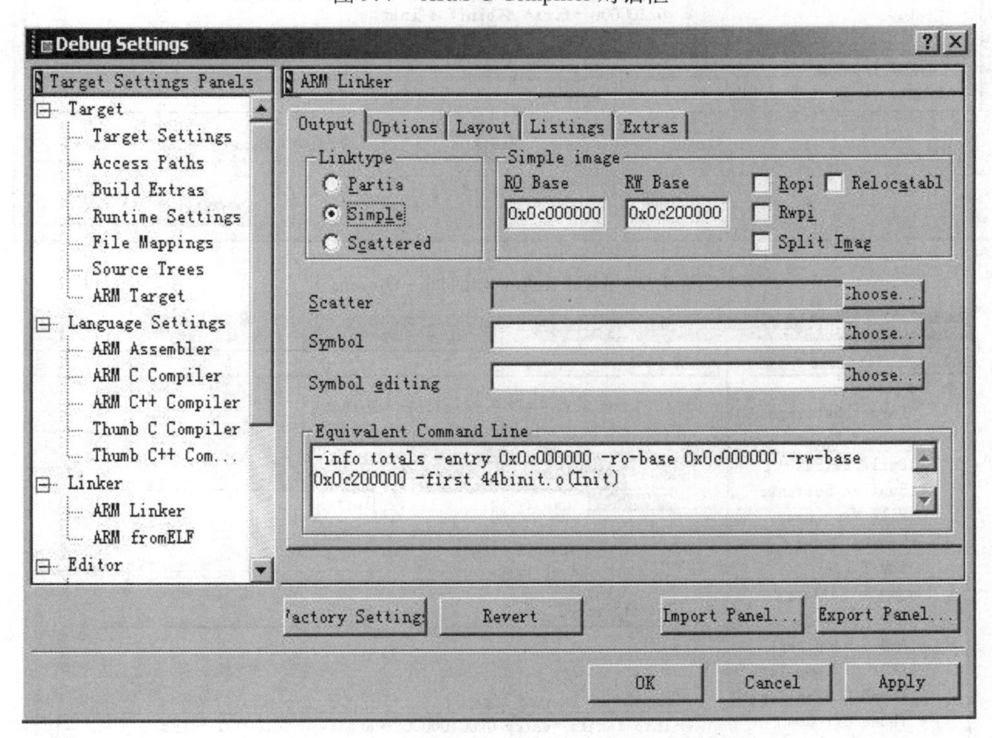

图 9.8　ARM linker 对话框—Output 栏

其目标文件名 44binit. o,在 Section 处填写程序入口的起始段标号。它的作用是通知编译器,整个项目的开始运行,是从该段开始的。

⑦在如图 9.11 所示中,即在 Debug Settings 对话框中点击左栏的 ARM fromELF 项,在 Output file name 栏中设置输出文件名 * . bin,前缀名可以自己取,在 Output format 栏中选择 Plain binary,这是设置要下载到 flash 中的二进制文件。图 9.11 中使用的是 test. bin。

⑧到此,在 ADS1.2 中的基本设置已经完成,可以将该新建的空的项目文件作为模板保存起来。首先,要将该项目工程文件改一个合适的名字,如 S3C44B0 ARM. mcp 等;然后,在 ADS1.2 软件安装的目录下的 Stationary 目录下新建一个合适的模板目录名,如,S3C44B0 ARM Executable Image,再将刚刚设置完的 S3c44B0 ARM. mcp 项目文件存放到该目录下

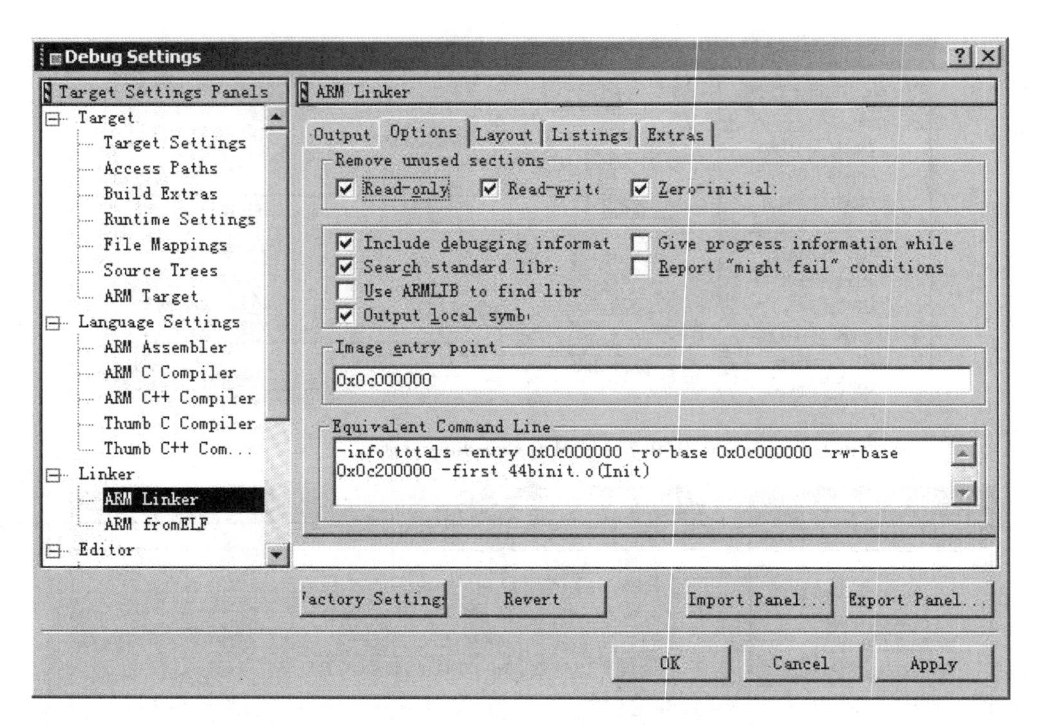

图 9.9　ARM linker 对话框—Options 栏

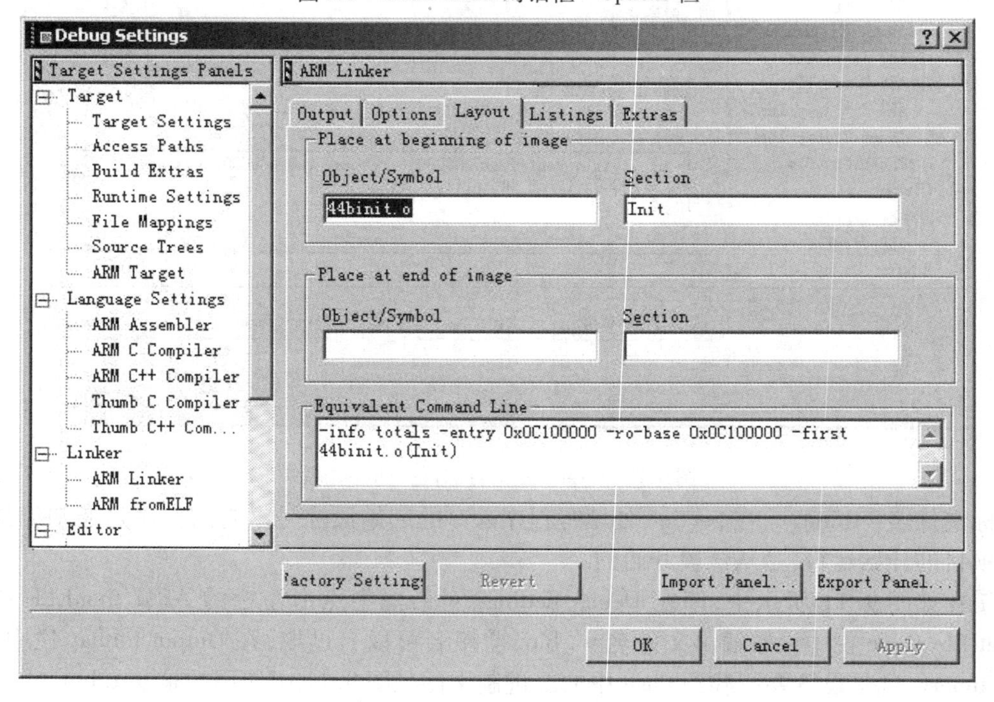

图 9.10　ARM linker 对话框——Layout 栏

即可。

⑨新建项目工程后,就可以执行菜单 Project|Add Files 把和工程所有相关的文件加入,ADS1.2 不能自动进行文件分类,用户必须通过 Project|Create Group 来创建文件夹,然后将加

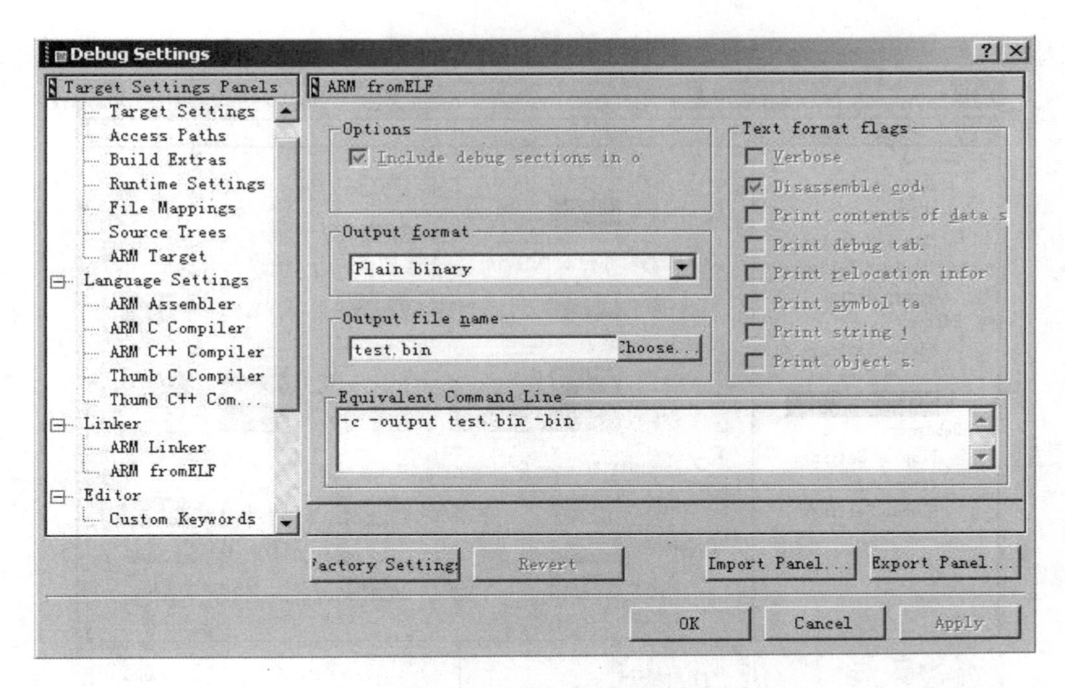

图9.11　ARM fromELF对话框

入的文件选中,移入文件夹,或者鼠标放在文件添加区,右键点击,即出现如图9.12所示。

先选Add Files,加入文件,再选Create Group,创建文件夹,然后将文件移入文件夹内。读者可根据自己习惯,更改Edit | Preference窗口内关于文本编辑的颜色、字体大小,形状,变量、函数的颜色等设置,如图9.13所示。

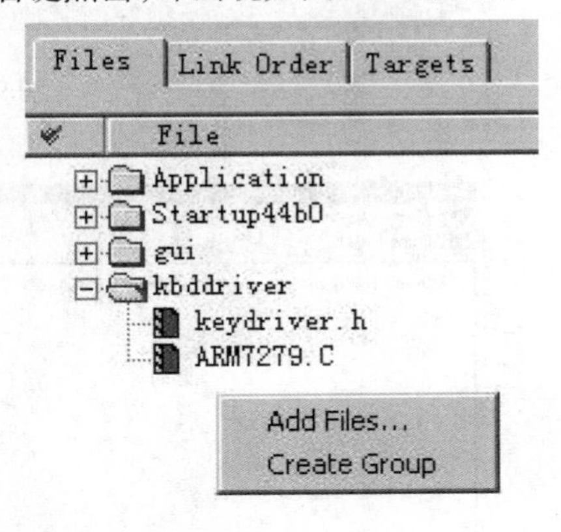

图9.12　Project窗口

2)ADS1.2下仿真、调试

在ADS1.2下进行仿真调试,首先要连接多功能仿真器。在连上调试电缆后,先给仿真器上电,然后给实验箱上电,打开Multi-ICE Server.exe程序,如图9.14所示,连接实验箱。首先点击红色区域的左起第三个按钮,进行复位,再点击第一个按钮进行自动连接,正确连接后出现图9.15的界面。

如果不能正确连接,请检查电源是否打开和连线是否正确。当连上仿真器后,打开调试软件AXD Debugger。点击File | load image加载文件ADS.axf(S3C44BOX实验程序\实验一\ADS\ADS_data目录下)。打开超级终端,设置其参数为:波特率为115 200 Bd,数据位为“8”,奇偶校验无,停止位无“1”,数据流控无。点击全速运行,出现图9.16的界面。

在最后介绍一下调试按钮,如图9.17所示,左起第一个按钮是全速运行,第二个按钮是停止运行,第三个按钮跳入函数内部,第四个按钮单步执行,第五个按钮跳出函数,第六个按钮运行到光标。

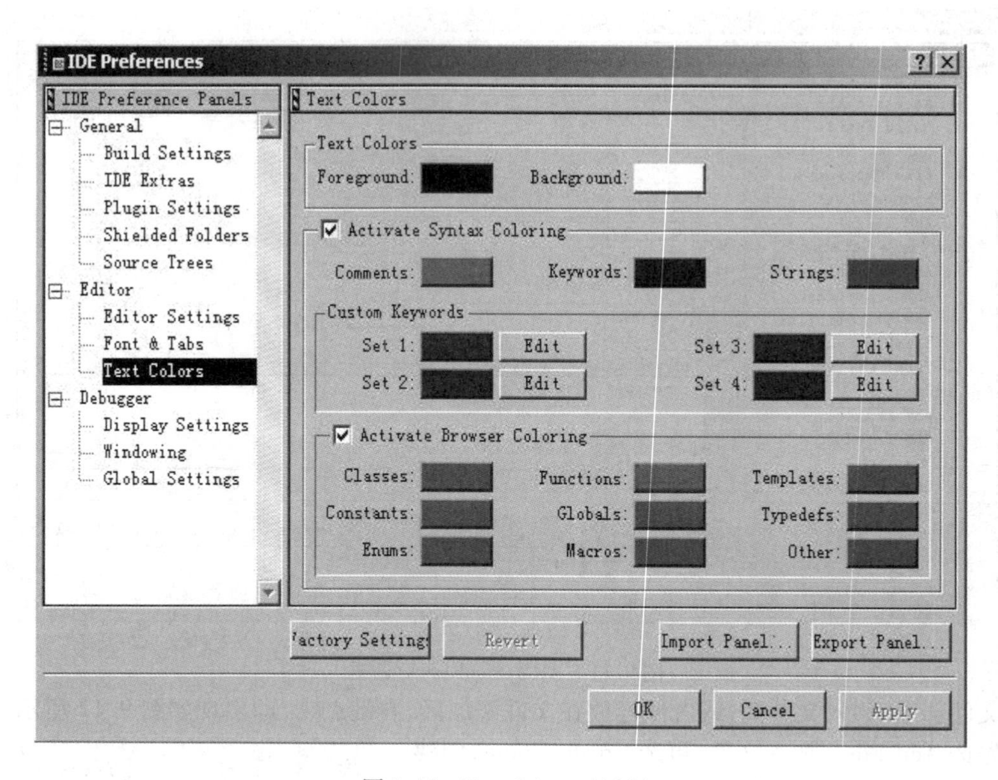

图 9.13　Text Colors 对话框

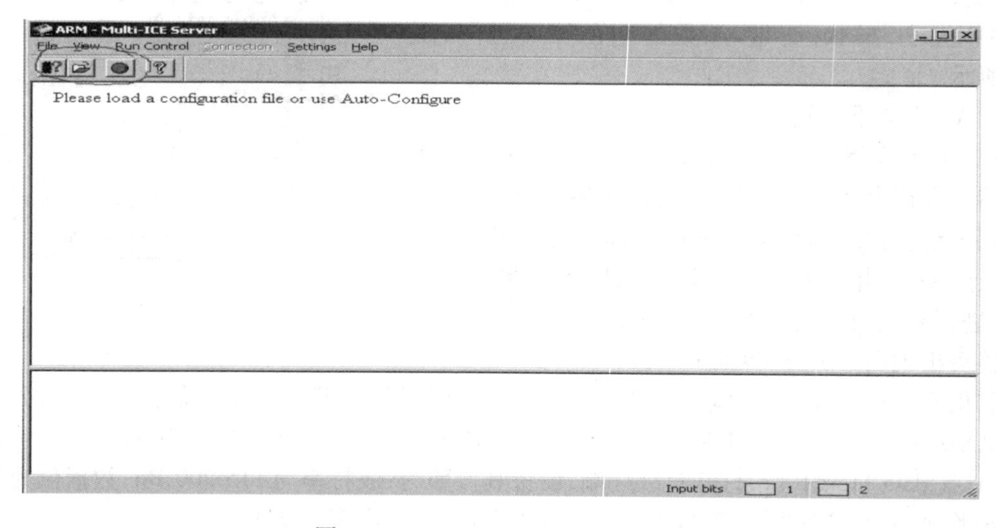

图 9.14　ARM-Multi-ICE Server 界面

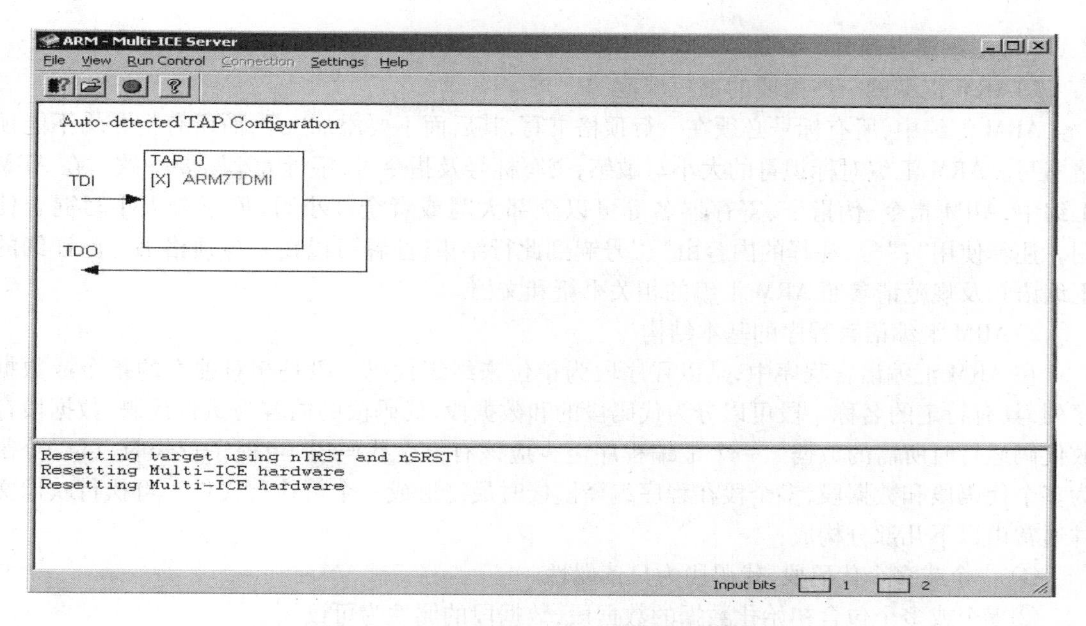

图 9.15　ARM-Multi-ICE Server 正确连接界面

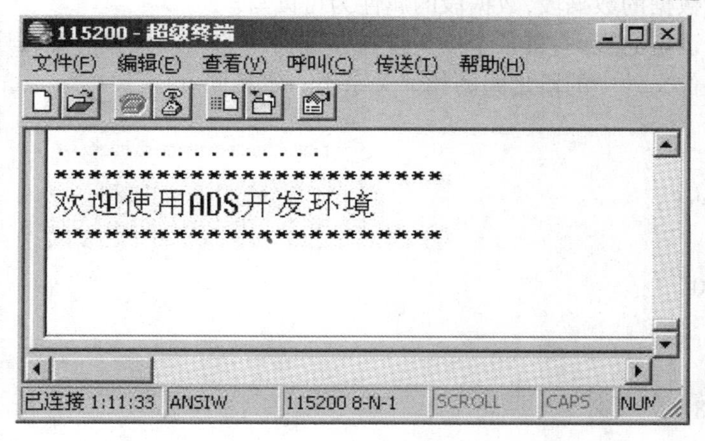

图 9.16　超级终端

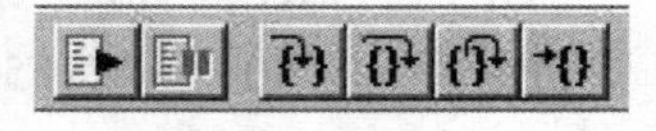

图 9.17　调试按钮

9.3　基于 ARM7 的汇编语言程序设计简介

(1) 实验目的

了解 ARM 汇编语言的基本框架,学会使用 ARM 的汇编语言编程。

(2) 实验内容

用汇编语言编写一个简单的应用程序。

(3) 实验设备

①EL-ARM-830 教学实验箱,Pentium Ⅱ以上的 PC 机,仿真器电缆。

②PC 操作系统 Win98 或 Win2000 或 WinXP,ADS1.2 集成开发环境,仿真器驱动程序。

(4)汇编语言简介

1)ARM 汇编的一些简要的书写规范

ARM 汇编中,所有标号必须在一行顶格书写,其后面不要添加“:”,而所有指令均不能顶格书写。ARM 汇编对标识符的大小写敏感,书写标号及指令时,字母大小写要一致。在 ARM 汇编中,ARM 指令、伪指令、寄存器名等可以全部大写或者全部小写,但不要大小写混合使用。注释使用“;”号,注释的内容由“;”号起到此行结束,注释可以在一行顶格书写。详细的汇编语句及规范请参照 ARM 汇编的相关书籍和文档。

2)ARM 汇编语言程序的基本结构

在 ARM 汇编语言程序中,是以程序段为单位来组织代码。段是相对独立的指令或数据序列,具有特定的名称。段可以分为代码段的和数据段,代码段的内容为执行代码,数据段存放代码运行时所需的数据。一个汇编程序至少应该有一个代码段,当程序较长时,可以分割为多个代码段和数据段,多个段在程序编译链接时最终形成一个可执行文件。可执行映像文件通常由以下几部分构成:

① 一个或多个代码段,代码段为只读属性。

②零个或多个包含初始化数据的数据段,数据段的属性为可读写。

③零个或多个不包含初始化数据的数据段,数据段的属性为可读写。

链接器根据系统默认或用户设定的规则,将各个段安排在存储器中的相应位置。源程序中段之间的相邻关系与执行的映像文件中的段之间的相邻关系不一定相同。

3)简单的示例

下面是一个代码段的示例:

```
AREA    Init,CODE,READONLY
ENTRY
LDR       R0, =0x3FF5000
LDR       R1, 0x0f
STR       R1, [R0]
LDR       R0, =0x3F50008
LDR       R1, 0x1
STR       R1, [R0]
…
…
END
```

在汇编程序中,用 AREA 指令定义一个段,并说明定义段的相关属性,本例中定义了一个名为“Init”的代码段,属性为只读。ENTRY 伪指令标识程序的入口,程序的末尾为 END 伪指令,该伪指令告知编译器源文件的结束,每一个汇编文件都要以 END 结束。

下面是一个数据段的示例:

```
AREA DataArea, DATA, NOINIT, ALIGN =2
DISPBUF       SPACE      200
RCVBUF        SPACE      200
…
```

…

DATA 为数据段的标识。

(5)实验步骤

①本实验仅使用实验教学系统的 CPU 板和串口。在进行本实验时,LCD 电源开关、音频的左右声道开关、AD 通道选择开关、触摸屏中断选择开关等均应处在关闭状态。

②在 PC 机并口和实验箱的 CPU 板上的 JTAG 接口之间,连接 ADS1.2 调试电缆,以及串口间连接公/母接头串口线。

③检查连接是否可靠,确认可靠后,接入电源线,系统上电。

④打开 ADS1.2 开发环境,从里面打开 S3C44B0X 实验程序\实验二\Assemble.mcp 项目文件。

⑤编译通过后,运行 ADS1.2 的调试环境 AXD,装载 S3C44B0X 实验程序\实验二\Assemble\Assemble _data 中的映象文件 Assemble.axf。

⑥打开串口调试工具,配置波特率为 115 200 Bd,校验位无,数据位为"8",停止位为"1"。选中十六进制,显示之后,在 AXD 调试环境下全速运行映象文件,将出现图 9.18 所示界面。

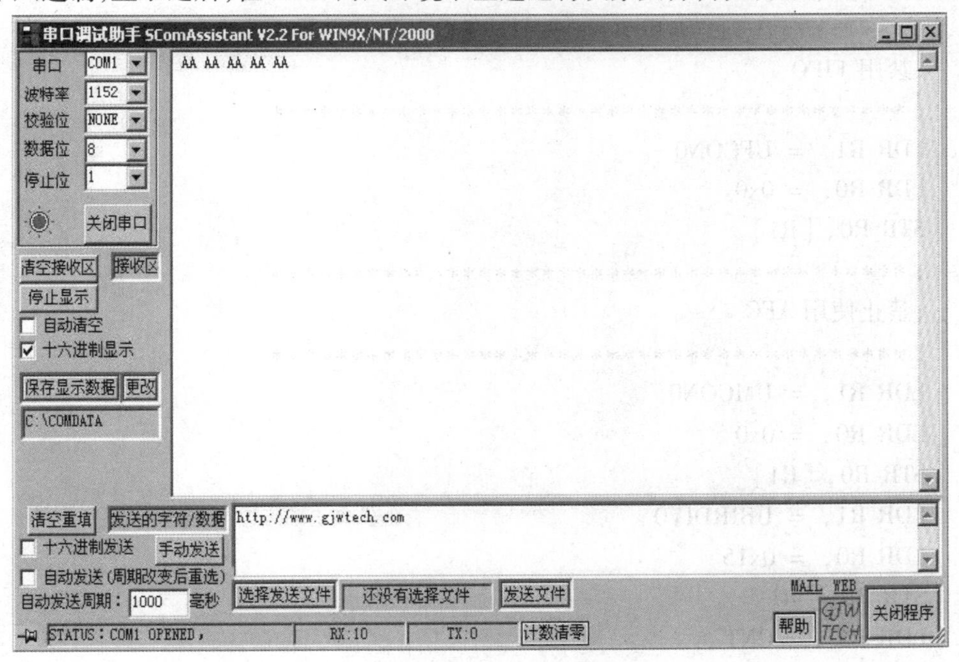

图 9.18　串口调试助手

本程序连续发送了 5 个字节的 AA。

下面分析程序的源码:

在标号 UART 前的部分为系统的初始化,标号 UART 后的程序为主程序,在程序中找到下面这部分代码,即

```
…
…
b        UART
```

```
    ;*******************************************************
    ; UART LINE CONFIG  正常模式,无奇偶校验,一个停止位,8 个数据位
    ;*******************************************************
UART
    LDR  R1, =ULCON0
    LDR  R0, =0x03
    STR  R0,[R1]
    ;**************************************
    ;RX 边沿触发,TX 电平触发,禁用延时中断,使用 RX 错误中断,正常操作模式,中
     断请求或表决模式
    ;**************************************
    LDR R1, =UCON0
    LDR R0, =0x245
    STR R0,[R1]
    ;******************************************
    ;禁用 FIFO
    ;******************************************
    LDR R1,  = UFCON0
    LDR R0,  = 0x0
    STR R0, [R1]
    ;******************************************
    ;禁止使用 AFC
    ;******************************************
    LDR R1,  = UMCON0
    LDR R0,  = 0x0
    STR R0, [R1]
    LDR R1,  = UBIRDIV0
    LDR R0,  = 0x15
    STR R0, [R1]
    LDR R5 , =CNT
LOOP
    LDR R3 , =UTRSTAT0
    LDR R2 , [R3]
    TST R2 ,#0x02              ;判断发送缓冲区是否为空
    BEQ LOOP                   ;为空则执行下边的语句,不为空则跳转到 LOOP
    LDR R0 , =UTXH0
    LDR R1 , =0Xaa             ;向数据缓冲区放置要发送的数据
    STR R1 ,[R0]
    SUB R5 ,R5, #0x01
```

```
    CMP R5 ,#0x0
    BNE LOOP                          ;连续发送5次,之后跳入下边的无限循环
LOOP2   B   LOOP2
```

分析清楚之后,改变语句 LDR R1, = 0Xaa,将 0Xaa 换成其他的数据,然后保存、编译和调试。观察结果,比如 0xaa,0x01 等。

9.4　基于 ARM7 的 C 语言程序设计简介

(1)实验目的

了解 ARM C 语言的基本框架,学会使用 ARM 的 C 语言编程。

(2)实验内容

用 C 语言编写一个简单的应用程序。

(3)实验设备

①EL-ARM-830 教学实验箱,Pentium Ⅱ以上的 PC 机,仿真器电缆。

②PC 操作系统 Win98 或 Win2000 或 WinXP,ADS1.2 集成开发环境,仿真器驱动程序。

(4)ARM C 语言简介与使用规则

1)使用 C 语言编程的优势

在应用系统的程序设计中,若所有的编程任务均由汇编语言来完成,其工作量巨大,并且不宜移植。由于 ARM 的程序执行速度较高,存储器的存储速度和存储量也很高,因此,C 语言的特点充分发挥,使得应用程序的开发时间大为缩短,代码的移植十分方便,程序的重复使用率提高,程序架构清晰易懂,管理较为容易,等等。因此,C 语言的在 ARM 编程中具有重要地位。

2)ARM C 语言程序的基本规则

在 ARM 程序的开发中,需要大量读写硬件寄存器,并且尽量缩短程序的执行时间,代码一般使用汇编语言来编写,比如 ARM 的启动代码、ARM 的操作系统的移植代码等,除此之外,绝大多数代码可以使用 C 语言来完成。

C 语言使用的是标准的 C 语言,ARM 的开发环境实际上就是嵌入了一个 C 语言的集成开发环境,只不过这个开发环境与 ARM 的硬件紧密相关。

在使用 C 语言时,要用到汇编语言的混合编程。当汇编代码较为简洁,则可使用直接内嵌汇编的方法,否则,使用将汇编文件以文件的形式加入项目当中,通过 ATPCS 的规定与 C 语言程序相互调用与访问。

ATPCS,就是 ARM、Thumb 的过程调用标准(ARM/Thumb Procedure Call Standard),它规定了一些子程序间调用的基本规则。如寄存器的使用规则、堆栈的使用规则和参数的传递规则等。

在 C 语言程序和 ARM 的汇编程序之间相互调用必须遵守 ATPCS,而使用 ADS 的 C 语言编译器编译的 C 语言子程序满足用户指定的 ATPCS 的规则。但是,对于汇编语言来说,完全要依赖用户保证各个子程序遵循 ATPCS 的规则。具体来说,汇编语言的子程序应满足下面三个条件:

①在子程序编写时,必须遵守相应的 ATPCS 规则。

②堆栈的使用要遵守相应的 ATPCS 规则。

③在汇编编译器中使用 - atpcs 选项。

3)汇编程序调用 C 语言程序

汇编程序的设置要遵循 ATPCS 规则,保证程序调用时参数正确传递。在汇编程序中使用 IMPORT 伪指令声明将要调用的 C 语言程序函数。

在调用 C 语言程序时,要正确设置入口参数,然后使用 BL 调用。

4)C 语言程序调用汇编程序

汇编程序的设置要遵循 ATPCS 规则,保证程序调用时参数正确传递。在汇编程序中使用 EXPORT 伪指令声明本子程序,使其他程序可以调用此子程序。在 C 语言中使用 extern 关键字声明外部函数(声明要调用的汇编子程序)。在 C 语言的环境内开发应用程序,一般需要一个汇编的启动程序,从汇编的启动程序,跳到 C 语言下的主程序,然后执行 C 语言程序,读写硬件的寄存器,一般是通过宏调用,在每个项目文件的 Startup44b0/INC 目录下都有一个 44b. h 的头文件,那里面定义了所有关于 S3C44BOX 的硬件寄存器的宏,对宏的读写,就能操作 S3C44BOX 的硬件。

具体的编程规则同标准 C 语言。

5)简单的示例

下面是一个简单的示例:

```
    IMPORT    Main
    AREA      Init ,CODE, READONLY;
    ENTRY
    LDR   R0,  =0x01d00000
    LDR   R1,  =0x245
    STR   R1 , [R0]                       ;将 0x245 放到地址 0X01D00000
    BL    Main                            ;跳转到 Main()函数处的 C/C++程序
    END                                   ;标识汇编程序结束
```

以上是一个简单的程序,先寄存器初始化,然后跳转到 Main()函数标识的 C/C++代码处,执行主要任务,此处的 Main 是声明的 C 语言中的 Main()函数。

对宏的预定义,在 44b. h 中已定义,如:

```
#define rPCONA      (*(volatile unsigned *)0x1d20000)
#define rPDATA      (*(volatile unsigned *)0x1d20004)

#define rPCONB      (*(volatile unsigned *)0x1d20008)
#define rPDATB      (*(volatile unsigned *)0x1d2000c)

#define rPCONC      (*(volatile unsigned *)0x1d20010)
#define rPDATC      (*(volatile unsigned *)0x1d20014)
#define rPUPC       (*(volatile unsigned *)0x1d20018)
```

在程序中实现,

```
for( ; ; )
{
        if( flag = =0)
        {
            for( i =0;i <100000;i + + ); //延时
            rPCONB  =  0x7cf;
            rPDATB  =  0x7ef;
            for( i =0;i <100000;i + + ); //延时
            flag  =  1;
        }
        else
        {
            for( i =0;i <100000;i + + ); //延时
            rPCONB  =  0x7cf;
            rPDATB  =  0x7df;
            for( i =0;i <100000;i + + ); //延时
            flag  =  0;
        }
}
```

完成对 GPIO 的 B 接口的操作。

(5)实验步骤

①本实验仅使用实验教学系统的 CPU 板和串口。在进行本实验时,LCD 电源开关、音频的左右声道开关、AD 通道选择开关、触摸屏中断选择开关等均应处在关闭状态。

②在 PC 机并口和实验箱的 CPU 板上的 JTAG 接口之间,连接仿真器调试电缆,以及串口间连接公/母接头串口线。

③检查线缆连接是否可靠,确认可靠后,接入电源线缆,系统上电。

④打开 ADS1.2 开发环境,打开 S3C44BOX 实验程序\实验三\C. mcp 项目文件。

⑤编译通过后,运行 ADS1.2 的调试环境 AXD,装载 S3C44BOX 实验程序\实验三\C\C_data中的映象文件 C. axf。

⑥打开串口调试工具,配置为波特率为 115 200 Bd,校验位无,数据位为“8”,停止位为“1”。不要选十六进制显示。之后,在 ADS1.2 调试环境下全速运行映象文件,应出现如图 9.19所示界面,本程序连续发送 55。

下面分析主程序的源码。

在 C 语言程序前的部分为系统的初始化:

```
#include "..\inc\config.h"                  //嵌入包括硬件的头文件
unsigned char data;                          //定义全局变量

void Main( void)
{
```

```
    Target_Init();                 //目标板初始化,定义串口的硬件初始化在
                                       //target.c 中定义
    Delay(10);                     //延时
    data = 0x55;                   //给全局变量赋值
    while(1)
    {
        Uart_Printf(0,"%x  ",data); //串口 0 输出
        Delay(10);
    }
}
```

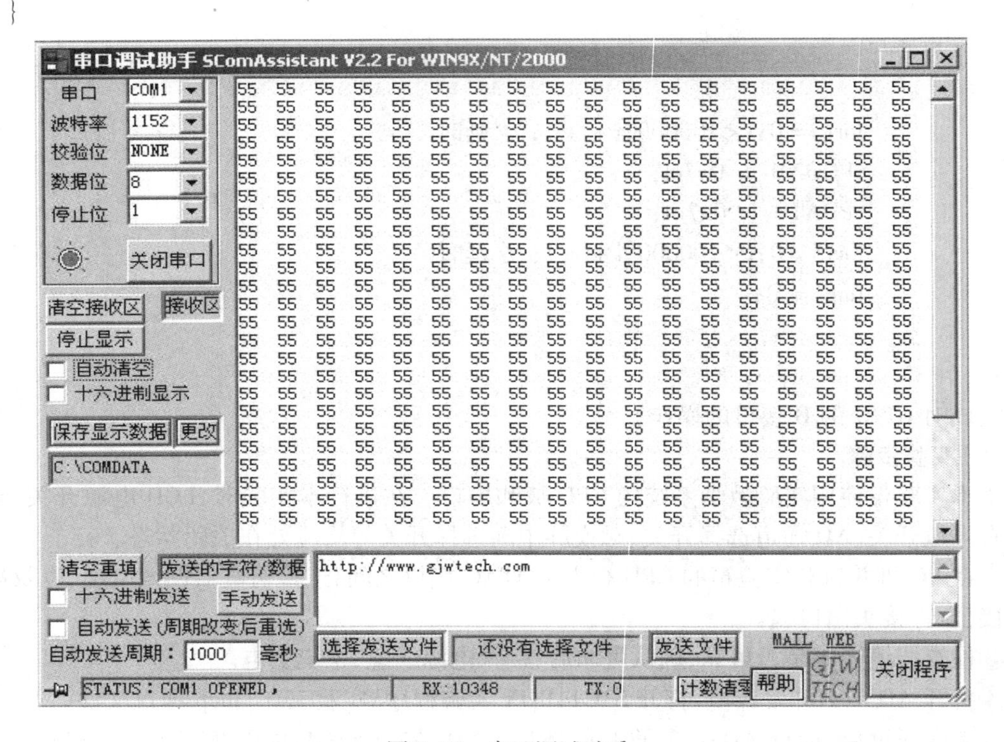

图 9.19　串口调试助手

将 data = 0x55;语句中的 0x55,换成其他 8 位数,重新编译,下载,看看串口工具上输出的是什么内容。

9.5　μC/OS-Ⅱ的内核在 ARM 处理器上的移植实验

(1)实验目的

掌握把 μC/OS-Ⅱ移植到 ARM7 处理器上的基本步骤及方法。

(2)实验内容

①移植 μC/OS-Ⅱ到三星的 S3C44BOX ARM7TDMI 处理器上。

②运行提供的移植项目,在 CPU 板上观察 D7、D8 的闪烁。

(3)实验设备

①EL-ARM-830 教学实验箱,Pentium Ⅱ以上的 PC 机,仿真器电缆。

②PC 操作系统 Win98 或 Win2000 或 WinXP,ADS1.2 集成开发环境,仿真器驱动程序。

(4)实验步骤

①本实验仅使用实验教学系统的 CPU 板,在进行本实验时,音频的左右声道开关、液晶的显示开关、AD 通道选择开关、触摸屏中断选择开关等均应处在关闭状态。

②参照 μC/OS-Ⅱ的作者的权威教材《嵌入式实时操作系统 μC/OS-Ⅱ》,可以知道,要将 μC/OS-Ⅱ移植到 ARM7TDMI 处理器上,必须写三个文件,这三个文件都是与处理器的架构紧密相关的,它们是 OS_CPU. h、OS_CPU_A. s 和 OS_CPU_C. c。它们的作用是将 μC/OS-Ⅱ操作系统紧紧地附着在 ARM 处理器上,实现软件与硬件的协同。

③通常 OS_CPU. h 文件中主要包括:

a. 将编译器类型数据重定义为 μC/OS-Ⅱ内核所用的数据类型。

b. 编写相应 ADS 编译器的开关中断的函数。

c. 定义单个堆栈的数据宽度。

d. 定义微处理器的堆栈的增长方向。

首先,由于不同的处理器有不同的字长,所以 μC/OS-Ⅱ的移植包括了一系列的数据类型的重定义,以确保其可移植性。虽然 μC/OS-Ⅱ不用浮点数据,但仍定义了浮点数据类型。

```
typedef  unsigned  char  BOOLEAN
typedef  unsigned  char  INT8U       ;/*无符号8位*/
typedef  signed  char  INT8S         ;/*有符号8位*/
typedef  unsigned  short  INT16U     ;/*无符号16位*/
typedef  signed  short  INT16S       ;/*有符号16位*/
typedef  unsigned  int  INT32U       ;/*无符号32位*/
typedef  signed  int  INT32S         ;/*有符号32位*/
typedef  float  FP32                 ;/*单精度浮点型*/
typedef  double  FP64                ;/*双精度浮点型*/

#define  BYTE  INT8S                 ;/*定义和以前兼容的数据类型*/
#define  UBYTE  INT8U
#define  WORD  INT16S
#define  UWORD  INT16U
#define  LONG  INT32S
#define  ULONG  INT32U
```

与所有的实时内核一样,μC/OS-Ⅱ需要先禁止中断,然后再访问代码的临界区,并在访问完后重新允许中断。这样,就使得 μC/OS-Ⅱ能够保护临界区的代码免受多任务或中断服务子程序的侵扰。在移植过程中,使用 ARM ADS 编译器定义的开关中断的方法:

```
typedef unsigned int    OS_CPU_SR    ;   /*(PSR = 32 bits)*/
```

上面这条语句定义了 CPU 状态寄存器的容量,即 CPSR 的长度,它进一步定义了变量 cup_sr的长度,即 OS_CPU_SR = cpu_sr。

```
#if      OS_CRITICAL_METHOD  = =  3
         #define  OS_ENTER_CRITICAL( )   (cpu_sr  =  OSCPUSaveSR( ))/ * 关中断 * /
         #define  OS_EXIT_CRITICAL( )    (OSCPURestoreSR(cpu_sr))/ * 开中断 * /
#endif
```

在 OS_CPU_A. S 中调用以下两段程序：

```
EXPORT   OSCPUSaveSR
OSCPUSaveSR
        mrs r0,CPSR                 ;//保存当前的 CPSR,即保存到了 cup_sr 中
        orr r1,r0,#NOINT            ;//将当前的 CPSR 加屏蔽保存到 r1
        msr CPSR_c,r1               ;//将屏蔽的值给 CPSR
        mov pc,lr                   ;//返回

EXPORT   OSCPURestoreSR
OSCPURestoreSR
        msr CPSR_c,r0               ;//将关中断前保存到 cup_sr 中的值恢复
        mov pc,lr                   ;//返回
```

接下来,用户还必须将任务的堆栈数据类型通知 μC/OS-Ⅱ,以确定出入栈的宽度。

```
        typedef unsigned int    OS_STK      ; / * 单个堆栈的宽度 32 位 * /
```

最后,要确定堆栈的生长方向,大多数微控制器和微处理器的堆栈方向是由高地址到低地址生长的,但一些微处理器却是相反。μC/OS-Ⅱ可以使用两种方式工作:

```
#define   OS_STK_GROWTH          1          //由高地址到低地址生长
#define   OS_STK_GROWTH          0          //由低地址到高地址生长
```

④在文件 OS_CPU_C. c 中主要包括 10 个函数,其中一个是任务堆栈初始化函数,其他 9 个为操作系统扩展的钩子函数。在 OSTaskCreate( ) 和 OSTaskCreateExt( ) 中,通过调用任务堆栈初始化函数 OSTaskStkInit( ) 来初始化任务的堆栈结构,初始完毕后,堆栈看起来就像刚发生过中断并将所有的寄存器内容保存到该任务堆栈中的情形一样。

```
OS_STK  * OSTaskStkInit( void ( * task)( void  * pd),  void  * pdata,  OS_STK  * ptos,
INT16U opt)
{
    OS_STK  * stk;
    opt       = opt;                         / *   'opt'没有使用, 预防警告错误   * /
    stk       = ptos;                        / *   加载堆栈指针   * /
    * (stk)  =  (OS_STK)task;                / *   进入点   * /
    * (--stk) = (INT32U)0;                   / *   lr   * /
    * (--stk) = (INT32U)0;                   / *   r12   * /
    * (--stk) = (INT32U)0;                   / *   r11   * /
    * (--stk) = (INT32U)0;                   / *   r10   * /
    * (--stk) = (INT32U)0;                   / *   r9   * /
    * (--stk) = (INT32U)0;                   / *   r8   * /
```

```
    *(--stk) = (INT32U)0;                    /*  r7  */
    *(--stk) = (INT32U)0;                    /*  r6  */
    *(--stk) = (INT32U)0;                    /*  r5  */
    *(--stk) = (INT32U)0;                    /*  r4  */
    *(--stk) = (INT32U)0;                    /*  r3  */
    *(--stk) = (INT32U)0;                    /*  r2  */
    *(--stk) = (INT32U)0;                    /*  r1  */
    *(--stk) = (INT32U)pdata;                /*  r0  */
    *(--stk) = (INT32U)(SVC32MODE|0x0);      /*  CPSR  SVC32MODE  */
    *(--stk) = (INT32U)(SVC32MODE|0x0);      /*  SPSR  SVC32MODE  */
return (stk);                                // 返回堆栈指针
}
```

钩子函数是为用户提供扩展的函数。根据具体的实际要求添加函数里的内容。

⑤文件 OS_CPU_A. s 中主要包括 5 个函数：

void OSStartHighRdy　　启动最高优先级任务

void OSIntCtxSw　　中断中的任务切换

void OSCtxSw　　任务切换

void OSCPUSaveSR　　保存中断前的寄存器状态

void OSCPURestoreSR　　中断完成后，恢复中断前的状态

当 μC/OS-Ⅱ初始化完毕后，它要寻找最高优先级的任务，找到后跳到最高优先级任务中执行。

以下为寻找代码：

```
AREA|subr|, CODE, READONLY
/**************************************************************
                    启动多任务
               void OSStartHighRdy(void)
        注释：OSStartHighRdy() 函数必须：
               a) 在 OSTaskSwHook() 之后调用；
               b) 设定 OSRunning 为真；
               c) 切换到最高优先级。
**************************************************************/
        IMPORT   OSTCBCur
        IMPORT   OSTaskSwHook
        IMPORT   OSRunning
        IMPORT   OSTCBHighRdy
        EXPORT   OSStartHighRdy

OSStartHighRdy                          ;//寻找最高级任务开始
        bl OSTaskSwHook                 ;//调用用户定义的任务钩子函数
```

```
ldr r4, = OSRunning                 ;//设定多任务开始标志
mov r5,#1
strb r5,[r4]

ldr r4, = OSTCBCur
ldr r5, = OSTCBHighRdy              ;//得到最高优先级任务的 TCB 地址

ldr r5,[r5]                         ;//得到任务堆栈指针
ldr sp,[r5]
 str r5,[r4]                        ;//把得到的 TCB 地址指针给当前的 TCB

;// 切换到新任务
ldmfd sp!,{r4}                      ;//弹出新任务的 SPSR
msr SPSR_cxsf,r4                    ;//写入当前状态寄存器
ldmfd sp!,{r4}                      ;//弹出新任务的 psr
msr CPSR_cxsf,r4                    ;//写入当前状态寄存器
ldmfd sp!,{r0-r12,lr,pc}            ;//弹出新任务的 r0 - r12,lr & pc
```

跳到最高优先级任务后，开始执行，最高优先级要挂起一段时间，或是等待某个事件，以使较低的优先级任务得到运行的权利，这时将发生任务间的切换。

其源代码如下：

```
/ ***************************************************************/
            执行任务切换（任务级）
            void OSCtxSw(void)
        注释:OSTCBCur          指向挂起的任务的 OS_TCB
             OSTCBHighRdy   指向恢复的任务的 OS_TCB
/ ***************************************************************/

IMPORT   OSTCBCur
IMPORT   OSTaskSwHook
IMPORT   OSTCBHighRdy
IMPORT   OSPrioCur
IMPORT   OSPrioHighRdy

EXPORT   OSCtxSw
OSCtxSw                      ;//任务切换
stmfd sp!,{lr}               ;//压入 PC (lr 应代替 PC 被压入)
stmfd sp!,{r0-r12,lr}        ;//压入 lr & register file
mrs r4,cpsr
stmfd sp!,{r4}               ;//压入 CPSR
```

```
        mrs r4,spsr
        stmfd sp!,{r4}              ;//压入 spsr
        ;// OSPrioCur = OSPrioHighRdy
        ldr r4, = OSPrioCur
        ldr r5, = OSPrioHighRdy
        ldrb r6,[r5]
        strb r6,[r4]

        ;//得到当前的 TCB 的地址
        ldr r4, = OSTCBCur
        ldr r5,[r4]
        str sp,[r5]                 ;//在任务 TCB 中的存放当前任务控制块的栈底指针
        bl OSTaskSwHook             ;//调用任务的钩子函数

        ;//得到最高优先级 TCB 的地址
        ldr r6, = OSTCBHighRdy
        ldr r6,[r6]
        ldr sp,[r6]                 ;//得到新任务的堆栈栈底指针

        ;//OSTCBCur = OSTCBHighRdy
        str r6,[r4]                 ;//设定新任务 TCB 的地址

        ldmfd sp!,{r4}              ;//弹出新任务的 spsr
        msr SPSR_cxsf,r4
        ldmfd sp!,{r4}              ;//弹出新任务的 psr
        msr CPSR_cxsf,r4
        ldmfd sp!,{r0-r12,lr,pc}    ;//弹出新任务的 r0-r12,lr & pc
```

当在发生中断时,也有可能进行任务的切换,所以,在中断级的任务切换也应该考虑到。下面为中断级的任务切换源码:

```
/****************************************************************/
                    执行任务切换(中断级)
                    void OSIntCtxSw(void)
            注释:该函数针对中断服务子程序 Handler 仅设定标志为真。
/****************************************************************/

IMPORT   OSIntCtxSwFlag
EXPORT   OSIntCtxSw
    OSIntCtxSw
        ldr r0, = OSIntCtxSwFlag
```

```
    mov r1,#1
    str r1,[r0]
    mov pc,lr

    /*********************************************************/
                        IRQ HANDLER
                    该段处理所有的 IRQs
              注意：FIQ Handler 段应该近似此段编程
    /*********************************************************/

    IMPORT   C_IRQHandler
                                              ;//target.c 中定义
    IMPORT   OSIntEnter
    IMPORT   OSIntExit
    IMPORT   OSIntCtxSwFlag
    IMPORT   OSTCBCur
    IMPORT   OSTaskSwHook
    IMPORT   OSTCBHighRdy
    IMPORT   OSPrioCur
    IMPORT   OSPrioHighRdy

NOINT   EQU   0xc0
    EXPORT   UCOS_IRQHandler
UCOS_IRQHandler
   stmfd sp!,{r0-r3,r12,lr}    ;//保存 CPU 寄存器内容,进入 IRQ 后,CPSR 为 1,//
                                 禁止 IRQ
    bl OSIntEnter              ;//内核进入 ISR 函数
    bl C_IRQHandler
    bl OSIntExit               ;//内核退出 ISR 函数时,如果需要切换到更高优
                                  //先级中去,该函数在 OSIntCtxSw()中,
                                   ;//使 OSIntCtxSwFlag 为 1。
    ldr r0, = OSIntCtxSwFlag
    ldr r1,[r0]
    cmp r1,#1
    beq _IntCtxSw                ;//判断是否在中断中发生任务切换?

    ldmfd sp!,{r0 - r3,r12,lr}   ;//否,则恢复 CPU 寄存器内容
    subs pc,lr,#4              ;//从 IRQ 中返回
_IntCtxSw                      ;//是,则发生中断级任务切换
```

```
mov r1,#0
str r1,[r0]                 ;//清 OSIntCtxSwFlag,使它为 1
ldmfd sp!,{r0 - r3,r12,lr}  ;//清 IRQ 中断堆栈
stmfd sp!,{r0 - r3}         ;//将要使用 R0,R1,R2,R3 为暂时寄存器
mov r1,sp                   ;//保存 IRQ 的中断堆栈指针
add sp,sp,#16               ;//回到 IRQ 的堆栈栈顶
sub r2,lr,#4                ;//保存 PC 的返回地址
mrs r3,spsr                 ;//保存被中断的任务的 SPSR
orr r0,r3,#NOINT            ;//当返回到 SVC 或 SYS 模式下,禁止中断
msr spsr_c,r0
ldr r0, =. +8
movs pc,r0                  ;//返回到 SVC 模式,禁止中断,即将 spsr_c 装入了 cpsr 中
stmfd sp!,{r2};// 此时的 SP 为 SVC 或 SYS 的堆栈指针,压入被中断的任务
                的 pc
stmfd sp!,{r4-r12,lr}       ;// 压入被中断的任务的 lr,r12-r4
mov r4,r1                   ;//保存 IRQ 的中断堆栈指针到 R4
mov r5,r3                   ;//保存被中断的任务的 SPSR 到 R5
ldmfd r4!,{r0-r3}           ;// 从 IRQ 的中断堆栈中弹出被中断的任务的 r3 - r0
                            ;//到 CPU 的寄存器中
stmfd sp!,{r0-r3}           ;//压入被中断的任务的 r3-r0 到 SVC 模式的堆栈中
stmfd sp!,{r5}              ;//压入被中断的任务的 Cpsr
mrs r4,spsr
stmfd sp!,{r4}              ;//压入被中断的任务的 spsr 系统模式下,没有 spsr

                ;//OSPrioCur = OSPrioHighRdy
ldr r4, = OSPrioCur
ldr r5, = OSPrioHighRdy
ldrb r5,[r5]
strb r5,[r4]
                ;//得到当前的 TCB 的地址
ldr r4, = OSTCBCur
ldr r5,[r4]
str sp,[r5]                 ;//在任务 TCB 中的存放当前任务控制块的指针

bl OSTaskSwHook             ;//调用任务的钩子函数

                ;//得到最高优先级 TCB 的地址
ldr r6, = OSTCBHighRdy
ldr r6,[r6]
```

```
ldr sp,[r6]                    ;//得到新任务的堆栈指针
                    ;//OSTCBCur = OSTCBHighRdy
str r6,[r4]                    ;//设定新任务 TCB 的地址
ldmfd sp!,{r4}                 ;//弹出新任务的 spsr
msr SPSR_cxsf,r4
ldmfd sp!,{r4}                 ;//弹出新任务的 cpsr
msr CPSR_cxsf,r4
ldmfd sp!,{r0-r12,lr,pc}       ;//弹出新任务的 r0-r12,lr & pc
```

至此,中断级任务切换完成。再加上临界段代码的实现方式,即开关中断状态,前面已述,则 UCOSII 就移植到 ARM7 处理器上。

⑥通过运行提供的移植代码来体验移植后操作系统简单的工作为方便实验,先给出一个感性认识,这里已经将 μC/OS-Ⅱ移植到了EL-ARM-830 实验系统上,并编写了多任务应用程序,即:一个熄灭 D7、D8 灯的任务,一个点亮 D7 熄灭 D8 的任务,一个熄灭 D7 点亮 D8 的任务,三个任务轮流输出。该程序存放在 plant. mcp(ADS1. 2 下)项目中,而此项目存放在/S3C44BOX实验程序/实验四中。图 9.20 为该项目在 ADS1.2 环境下的目录结构及源文件结构组成的基本框架。

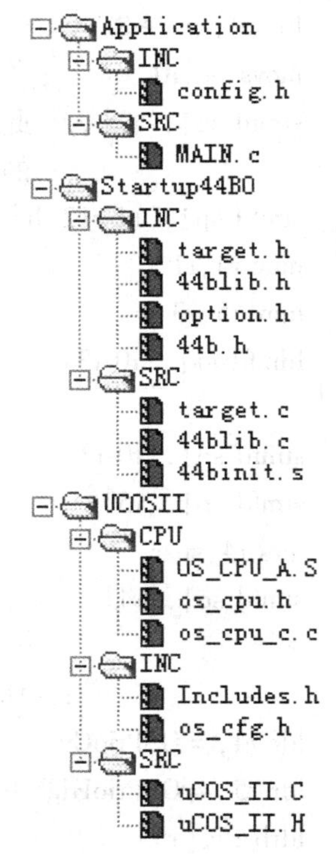

图 9.20 μC/OS-Ⅱ在 ADS1.2 环境下的目录结构及源文件结构组成的基本框架

其中,Application/INC 目录下存放的是操作系统下的应用程序的头文件,Application/SRC 目录下存放的是操作系统的应用程序;Startup44b0/INC目录下存放的是 ARM 的启动代码和 CPU 板初始化程序的头文件,Starup44b0/SRC目录下存放的是 ARM 的启动源代码文件 44binit. s、库文件 44blib. c、CPU 板的初始化文件 target. c。在 μC/OS-Ⅱ/CPU 目录下存放的是操作系统的移植文件,μC/OS-Ⅱ/INC 目录下存放的是与应用任务相关的头文件,μC/OS-Ⅱ/SRC 目录下存放的是 UCOSII 操作系统的源代码,它们是由 Ucos_II. C 文件嵌进来的。

了解了移植文件的基本结构,也有利于驱动的编写。在 μC/OS-Ⅱ的正常运行之前,还必须进行硬件系统的初始化,这也就是需要文件夹 Startup44b0 的理由。接好 EL-ARM-830 实验系统电源,仿真器连接正确,上电,在 PC 上打开 ADS1.2 开发环境,打开 plant. mcp 项目,先编译一下,然后运行,观察 CPU 板上 LED 灯 D7、D8 的闪烁情况,该应用任务显示了三个任务的交替运行的结果。在该基本框架的基础上深入学习 μC/OS-Ⅱ的移植,将会事半功倍。

9.6　μClinux 的移植、内核文件系统的生成与烧写

(1)实验目的

了解 μClinux 移植的基本过程,掌握内核和文件系统的下载方法。

(2)实验内容

①学习 μClinux 移植的基本过程。

②学习内核和文件系统的下载方法。

(3)实验设备

①EL-ARM-830 教学实验箱,Pentium Ⅱ以上的 PC 机,仿真器电缆。

②PC 操作系统 Win98 或 Win2000 或 WinXP,ADS1.2 集成开发环境,仿真器驱动程序。

(4)μClinux 的移植说明

EL-ARM-830 实验系统提供的 Bootloader 支持两种 μClinux 启动运行方式:直接从 SDRAM 中运行,以及将压缩的内核映像从 flash 中搬移到 SDRAM 中,再从 SDRAM 运行。前者需要利用 Bootloader 提供的网络下载功能,直接将未压缩的映像文件下载到 SDRAM 中运行,后者则首先要利用 Bootloader 提供的 flash 烧录工具进行烧录,使用时再用 move 命令搬到 SDRAM 中,然后再运行。压缩格式的 μClinux 内核映像文件都是由开头的一段自解压代码和后面的压缩数据部分组成,自解压类型的 μClinux 内核映像文件存放在 flash Memory 中,由 Bootloader 加载到 SDRAM 中的 0x0c000000 地址处,然后运行它。同样,内核映像文件也可以直接下载到 SDRAM 运行。μClinux 编译后在 IMAGES 目录中生成三个文件,其中一个是 image. rom,这是带自启动的压缩版,可烧入 FLASH,运行时使用 move 命令,将它搬移到 SDRAM 的 0x0c000000 处运行,一个是 image. ram,这是没压缩的,通过下载到 SDRAM 的 0x0c008000 处后直接运行。

下面是 μClinux 移植的基本过程。EL-ARM-830 教学实验箱光盘中的 μClinux-S3C44B0X. tar. gz 是已经移植好的压缩版本。这里只是阐述基本改动部分的出处。

1)改动硬件配置

修改文件:

μClinux-S3C44B0X/linux-2. 4. x/include/asm-armnommu/arch-snds100/hardware. h

修改为适合 S3C44B0X 的硬件配置。

2)改动压缩内核代码起始地址

修改文件:

μClinux-S3C44B0X/linux-2. 4. x/arch/armnommu/boot/Makefile

修改内容:

```
压缩内核代码的起始地址的配置
ifeq ( $(CONFIG_BOARD_SNDS100),y)
ZRELADDR  = 0x0c008000
ZTEXTADDR       = 0x0c000000
endif
```

说明：

ZTEXTADDR：自解压代码的起始地址。

ZRELADDR：内核解压后代码输出起始地址。

3）改动处理器配置选项

修改文件：

μClinux-S3C44B0X/linux-2.4.x/arch/armnommu/config.in

修改内容：

```
#--------------------------------------
#                                   System
#--------------------------------------
if [ "$CONFIG_ARCH_SAMSUNG" = "y" ]; then
  choice 'Board Implementation' \
  "S3C3410-SMDK40100 CONFIG_BOARD_SMDK40100 \
  S3C4530-HEI CONFIG_BOARD_EVS3C4530HEI \
  S3C44B0X      CONFIG_BOARD_SNDS100" S3C4510-SNDS100
fi
if [ "$CONFIG_BOARD_SNDS100" = "y" ]; then
  define_bool CONFIG_NO_PGT_CACHE y
  define_bool CONFIG_CPU_32 y
  define_bool CONFIG_CPU_26 n
  define_bool CONFIG_CPU_S3C4510 y
  define_bool CONFIG_CPU_ARM710 y
  define_bool CONFIG_CPU_WITH_CACHE y
  define_bool CONFIG_CPU_WITH_MCR_INSTRUCTION n
  define_bool CONFIG_SERIAL_SAMSUNG y
  define_hex DRAM_BASE 0x0c000000
  define_hex DRAM_SIZE 0x01000000
  define_hex FLASH_MEM_BASE 0x00000000
  define_hex FLASH_SIZE 0x00200000
fi
```

修改了存储器大小和起始地址的定义：

```
define_hex DRAM_BASE 0x0C000000; //SDRAM 的起始地址
define_hex DRAM_SIZE 0x01000000; //SDRAM 的大小
define_hex FLASH_MEM_BASE 0x00000000; //flash 的起始地址
define_hex FLASH_SIZE 0x00200000; //flash 的大小
```

4）改动内核起始地址

修改文件：

μClinux-S3C44B0X/linux-2.4.x/arch/armnommu/Makefile

```
ifeq ($(CONFIG_BOARD_SNDS100),y)
```

```
TEXTADDR      = 0x0c008000
MACHINE        = snds100
Endif
```

TEXTADDR:内核的起始地址,通常取值:DRAM_BASE + 0x8000

5) ROM 文件系统的定位修改

修改文件:

```
μClinux-S3C44B0X/linux-2.4.x/drivers/block/blkmem.c
#ifdef CONFIG_BOARD_SNDS100
    {0, romfs_data, -1},
#endif
```

使用的是 romfs_data 数组。

6) 改动存储空间配置

修改文件:

```
μClinux-S3C44B0X/linux-2.4.x/include/asm-armnommu/arch-snds100/memory.h
#define PHYS_OFFSET      (DRAM_BASE)
#define PAGE_OFFSET PHYS_OFFSET
#define END_MEM        (DRAM_BASE + DRAM_SIZE)
```

说明:PHYS_OFFSET:RAM 第一个 bank 的起始地址。

7) 初始化节拍定时器

修改文件:

μClinux-S3C44B0X /linux-2.4.x/include/asm-armnommu/arch-snds100/time.h

```
rTCON    &= 0xf0fffff;               //clear manual update bit, stop Timer 5
rTCFG0   &= 0xff00ffff;              //定时器 4/5 的预分频为 16
rTCFG0   |= (16-1) <<16;
rTCFG1   &= 0xff0ffff;               //定时器 5 的 MUX 为 1/2
rTCFG1   |= 0 <<20;
rTCNTB5   = fMCLK_MHz/(S3C44B0_TIMER_FREQ * 16 * 2); //定时器 5 的重装值,在
ENABLE 之前设定:
rTCON    |= 0x02000000;              //定时器 5 的 MANUAL UPDATE BIT 设为 1
rTCON    &= 0xf0fffff;               //MANUAL UPDATE BIT 清零
rTCON    |= 0x05000000;              //定时器 5 start, 设为 INTERVAL 模式
```

说明:这里,μClinux 使用了 S3C44B0X 的内部定时器 5,并利用定时器 5 的中断来产生节拍。

8) 定义二级异常中断矢量表的起始地址

修改文件:

```
μClinux-S3C44B0X/linux-2.4.x/include/asm-armnommu/proc-armv/system.h
#ifdef __ARM_ARCH_4__
#define vectors_base()((cr_alignment & CR_V) ? 0xffff0000 : 0)
```

```
#else
#define vectors_base( ) ( DRAM_BASE) // (0)
#endif
```

说明:vectors_base( )定义了二级异常中断矢量表的起始地址,这个地址与 Bootloader 中的相对应。

9)以太网卡寄存器地址的偏移量修改

这里针对 ARMSYS 的硬件结构,要进行两处特殊的修改:

修改文件:

μClinux-S3C44B0X/linux-2.4.x/driver/net/8390.h

修改内容:

```
#define ETH_ADDR_SFT 1
```

说明:访问 RTL8019 内部寄存器地址的偏移量。

10)以太网设备基地址修改

修改文件:

μClinux-S3C44B0X/linux-2.4.x/driver/net/ne.c

修改内容:

```
#elif defined( CONFIG_BOARD_SNDS100)
    static int once  =  0;
    if ( once)
      return-ENXIO;
    dev- > base_addr  =  base_addr  =  0x06000000; //NE2000_ADDR;
    dev- > irq  =  24;                              //NE2000_IRQ_VECTOR;
    once + + ;
```

说明:修改了以太网设备的基地址。

(5)μClinux 的内核、文件系统编译与烧写

1)编译 μClinux

编译一份可以运行的 μClinux,首先要对 μClinux 进行配置。一般是通过 make menuconfig 或者 make xconfig 来实现的。选择 make menuconfig,为了编译最后得到的镜像文件,需要 linux 的内核以及 romfs。对于 S3C44B0X 的移植来说,romfs 是被编译到内核里面去的。因此,在编译内核前需要一个 romfs。为了得到 romfs 的 image,又需要编译用户的应用程序。而为了编译用户的应用程序,又需要编译 C 运行库,这里用的 C 运行库是 μC-libc。

根据上面的分析,下面详细介绍编译 μClinux 的步骤以及各编译命令的含义:

①make dep

这个仅仅是在第一次编译时需要,以后就不用了,为的是在编译时知道文件之间的依赖关系,在进行了多次编译后,make 会根据这个依赖关系来确定哪些文件需要重新编译、哪些文件可以跳过。

②make clean

该命令用于清除以前构造内核时生成的所有目标文件、模块文件和临时文件。

③make lib_only

编译 μC-libc,以后编译用户程序时需要这个运行库。

④make user_only

编译用户的应用程序,包括初始化进程 init 和用户交互的 bash,以及集成了很多程序的 busybox(这样对一个嵌入式系统来说,可以减少存放的空间,因为不同的程序共用了一套 C 运行库),还有一些服务,如 boa(一个在嵌入式领域用得很多的 Web 服务器)和 telnetd(telnet 服务器,可以通过网络来登录用户的 μClinux 而不一定使用串口)。

⑤make romfs

在用户程序编译结束后,因为用到的是 romfs(一种轻量的、只读的文件系统)作为 μClinux 的根文件系统,所以首先需要将上一步编译的很多应用程序以 μClinux 所需要的目录格式存放起来。原来的程序是分散在 user 目录下,例如现在可执行文件需要放到 bin 目录、配置文件放在 etc 目录下,这些事就是 make romfs 所做的。它会在 μClinux 的目录下生成一个 romfs 目录并且将 user 目录下的文件以及 vendors 目录下特定系统所需要的文件(用户的 vendors 目录是 vendors/Samsung/S3C44B0X)组织起来,以便下面生成 romfs 的单个镜像所用。

⑥make image

它的作用有两个:一个是生成 romfs 的镜像文件,另一个是生成 Linux 的镜像。因为原来的 Linux 编译出来是 elf 格式的,不能直接用于下载或者编译(不过那个文件也是需要的,因为如果需要,那个 elf 格式的内核文件里面可以包含调试的信息)。在这个时候由于还没有编译过 Linux,因此,在执行这一步的时候会报错。但是没有关系,因为在这里需要的仅仅是 romfs 的镜像,以便在下面编译 Linux 内核时使用。

⑦make

有了 romfs 的镜像就可以编译 Linux 了。因为 romfs 是嵌入到 linux 内核中去了,所以在编译 Linux 内核时就要一个 romfs. o 文件,这个文件是由上面的 make image 生成的。

⑧make image

这里再一次 make image 就是为了得到 μClinux 的可执行文件的镜像了。执行了这一步之后,就会在 images 目录下找到三个文件:image. ram、image. rom 和 romfs. img。其中,image. ram 和 image. rom 就是需要的镜像文件。

其中,image. ram 是直接下载到 RAM 执行的文件。如果还处于调试阶段,那么就没有必要将文件烧写到 FLASH 里面,这时可以使用 image. ram。

对于 image. rom 来说,它是一个 zImage 文件,也就是自解压的内核。由于它使用了 gzip 将内核压缩过,所以可以减小文件的大小。这个 image 应该烧写到 FLASH 的 0x10000 的位置,而不能直接下载到 RAM 并执行。

2)使用 μClinux

如果是在 SDRAM 里运行 μClinux,假设开发板的 FLASH 已经擦空,则:

①设置超级终端设置(波特率为 115 200 Bd,数据位为“8”,停止位为“1”,无奇偶校验)。

②将实验软件\启动程序目录下的 μClinux-bios. s19 用烧写电缆烧写到 FLASH 里面去。

③烧写成功后,实验系统断电,拔下烧写电缆,将 PC 的 IP 地址改为 192. 168. 0. × × ×,× × ×为除 100 以外的 0 ~ 255 的值,一般设为 192. 168. 0. 1,在 PC 并口和实验箱的 CPU 之间,连接串口交叉电缆,在 PC 网口和实验箱的 CPU 网口之间,连接网口交叉电缆。

④在超级终端中输入“backup”以备份 BIOS 到高端,然后输入 Y。

⑤在超级终端上，输入 load 命令，回车，在 PC 系统的 DOS 命令行下，输入 ping 192.168.0.100，检查 PC 机是否和 CPU 板已经 ping 通，若 ping 通，则将\实验软件\TFTP.exe 和 boot.bin 以及刚刚生成的 image.ram 三个文件拷贝到 PC 系统的 DOS 命令行默认的目录下，在 PC 机的命令行中首先输入：tftp-i 192.168.0.100 put boot.bin，然后回车。

⑥boot.bin 通过网线下载到 SDRAM 中，然后在超级终端中输入命令：prog 0 c008000 3c，然后输入 Y，然后将 boot.bin 烧到 FLASH 0 地址。

⑦再键入 load 命令，然后在 PC 机的命令行中输入：tftp-i 192.168.0.100 put image.ram，回车，image.ram 应该在几秒钟后传送到内存中。

⑧在超级终端中输入 run，然后输入 Y，就可以看到 μClinux 运行，则烧写成功，如图 9.21 所示。

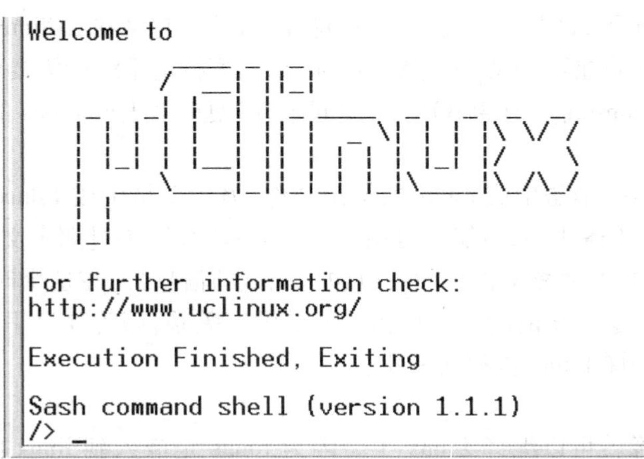

图 9.21　μClinux 烧写成功示意图

如果是在 FLASH 里固化 μClinux，假设开发板的 FLASH 已经擦空，则：

①设置超级终端设置（波特率为 115 200 Bd，数据位为“8”，停止位为“1”，无奇偶校验）。

②将实验软件\启动程序目录下的 μClinux-bios.s19 用烧写电缆烧写到 FLASH 里面去。

③烧写成功后，实验系统断电，拔下烧写电缆，将 PC 的 IP 地址改为 192.168.0. ×××，×××为除 100 以外的 0～255 的值，一般设为 192.168.0.1，在 PC 并口和实验箱的 CPU 之间，连接串口交叉电缆，在 PC 网口和实验箱的 CPU 网口之间，连接网口交叉电缆。

④在超级终端中输入“backup”以备份 BIOS 到高端，然后输入 Y，在超级终端上回车。

⑤在超级终端里，输入 load 命令，回车，在 PC 系统的 DOS 命令行下，输入 ping 192.168.0.100，检查 PC 机是否和 CPU 板已经 ping 通，若 ping 通，则将\实验软件\TFTP.exe 和 boot.bin 以及刚刚生成的 image.rom 三个文件拷贝到 PC 系统的 DOS 命令行默认的目录下，在 PC 机的命令行中首先输入：tftp-i 192.168.0.100 put boot.bin，然后回车。

⑥boot.bin 通过网线下载到 SDRAM 中，然后在超级终端中输入命令：prog 0 c008000 3c，然后输入 Y，将 boot.bin 烧写到 FLASH 0 地址。

⑦再键入 load 命令，然后在 PC 机的命令行中输入：tftp-i 192.168.0.100 put image.rom，注意是 image.rom。

⑧在超级终端中输入 prog 10000 c008000 ×××，这样就将 μClinux 烧写到 FLASH 里面去了。

注意:10000 是 image. rom 下载到 FLASH 的起始地址,不能变;c008000 是 image. rom 通过网口下载到 SDRAM 的起始地址,也不能变,×××是 image. rom 的大小,根据上一步超级终端的提示决定。

⑨当下次上电要运行 μClinux 时,就可以在超级终端中输入:move 10000 c000000 100000,然后输入 run c000000,再输入 Y 就可以运行了。启动后,将在超级终端里见图 9.21 的最终画面。

参考文献

[1] 田泽. 嵌入式系统开发与应用教程[M]. 2 版. 北京:北京航空航天大学出版社,2010.
[2] 马维华. 嵌入式系统原理及应用[M]. 3 版. 北京:北京邮电大学出版社,2017.
[3] 周立功. ARM 嵌入式系统基础教程[M]. 2 版. 北京:北京航空航天大学出版社,2008.
[4] Raj Kamal. 嵌入式系统体系结构、编程与设计[M]. 3 版. 郭俊凤,译. 北京:清华大学出版社,2017.
[5] Shibu Kizhakke Vallathai. 嵌入式系统设计与开发实践[M]. 2 版. 陶永才,巴阳,译. 北京:清华大学出版社,2017.
[6] 袁志勇,王景存. 嵌入式系统原理与应用技术[M]. 2 版. 北京:北京航空航天大学出版社,2014.
[7] 张晓林. 嵌入式系统技术[M]. 2 版. 北京:高等教育出版社,2017.
[8] 马忠梅,张子剑,张全新,等. ARM & Linux 嵌入式系统教程[M]. 3 版. 北京:北京航空航天大学出版社,2014.
[9] 张茹,孙松林,于晓刚. 嵌入式系统技术基础[M]. 北京:北京邮电大学出版社,2006.
[10] 彭舰,陈良银. 嵌入式系统设计[M]. 重庆:重庆大学出版社,2008.
[11] 常本超,夏宁,但唐仁. 嵌入式系统开发技术[M]. 北京:人民邮电出版社,2015.
[12] 沈连丰,宋铁成,叶芝慧,等. 嵌入式系统及其开发应用[M]. 北京:电子工业出版社,2005.
[13] 范延滨,于忠清,郑立爱. 嵌入式系统原理与开发[M]. 北京:机械工业出版社,2010.
[14] 黄智伟,邓月明,王彦. ARM9 嵌入式系统设计基础教程[M]. 2 版. 北京:北京航空航天大学出版社,2013.
[15] 徐英慧,马忠梅,王磊,等. ARM 9 嵌入式系统设计——基于 S3C2410 与 Linux[M]. 3 版. 北京:北京航空航天大学出版社,2015.
[16] 王诚,梅霆. ARM 嵌入式系统原理与开发[M]. 北京:人民邮电出版社,2011.